Firoz Kaderali

Digitale
Kommunikationstechnik II

Moderne Kommunikationstechnik

Herausgegeben von
Prof. Dr.-Ing. Firoz Kaderali, Hagen

Datenkommunikation
von Dieter Conrads

Digitale Kommunikationstechnik I
von Firoz Kaderali

Digitale Kommunikationstechnik II
von Firoz Kaderali

Graphen · Algorithmen · Netze
von Firoz Kaderali und Werner Poguntke

Firoz Kaderali

Digitale Kommunikations- technik II

Übertragungstechnik, Vermittlungstechnik, Datenkommunikation, ISDN

Mit 207 Abbildungen und
27 Aufgaben mit Lösungen

vieweg

Alle Rechte vorbehalten
© Friedr. Vieweg & Sohn Verlagsgesellschaft mbH, Braunschweig/Wiesbaden, 1995

Der Verlag Vieweg ist ein Unternehmen der Bertelsmann Fachinformation.

Umschlaggestaltung: Klaus Birk, Wiesbaden
Druck und buchbinderische Verarbeitung: Lengericher Handelsdruckerei, Lengerich
Gedruckt auf säurefreiem Papier
Printed in Germany

ISBN 3-528-06485-4

Vorwort

Das Buch **Digitale Kommunikationstechnik**, das aus zwei Teilen besteht, wendet sich an Studenten nach dem Vordiplom und an berufstätige Ingenieure und Informatiker. Es werden insbesondere mathematische Grundkenntnisse und Grundkenntnisse der Nachrichtentechnik vorausgesetzt. Das Buch bildet jedoch eine abgeschlossene Einheit, in der alle verwendeten mathematischen Ergebnisse entweder im Text abgeleitet oder explizit als Voraussetzung gekennzeichnet und gegebenenfalls im Anhang aufgelistet werden. Theorie und Praxis stehen gleichermaßen im Mittelpunkt. Die Theorie wird anhand der praktischen Beispiele vermittelt, während die Grenzen der praktischen Verfahren anhand der Theorie aufgezeigt werden.

Der im vorliegenden Buch behandelte Stoff stammt aus drei verwandten und in den letzten Jahren zusammenwachsenden Disziplinen: Übertragungstechnik, Vermittlungstechnik und Datenkommunikation. Ich habe den Versuch unternommen, den Stoff unter einheitlichen Gesichtspunkten darzustellen. Um den Stoff einzugrenzen, habe ich mich bis auf wenige Ausnahmen auf die Digitaltechnik beschränkt. Des weiteren habe ich mich stets von dem Vorsatz leiten lassen, lieber Einschränkungen beim Stoff, dafür aber eine gründliche Behandlung des Wesentlichen vorzunehmen.

Für die Erstellung vieler Aufgaben und die Durchsicht der Manuskripte danke ich besonders meinen Mitarbeitern Herrn Dipl.-Phys. B. Heyber und Herrn Dipl.-Ing. P. Roer. Für zahlreiche Anmerkungen, Fragen und Diskussionen, die zur Erhöhung der pädagogischen Qualität der Abhandlungen beigetragen haben, danke ich meinen Studenten an der Fernuniversität Hagen und an der Universität Siegen.

Hagen, im Frühjahr 1995   *F. Kaderali*

Inhaltsverzeichnis

Aus dem Inhaltsverzeichnis des ersten Bandes

Abkürzungen

ADU	Atomic Data Unit
AMI	Alternate Mark Inversion
ARQ	Automatic Repeat Request
ATM	Asynchronous Transfer Mode
BA	Basic Access
BIB	Backward Indication Bit
B-ISDN	Breitband-ISDN
CCAP	Call Control Access Point
CCITT	Comité Consultatif International Télégraphique et Téléphonique
CCP	Call Control Point
CD	Collision Detection
CIC	Circuit Identification Code
CR	Collision Resolution
CRC	Cyclic Redundancy Check
CRMA	Cyclic Reservation Multiple Access
CSMA	Carrier Sense Multiple Access
DAS	Dual Attached Station
DCE	Data Circuit Terminating Equipment
DEE	Datenendeinrichtung
DLCI	Data Link Connection Identifier
DPC	Destination Point Code
DQDB	Distributed Queue Dual Bus
DTE	Data Terminal Equipment
DÜE	Datenübertragungseinrichtung
EA	Extended Address
ET	Exchange Termination
ETSI	European Telecommunication Standards Institute
FCFS	First Come First Serve
FDDI	Fiber Distributed Data Interface
FFOL	FDDI Follow-on LAN
FIB	Forward Indication Bit
FIFO	First In First Out
FISU	Fill In Signal Unit
FSN	Forward Sequence Number
GFI	General Format Identifier

HDLC	High Level Data Link Control
HSLAN	High Speed LAN
IA Nr. 5	Internationales Alphabet Nr. 5
IEEE	Institute of Electrical and Electronics Engineers
IN	Intelligent Network
IP	Intelligent Peripheral
ISDN	Integrated Services Digital Network
ISO	International Standardization Organisation
ITU-T	International Telecommunication Union - Telecommunication
LAN	Local Area Network
LAP	Link Access Protocol
LAPB	Link Access Protocol in Balanced Mode
LAPD	Link Access Procedure on the D-Channel
LCFS	Last Come First Serve
LCI	Logical Channel Identifier
LIFO	Last In First Out
LSSU	Link Status Signal Unit
LT	Line Termination
MAC	Medium Access Control
MAN	Metropolitan Area Network
MMS 43	Modified Monitored Sum 43
MSU	Message Signal Unit
MTP	Message Transfer Part
NSP	Network Services Part
NT	Network Termination
OPC	Origination Point Code
OSI	Open Systems Interconnection
PCM	Pulse Code Modulation
PCN	Personal Communication Network
PCR	Preventive Cyclic Retransmission
PIN	Personal Identification Number
PRA	Primary Rate Access
RAM	Random Access Memory
RDS	Running Digital Sum
RNR	Receive Not Ready
RR	Receive Ready
SAPI	Service Access Point Identifier
SAS	Single Attached Station
SCCP	Signalling Connection Control Part
SCP	Service Control Point
SDLC	Synchronous Data Link Control
SJF	Shortest Job First
SLS	Signalling Link Selection
SMP	Service Management Point
SMT	Synchrone Multiplextechnik
SPN	Service Provider Node

SS Nr. 7   Signalisierungssystem Nr. 7
SSP   Service Switching Point
STP   Signalling Transfer Point
TA   Terminal Adapter
TCAP   Transaction Capability Application Part
TDM   Time Division Multiplex
TE   Terminal Equipment
TEI   Terminal Endpoint Identifier
VCI   Virtual Channel Identifier
VLSI   Very Large Scale Integration
VFN   Vendor Feature Node
VPI   Virtual Path Identifier
VSt   Vermittlungsstelle
WAN   Wide Area Network

9 Multiplexbildung

Im vorliegenden Kapitel wird davon ausgegangen, daß der Leser die Modulationsverfahren in den Grundvorlesungen kennengelernt hat. Die analogen Multiplexbildungsverfahren werden nur kurz erwähnt, und es wird lediglich das für die digitale Übermittlungstechnik zentrale Verfahren der Zeitmultiplexbildung ausführlich behandelt. Die Notwendigkeit des Stopfens bei plesiochronen Signalen wird dann erläutert und die Stopfverfahren vorgestellt. Anschließend werden die PCM-Multiplexhierarchien dargelegt und deren wesentlichen Charakteristiken besprochen. Im letzten Abschnitt wird die Verwendung der Multiplexverfahren zur Richtungstrennung erläutert und das Echokompensationsverfahren behandelt. Diese Verfahren haben in den letzten Jahren sowohl bei der Modemübertragung als auch bei der digitalen Übertragung, insbesondere im Teilnehmeranschlußbereich, erheblich an Bedeutung gewonnen. Das Verständnis des Zeitmultiplexverfahrens bildet die Grundlage für die weitere Abhandlung der digitalen Vermittlungstechnik. Der Leser sollte deshalb sicherstellen, daß er das Verfahren gründlich verstanden hat.

9.1 Verfahren zur Multiplexbildung

Gewöhnlich sind die Kapazitäten, die ein Kanal für die Informationsübertragung anbietet und die für eine Anwendung tatsächlich erforderlich sind, unterschiedlich. Es wird deshalb eine Anpassung derart erforderlich, daß entweder mehrere Quellen-Senken-Paare einen Kanal gemeinsam nutzen, oder mehrere Kanäle gemeinsam für die Übermittlung der Information zwischen einem Quellen-Senken-Paar genutzt werden. Beispielsweise werden bei der Datenübertragung im Datex-L-Netz mehrere Verbindungen mit niedrigen Bitraten (von 300 bit/s bis 9,6 kbit/s) auf einem 64 kbit/s Kanal übertragen (Kap. 1, Bild 1.5), oder im ISDN können mehrere 64 kbit/s Kanäle zusammengefaßt werden, um eine HiFi-Stereotonübermittlung zu ermöglichen. Beide Anpassungen werden als Multiplexbildungen bezeichnet. Im engeren Sinne versteht man unter **Multiplexbildung** die Unterteilung eines Übertragungskanals für die Übermittlung von Informationen verschiedener Quellen-Senken-Paare, wobei die Teilkanäle durchaus unterschiedliche, aber feste Kapazitäten haben (Bild 9.1).

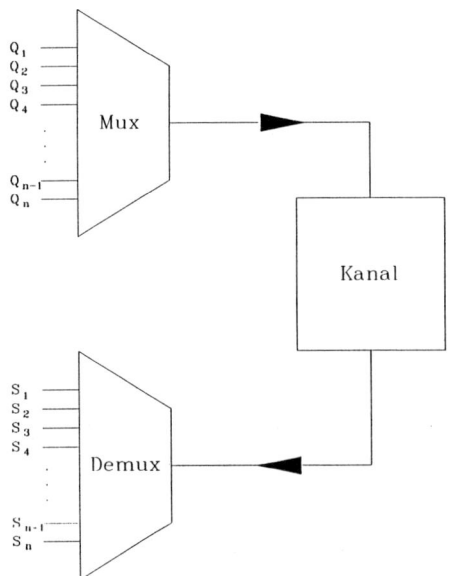

Bild 9.1
Multiplexbildung

Mux: Multiplexeinrichtung
Demux: Demultiplexeinrichtung

Prinzipiell ist es möglich, eine solche Adaption bereits bei der Auswahl des Code-alphabets bzw. bei der Wahl des Modulationsverfahrens zu berücksichtigen; die Multiplexbildung somit auf die Code- bzw. Modulationsebene zu verlagern. Auf der Basis von Leitungscodes kann dies z.B. durch die Verwendung von orthogonalen (bzw. nahezu orthogonalen) Signalen realisiert werden, also mit Signalen, für die

$$\int_{-\infty}^{+\infty} x_i(t) \cdot x_j(t)dt = \left\{ \begin{array}{ll} k & \text{für } i = j \\ 0 & \text{für } i \neq j \end{array} \right. \tag{9.1}$$

oder

$$\int_{-\infty}^{+\infty} X_i(\omega) \cdot X_j(\omega)d\omega = \left\{ \begin{array}{ll} K & \text{für } i = j \\ 0 & \text{für } i \neq j \end{array} \right. \tag{9.2}$$

gilt. Bei der Multiplexbildung ist wesentlich, daß sich die einzelnen Signale gegenseitig möglichst wenig stören. Am häufigsten wird die Aufteilung des Übertragungskanals in Teilkanäle auf Frequenz- oder Zeitbasis vorgenommen.

Beim **Frequenzmultiplex**verfahren wird das Frequenzband des Übertragungskanals in Teilbänder unterteilt und für die Übertragung der Signale der einzelnen Quellen-Senken-Paare genutzt. Es ist deshalb erforderlich, daß für die Übertragung der einzelnen Signale bandbegrenzte Teilkanäle, unter Berücksichtigung von Schutzzonen zwischen ihnen, verwendet werden (Bild 9.2).

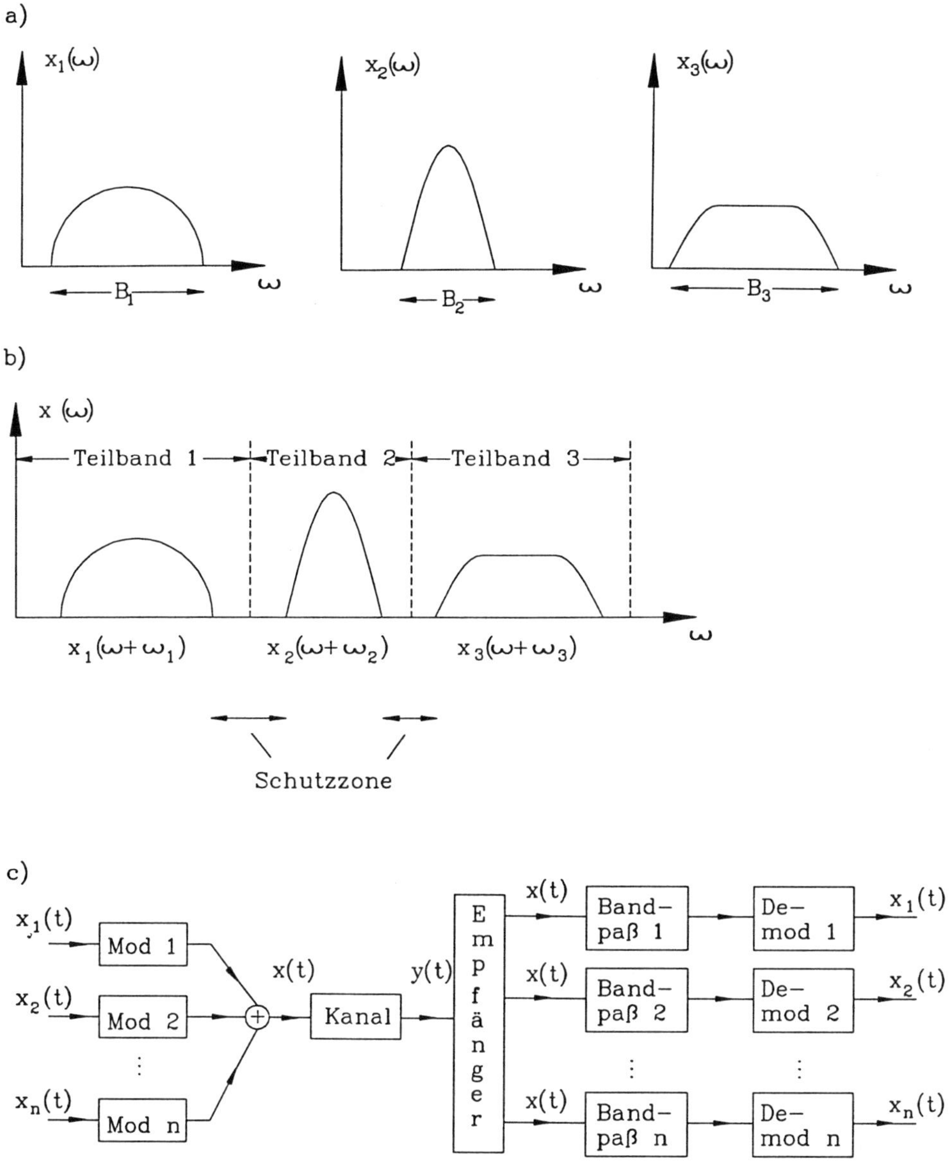

a)

b)

c)

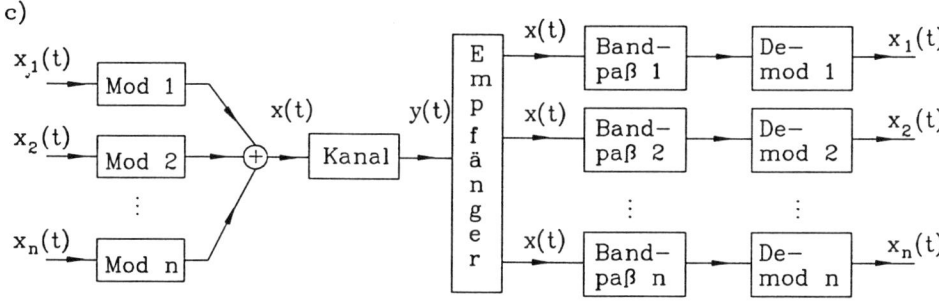

Bild 9.2 Frequenzmultiplexverfahren
a) Einzelne Signale $x_i(\omega)$ im Frequenzbereich
b) Multiplexsignal $x(\omega)$ im Frequenzbereich
c) Blockschaltbild des Frequenzmultiplexverfahrens

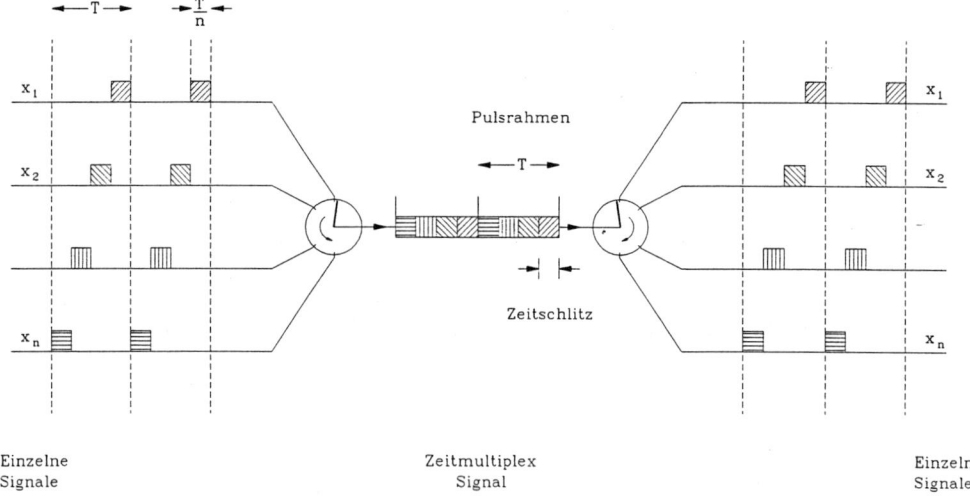

Bild 9.3   Zeitmultiplexbildung

In der Multiplexeinrichtung werden die einzelnen Signale in das entsprechende Frequenzband aufmoduliert. In der Demultiplexeinrichtung werden die Teilbänder jeweils herausgefiltert und die einzelnen Signale dann demoduliert. Die Frequenzmultiplextechnik ist eine ausgereifte Technik, die im Fernsprechnetz auf verschiedenen Hierarchiestufen weit verbreitet ist.

Auch bei der Übertragung auf Lichtwellenleitern findet das Frequenzmultiplexverfahren in Form der **Wellenlängenmultiplex**technik Anwendung; bei ihr werden für die Übertragung auf Glasfaser spektrale Bereiche mit günstigem Dämpfungsverhalten ausgenutzt. Wir wollen das Frequenzmultiplexverfahren nicht näher betrachten.

Beim **Zeitmultiplex**verfahren **(TDM-Time Division Multiplex)** wird der Kanal (zeitlich) periodisch abwechselnd für die Übertragung der einzelnen Signale verwendet (Bild 9.3). Verwenden n Quellen, die jeweils alle T Sekunden einen Signalwert erzeugen, einen Kanal im Zeitmultiplexverfahren, so muß der Kanal n/T Werte pro Sekunde übertragen. Die bisherigen Überlegungen zur Bandbegrenzung und Symbolinterferenz (Abschnitt 8.4) gelten nun für den Multiplexkanal entsprechend. Bei der Zeitmultiplexbildung wird die Periode T in n Intervalle unterteilt. Dies entspricht der Unterteilung des Kanals in n Zeitschlitze. Einem Quellen-Senken-Paar steht periodisch alle T Sekunden (d.h. einmal pro Abtastperiode) ein Zeitschlitz zur Verfügung. Es ist auch möglich, einem Quellen-Senken-Paar mehr als einen Zeitschlitz pro Periode zuzuteilen, um entsprechend höhere Bitraten zu übertragen. Wird pro Zeitschlitz jeweils lediglich ein Bit übertragen, so bezeichnet man die Multiplexbildung als **bitweise** Verschachtelung. Wird pro Zeitschlitz ein Symbol oder ein Wort übertragen, so bezeichnet man die Multiplexbildung als **wortweise** oder **symbolweise** Verschachtelung.

Das beschriebene Zeitmultiplexverfahren wird auch als synchrones Zeitmultiplex-verfahren (STD - Synchronous Time Division Multiplex) bezeichnet, weil die Zeit-schlitze für ein Quellen-Senken-Paar periodisch im selben Raster im Multiplexkanal (d.h. synchron) auftreten. Wir werden im nächsten Abschnitt das synchrone Zeit-multiplexverfahren näher betrachten und anschließend auch die asynchrone Variante kennenlernen.

Beispiel 9.1

Beim PCM-Verfahren wird die Sprache auf $3,4$ kHz bandbegrenzt und mit 8 kHz ab-getastet. Die Abtastwerte werden als 8 Bit-Wörter codiert. Pro Sprachkanal erhält man auf diese Weise 64 kbit/s. Werden 30 Sprachkanäle und 2 weitere 64 kbit/s Kanäle für Signalisierung, Synchronisierung und Wartungsfunktionen im Zeitmul-tiplexverfahren übertragen, so hat man für die Übertragung pro Bit eine Dauer von

$$\frac{1}{32 \times 64000} \ sec \ \approx 0,488 \mu s.$$

Eine Mischung von Frequenz- und Zeitmultiplexverfahren, auch **Codemultiplex-verfahren** genannt, ist in einer vereinfachten Form im Bild 9.4c dargestellt. Hier wird einer Quelle in jedem Zeitschlitz ein anderes Teilfrequenzband zur Verfügung gestellt. Dieser Gedanke der Verwendung von orthogonalen Codes und der gleich-zeitigen Nutzung verschiedener Teilfrequenzen für die Übertragung der Signale ei-ner Quelle findet z.B. beim **spread spectrum frequency hopping** Verfahren Anwendung. Die Teilfrequenzen werden dabei pseudozufällig ausgewählt und die Sendezeitpunkte der Quellen sind nicht synchron.

9.2 Zeitmultiplexverfahren

Im Bild 9.3 sind die einzelnen Zeitschlitze unterschiedlich schraffiert, um sie im Zeit-multiplexkanal wiederzuerkennen. Da der Bitstrom des Multiplexkanals meist keine ausgeprägte Struktur aufweist, muß dem Demultiplexer zusätzliche Information ge-geben werden, damit die Rahmenstruktur erkannt und die einzelnen Bits zu den Wörtern bzw. Zeitschlitzen und damit Quellen-Senken-Paaren zugeordnet werden können.
Um die **Wortsynchronisation** bzw. **Rahmensynchronisation** zu gewährleisten, wird häufig ein **Rahmenkennungswort** stets an derselben Stelle in jedem Rahmen gesendet. Dieses zeigt dann die Stelle an, ab der die einzelnen Bits durchgezählt werden, um sie in Wörter bzw. Zeitschlitze einzuteilen.
Da Multiplexstrecken transparent betrieben werden, d.h. alle Bitkombinationen in den einzelnen Kanälen vorkommen dürfen, wird das Rahmenkennungswort im Nutz-datenstrom gelegentlich vorgetäuscht.
Gewöhnlich wird für die Synchronisation folgendes Verfahren verwendet (Bild 9.5). Kommt die Demultiplexeinrichtung in den Zustand, daß keine Synchronisation vor-handen ist, so wird der einlaufende Bitstrom nach dem Rahmenkennungswort ab-gesucht. Ist ein Rahmenkennungswort gefunden, so wird genau eine Rahmenlänge

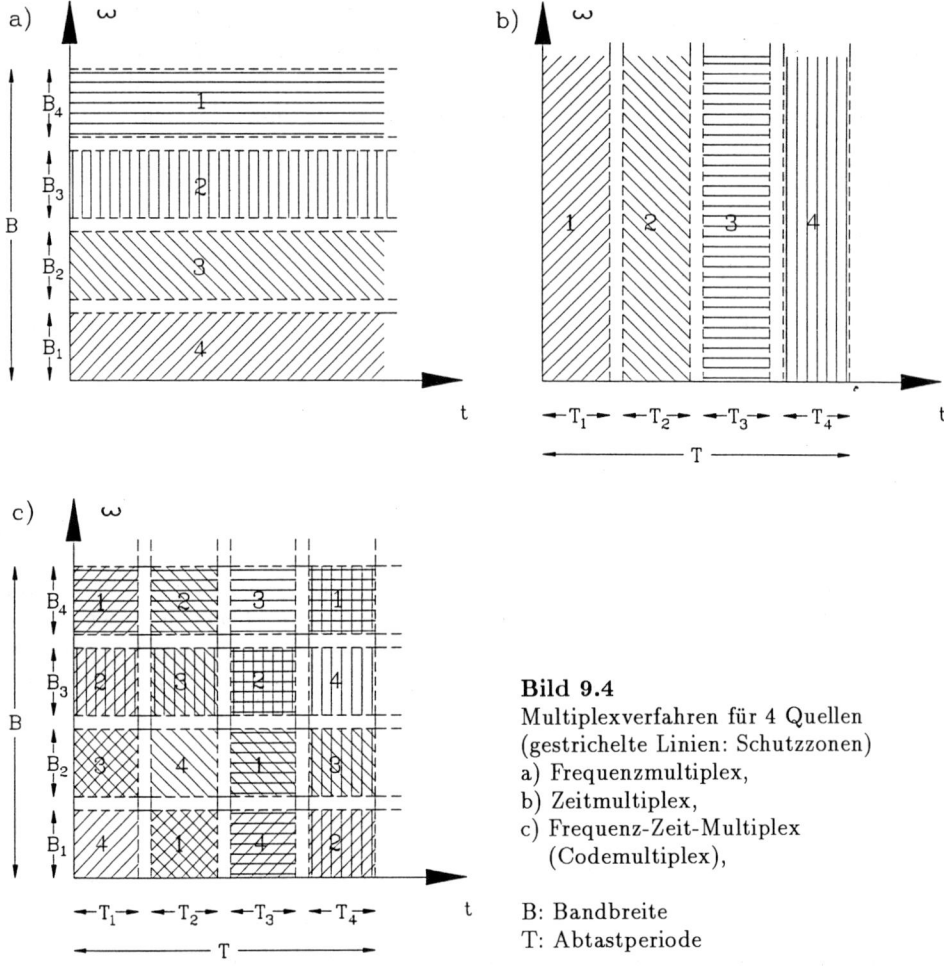

Bild 9.4
Multiplexverfahren für 4 Quellen
(gestrichelte Linien: Schutzzonen)
a) Frequenzmultiplex,
b) Zeitmultiplex,
c) Frequenz-Zeit-Multiplex
   (Codemultiplex),

B: Bandbreite
T: Abtastperiode

weiter geschaut, ob dort wieder das Rahmenkennungswort vorliegt. Ist dies nicht der Fall, wird der Bitstrom sofort wieder nach dem nächsten Synchronwort abgesucht. Erst wenn auf diese Weise drei Synchronworte im Abstand der Rahmenlänge gefunden werden, wird angenommen, daß sich die Einrichtung im Synchronzustand befindet. In diesem Zustand wird in jedem Rahmen nur an der Stelle geschaut, wo das Synchronwort erwartet wird. Erst wenn mehrmals (meist viermal) hintereinander das Synchronwort fehlt, wird die Synchronisation als verloren angesehen, und der Suchlauf beginnt von vorne.

a)

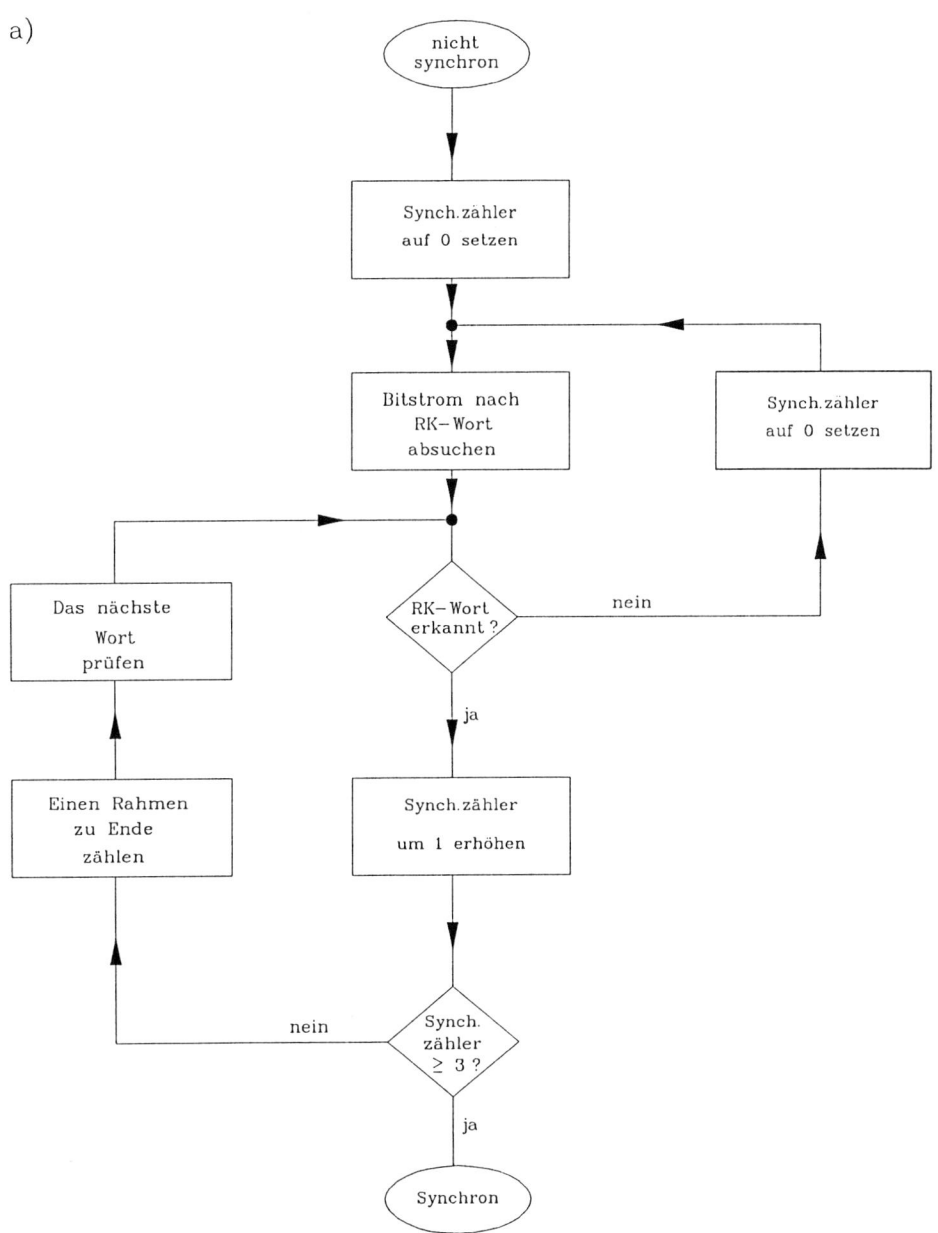

Bild 9.5 Ablaufdiagramm für die Rahmensynchronisation
a) Übergang vom Nichtsynchron- auf den Synchronzustand

b)

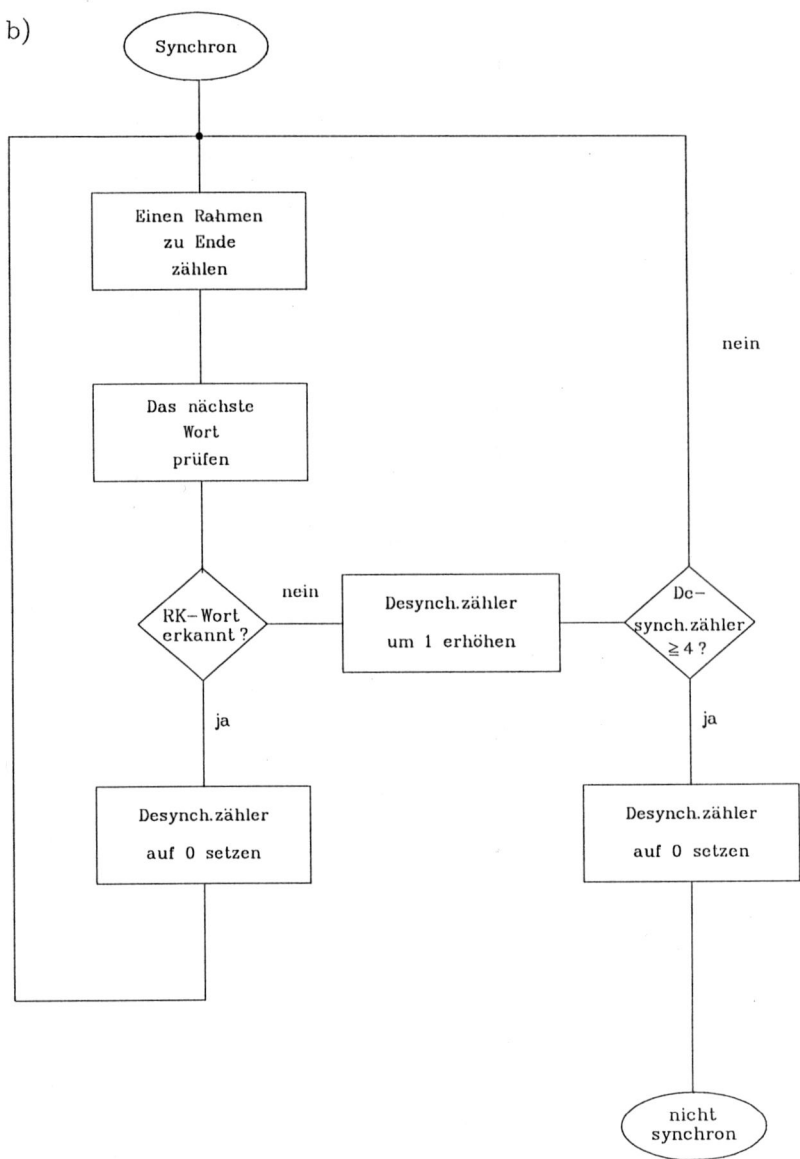

Bild 9.5 Ablaufdiagramm für die Rahmensynchronisation
b) Übergang vom Synchron- auf den Nichtsynchronzustand

Beispiel 9.2

Wir betrachten die Synchronisierung eines Rahmens der Länge 256 Bit mit dem 7-Bit-Rahmenkennungswort 0011011.

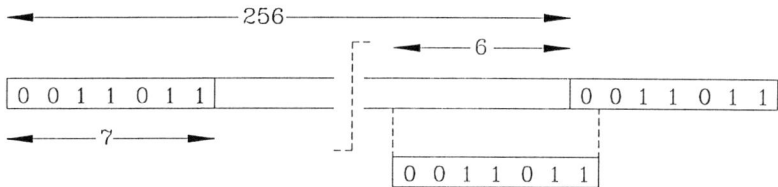

Die Wahrscheinlichkeit für das Eintreten von "1" und die Wahrscheinlichkeit für das Eintreten von "0" im Nutzbitstrom seien gleich, beide 0,5.

Die Wahrscheinlichkeit, daß das Rahmenkennungswort an einer bestimmten Stelle im Nutzdatenstrom zufällig auftritt, ist

$$P = (0,5)^7 \approx 7,8 \cdot 10^{-3}.$$

Im Mittel tritt das Rahmenkennungswort zufällig annähernd

$$(256 - 7 - 6) \times 7,8 \cdot 10^{-3} \approx 1,9$$

mal in einem Rahmen auf.

Die Wahrscheinlichkeit, daß das Rahmenkennungswort an zwei bestimmten Stellen im Nutzstrom zufällig auftritt (z.B. an einer bestimmten Stelle im Nutzstrom und dann genau einen Rahmen später wieder) ist

$$(0,5)^{14} \approx 6,1 \cdot 10^{-5}.$$

Im Mittel passiert dies

$$243 \times 6,1 \cdot 10^{-5} \approx 1,5 \cdot 10^{-2}$$

mal pro Rahmen, d.h. 1,5mal alle hundert Rahmen.

In der Praxis sind die Wahrscheinlichkeiten wesentlich geringer, da Rahmenkennungsworte so gewählt werden, daß sie bei Nutzdaten selten oder gar nicht vorkommen.

In unseren bisherigen Ausführungen haben wir unterstellt, daß die einzelnen Signale, die zur Multiplexbildung vorliegen, den gleichen festen Takt (mit der Periode T) haben. Wir wollen im folgenden diese Forderung abschwächen.

Signale mit gleichem festen Takt nennt man **synchrone Signale**. Sie können lediglich Phasendifferenzen aufweisen, so daß nur ein Phasenausgleich (z.B. durch Zwischenspeicherung) erforderlich wird, bevor eine Multiplexbildung vorgenommen werden kann.

Taktgeneratoren können stets nur innerhalb gewisser Toleranzen realisiert werden. Signale, bei deren Erzeugung verschiedene Taktgeneratoren verwendet wurden, sind deshalb selten synchron. Signale, die nominell den gleichen Takt haben, d.h. deren Takt innerhalb vorgeschriebenen Toleranzen liegt, nennt man **plesiochrone Signale**. Bei der Multiplexbildung von plesiochronen Signalen kann es vorkommen,

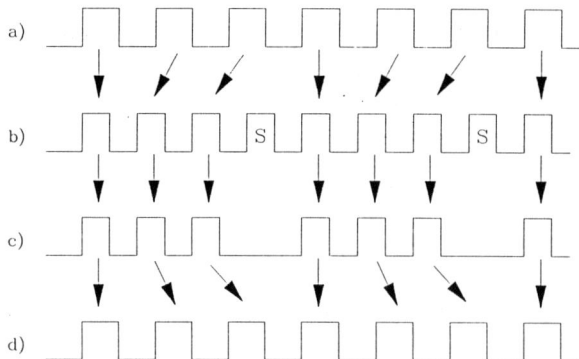

Bild 9.6 Bitstopfen
a) Eingangssignal zum Multiplexer
b) übertragenes Signal mit Stopf-Bits S
c) Signal ohne Stopf-Bits
d) Ausgangssignal nach Glättung

daß sich der Takt der Multiplexeinrichtung und eines Signals geringfügig unterscheiden. Über längere Zeit können die Takte soweit auseinanderwandern, daß sie sich um eine ganze Taktperiode unterscheiden. Ist der Takt der Multiplexeinrichtung schneller als der Takt des Signals, so wird dann ein Bit doppelt übertragen; ist es umgekehrt, so wird ein Bit nicht übertragen. Eine derartige Einfügung oder Auslassung von Bits in einem digitalen Signal wird als **Schlupf (Bit-slip)** bezeichnet. Bei digitalen Signalen mit einer Rahmenstruktur führt ein Schlupf zum Verlust der Synchronisierung. Um bei der Multiplexbildung von plesiochronen Signalen diese gravierende Folge eines Schlupfes zu vermeiden, wird eine besondere Maßnahme, **Bitstopfen (Bitstuffing)** genannt, vorgenommen.

Die meisten Bitstopf-Verfahren gehen davon aus, daß die Bitrate des Multiplexkanals größer gewählt wird als die Summe der Bitraten und Toleranzen der einzelnen Kanäle; somit müssen gelegentlich beliebige Bits (Stopf-Bits) hinzugefügt werden, um zu vermeiden, daß Bits doppelt übertragen werden (Bild 9.6). Die Stopf-Bits werden an bestimmten Stellen des Rahmens vorgesehen, und es werden weitere Bits für die Signalisierung, daß ein Stopf-Bit verwendet wurde, benutzt, damit am Empfänger die Stopf-Bits wieder herausgenommen werden. Da ein falsch erkanntes Stopf-Bit zum Verlust der Synchronisierung führt, werden pro Stopf-Bit mehrere Signalisierbits aufgewandt (meist 3). Im Bild 9.7 ist eine Stopftechnik für die Multiplexbildung von vier Kanälen aufgezeigt. Pro Rahmen sind 3 Gruppen von je 4 Bits für die Signalisierung und eine Gruppe von 4 Bits als Stopf-Bits vorgesehen. Pro Gruppe steht jeweils das erste Bit für das erste Signal, das zweite Bit für das zweite Signal usw. zur Verfügung.

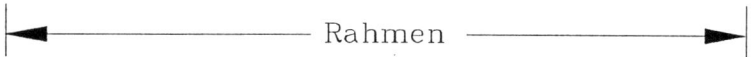

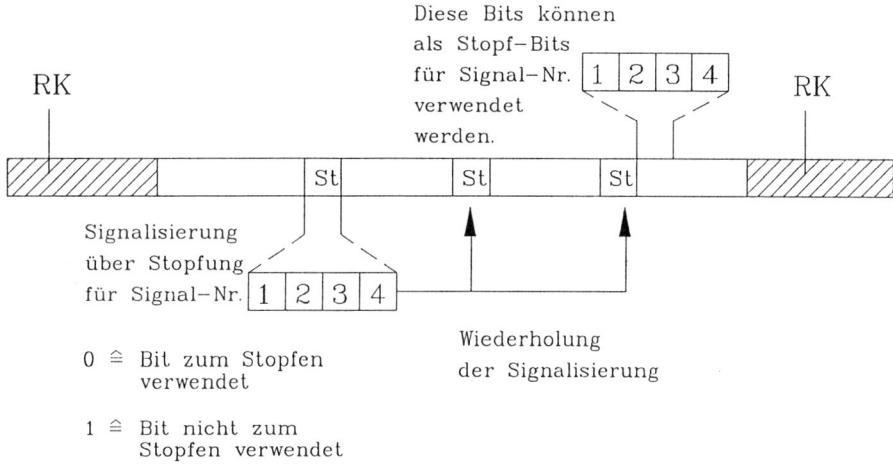

Bild 9.7   Bitstopf-Verfahren für 4 Signale

RK: Rahmenkennung
St: Stopfinformation

9.3   Die PCM-Multiplexhierarchien

Wie bei der PCM-Codierung haben sich auch bei der PCM-Multiplexbildung zwei
unterschiedliche Verfahren durchgesetzt (s.Abschnitt 5.3, μ- und A-Kennlinien). In
Europa basiert die Multiplexhierarchie auf dem Grundsystem PCM 30, bei dem
30 Nutzsignale je 64 kbit/s in einem 2,048 Mbit/s Multiplexkanal zusammengefaßt
werden. Die nächst höheren Hierarchiestufen ergeben sich jeweils durch Multiplexbildung von 4 Signalen der jeweilig darunterliegenden Stufe. Im einzelnen ergeben
sich somit folgende Systeme:

	Anzahl der 64 kbit/s Nutzsignale	Bitrate in kbit/s
PCM 30	30	2048
PCM 120	120	8448
PCM 480	480	34368
PCM 1920	1920	139264
PCM 7680	7680	564992

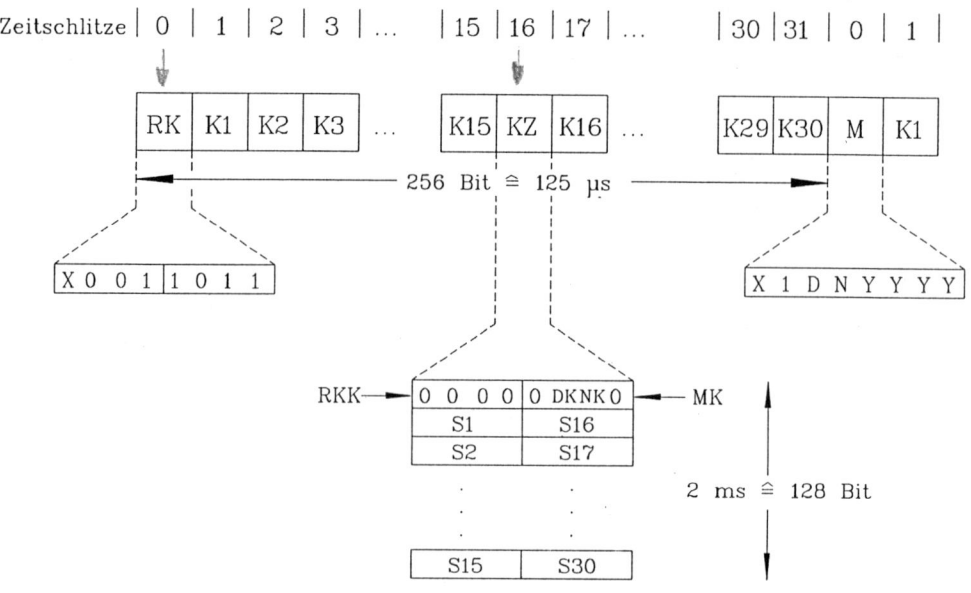

Bild 9.8 PCM 30 Rahmen und Überrahmenbildung (2-Mbit/s-System)

D: Bit für dringenden Alarm, DK: Bit für dringenden Alarm (Kennzeichen),
K1,..., K30: Kanal 1 bis 30 je 64 kbit/s für Nutzinformation,
KZ: Zeichengabekanal (64 kbit/s), M: Meldewort, MK: Meldewort (Kennzeichen),
N: Bit für nicht dringenden Alarm, NK: Bit für nicht dringenden Alarm (Kennzeichen),
RK: Rahmenkennung, RKK: Überrahmenkennung (Kennzeichen),
S1,..., S30: Signalisierinformation (je 4 Bit = 2 kbit/s) für Kanäle 1 bis 30,
X: Bit reserviert für nationale Anwendung, Y: Bit reserviert für internationale Anwendung

In den USA bzw. in Japan basiert die Hierarchie auf dem Grundsystem DS-1 mit 24
PCM Nutzsignalen je 64 kbit/s. Insbesondere haben wir in USA folgende Systeme:

	Anzahl der 64 kbit/s Nutzsignale	Bitrate in kbit/s
DS-1	24	1544
(DS-1c	48	3152)
DS-2	96	6312
DS-3	672	44736
DS-4	4032	274176

Beim **PCM** 30-System (Bild 9.8) besteht der Rahmen aus 256 Bit (32 Zeitschlitze je 8 bit) mit einer Rahmendauer von 125 μs (entsprechend einer Abtastrate
von 8 kHz), so daß das Multiplexsignal eine Bitrate von 2048 kbit/s hat. Die Zeitschlitze werden von 0 bis 31 durchgezählt. Im nullten Zeitschlitz wird abwechselnd

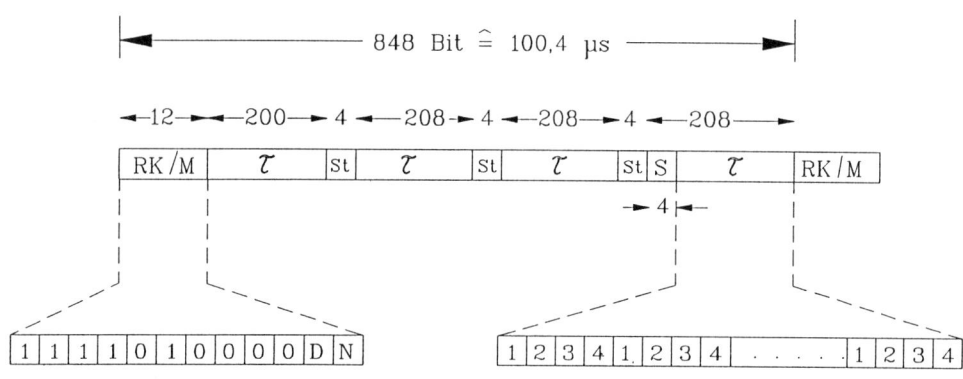

Bitverschachtelte Nutzinformation

Bild 9.9   PCM 120 Rahmenaufbau (8-Mbit/s-System)

D: Bit für dringenden Alarm, τ: Bitverschachtelte Nutzinformation, M: Meldewort, N: Bit für nicht dringenen Alarm, RK: Rahmenkennung, S: Stopfbits, St: Bits für Stopfinformation

ein Rahmenkennungswort $R = X\,0011011$ und ein Meldewort $M = X\,1DNYYYY$ übertragen; hierbei sind die Bits X für nationale und Y für internationale Anwendung reserviert, während D für dringenden und N für nicht dringenden Alarm verwendet werden. Der 16. Zeitschlitz wird für die **Kennzeichenübertragung** (Zeichengabe bzw. Signalisierinformation) verwendet. Hierbei wird wiederum ein Überrahmen, bestehend aus 16 8-Bitwörtern (bzw. 32 4-Bitwörtern), gebildet. Im ersten 8-Bitwort wird die Überrahmenkennung (4 Bit) und das Meldewort gesendet. Es verbleibt somit je ein 4-Bitwort pro Überrahmen für die Zeichengabe pro Kanal. Dies entspricht 2 kbit/s Signalisierkapazität pro 64 kbit/s Nutzkanal.

Beim **PCM** 120-System (Bild 9.9) werden vier PCM 30-Signale bitweise verschachtelt. Es wird dabei davon ausgegangen, daß die einzelnen Signale plesiochron sind, so daß Stopfen erforderlich wird. Das Stopfverfahren wurde bereits in Abschnitt 9.2 (Bild 9.7) erläutert. Der Rahmen besteht aus 848 Bit (4 Teilrahmen je 212 Bit). Bei einer Bitrate von 8448 kbit/s entspricht dies einer Rahmendauer von ca. 100,4 μs. Als Rahmenkennung und Meldewort wird das 12 Bit Wort $1111010000DN$ verwendet, wobei die Bits D für dringenden Alarm und N für nicht dringenden Alarm genutzt werden.

Beispiel 9.3   *Schlupf im internationalen Verkehr*
Nach CCITT wird vom Bezugstaktgeber des nationalen Netzes eine hohe Anforderung gestellt: er darf eine Frequenzabweichung von $\pm 10^{-11}$ nicht überschreiten. Im internationalen Verkehr wird in der Regel ein Pufferspeicher von 256 Bit (ein PCM 30-Pulsrahmen von 125 μs) verwendet, d.h. ein Schlupf tritt auf, wenn sich die Takte zweier Systeme um 256 Bit bzw. 125 μs verschoben haben. Es gilt somit

$$T_{Schlupf} \leq \frac{125 \cdot 10^{-6}}{2 \cdot 10^{-11}} \ Sek \sim 72 \ Tage$$

d.h. es liegen in der Regel mindestens 72 Tage zwischen zwei Schlupfstörungen.

Beispiel 9.4 *Stopfbitrate bei PCM 120*
Das PCM 30-System hat eine nominelle Bitrate von $2,048(1 \pm 5 \cdot 10^{-5})$ Mbit/s. Das PCM 120-System hat eine nominelle Bitrate von $8,448 \cdot (1 \pm 3 \cdot 10^{-5})$ Mbit/s. Im PCM 120-System steht 1 Stopfbit pro Rahmen von 848 Bit pro PCM 30-System zur Verfügung. Die maximal mögliche Stopfbitrate liegt somit bei

$$St_{max} = \frac{1 + 3 \cdot 10^{-5} \ Bit}{100,4 \ \mu s} \approx 9,963 \ kbit/s.$$

Die tatsächliche Stopfbitrate liegt bei

$$St = \frac{8448 \cdot (1 \pm 3 \cdot 10^{-5})}{848} \cdot 206 - 2048 \cdot (1 \pm 5 \cdot 10^{-5}) \ kbit/s$$
$$= 4,390 \ldots \ bis \ldots 4,062 \ kbit/s.$$

Bei den PCM-Systemen der höheren Hierarchie (**PCM 480, PCM 1920** und **PCM 7680**) werden vier Kanäle der jeweils niedrigen Hierarchiestufe bitweise verschachtelt. Die Einzelheiten der Multiplexbildung sind im Bild 9.10 dargestellt.

Im **PCM 24**-System der amerikanisch-japanischen PCM-Hierarchie (DS-1) werden 24 synchrone Signale je 64 kbit/s zu einem 1,544 Mbit/s Multiplexsignal zusammengefaßt (Bild 9.11). Der Multiplexrahmen besteht aus 193 Bits (ein Bit für die Synchronisation und 24 Zeitschlitze je 8 Bit) mit einer Rahmendauer von $125\mu s$. Es handelt sich bei der Multiplexbildung somit um eine wortweise Verschachtelung mit einem verteilten Rahmenkennungswort. Dies ist so gewählt, daß es sowohl die Rahmen- als auch die Überrahmensynchronisation von 6 und 12 Rahmen ermöglicht. Das 12 Bit Rahmenkennungswort lautet $RK = 100011011100$. Um den Synchronisationsvorgang zu erläutern, trennen wir das Wort in gerade und ungerade Bits wie folgt.

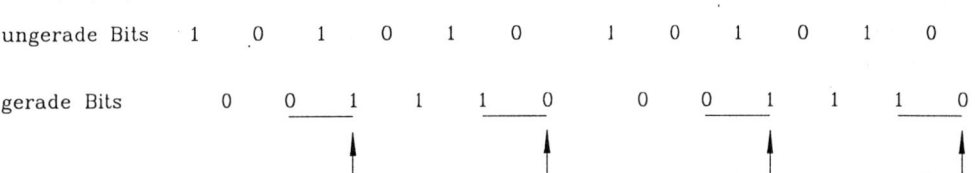

Es wird nun ersichtlich, daß die ungeraden Bits eine alternierende Eins-Null-Folge bilden. Für die Rahmensynchronisierung genügt es, diese alternierende Folge im laufenden Bitstrom zu finden und ab dem jeweiligen Synchronisationsbit 24 Zeitschlitze je 8 Bit abzuzählen. Bei den geraden Bits hat man jeweils einen Übergang von 0 auf 1 zwischen dem vierten und dem sechsten Bit und von 1 auf 0 zwischen dem zehnten und dem zwölften Bit. Diese Übergänge werden verwendet, um Überrahmen aus 6 und/oder 12 Rahmen zu bilden. Für die Zeichengabe (Signalisierung)

a)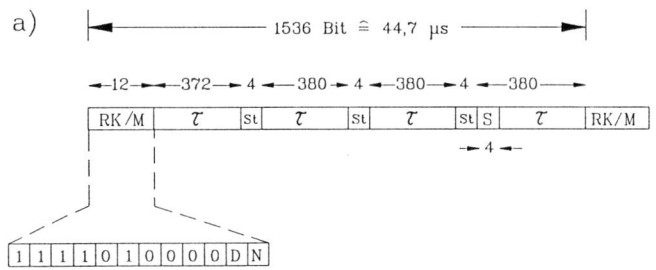

b)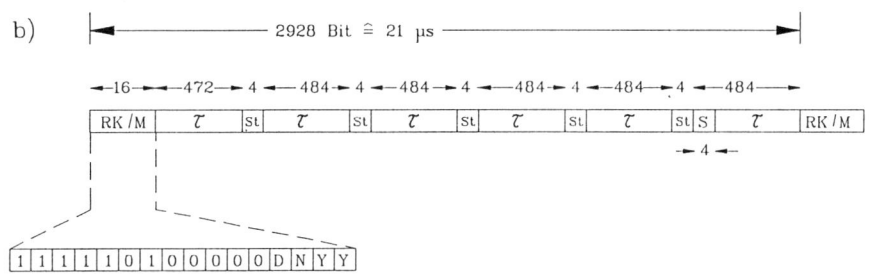

c)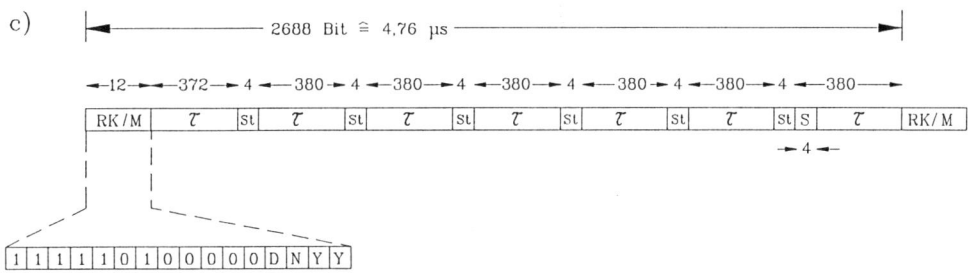

Bild 9.10   Rahmenaufbau der höheren PCM-Systeme in Europa
a) PCM 480 Rahmenaufbau (34-Mbit/s-System)
b) PCM 1920 Rahmenaufbau (140-Mbit/s-System)
c) PCM 7680 Rahmenaufbau (565-Mbit/s-System)

D: Bit für dringenden Alarm
τ: Bitverschachtelte Nutzinformation
M: Meldewort
N: Bit für nicht dringenden Alarm
RK: Rahmenkennung
S: Stopfbits
St: Bits für Stopfinformation
Y: Bit reserviert für internationale Anwendung

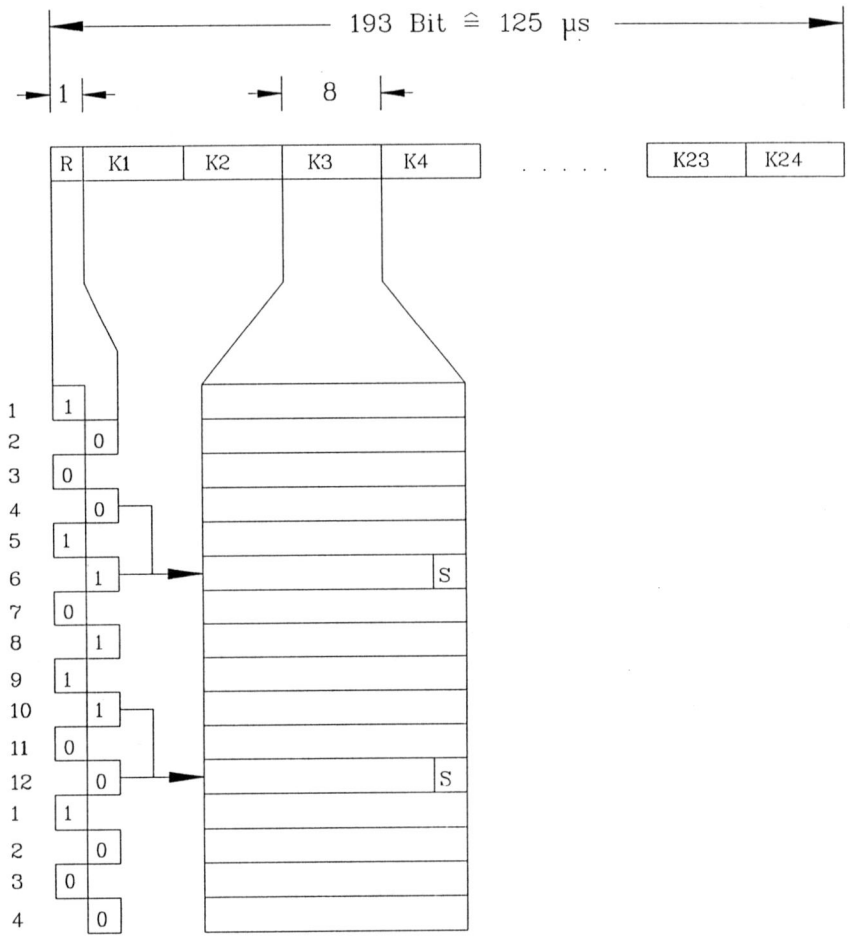

Bild 9.11   PCM 24 Rahmenaufbau (1,5-Mbit/s-System)

R: Rahmenkennungsbit
K1,..., K24: 24 Kanäle je 64 kbit/s für Nutzinformation
S: Stolen Bit – für die Zeichengabe entwendetes Bit

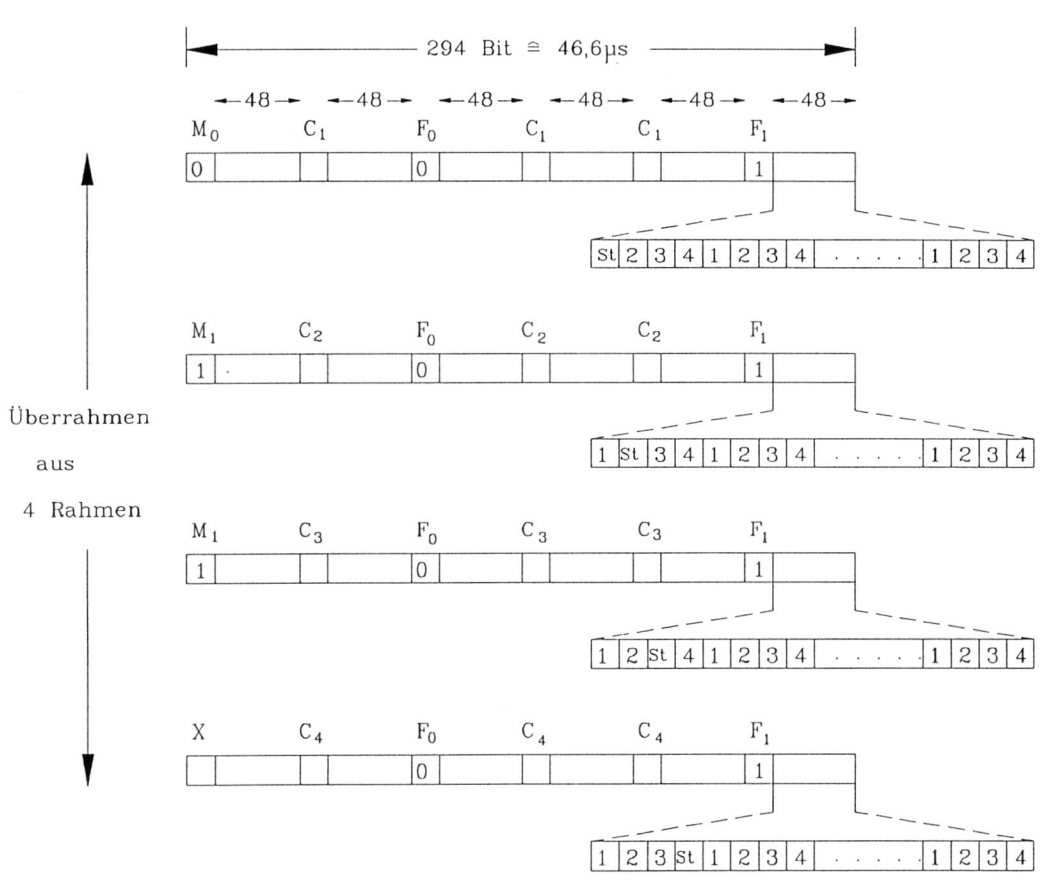

$C_i = 1$ St zum Stopfen verwendet

$C_i = 0$ St nicht zum Stopfen verwendet

Bild 9.12 PCM 96 Rahmenbildung und Stopfverfahren (6-Mbit/s-System)

C_1, ..., C_4: Stopfinformation
F_0, F_1: Rahmenkennungsbit
M_0, M_1: Überrahmenkennungsbit
X: Alarmbit
St: Stopfbit

wird bei jedem sechsten Rahmen das achte (d.h. niederwertigste) Bit jedes Zeit-
schlitzes verwendet - dieses steht deshalb für die Nutzsignalübertragung nicht zur
Verfügung. Pro 64 kbit/s Signal stehen somit ca. $1,3$ kbit/s für die Zeichengabe
zur Verfügung. Dieses Verfahren für die Zeichengabe wird als **Bit Stealing** (d.h.
Entwendung eines Nutzbits für die Signalisierung) bezeichnet. Bei der Sprachübertragung, für die das PCM 24 System ursprünglich konzipiert wurde, führt das Bit
Stealing Verfahren zu einer geringen, akzeptablen Verschlechterung der Sprachqua-
lität. Bei der Datenübertragung wäre der Verlust des achten Bits in jedem sechsten
Byte nicht akzeptabel. Häufig wird deshalb bei der Datenübertragung lediglich ein
7 Bit-Wort verwendet, das zu der Datenübertragungsrate von 56 kbit/s führt.

Bei dem **PCM** 96-System (DS-2) werden 4 plesiochrone PCM-24 Signale zu einem $6,312$ Mbit/s-Multiplexsignal zusammengefaßt. Die Multiplexbildung und das
Stopfverfahren sind im Bild 9.12 dargestellt. Ein Rahmen besteht aus 294 Bits, mit
der Rahmendauer von $46,6$ μs. Aus vier Rahmen wird ein Überrahmen gebildet. Die
Bits $F_0 \hat{=} 0$ und $F_1 \hat{=} 1$ haben jeweils den gleichen Abstand zueinander und bilden eine
alternierende Null-Eins-Folge. Dies wird für die Rahmensynchronisation verwendet.
Die Bits $M_0 \hat{=} 0$ und $M_1 \hat{=} 1$ bilden das Rahmenkennungswort $M_0 M_1 M_1 \hat{=} 011$, das
für die Überrahmensynchronisierung verwendet wird. Pro Überrahmen und Signal
kann 1 Bit als Stopfbit verwendet werden, und zwar im ersten Rahmen des Überrahmens für das erste Signal, im zweiten Rahmen des Überrahmens für das zweite
Signal usw. Falls beim i-ten Signal ($i = 1, \ldots 4$) gestopft wurde, werden die drei C_i
Bits zu 1 gesetzt, sonst sind sie 0.

Beim **PCM** 672-System (DS-3) werden 7 PCM 96 plesiochrone Signale und beim
PCM 4032 (DS-4) werden 6 PCM 672 plesiochrone Signale zu einem Multiplexsignal zusammengefaßt. Die Rahmenbildung und das Stopfverfahren sind ähnlich
wie beim PCM 96-System; hinzu kommt nun, daß über dem gesamten Überrahmen
auch eine Paritätsprüfung zur Fehlererkennung durchgeführt wird.

Die Multiplexbildung plesiochroner Signale ist wegen des erforderlichen Stopfens
recht aufwendig. In der **CCITT** (Comité Consultatif International de Télégra-
phique et Téléphonique, inzwischen International Telecommunication **U**nion - **T**ele-
communication Standardization Sector (**ITU-T**)) Periode 1985-88 wurde deshalb
eine neue **synchrone Multiplexhierarchie** erarbeitet. Im Mittelpunkt stand dabei die Multiplexbildung von synchronen Signalen verschiedener Bitraten an beliebigen Knoten in einem Netz. Als Randbedingung wurde die Anbindung der plesiochronen Multiplexsignale existierender Hierarchien vorgesehen – was allerdings zu
erheblichem Stopfaufwand führt.

Das Grundsystem der synchronen Multiplexhierarchie bildet das als **STM-1**(**S**ynchronous **T**ransport **M**odule-1)-Element bezeichnete Signal mit einer Bitrate von
$155,250$ Mbit/s. Multiplexsignale höherer Hierarchiestufen lassen sich direkt durch
das byteweise Verschachteln mehrerer (z.B. 4, 8, 12, 16) synchroner STM-1-Elemente
bilden. Diese werden dann als STM-N(N $= 4, 8, 12, 16$)-Elemente bezeichnet. Ein
STM-1-Element besteht aus einem Rahmen mit 9 Zeilen mit je 270 Byte und einer Rahmendauer von 125 μs (Bild 9.13). Die ersten 9 Bytes in jeder Zeile werden

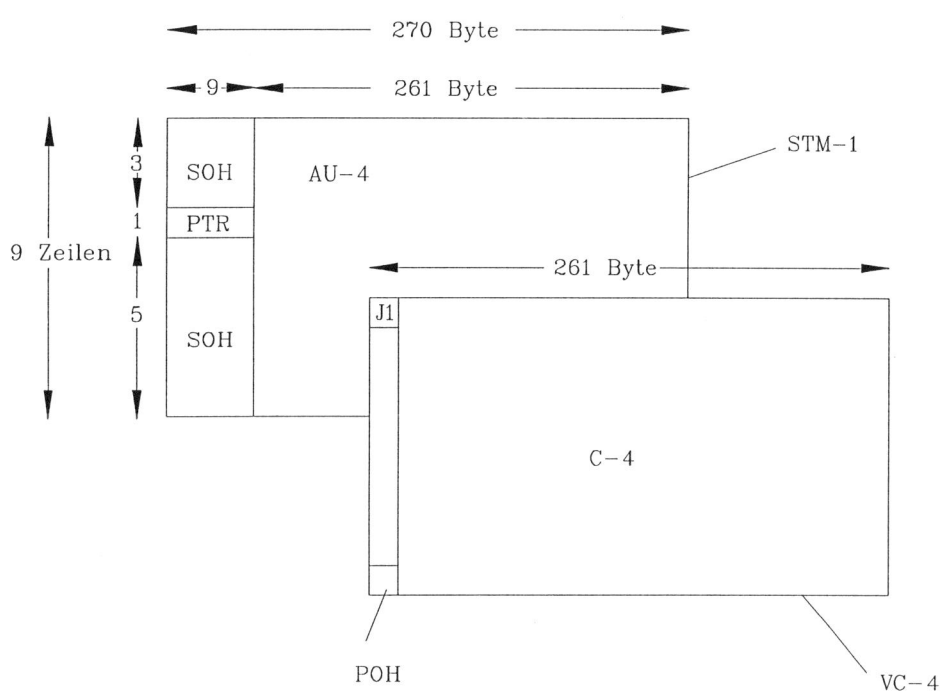

Bild 9.13 STM-1-Rahmenaufbau mit virtuellem Container VC-4

AU-4: Administrative Unit-4, C-4: Container-4, POH: Path Overhead, PTR: Pointer, SOH: Section Overhead, VC-4: Virtual Container-4, J1: Erstes Byte von VC-4

als SOH (**S**ection **O**verhead) bezeichnet und werden für die Synchronisation und Verwaltungsaufgaben verwendet. Hier werden auch Pointer (Zeiger) angelegt, deren Verwendung noch erläutert wird. Werden mehrere STM-1-Signale zu einem STM-N-Signal zusammengefaßt, so werden die einzelnen Signale in dem Kopfteil gekennzeichnet.

Die synchrone Multiplexhierarchie unterhalb eines STM-1-Elementes besteht aus verschiedenen Multiplexelementen, die durch Buchstaben- und Zifferngruppen gekennzeichnet werden (Bild 9.14). Sie sind byteorientiert und haben eine Rahmendauer von 125 μs (bei Bitraten wesentlich größer als 8 Mbit/s) oder 500 μs (bei niedrigeren Bitraten). Verschiedene Elemente können entsprechend Bild 9.15 zusammengesetzt werden, um ein STM-1-Element zu bilden. So können z.B. 4 TU-31 oder ein $C-4$ in einem $VC-4$ untergebracht werden, um ein STM-1-Element zu ergeben.

Die unterste Stufe der synchronen Multiplexhierarchie bilden **Container**, in denen herkömmliche plesiochrone Signale unter Verwendung von festgelegten Stopfverfahren eingepackt werden (z.B. PCM 30 in $C-12$). Dem Container wird ei-

Multiplexelement					Übertragungskapazität in Mbit/s
		TU	VC	C 11	1,6 bis 1,7
		TU	VC	C 12	2,2 bis 2,3
	TUG	TU	VC	C 21	6,8 bis 6,9
	TUG	TU	VC	C 22	9,1 bis 9,2
AU		TU	VC	C 31	37
AU		TU	VC	C 32	48 bis 50
AU			VC	C 4	150 bis 151

Bild 9.14 Multiplexelemente der synchronen Multiplexhierarchie und deren Übertragungskapazität

AU: Administrative Unit, C: Container, TU: Tributary Unit,
TUG: Tributary Unit Group, VC: Virtual Container

ne Spalte von Bytes, die POH (**Path Overhead**) genannt werden, hinzugefügt,
um einen **virtuellen Container** (VC) zu bilden. Im POH werden verschiedene
Steuerungs- und Verwaltungsinformationen übertragen. Insbesondere enthält das
POH Synchronisations- und Stopfinformationen, Paritätsbits usw. Virtuelle Container dienen als transparente Kanäle über Netzknoten hinweg. Hierzu wird jedem
virtuellen Container ein Pointer (Zeiger) zugeordnet. Der Pointer hat die Aufgabe,
den Rahmenanfang des betreffenden virtuellen Containers zu kennzeichnen. Im Bild
9.13 ist die Einbettung des $VC-4$ in einem STM-1-Element dargestellt. Der Pointer PTR im Section Overhead (SOH) zeigt die Stelle an, an der das erste Byte ($J1$)
von $VC-4$ beginnt. Auf diese Weise wird es möglich, den Rahmen des virtuellen
Containers vom Rahmen des STM-1-Elementes unabhängig zu machen. Bei einer
Umbettung bzw. einem Stopfvorgang muß lediglich der Pointer umcodiert werden.
Dieses Verfahren wird als **Pointertechnik** bezeichnet und ermöglicht, die virtuellen Container an Netzknoten als transparente Kanäle zu behandeln. Dies bedeutet,
daß jeweils nach Bedarf PCM-Multiplex-Kanäle an den Netzknoten durchgeschaltet
werden können. Man spricht von **Bündeldurchschaltung (Cross Connect)** in
der synchronen Multiplextechnik (STD - Synchronous Time Division Multiplex)
in diesem Zusammenhang insbesondere, wenn diese durch die Managementinstanz
eingeleitet wird.

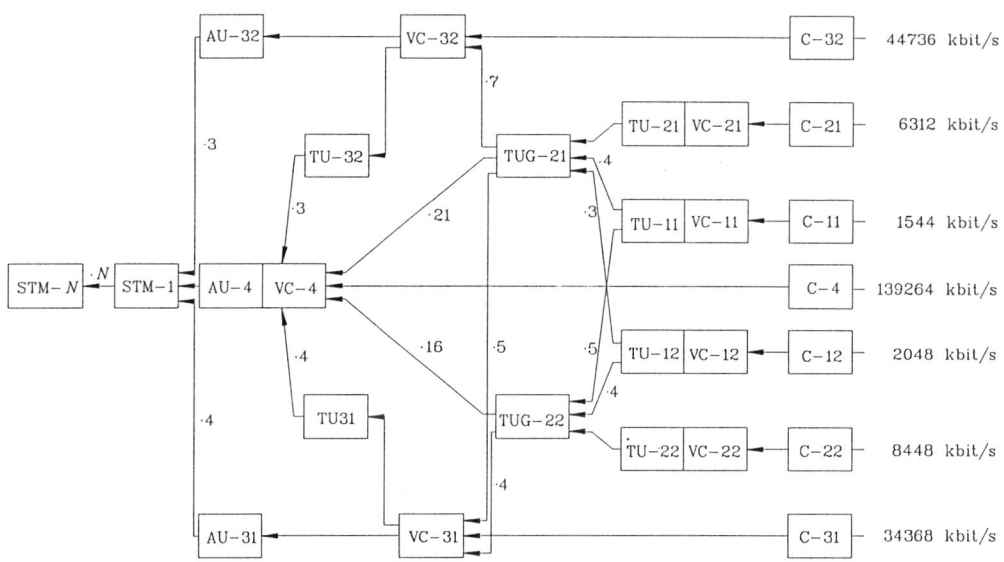

Bild 9.15 Zusammensetzung der Multiplexelemente in der synchronen
Multiplexhierarchie

AU: Administrative Unit, C: Container, STM: Synchronous Transport Module,
TU: Tributary Unit, TUG: Tributary Unit Group, VC: Virtual Container

Beispiel 9.5
In der Synchronen Multiplexhierarchie können unterschiedliche Bitströme in einem STM (Synchronous Transport Module) zusammengefaßt werden. So können beispielsweise 4 PCM 30(2 Mbit/s)Kanäle und 3 PCM 120(8 Mbit/s)Kanäle in einem VC-31 gepackt werden, um ein AU-31 zu ergeben (s.Bild 9.15). Vier solche AU-31 können wiederum in einem STM-1 zusammengefaßt werden.

9.4   Richtungstrennungsverfahren

Häufig ist es erforderlich, auf Zweidrahtleitungen (d.h. auf einem Adernpaar) eine Datenübertragung im Duplexverkehr abzuwickeln. Hierzu werden besondere Multiplexverfahren, die man als **Richtungstrennungsverfahren** oder Verfahren zur **Zweidraht-Vierdraht-Umwandlung** bezeichnet, angewandt.

Das Frequenzmultiplexverfahren kann, wie bei der Multiplexbildung, ohne Veränderung auch für die Richtungstrennung angewandt werden. Es wird dann als **Frequenzgetrenntlageverfahren** oder **Frequenzgabel** (Bild 9.16) bezeichnet.

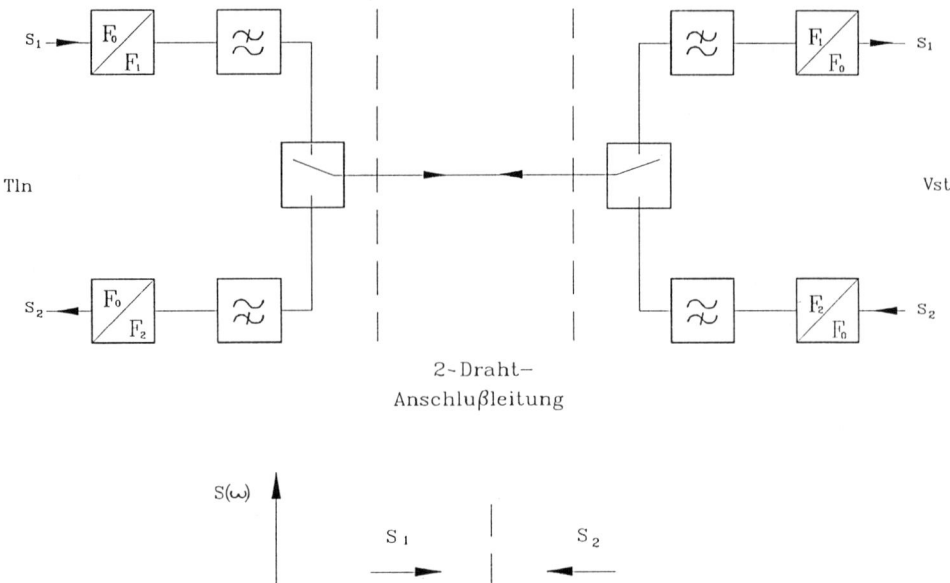

Bild 9.16   Frequenzgetrenntlageverfahren

Auch das Zeitmultiplexverfahren wird für die Richtungstrennung, insbesondere im Teilnehmeranschlußbereich von Nebenstellenanlagen, eingesetzt. Es wird auch als **Zeitgetrenntlageverfahren**, **Ping-Pong-Technik** oder **Zeitgabel** bezeichnet (Bild 9.17). Signale in beiden Richtungen werden im gleichen Frequenzbereich, jedoch zeitlich nacheinander, als Datenpakete (Bursts) übertragen. Zwischen den Datenpaketen wird eine genügend große Pause für den Übertragungsvorgang (Signallaufzeit) und eine Schutzzeit eingelegt. Meist übernimmt eine der Stationen die Taktsteuerung (Master-Funktion) und die Gegenstation (Slave) schickt ihr Datenpaket nach einer kurzen Schutzzeit nach dem Empfang des ankommenden Datenpakets ab. Das Zeitgetrenntlageverfahren ist relativ einfach zu realisieren, denn es wird lediglich eine Speicherung und eine Steuerung mit Taktung erforderlich. Beide können digital ausgelegt werden. Der Hauptnachteil des Verfahrens ist, daß eine sehr hohe Bitrate (größer als die doppelte Bitrate des ursprünglichen Signals) erforderlich wird. Die Reichweite des Verfahrens ist im wesentlichen durch die Signallaufzeit begrenzt.

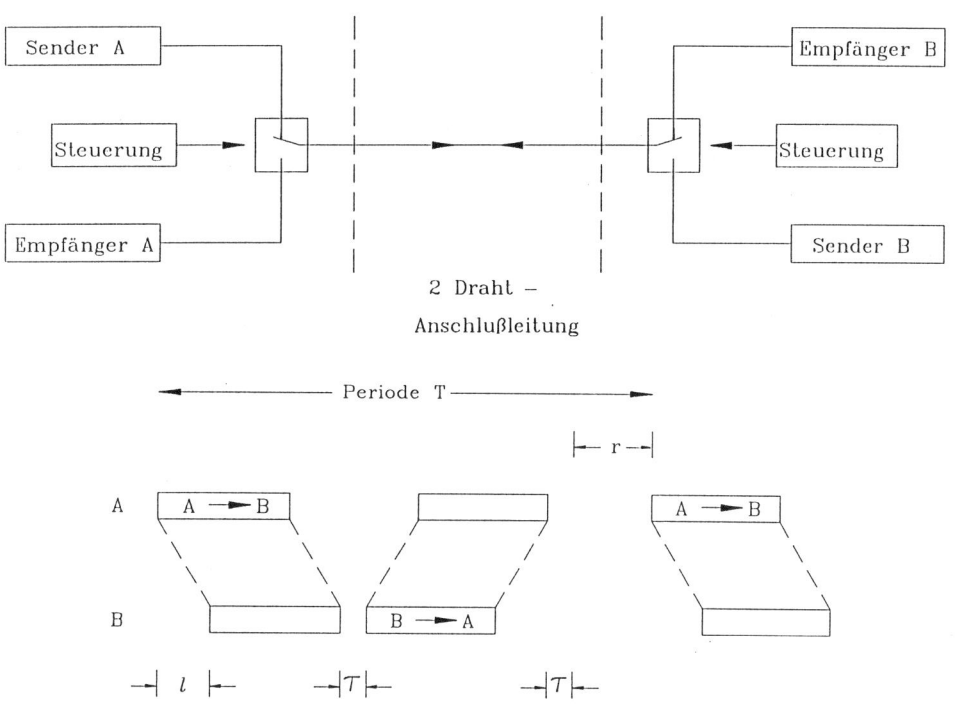

Bild 9.17   Prinzip des Zeitgetrenntlageverfahrens
l: Laufzeit, r: nicht genutzte Zeitreserve, τ: Schutzzeit

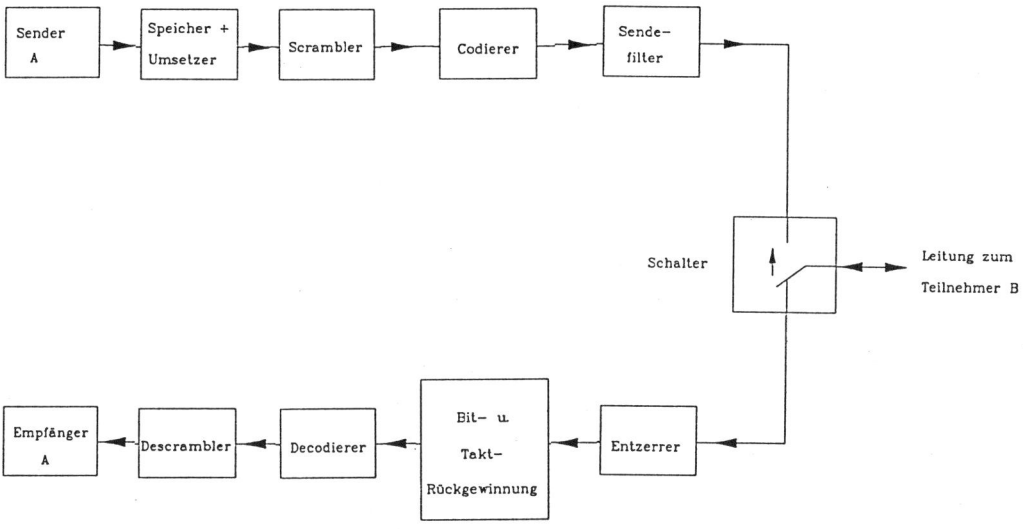

Bild 9.18   Blockschaltbild des Zeitgetrenntlageverfahrens

Beispiel 9.6

Für die Duplexübertragung auf einer Teilnehmeranschlußleitung mit dem Zeitge-trenntlageverfahren werden Datenpakete von 38 Bits gebildet. Diese bestehen aus einem Startbit für die Synchronisation, einem Schlußbit für den Gleichstromaus-gleich und 36 Nutzbits. Die Stationen liefern diese 36 Bits alle 250 μs, d.h. die Nutzdatenrate pro Station beträgt $(36/250\ \mu s) = 144\ kbit/s$. Insgesamt stehen so-mit pro Station $(38/36) \times 144\ kbit/s = 152\ kbit/s$ für die Übertragung in jede Richtung an. Für die Übertragung auf der Anschlußleitung wird eine Bitrate von $384\ kbit/s$ gewählt. Für die Übertragung eines Datenpakets aus 38 Bit benötigt man $(38\ Bit/384\ kbit/s) = 99\ \mu s$. Als Schutzzeit werden 5 μs nach jedem Datenpaket angesetzt.

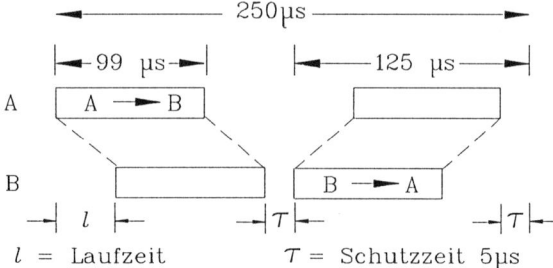

Somit verbleiben für die Signallaufzeit $(125 - 104)\ \mu s = 21\ \mu s$. Bei einer Signal-laufzeit von 6 μs pro km können somit $3,5\ km$ überbrückt werden.

Beim **Echokompensationsverfahren**, auch **adaptive Gabel** genannt, wird für die Ein- und Auskopplung der Sende- und Empfangssignale eine Gabelschaltung, wie sie auch beim analogen Telefon angewandt wird, eingesetzt. Die Gabel ist auf die Übertragungsfrequenz der digitalen Bitströme abgestimmt, reicht aber für die erforderliche Entkopplung gewöhnlich nicht aus. Im Bild 9.19 sind die Echos, die bei der Verwendung einer Gabel auftreten, aufgezeigt. Es ist einmal die unzureichende Entkopplung zwischen der Sende- und Empfangsrichtung in der Gabel, dann sind es die Reflektionen an Stoßstellen in der Anschlußleitung und letztlich auch das Fer-necho an der Empfängergabel, die die Störungen verursachen. Alle diese Störungen korrelieren direkt mit dem entsprechenden Sendesignal, man kann deshalb unter Verwendung von Korrelationsverfahren die Störungen auf der Empfangsseite kom-pensieren.

Im Bild 9.20 ist das Prinzip des Verfahrens dargestellt. Das empfangene Signal $\tilde{S}$ an der Station A besteht aus dem gedämpften Signal S_B der Station B und den Echos E, die mit dem eigenen Sendesignal S_A korrelieren. Ein Regelalgorithmus stellt die Koeffizienten des Transversalfilters so ein, daß die Signale S_A und E_A möglichst nicht korrelieren bzw. $\hat{E}$ möglichst gleich E und somit E_A gleich S_B wird. In der einfachsten Version wird am Anfang der Übertragung eine Trainingsphase einge-legt. In dieser Phase sendet die Station B kein Signal, so daß $\tilde{S}$ gleich E wird. Die Filterkoeffizienten werden nun so gewählt, daß $\hat{E}$ gleich E wird und am Regler E_A gleich Null anliegt. Da die Echoeigenschaften auf Anschlußleitungen über längere

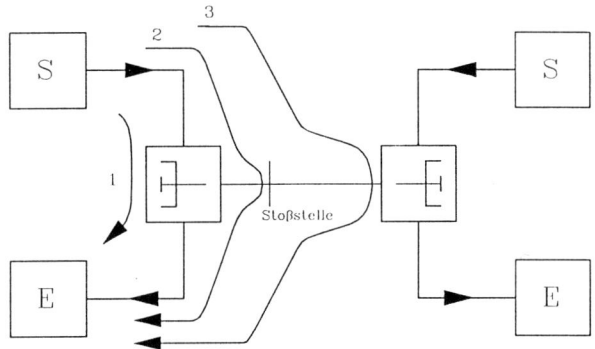

Bild 9.19 Echos bei der Verwendung einer Gabel zur Richtungstrennung
1: Nahecho, 2: Echo durch Reflektion an einer Stoßstelle,
3: Fernecho durch Reflektion an der Empfängergabel

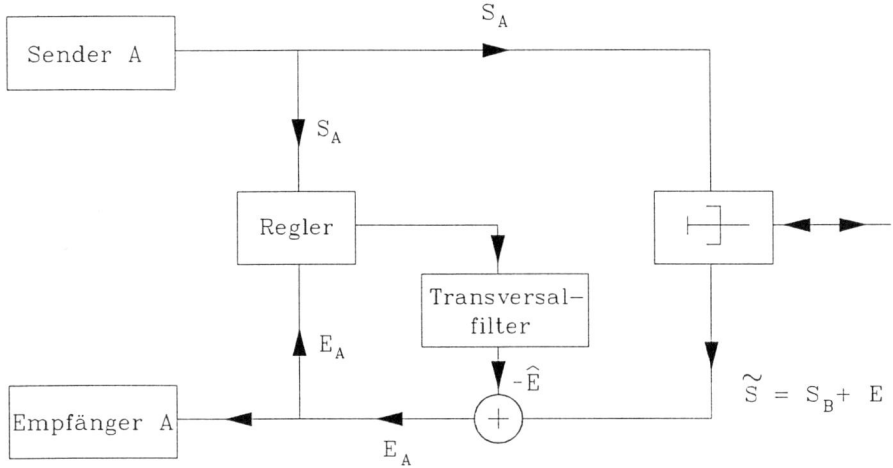

Bild 9.20 Prinzip des Echokompensationsverfahrens

Zeit konstant bleiben, ist meist eine Trainingsphase nicht erforderlich – die Adaption wird im laufenden Betrieb durchgeführt. Das Verfahren hängt entscheidend davon ab, daß die Folgen S_A und S_B statistisch unabhängig sind. Da dies bei Nutzdaten, insbesondere auch bei Sprache, häufig nicht der Fall ist, werden bei beiden Stationen unterschiedliche Verwürfler eingesetzt, um die statistische Unabhängigkeit zu gewährleisten (Bild 9.21). Das Echokompensationsverfahren wird sowohl bei der Modemübertragung (meist in der Trainingsfolgeversion) als auch (in der adaptiven Version) bei der digitalen Übertragung im öffentlichen Netz (ISDN-Anschluß) angewandt. Der Realisierungsaufwand ist wegen der erforderlichen Signalverarbeitung erheblich. Die Güte des Verfahrens hängt außer vom Regelalgorithmus entschei-

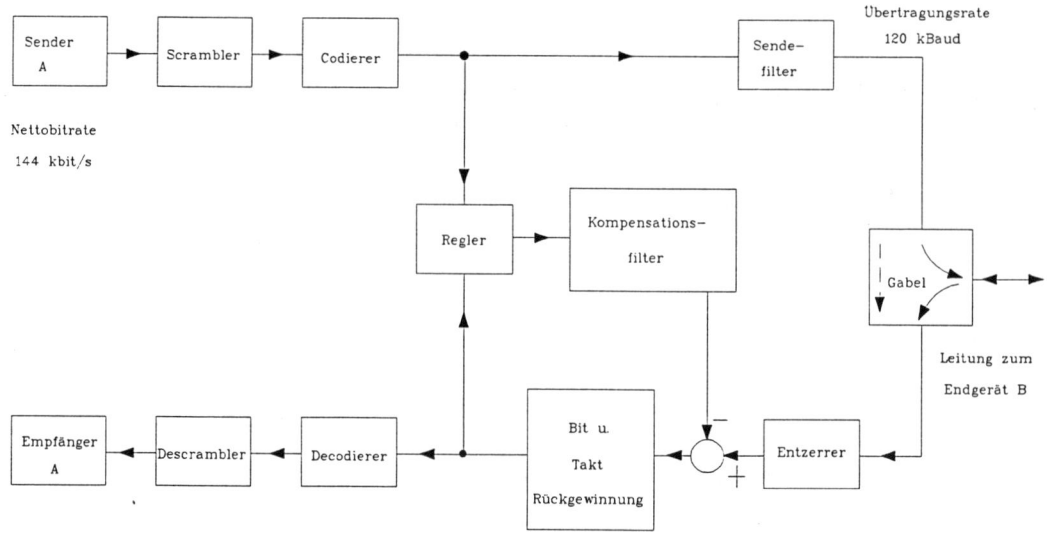

Bild 9.21   Blockschaltbild des Echokompensationsverfahrens

dend von der Genauigkeit des Transversalfilters und dem Zeitfenster, in dem eine Kompensation durchgeführt wird, ab.

Im Gegensatz zum Zeitgetrenntlageverfahren gibt es hier keine harte physikalische Grenze für die Reichweite des Verfahrens. Theoretisch kann bei einem entsprechend hohen Aufwand für die Kompensation die Reichweite einer Vierdrahtübertragung erreicht werden. Der wesentliche Vorteil des Verfahrens liegt darin, daß die Übertragungsrate auf der Leitung nicht erhöht wird und daher auch die Störeigenschaften des Systems nicht verschlechtert werden.

9.5   Aufgaben zu Kapitel 9

Aufgabe 9.1
Eine Uhr, die für die Multiplexbildung von PCM 30 verwendet wird, hat eine Genauigkeit von 10^{-6}. Bis zu wieviel übertragenen Rahmen kann man sicher sein, daß höchstens ein Schlupf gegenüber einem Bitstrom mit der Nennbitrate auftritt?
Bis zu wieviel Rahmen tritt höchstens ein Schlupf auf, wenn diese Uhr für die Multiplexbildung von PCM 1920 verwendet wird?
Wie genau muß die Uhr sein, damit bei der Multiplexbildung von PCM 30 maximal ein Schlupf pro Minute auftreten kann?

Lösung 9.1

(a) Das PCM 30 hat eine Rahmenlänge von 256 Bit. Die Genauigkeit von 10^{-6} entspricht 1 in 10^{6}, d.h. ein Bitschlupf höchstens in 10^{6} Bit.

10^{6} Bit entsprechen

$$\frac{10^{6}\ Bit}{256\ Bit/Rahmen} = 3906\ Rahmen\ .$$

Bis zu 3906 Rahmen wird höchstens ein Schlupf auftreten.

(b) Beim PCM 1920 beträgt die Rahmenlänge 2928 Bit. Es tritt höchstens ein Schlupf bis zu

$$\frac{10^{6}\ Bit}{2928\ Bit/Rahmen} = 341\ Rahmen,$$

auf.

(c) Das PCM 30 überträgt in einer Minute

$$\frac{256\ Bit}{125\ \mu s} \cdot 60s = 1,22\ \cdot 10^{8}\ Bit\ .$$

Ein Schlupf pro $1,22\ \cdot 10^{8}$ Bit entspricht

$$\frac{1}{1,22\ \cdot 10^{8}} = 8,139\ \cdot 10^{-9}\ ,$$

d.h. eine Genauigkeit von $8,139\ \cdot 10^{-9}$ ist erforderlich.

Aufgabe 9.2

Wir betrachten die Synchronisierung eines Rahmens, bestehend aus N Bit, einschließlich des Synchronwortes aus L Bit.

(a) Wie hoch ist die Wahrscheinlichkeit, daß in einem zufälligen Bitstrom ein Synchronwort auftritt?

(b) Wie häufig muß im Mittel eine Position im Rahmen überprüft werden, bis feststeht, daß es sich um eine Fehlsynchronisation handelt? Wieviel Zeit wird hierfür benötigt, wenn die Bitdauer T Sekunden beträgt?

(c) Wieviel Zeit vergeht im Mittel, bis die Synchronstelle gefunden wird?

(d) Der PCM 30 Rahmen besteht aus 256 Bit. Das Synchronwort besteht aus 7 Bit und wird alternierend mit dem Meldungswort (d.h. in jedem zweiten Rahmen) gesendet. Wieviel Zeit wird im Mittel benötigt, bis die Synchronisationsstelle gefunden ist? Wieviel Zeit wäre erforderlich, wenn man das Synchronwort in jedem Rahmen senden würde?

Lösung 9.2

(a) Die Wahrscheinlichkeit, daß ein bestimmtes Bit eine 1 oder eine 0 ist, beträgt 0,5.
Die Wahrscheinlichkeit, daß das Synchronwort bestehend aus L Bit im zufälligen Bitstrom auftritt, ist somit

$$p = (0,5)^{L}\ .$$

(b) Eine Fehlsynchronisation wird mit der Wahrscheinlichkeit $(1 - p)$ bereits bei der ersten Prüfung erkannt. Sie wird mit der Wahrscheinlichkeit $p \cdot (1-p)$ nach zweimaliger Überprüfung erkannt, $p^2 \cdot (1 - p)$ nach dreimaliger Prüfung usw. Im Mittel sind

$$A = (1 - p) + 2 \cdot p \cdot (1 - p) + 3 \cdot p^2 \cdot (1 - p) + \dots$$

Überprüfungen erforderlich. Die Aufsummierung ergibt

$$A = (1 - p) \cdot (1 + 2p + 3p^2 + 4p^3 + \dots)$$
$$= (1 - p) \cdot (1 + p + p^2 + p^3 + \dots)^2$$
$$= (1 - p) \cdot (\frac{1}{1 - p})^2 = \frac{1}{1 - p}.$$

Die erste Prüfung kann unmittelbar beim Vorliegen des Bitstroms vorgenommen werden, die zweite Prüfung erst nach Ablauf eines Rahmens, d.h. $N \cdot T$ Sekunden später usw.
Die erforderliche Zeit ist somit

$$Z = (A - 1) \cdot N \cdot T = \frac{p}{1 - p} \cdot N \cdot T.$$

(c) Die korrekte Synchronisation tritt einmal in einem Rahmen auf. Im Mittel muß man also $\frac{N}{2}$ Stellen überprüfen, bis die richtige Synchronisation auftritt. Im Mittel vergeht deshalb die Zeit

$$\frac{N}{2} \cdot Z = \frac{N}{2} \cdot \frac{p}{1 - p} \cdot N \cdot T$$

bis die Synchronisationsstelle gefunden wird.

(d) Beim PCM 30 gilt: $N = 2 \cdot 256$ Bit $= 512$ Bit, $L = 7$ Bit, $N \cdot T = 250 \, \mu s$. Die für das Auffinden der Synchronisation erforderliche Zeit ist somit

$$\frac{512}{2} \cdot \frac{(0,5)^7}{1 - (0,5)^7} \cdot 250 \, \mu s = 0,5 \, ms.$$

Würde man das Synchronwort in jedem Rahmen senden, so wäre $N = 256$ Bit, $L = 7$ Bit und $N \cdot T = 125 \, \mu s$. Somit wäre die für das Auffinden der Synchronstelle erforderliche Zeit

$$\frac{256}{2} \cdot \frac{(0,5)^7}{1 - (0,5)^7} \cdot 125 \, \mu s = 0,126 \, ms$$

Aufgabe 9.3

Wir betrachten den Einsatz des Ping-Pong-Verfahrens bei der PCM-Sprachübertragung. Die Pakete bestehen aus einem Startbit, $n \times$ (8 Sprachbits + 2 Signalisierbits) und einem Ausgleichsbit, d.h. insgesamt aus $(2 + 10n)$ Bits, die jeweils in eine Richtung pro $n \cdot 125 \, \mu s$ anfallen. Die Schutzzeit zwischen den Paketen wird auf $5 \, \mu s$ festgelegt. Die Signallaufzeit beträgt $6 \, \mu s / km$, und die Pakete werden mit $256 \, kbit/s$ übertragen.
Geben Sie die überbrückbare Leitungslänge l in Abhängigkeit von der Anzahl der Abtastwerte pro Paket n an, und zeichnen Sie den Zusammenhang für $n \leq 8$. Berechnen Sie die maximal überbrückbare Länge, falls eine Verzögerung von $0,5 \, ms$ bei der Sprachübertragung zulässig ist.

Lösung 9.3

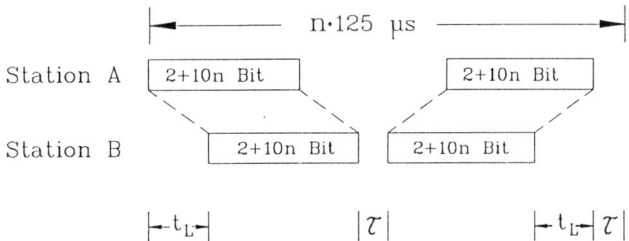

t_L ist die Laufzeit, τ die Schutzzeit.

Man kann aus der obigen Abbildung die folgende Gleichung ablesen

$$n \cdot 125 \ \mu s = 2 \cdot t_L + 2 \cdot \frac{(2 + 10 \ n) \ Bit}{256 \ kbit/s} + 2 \cdot \tau \ ,$$

wobei $t_L = 6 \mu s/km \cdot l$, $\tau = 5 \ \mu s$.

$$n \cdot 125 = 2 \cdot 6 \cdot l/km + 2 \cdot \frac{2 + 10 \ n}{256} \cdot 10^3 + 2 \cdot 5 \ ,$$

$$125 \ n = 12 \ l/km + 78,125 \ n + 25,625 \ ,$$

$$46,875 \ n = 12 \ l/km + 25,625 \ .$$

Man löst die letzte Gleichung nach l/km auf,

$$l/km = \frac{46,875}{12} \cdot n - \frac{25,625}{12} \ .$$

Es ergibt sich die folgende Wertetabelle

n	1	2	3	4	5	6	7	8
l/km	1,8	5,7	9,6	13,5	17,4	21,3	25,2	29,1

Leitungslänge l [km]

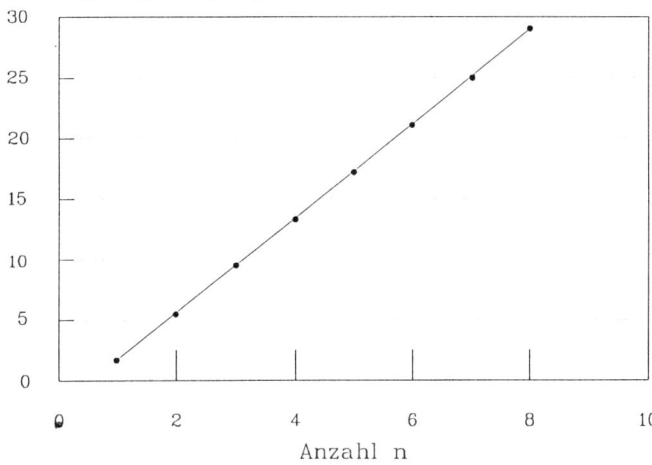

Anzahl n

Bei einer Verzögerung von $0,5 \ ms$ ist $n = 4$. Daraus ergibt sich die maximal überbrückbare Leitungslänge $l = 13,5 \ km$.

10 Durchschalte- und Speichervermittlung

Vermittlungsverfahren bilden den Schwerpunkt von Kapitel 10. Im Abschnitt 10.1 werden die Grundbegriffe der Durchschalte- und der Speichervermittlung eingeführt. Im Abschnitt 10.2 wird zunächst die Zeitmultiplextechnik näher betrachtet, Raum- und Zeitkoppelstufen behandelt und die Bedingung von Clos für blockierungsfreie Koppelanordnungen abgeleitet. Es folgen Blockierungsbetrachtungen an Hand von Wegegraphen, und die Koppelpunktersparnisse, die bei Zulassung geringer Blockierungswahrscheinlichkeiten möglich sind, werden an einigen Beispielen aufgezeigt. Es folgt eine kurze Betrachtung von Wegesuchverfahren und Verkehrs- und Wahlarten. Im Abschnitt 10.3 werden die Speichervermittlungsverfahren behandelt. Zunächst werden die Eigenschaften der Sendungsvermittlung (Message Switching) ausführlich erläutert. Anschließend werden aus der Betrachtung der statistischen Multiplexbildung die Paketvermittlungsverfahren eingeführt. Es folgt ein qualitativer Vergleich der verschiedenen Vermittlungsverfahren. Die Betrachtungen werden im Abschnitt 10.4 fortgeführt, wo die Integration der Durchschalte- und Paketvermittlung behandelt wird. Abschließend wird das ATM-Verfahren (Asynchronous Transfer Mode), das bei der Entwicklung des Breitband-ISDN eine zentrale Rolle spielt, vorgestellt.

10.1 Einführung

Bisher haben wir die Kommunikation zwischen zwei Partnern betrachtet. Meist sind es jedoch mehrere Teilnehmer, die miteinander eine Kommunikationsbeziehung unterhalten, d.h. miteinander Nachrichten austauschen. Unterhält man pro solcher Kommunikationsbeziehung zwischen n Teilnehmern jeweils eine Leitung für die Nachrichtenübertragung, so sind, wie im Bild 10.1a gezeichnet, $n \cdot \frac{(n-1)}{2}$ Leitungen erforderlich. Hat man pro Teilnehmer $(n-1)$ Endgeräte, so kann jeder Teilnehmer simultan mit jedem anderen Teilnehmer kommunizieren. Gewöhnlich hat man jedoch ein Endgerät pro Teilnehmer, so daß nunmehr im einfachsten Fall bei jedem Teilnehmer $(n-1)$ Leitungen an einer Steckerleiste enden und bei Bedarf das Endgerät entsprechend eingesetzt werden kann.

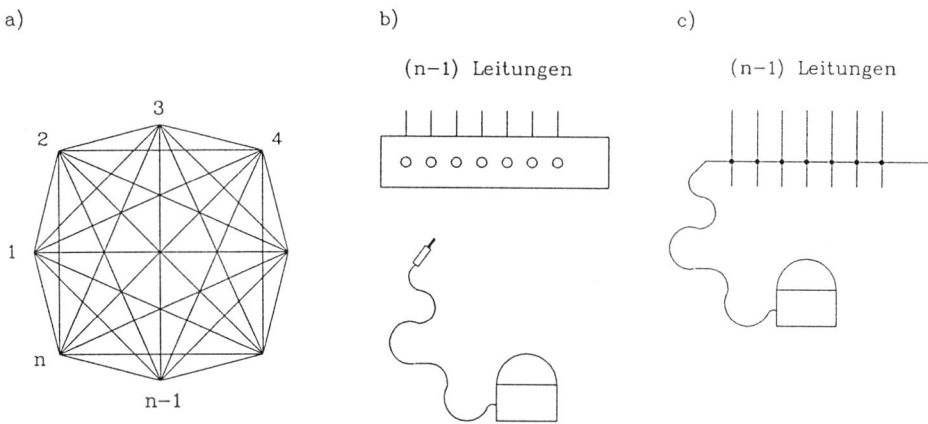

Bild 10.1 Kommunikation zwischen n-Partnern mit einer Leitung
zwischen je zwei Partnern
a) Vollvermaschung
b) Steckerleiste bei jedem Teilnehmer
c) Schaltmittel bei jedem Teilnehmer

Der Vermittlungsvorgang besteht nun daraus, beim Wunsch des Teilnehmers A,
mit dem Teilnehmer B Nachrichten auszutauschen, das Endgerät des Teilnehmers
A an die Leitung zum Teilnehmer B zu stecken und dem Teilnehmer B durch Ton-
oder Lichtsignal den Kommunikationswunsch kenntlich zu machen. Der Teilnehmer
B muß dann sein Endgerät entsprechend am anderen Leitungsende einstecken, bevor der Informationsaustausch beginnen kann. Anstatt manuell zu stöpseln, kann
man auch mechanische oder elektronische Schalter verwenden, um zwischen zwei
Leitungen wahlweise eine Verbindung herzustellen. Schaltmittel, die es ermöglichen, eine Verbindung zwischen zwei Leitungen herzustellen und wieder zu trennen,
nennt man **Koppelpunkte**. Da pro Kommunikationsrichtung meist zwei Adern
für die Signalübertragung verwendet werden, hat man pro Koppelpunkt zwei (bei
Simplexübertragung) oder vier (bei Duplexübertragung) Kontakte, die gleichzeitig
betätigt werden, um die Verbindung durchzuschalten oder zu trennen. Man spricht
entsprechend von zwei- oder vieradriger Durchschaltung. Einrichtungen, die eine
Durchschaltung von Verbindungen zwischen mehreren Teilnehmern oder Leitungen
ermöglichen, nennt man **Koppelanordnungen**. Eine Reihe aus Koppelpunkten,
mit denen man eine Leitung wahlweise mit mehreren Leitungen verbinden kann,
nennt man eine **Koppelreihe** (Bild 10.2). In unserem Beispiel ist pro Teilnehmer
eine solche Koppelreihe mit $(n-1)$ Koppelpunkten erforderlich. Insgesamt benötigt
man also $n \cdot (n-1)$ Koppelpunkte.

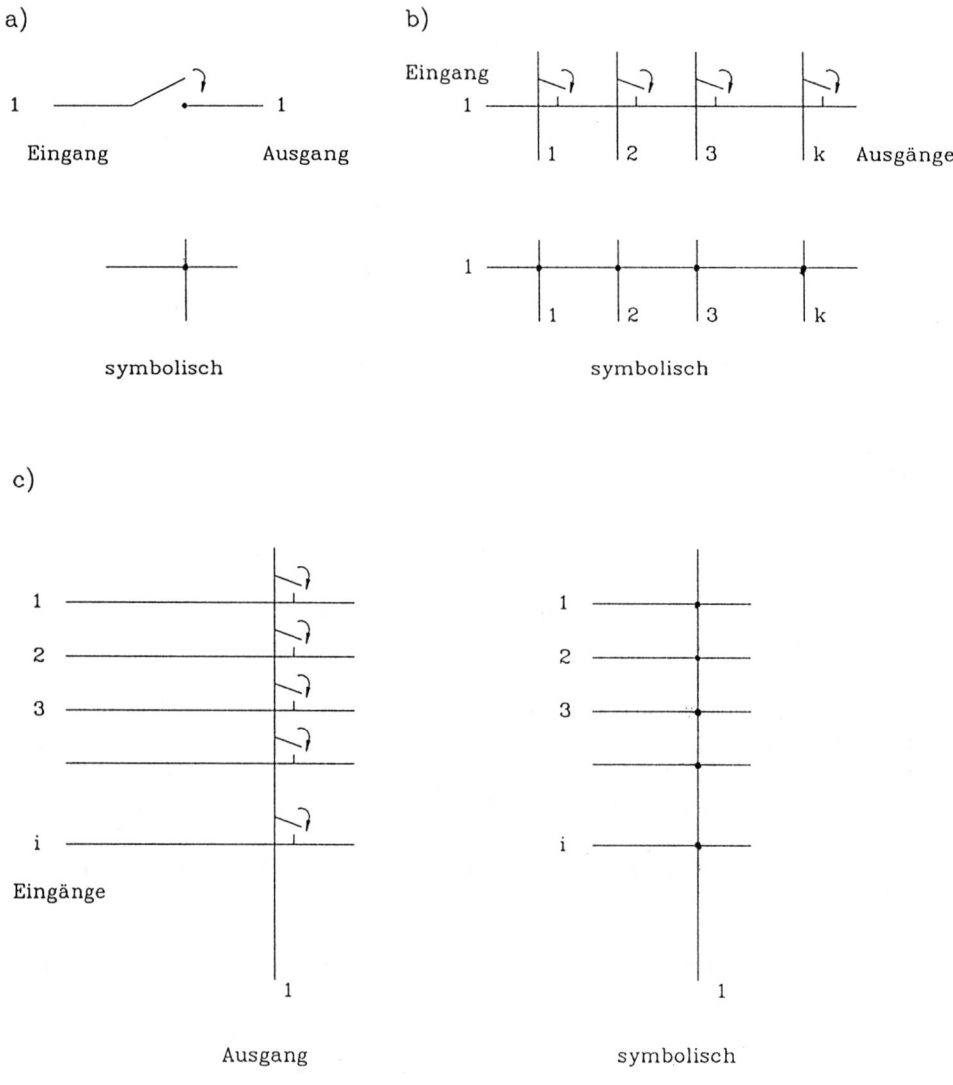

Bild 10.2   Koppelpunkt und Koppelreihen
a) Koppelpunkt
b) Koppelreihe mit einem Eingang und k Ausgängen
c) Koppelreihe mit i Eingängen und einem Ausgang

Man kann nun den Aufwand für die Durchschaltung und gleichzeitig die erforderliche gesamte Leitungslänge verringern, indem man die Koppelpunkte zentral anordnet (Bild 10.3). Hierzu verwendet man eine matrixartige Anordnung von Koppelpunkten, die **Koppelvielfach** oder **Koppelmatrix** genannt wird. Diese ermöglicht es, i Eingänge mit k Ausgängen wahlweise zu verbinden (Bild 10.4).

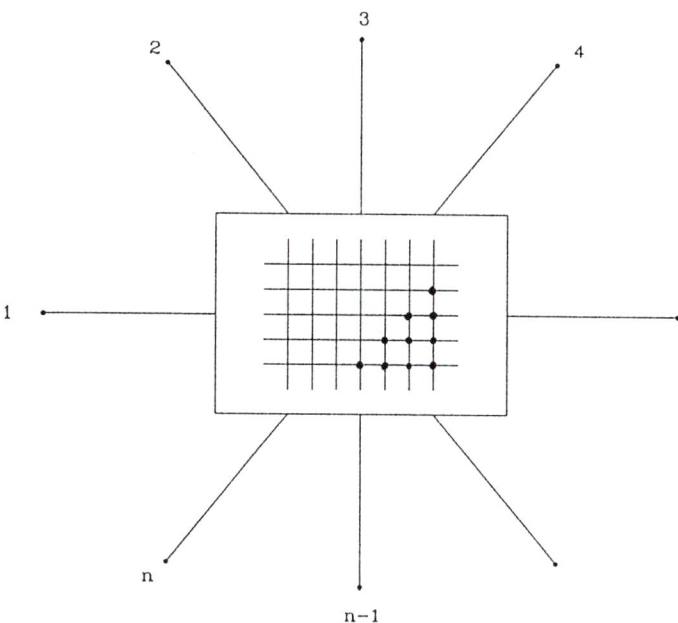

Bild 10.3   Kommunikation zwischen n-Partnern über eine Koppelanordnung

In unserem Beispiel können wir eine solche Koppelmatrix verwenden, wobei wir jeden Teilnehmer sowohl am Eingang als auch am Ausgang der Koppelmatrix anschalten. Da wir pro Teilnehmerpaar nur eine Verbindung durch die Koppelmatrix und zwischen dem Eingang und dem Ausgang eines Teilnehmers gar keine Verbindung benötigen, können wir die Anzahl der Koppelpunkte auf $n \cdot \frac{(n-1)}{2}$ reduzieren (Bild 10.5). Mit dieser Koppelanordnung können bei n Teilnehmern maximal $n/2$ Verbindungen bei n gerade (bzw. $(n-1)/2$ Verbindungen bei n ungerade) gleichzeitig geführt werden, wobei pro Verbindung genau ein Koppelpunkt verwendet wird. Die Koppelanordnung hat die Eigenschaft, daß stets, wenn ein Teilnehmer A eine Verbindung mit einem Teilnehmer B wünscht und der Teilnehmer B frei ist (d.h. nicht bereits an einer anderen Verbindung beteiligt ist), die Verbindung auch durchgeschaltet werden kann. Man nennt eine Koppelanordnung mit dieser Eigenschaft **blockierungsfrei**. Verzichtet man auf die Blockierungsfreiheit, so kommt man mit wesentlich weniger Koppelpunkten aus, wie wir im nächsten Abschnitt sehen werden. Dies ist besonders wichtig bei einer großen Anzahl von Teilnehmern, denn die

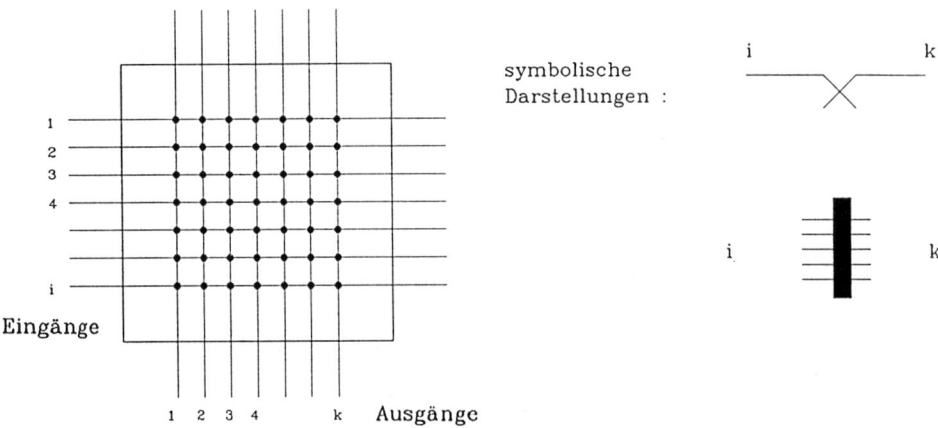

Bild 10.4   Koppelvielfach (Koppelmatrix) aus $i \cdot k$ Koppelpunkten

Anzahl der Koppelpunkte wächst in unserem Beispiel quadratisch mit der Teilnehmerzahl. Bei tausend Teilnehmern benötigt man bei der Anordnung im Bild 10.5 ca. $5 \cdot 10^5$ Koppelpunkte, d.h. etwa 500 Koppelpunkte pro Teilnehmer!

Wie wir in Kapitel 9 bereits gesehen haben, wird bei der Multiplexbildung von Signalen nicht die ganze Leitung für eine Verbindung zur Verfügung gestellt, sondern es werden hierfür lediglich Teilkanäle verwendet. Die Verfahren zur Durchschaltung solcher Teilkanäle werden wir im nächsten Abschnitt kennenlernen. Von der **Durchschaltevermittlung** spricht man, wenn Leitungen oder Zeitmultiplexkanäle in Koppelanordnungen durchgeschaltet werden, um eine Verbindung zwischen den Teilnehmern zu verwirklichen. Man unterscheidet beim Vermittlungsvorgang zwischen drei Phasen, wie wir sie im Abschnitt 2.2 kennengelernt haben. In der **Verbindungsaufbauphase** wird der Verbindungswunsch eines Teilnehmers A, mit dem Teilnehmer B zu kommunizieren, der Vermittlungszentrale angezeigt. Diese zeigt den Wunsch dem Teilnehmer B an. Bei einer Annahme des Wunsches durch den Teilnehmer B wird die **Verbindungsphase** eingeleitet, in der zwischen den Teilnehmern Nutzinformationen über die durchgeschaltete Verbindung ausgetauscht werden. Gewöhnlich können beide Teilnehmer die **Verbindungsabbauphase** durch entsprechende Signale an die Vermittlungssteuerung einleiten. Dieses leitet die **Ruhephase** ein, indem sie die Verbindung durch die Koppelanordnung wieder trennt.

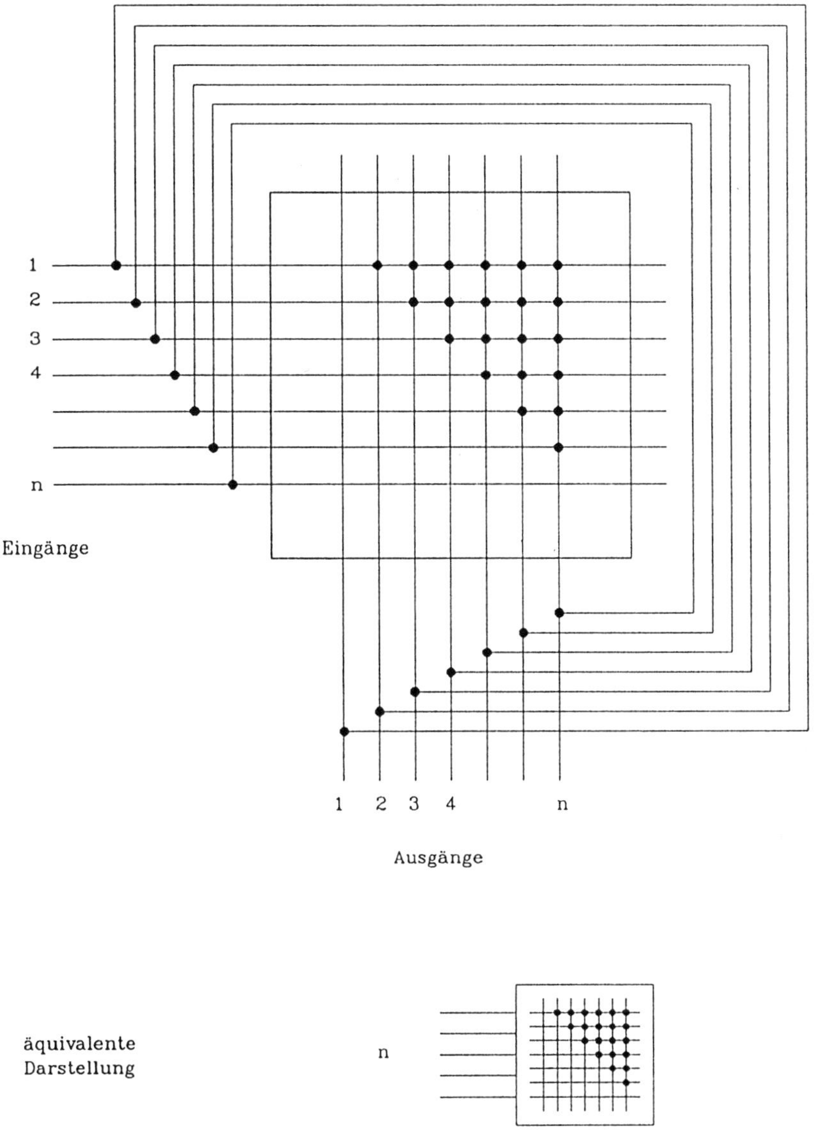

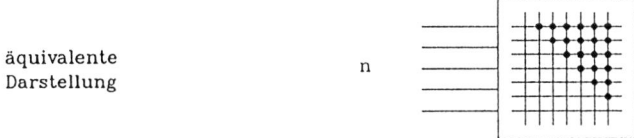

Eingänge

Ausgänge

äquivalente
Darstellung

n

Bild 10.5 Eine blockierungsfreie Koppelanordnung mit $n \cdot (n-1)/2$ Koppelpunkten und n Ein- und Ausgängen

Bei einer genauen Betrachtung der Kommunikationsvorgänge bei der Durchschaltevermittlung erkennen wir, daß einerseits Nutzinformationen zwischen den Teilnehmern ausgetauscht werden, andererseits auch Steuerinformationen zwischen den Teilnehmern und der Vermittlungsstelle, gelegentlich auch zwischen den Teilnehmern selbst, ausgetauscht werden.

Es ist nicht zwingend erforderlich, daß Nutzinformationen und Steuerinformationen über dieselben Leitungen oder dieselben Teilkanäle übertragen werden. Je nach Aufgabenstellung und Zweckmäßigkeit kann das ISO-Modell, wie wir es im Kapitel 2 kennengelernt haben, insgesamt auf die Kommunikation zwischen den Teilnehmern (d.h. einschließlich der Steuerungsaufgaben) oder aber auch getrennt für die Kommunikation zwischen den Teilnehmern und zwischen den Teilnehmern und der Vermittlungsstelle angewandt werden. Die letztere Betrachtungsweise ist häufig hilfreich, wenn für Nutz- und Steuerinformationen getrennte Kanäle verwendet werden. Bisher haben wir angenommen, daß alle Teilnehmer an der selben Vermittlungsstelle angeschaltet sind. Meist sind die Teilnehmer an verschiedenen Vermittlungsstellen angeschaltet, die wiederum auch miteinander verbunden sind. Bei der Durchschaltevermittlung in solchen Netzen ist der Vermittlungsvorgang ähnlich wie bisher beschrieben. Die Verbindungsauf- und -abbauphasen sind nunmehr etwas länger. Steuerinformationen müssen nun zwischen verschiedenen Vermittlungsstellen ausgetauscht werden, und die Durchschalteverbindung wird nach festgelegten Verfahren über mehrere Vermittlungsstellen aufgebaut. Wesentliches Merkmal der Durchschaltevermittlung ist, daß zwischen den Teilnehmern ein physikalischer Weg (über Leitungen bzw. Zeitmultiplexkanäle) während der Verbindungsphase über alle beteiligten Vermittlungsstellen vorhanden ist.

Im Gegensatz zur Durchschaltevermittlung spricht man von der **Speichervermittlung**, wenn zwischen den Teilnehmern einer Verbindung kein durchgeschalteter Weg (aus Leitungen bzw. Zeitmultiplexkanälen) vorhanden ist, sondern die Nachrichten zwischengespeichert werden. Bei der Speichervermittlung im engeren Sinne (**Sendungsvermittlung, Message Switching** oder Store and Forward) wird die ganze von einem Teilnehmer *A* zu einem Teilnehmer *B* zu übermittelnde Nachricht mit Adressen und Steuerinformationen versehen, in der Vermittlungsanlage zwischengespeichert und gegebenenfalls über mehrere Zwischenspeicherungen in verschiedenen Vermittlungsstellen an den Empfänger ausgehändigt. Bei der **Paketvermittlung** wird die vom Teilnehmer *A* zum Teilnehmer *B* zu übermittelnde Nachricht in Teilnachrichten (Pakete) zerlegt und wie beim Message-Switching-Verfahren in der Vermittlungsanlage zwischengespeichert und gegebenenfalls über mehrere Zwischenspeicherungen in verschiedenen Vermittlungsstellen bis zum Empfänger geleitet. Man unterscheidet bei der Paketvermittlung zwischen zwei Verfahren. Bei dem Datagrammverfahren werden die einzelnen Pakete (**Datagramme**) soweit mit Steuerinformationen versehen, daß sie durch das Netz bis zum Empfänger durchgeleitet werden können und dort wieder zur ursprünglichen Nachricht zusammengesetzt werden können. Es kann bei Datagrammen vorkommen, daß sie über unterschiedliche Wege in beliebiger Reihenfolge beim Empfänger ankommen und dort wieder richtig zusammengesetzt werden müssen. Es handelt sich hierbei um eine verbindungslose

Übermittlung (siehe Abschnitt 2.2). Bei dem virtuellen Verbindungverfahren wird zunächst über Steuerinformationen eine Route (**virtuelle Verbindung**) durch die Vermittlung bzw. das Netz festgelegt. Alle Pakete werden in der richtigen Reihenfolge mit Zwischenspeicherungen über diese Route zum Teilnehmer B geleitet. Es handelt sich hierbei auch um eine verbindungsorientierte Übermittlung (siehe Abschnitt 2.2.), und man unterscheidet, wie bei der Durchschalteverbindung, zwischen den Verbindungsaufbau-, Verbindungs- und Verbindungsabbauphasen. Die Festlegung der Route bedeutet nicht, daß eine Verbindung durchgeschaltet wird, sondern lediglich, daß der Weg, den jedes Paket in der Verbindungsphase durchläuft, festgelegt wird. Wir werden weitere Details über die Paketvermittlung im Abschnitt 10.3 kennenlernen.

10.2 Durchschaltevermittlung

Im Abschnitt 10.1 haben wir bereits Koppelpunkte, Koppelreihen und Koppelmatrizen zum Durchschalten von Verbindungen kennengelernt. Wir betrachten nun ein Zeitmultiplexsignal, wie wir es im Kapitel 9 kennenlernten, das auf den Eingang eines Koppelpunktes gelegt wird. Durch periodisches Schalten des Koppelpunktes können wir wahlweise die einzelnen Signale während der Dauer ihrer Zeitschlitze durchschalten. Wir verwenden auf diese Weise den Koppelpunkt mehrfach. Besteht unser Multiplexsignal aus r einzelnen Signalen, so entspricht der im Zeitmultiplexverfahren genutzte Koppelpunkt r einfachen Koppelpunkten insofern, daß er r Signale schalten kann (Bild 10.6a).

Bauen wir mit solchen in Zeitmultiplexverfahren genutzten Koppelpunkten eine $i \times k$-Matrix auf, und sind alle i ankommenden Zeitmultiplexsignale synchron und haben jeweils r Zeitlagen, so weist diese als **Raumkoppelfeld** bezeichnete Koppelanordnung folgende Eigenschaft auf. Zu jedem Zeitpunkt können wir die an den i Eingängen vorliegenden Signale wahlweise auf die k Ausgänge schalten. Mit dieser Koppelanordnung können wir Signale, die in einer bestimmten Zeitlage an den Eingängen liegen, in dieselbe Zeitlage an den Ausgängen schalten – ein Wechsel der Zeitlage ist nicht möglich. Eine so aufgebaute Koppelmatrix, die im Zeitmultiplexverfahren genutzt wird, entspricht r einfachen Koppelmatrizen, wobei r die Anzahl der Signale pro Zeitmultiplexsignal ist (Bild 10.6b).

Es wird hier deutlich, welche Kostenvorteile die Zeitmultiplextechnik besitzt. Sie erfordert allerdings, daß schnelle Schaltmittel verfügbar sind. Bei PCM 30 Zeitmultiplexbildung müssen die Zeitschlitze periodisch für die Dauer von weniger als $3,9\ \mu s$ geschaltet werden, was heute kein Problem bereitet. Tatsächlich werden häufig Raumstufen mit 4×4, 8×8 und 16×16 Ein-/Ausgängen mit jeweils 32 bis 128 Kanälen je 64 kbit/s verwendet.

Die im Kapitel 9, Bild 9.3, betrachtete Anordnung für die Multiplexbildung kann leicht zur Durchschaltung von Zeitlagen erweitert werden, indem am Ausgang (alternativ am Eingang) eine Speicherung der digitalen Signale vorgenommen und

a)

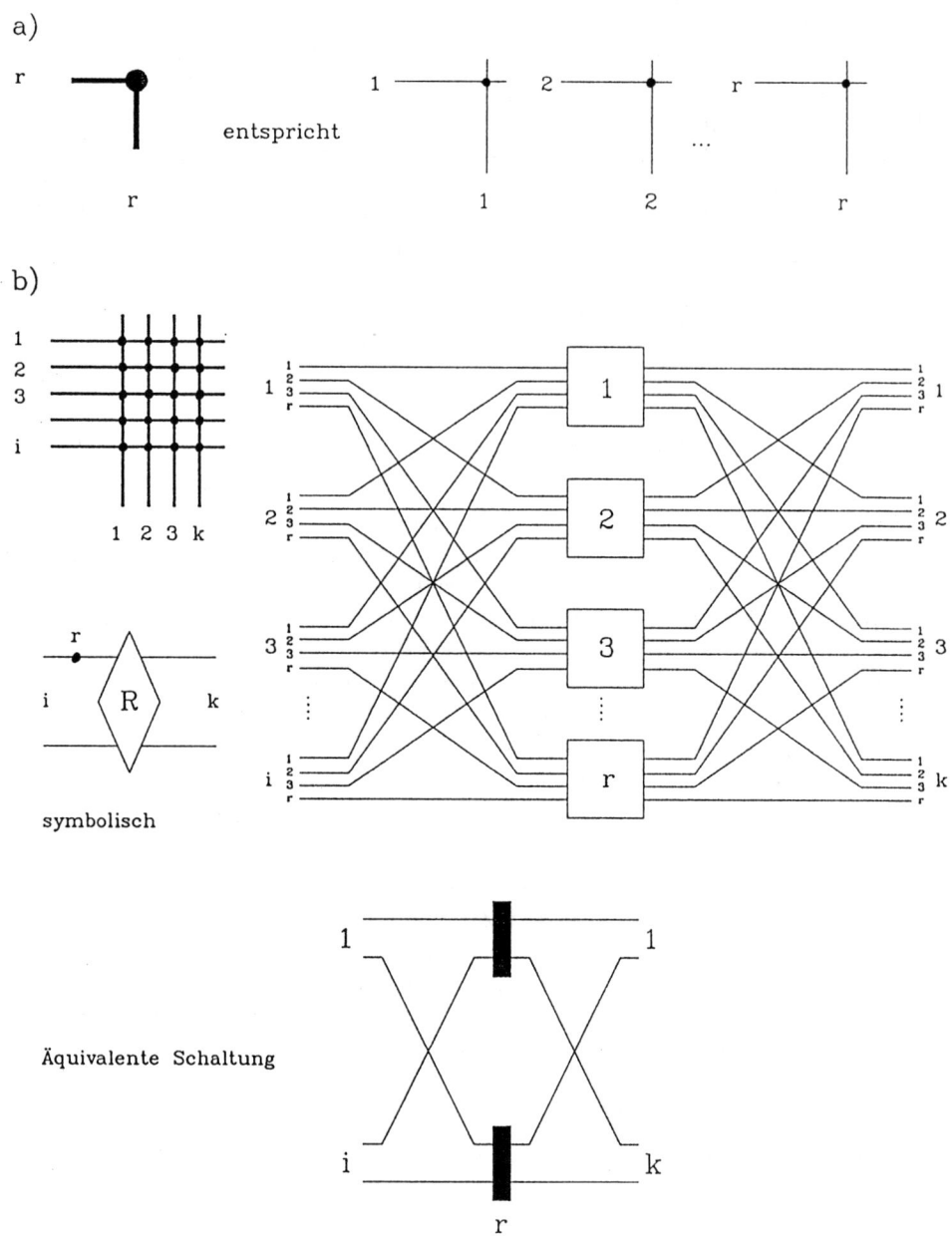

b)

symbolisch

Äquivalente Schaltung

Bild 10.6   Koppelpunkt und Koppelmatrix
a) Koppelpunkt für eine Zeitmultiplexleitung mit r Signalen, entspricht r Koppelpunkten
b) Koppelmatrix (Raumstufe) aus Zeitmultiplexleitungen mit r Signalen, entspricht r Koppelmatrizen

ein wahlfreier Zugriff ermöglicht wird (Bild 10.7). Die am Ausgang ankommenden Signale werden für die Dauer eines Pulsrahmens gespeichert und im nächsten Rahmen in der gewünschten Reihenfolge herausgelesen. Hierdurch ist es möglich, Eingangssignale aus einer beliebigen Zeitlage in die gewünschte Zeitlage des Ausgangsmultiplexsignals durchzuschalten. Diese Anordnung entspricht deshalb einer $(r \times r)$-Matrix aus einfachen Koppelpunkten, wenn die Zeitmultiplexsignale jeweils aus r einzelnen Signalen zusammengesetzt sind. Betrachtet man Bild 10.7 genauer, so stellt man fest, daß die Multiplexbildung am Eingang und am Ausgang durch die Speicherung zeitlich entkoppelt wird. Dies ermöglicht z.B., daß solange die Rahmendauer des Eingangs- und des Ausgangsmultiplexsignals übereinstimmen, das Ausgangsmultiplexsignal eine andere Anzahl von Signalen erfaßt als das Eingangsmultiplexsignal. Die Anordnung entspricht einer $(r_1 \times r_2)$-Koppelmatrix, wenn r_1 die Anzahl der Zeitschlitze im Eingangsmultiplexsignal und r_2 die Anzahl der Zeitschlitze im Ausgangsmultiplexsignal jeweils für die gleiche Pulsrahmendauer ist. Eine solche Anordnung bezeichnet man als ein **Zeitkoppelfeld**.

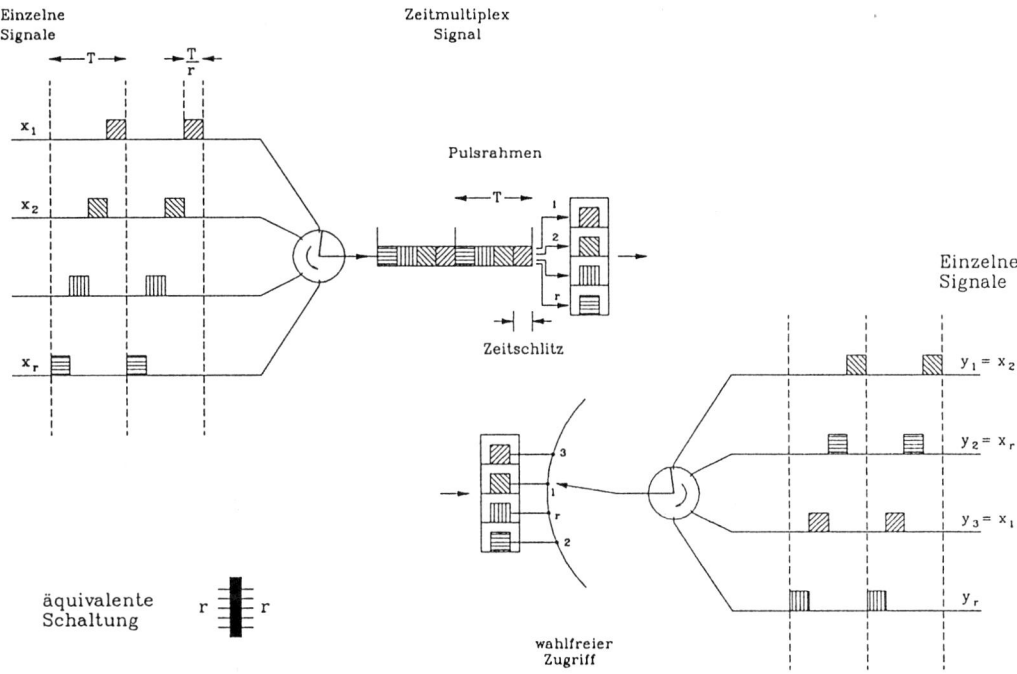

Bild 10.7 Erweiterung der Zeitmultiplexbildung zum Zeitkoppelfeld durch Speicherung und wahlfreien Zugriff

Gewöhnlich werden digitale Koppelanordnungen aus einer Zusammenschaltung von mehreren Raum- und Zeitkoppelfeldern aufgebaut, wobei die einzelnen Koppelfelder auch als Koppelstufen bezeichnet werden. Häufig auftretende Strukturen sind die

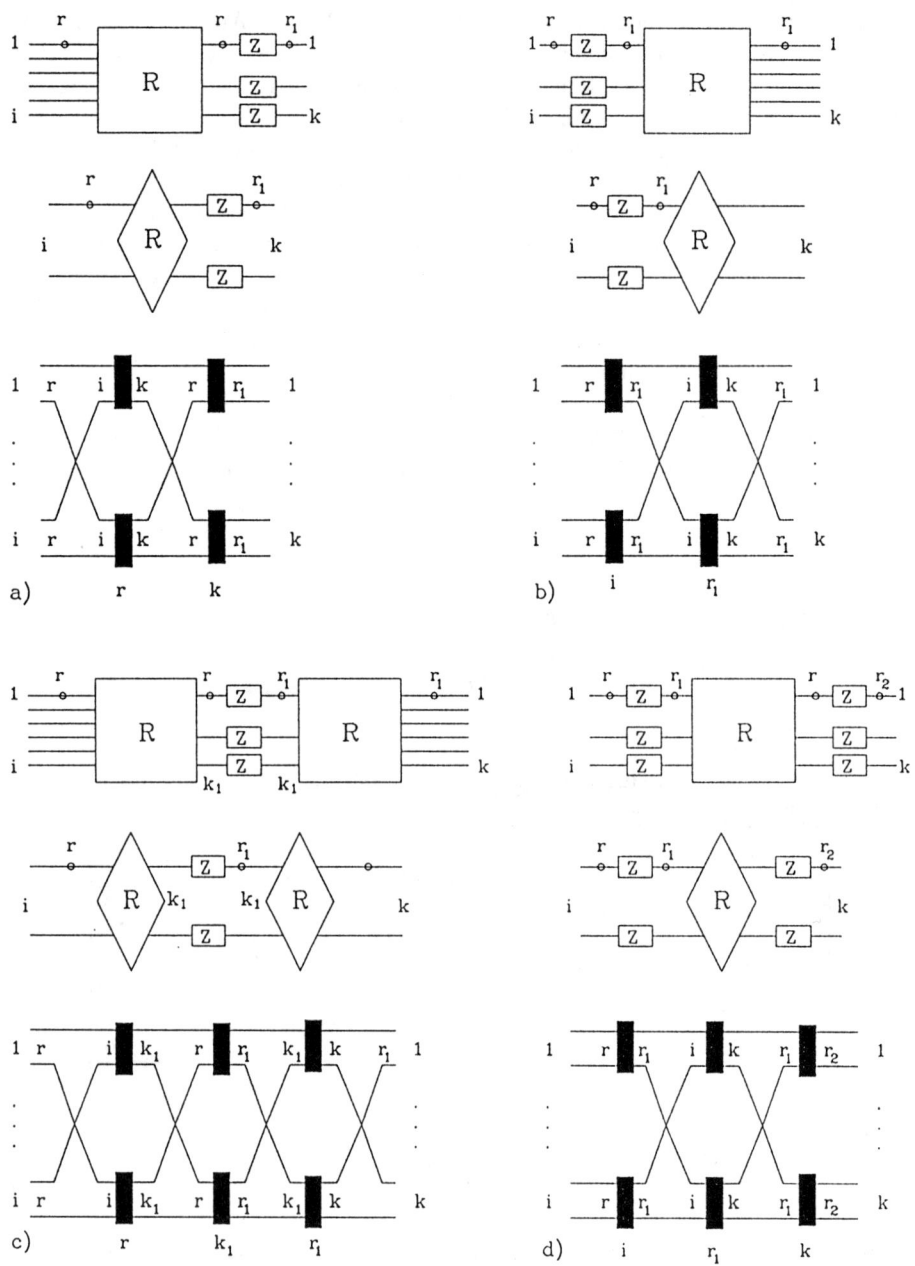

Bild 10.8 Häufig verwendete Strukturen für Koppelanordnungen und ihre äquivalenten Darstellungen
a) R-Z Koppelanordnung
b) Z-R Koppelanordnung
c) R-Z-R Koppelanordnung
d) Z-R-Z Koppelanordnung

Raum-Zeit (R-Z), Zeit-Raum (Z-R), Raum-Zeit-Raum (R-Z-R) und Zeit-Raum-Zeit (Z-R-Z) Koppelanordnungen. Sie sind im Bild 10.8 mit ihren symbolischen Darstellungen und äquivalenten Schaltungen angegeben.

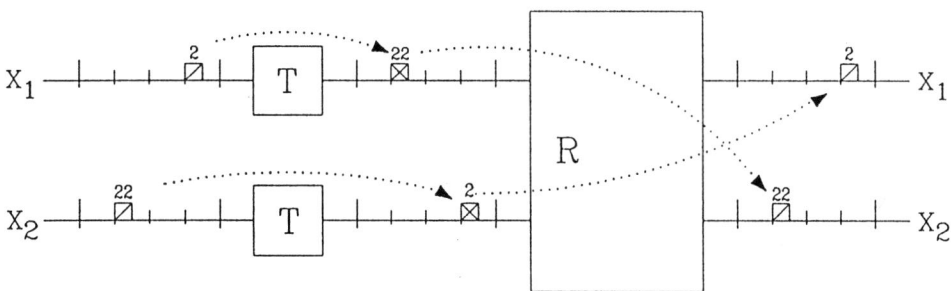

Bild 10.9 Durchschaltung einer Verbindung von Zeitschlitz 2 auf Leitung x_1 nach Zeitschlitz 22 auf Leitung x_2

Im Bild 10.9 ist die Durchschaltung einer Verbindung zwischen dem 2. Teilnehmer des ersten PCM 30 Systems und dem 22. Teilnehmer des zweiten PCM 30 Systems in einer **Z-R-Koppelanordnung** dargestellt, wobei es sich um eine symmetrische Duplexverbindung handelt. In der Zeitstufe des ersten Systems wird der Inhalt des Kanals 2 in den Kanal 22 geschrieben, während in der Zeitstufe des zweiten Systems der Inhalt des 22 Kanals in den Kanal 2 geschrieben wird. Die hierbei auftretende Zeitverzögerung kann maximal einen Zeitrahmen, d.h. 125 μs betragen. In der Raumstufe wird der 22. Zeitschlitz des ersten Systems auf den 22. Zeitschlitz des zweiten Systems und der 2. Zeitschlitz des zweiten Systems auf den 2. Zeitschlitz des ersten Systems geschaltet. Wollte man nun außerdem den 18. Teilnehmer des zweiten Systems mit dem 2. Teilnehmer desselben Systems verbinden, wäre das in der Z-R-Zeitstufe nicht mehr möglich. Die Anordnung ist also nicht blockierungsfrei.

Im Bild 10.10 ist die Anordnung um eine Zeitstufe erweitert, um eine **Z-R-Z-Koppelanordnung** zu ergeben. Eine mögliche Durchschaltung für die beiden gewünschten Verbindungen ist im Bild 10.10 dargestellt. Während es in der Z-R-Stufe genau eine Möglichkeit für eine Verbindung gibt, hat man in der Z-R-Z-Struktur mehrere Möglichkeiten, eine Verbindung durchzuschalten – anstatt den Zeitschlitz 24 für die Durchschaltung in der Raumstufe hätte man z.B. auch den Zeitschlitz 20 nehmen können.

Für Zeitkoppelstufen und Raumkoppelstufen können stets äquivalente, einfache Raumkoppelanordnungen angegeben werden. Für die Analyse von Verkehrseigenschaften von Zeitmultiplexkoppelanordnungen ist es deshalb ausreichend, die entsprechenden äquivalenten Raumkoppelanordnungen zu betrachten. Wir werden dies im folgenden tun.

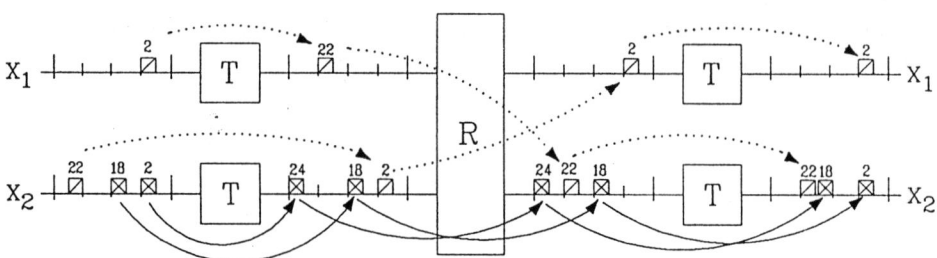

Bild 10.10 Durchschaltung zweier Verbindungen
$2\,x_1 - 22\,x_2$ und $18\,x_2 - 2\,x_2$ im Z-R-Z Koppelfeld

Die **Komplexität einer Koppelanordung** wird häufig an der Anzahl der Koppelpunkte in ihr gemessen. Für Koppelanordnungen, die aus Zeit- und Raumkoppelstufen aufgebaut sind, hat man als Aufwand einerseits die Koppelpunkte in der Raumstufe und die Speicherung der Inhalte der Zeitschlitze in der Zeitstufe. Andererseits hat man aber als Aufwand auch die Realisierung des wahlfreien Zugriffs, die mit einer Speicherung der Adressen der Zeitschlitze (in der Reihenordnung, in der sie je nach Realisierung der Zeitstufe ein- bzw. ausgelesen werden) verbunden ist. Im Zuge des Fortschritts der Mikroelektronik ist es möglich, immer mehr Koppelpunkte pro Halbleiterbauelement zu realisieren, so daß die Anzahl der Koppelpunkte in einer Koppelanordnung als ein Maß für den Aufwand an Bedeutung verliert. Das Problem, wie man von außen Anschlüsse an einen Koppelbaustein bzw. an die VLSI-Schaltung heranführt, gewinnt dafür nun an Bedeutung. Die physikalischen Abmessungen der Anschlüsse, deren Funktionsfähigkeit bzw. deren richtige Anschaltung setzen der Realisierbarkeit eine Grenze. Da die Zeitmultiplexbildung auch die Anzahl der erforderlichen Anschlüsse herabsetzt, da sie ja auch im Zeitvielfach genutzt werden, ist sie in dieser Situation besonders günstig.

Die Grenze der Realisierbarkeit von Zeitkoppelstufen wird durch die Zeit, die für das Ein- und Auslesen der Inhalte der Zeitschlitze erforderlich ist (d.h. von der Speicherzugriffszeit), bestimmt. Große Koppelanordnungen werden auch deshalb aus mehreren Koppelstufen zusammengesetzt. Da pro Zeitstufe ein maximaler Verzug bis zu der Rahmendauer des Multiplexsignals auftreten kann, muß bei mehrstufigen Anordnungen darauf geachtet werden, daß pro Verbindung die maximal zulässige Verzögerung nicht überschritten wird. Als typisches Beispiel einer mehrstufigen Koppelanordnung sei die für das System EWSD von Siemens realisierte Z-R-R-R-Z-Koppelanordnung für 100.000 Teilnehmeranschlüsse genannt.

Beispiel 10.1

Die Rahmendauer des Multiplexsignals einer Zeitstufe beträgt 125 μs. Pro Zeitschlitz wird ein Lese- und ein Schreibvorgang durchgeführt. Beträgt die Speicherzugriffszeit 500 ns so können

$$n = \frac{125 \ \mu s}{2 \times 500 \ ns} = 125$$

Zeitschlitze pro Rahmen implementiert werden. Somit kann die Zeitstufe maximal 125 Simplex- oder 62 Duplexverbindungen durchschalten.
Kann die Speicherzugriffszeit auf 50 ns herabgesetzt werden, so können 1250 Simplexverbindungen durchgeschaltet werden.

Beispiel 10.2

Im folgenden betrachten wir den Realisierungsaufwand für verschiedene Koppelmatrizen mit je 128 Ein- und Ausgängen bzw. je 4 PCM -32-Ein- und Ausgängen.

Eine Koppelmatrix mit 128 Ein- und 128 Ausgängen hat 128 × 128 = 16384 Koppelpunkte.

Eine dreistufige Raumkoppelanordnung, die entsprechend dem Ersatzschaltbild der R-Z-R-Koppelanordnung (Bild 10.8c mit $r = r_1 = 32$, $i = k = k_1 = 4$) aufgebaut ist, hat 32 × 4 × 4 + 32 × 32 × 4 + 4 × 4 × 32 = 5120 Koppelpunkte.

Eine dreistufige Raumkoppelanordnung, die entsprechend dem Ersatzschaltbild der Z-R-Z-Koppelanordnung (Bild 10.8d mit $r = r_1 = 32$, $i = k = 4$) aufgebaut ist, hat 32 × 32 × 4 + 4 × 4 × 32 + 32 × 32 × 4 = 8704 Koppelpunkte.

Eine R-Z-R-Koppelanordnung mit 4 PCM-32-Ein- und Ausgängen hat in jeder Raumstufe 4 × 4 = 16 Koppelpunkte – insgesamt also 32 Koppelpunkte, die im Zeitmultiplex genutzt werden. Da jede Raumstufe zyklisch geschaltet werden muß, legt man für die Durchschaltung je Raumstufe eine Schalttabelle an, für deren Speicherung 32 × 4 × ld4 = 256 Bit (RAM) erforderlich sind. In jedem Zeitkoppelfeld benötigt man 32 × 8 Bit für die Speicherung der Nutzinformation und 32 × ld32 Bit für die Speicherung der Adressen für die Zeitschlitzzuordnung. Für die Zeitstufe sind also (4 × 32 × 8 + 4 × 32 × 5) = 1664 Bit RAM erforderlich. Insgesamt haben wir für die Realisierung der R-Z-R-Koppelanordnung einen Aufwand von 32 Koppelpunkten und 2176 Bit RAM-Speicher abgeschätzt. Wird die Realisierung eines Koppelpunktes gleich 100 Bit RAM-Speicher gesetzt, so haben wir für die R-Z-R-Koppelanordnung eine äquivalente Aufwendung von 54 Koppelpunkten.

Eine Abschätzung für den Aufwand der Z-R-Z-Koppelanordnung ergibt für die Raumstufe 16 Koppelpunkte und 256 Bit RAM-Speicher, während für die Zeitstufe jeweils 1664 Bit RAM erforderlich sind – insgesamt 3584 Bit RAM. Der äquivalente Koppelfeldaufwand beläuft sich auf 52 Koppelpunkte.

Wir haben in unserer Betrachtung den Aufwand für die eigentliche Steuerung nicht berücksichtigt, diese ist für die Koppelanordnung, die in Zeitmultiplex betrieben wird, natürlich höher. Auch müssen für die Zeitmultiplexkoppelanordnungen die Signale,

*falls sie einzeln vorliegen, zu Multiplexsignalen zusammengefaßt werden. Wir ha-
ben die Verkehrseigenschaften der einzelnen Anordnungen bisher nicht betrachtet.
Trotzdem kann gesagt werden, daß die Z-R-Z-Koppelanordnung häufig Anwendung
findet und gerade bei großen Koppelanordnungen es stets angestrebt wird, möglichst
viele Verbindungen in Zeitstufen durchzuschalten.*

Multiplexeinrichtungen, wie wir sie im Kapitel 9 kennengelernt haben, werden auch
im Vorfeld von Vermittlungseinrichtungen eingesetzt, um eine Verkehrskonzentration zu erzielen. Im Bild 10.11 ist ein PCM-**Konzentrator** dargestellt. Für die 120
angeschlossenen Teilnehmer stehen lediglich 30 (Duplex)Kanäle zur Verfügung. Die
Steuerung des Konzentrators und somit die Verteilung der verfügbaren Kanäle auf
die Anschlüsse nach Bedarf, wird je nach Ausführung des Konzentrators vollständig
oder teilweise durch die Steuerung der Vermittlung übernommen. Alle Verbindungen, auch die zwischen zwei Teilnehmern an einem Konzentrator, die geschaltet
werden, führen über die Vermittlung, wie im Bild 10.11 dargestellt. Der Konzentrator übernimmt somit lediglich die Konzentration des Verkehrs, um eine bessere
Auslastung der Multiplexleitung zu erzielen. Man beachte, daß bei einem zeitvielfa-
chen Koppelfeld eine Verkehrsexpansion vor der Einleitung in die Vermittlung nicht
erforderlich ist und dies somit zur Kostenersparnis führt.

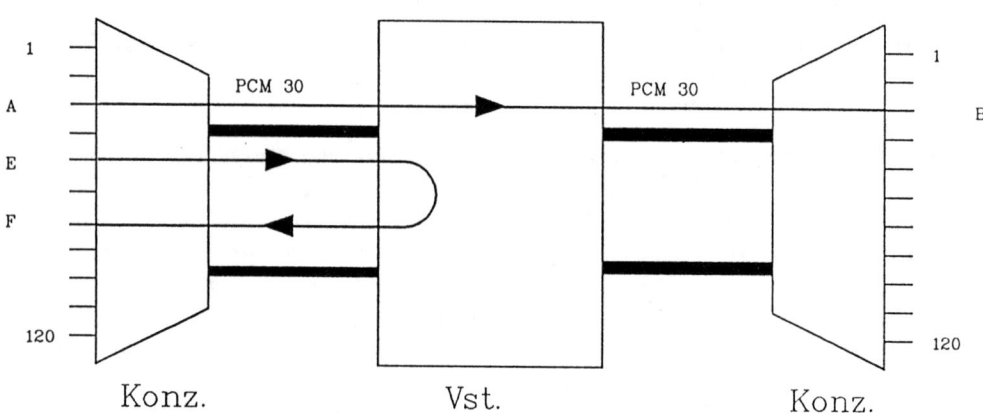

Bild 10.11 PCM-Konzentratoren an einer Zeitvielfachvermittlungsanlage
A–B: Verbindung zwischen Teilnehmern an verschiedenen Konzentratoren
E–F: Verbindung zwischen Teilnehmern am selben Konzentrator

Wir wollen nun mehrstufige Koppelanordnungen näher ansehen. Zunächst betrachten wir die **zweistufigen Koppelanordnungen** von Bild 10.8a und b. Solche Koppelanordnungen werden häufig im Vorfeld von Vermittlungen angewandt. So stellt
z.B. für $i = 4$, $r = 32$ Bild 10.12b die Eingangsstufe für 4 PCM-30-Leitungen dar.
Die beiden Ersatzschaltbilder von Bild 10.8a und b können geringfügig vereinfacht
werden, wenn man die Anschlüsse umgruppiert. Man erhält dann die Ersatzschaltbilder von Bild 10.12a und b.

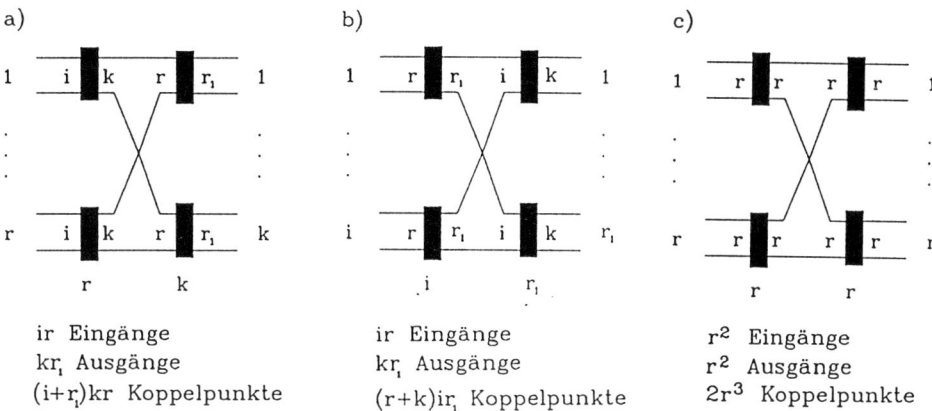

a)

ir Eingänge
kr$_l$ Ausgänge
(i+r$_l$)kr Koppelpunkte

b)

ir Eingänge
kr$_l$ Ausgänge
(r+k)ir$_l$ Koppelpunkte

c)

r^2 Eingänge
r^2 Ausgänge
2r^3 Koppelpunkte

Bild 10.12 Zweistufige Koppelanordnungen
a) RZ-Koppelanordnung nach Umgruppierung
b) ZR-Koppelanordnung nach Umgruppierung
c) Symmetrische Koppelanordnung (Sonderfall von a) oder b))

Im Bild 10.12c ist der Sonderfall einer zweistufigen Koppelanordnung mit je r^2 Ein- und Ausgängen dargestellt, die aus quadratischen $(r \times r)$-Matrizen aufgebaut ist. Obwohl die einzelnen Koppelmatrizen für sich betrachtet blockierungsfrei sind, ist die aus ihnen aufgebaute Koppelanordnung nicht blockierungsfrei. Von jeder der r Matrizen der ersten Stufe führt genau ein Weg zu jeder der r Matrizen der zweiten Stufe. Ist dieser Weg besetzt, kann keine weitere Verbindung zwischen den an den beiden Matrizen angeschlossenen Teilnehmern geschaltet werden. Diese Koppelanordnung hat den wesentlichen Nachteil, daß der Verkehr sich nicht mischt, d.h. über eine Zwischenleitung wird jeweils nur der Verkehr zwischen zwei bestimmten Ein- und Ausgangsgruppen geführt.

Im Bild 10.13a ist eine symmetrische **dreistufige Koppelanordnung** für je $(i \times r)$-Ein- und Ausgänge dargestellt. Die erste Stufe ist aus r $(i \times k)$-Koppelmatrizen, die zweite Stufe aus k $(r \times r)$-Koppelmatrizen und die dritte Stufe aus r $(k \times i)$-Koppelmatrizen aufgebaut. Insgesamt hat man somit

$$K = 2r(i \times k) + r^2 k$$

Koppelpunkte. Beim näheren Betrachten des Bildes 10.13b, in der die einzelnen Verbindungen detailliert dargestellt sind, stellt man fest, daß zwischen zwei beliebigen Ein- und Ausgängen es genau k verschiedene Wege durch die Koppelanordnung gibt – nämlich genau einen Weg über jeden der k Koppelmatrizen in der Zwischenstufe. In einer **mehrstufigen Koppelanordnung** kann eine **Blockierung** auftreten, wenn es keinen Weg zwischen einem Ein- und einem Ausgang mehr gibt, obwohl beide frei sind. Liegt dies daran, daß in der Eingangsstufe pro Koppelmatrix mehr Eingänge als Ausgänge vorhanden sind (d.h. $i > k$ in der Eingangsstufe im Bild 10.13), so spricht man von der **Eingangsblockierung**.

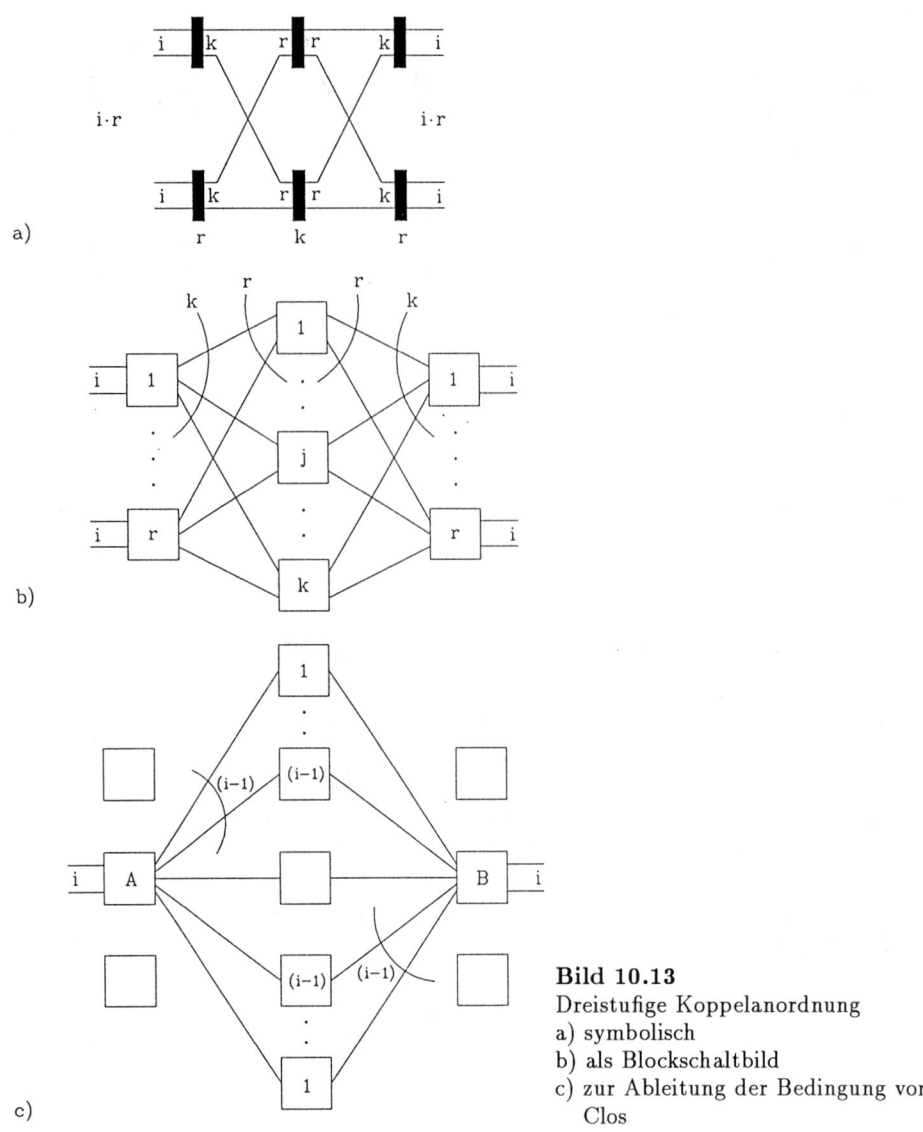

Bild 10.13
Dreistufige Koppelanordnung
a) symbolisch
b) als Blockschaltbild
c) zur Ableitung der Bedingung von
Clos

Sind Teilnehmer an einer Vermittlungsstelle angeschlossen, so wählt man $i > k$ in der Eingangsstufe, um eine **Verkehrskonzentration** zu erreichen, denn Teilnehmer erbringen gewöhnlich einen geringen Verkehr. Durch die Verkehrskonzentration werden die Zwischenstufen der Koppelanordnung besser ausgenutzt. Sind Leitungen an einer Vermittlungsstelle angeschlossen, dann wählt man häufig $i < k$, um eine **Verkehrsexpansion** zu erreichen, denn Leitungen erbringen gewöhnlich einen hohen Verkehr. Durch die Verkehrsexpansion wird ermöglicht, daß es mehr Wege durch die Zwischenstufen der Koppelanordnung gibt und der Verkehr gleichmäßiger aufgeteilt wird bzw. sich besser mischt. Eine Eingangsblockierung kann nur auftreten, wenn eine Verkehrskonzentration vorgenommen wird.

Hat man in der Ausgangsstufe mehr Ausgänge als Eingänge (d.h. $i > k$ in der Ausgangsstufe im Bild 10.13), so kann es vorkommen, daß deshalb eine Verbindung durch die Koppelanordnung nicht durchgeschaltet werden kann. Man spricht dann von **Ausgangsblockierung**. Eine Ausgangsblockierung kann nur auftreten, wenn in der Ausgangsstufe eine Verkehrsexpansion vorgenommen wird. Kann für eine Verbindung kein Weg durch das Koppelfeld gefunden werden, obwohl weder Eingangs- noch Ausgangsblockierung vorliegt, so spricht man von der **Zwischenleitungsblockierung**. Die Zwischenleitungsblockierung ist häufig von der Strategie der Belegung der einzelnen Wege abhängig. Eine ungeschickte Belegung kann zu einer Zwischenleitungsblockierung führen, obwohl diese vermeidbar wäre.

Wir betrachten nun die Koppelanordnung im Bild 10.13c. Ein Teilnehmer, der an der Koppelmatrix A angeschaltet ist, möchte eine Verbindung mit einem Teilnehmer, der an der Koppelmatrix B angeschaltet ist, aufnehmen. Im ungünstigsten Fall sind alle anderen $(i-1)$ Eingänge der Koppelmatrix A belegt, und die Verbindungen führen alle zu unterschiedlichen Matrizen in der Zwischenstufe. An der Ausgangsmatrix B liegt der ungünstigste Fall wiederum vor, wenn alle anderen $(i-1)$ Ausgänge der Koppelmatrix B blockiert sind und alle Verbindungen von unterschiedlichen Matrizen der Zwischenstufe kommen. Hat man nun k Matrizen in der Zwischenstufe mit

$$k = 2(i-1) + 1 = 2i - 1 \,, \tag{10.1}$$

dann bleibt immer ein Weg für die gewünschte Verbindung frei. Gl.(10.1) stellt somit eine hinreichende Bedingung für die Blockierungsfreiheit einer dreistufigen Koppelanordnung. Sie wird als **Clos-Bedingung**, nach ihr entworfene blockierungsfreie Koppelanordnungen als **Clos-Systeme**, bezeichnet.

Die betrachtete dreistufige Koppelanordnung für je $n = i \cdot r$ Ein- und Ausgänge hat K Koppelpunkte mit

$$\begin{aligned} K &= 2irk + kr^2 \\ &= 2n(2i-1) + (2i-1)(\tfrac{n}{i})^2 \,. \end{aligned} \tag{10.2}$$

Für ein festes n und $i >> 1$ liegt das Minimum der Gleichung (10.2) bei $i = \sqrt{\tfrac{n}{2}}$, d.h. $k = \sqrt{2n} - 1$. Die minimale Anzahl der Koppelpunkte liegt bei

$$K_{opt} = 4n(\sqrt{2n} - 1). \tag{10.3}$$

Das Ergebnis ist im Bild 10.14 dargestellt. Natürlich ist $\sqrt{\tfrac{n}{2}}$ meist keine ganze Zahl; da die Kurve im Minimum jedoch flach verläuft, kann hierfür die nächstliegende ganze Zahl genommen werden. Während die Anzahl der Koppelpunkte in einer blockierungsfreien Koppelmatrix quadratisch mit der Anzahl der Anschlüsse n wächst (d.h. $K \sim n^2$), wächst sie bei der dreistufigen optimalen Clos-Anordnung proportional $n^{\frac{3}{2}}$ (s. Gl. 10.3).

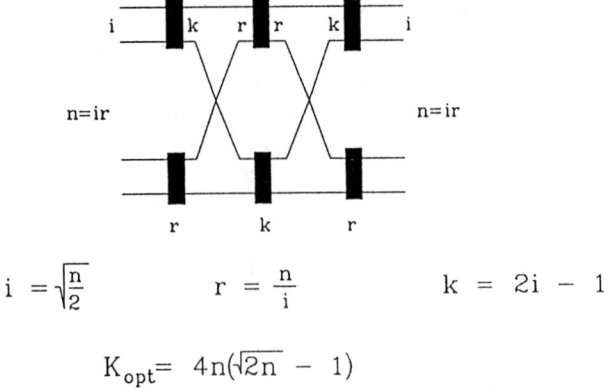

$$i = \sqrt{\frac{n}{2}} \qquad r = \frac{n}{i} \qquad k = 2i - 1$$

$$K_{opt} = 4n(\sqrt{2n} - 1)$$

Bild 10.14 Optimale dreistufige Koppelanordnung nach Clos

Das Verfahren von Clos kann rekursiv verwendet werden, um mehrstufige blockierungsfreie Koppelanordnungen zu konstruieren. Hat man eine dreistufige blockierungsfreie Koppelanordnung nach Clos bestimmt und ist die Zwischenstufe groß genug, so kann sie wiederum in eine dreistufige Koppelanordnung nach Clos zerspalten werden, um eine fünfstufige blockierungsfreie Koppelanordnung zu ergeben.

Beispiel 10.3
Wir bestimmen die optimale Anzahl der Koppelpunkte für eine dreistufige blockierungsfreie Koppelanordnung nach Clos, indem wir Gl.(10.2) nach i differenzieren und gleich Null setzen:

$$K = 2n(2i - 1) + (2i - 1)\left(\frac{n}{i}\right)^2$$

$$\frac{dK}{di} = 4n + 2\left(\frac{n}{i}\right)^2 + (2i - 1) \cdot n^2(-2) \cdot i^{-3} = 0$$

$$d.h. \qquad 2i^3 = n(i - 1).$$

Für $i \gg 1$ gilt $2i^3 \approx ni$ bzw. $i \approx \sqrt{\frac{n}{2}}$ und $K_{opt} \approx 4n(\sqrt{2n} - 1)$.

In der folgenden Tabelle sind einige Werte für n, n^2 und K_{opt} eingetragen. Wir haben dabei n so gewählt, daß es ein Vielfaches von 32 (d.h. PCM 30 Systemen) ist.

Anzahl der Ein- und Ausgänge n	Erforderliche Koppelpunkte für eine einstufige blockierungsfreie Koppelmatrix n^2	Optimale Anzahl der Koppelpunkte für eine dreistufige Clos-Koppelanordnung $K_{opt} \sim n^{\frac{3}{2}}$
128	$1,6 \cdot 10^4$	$7,6 \cdot 10^3$
512	$2,6 \cdot 10^5$	$6,3 \cdot 10^4$
2048	$4,1 \cdot 10^6$	$5,2 \cdot 10^5$
8192	$6,7 \cdot 10^7$	$4,2 \cdot 10^6$
32768	$1,1 \cdot 10^9$	$3,3 \cdot 10^7$
131072	$1,7 \cdot 10^{10}$	$2,7 \cdot 10^8$

Um eine erste Analyse der Blockierungseigenschaften einer Koppelanordnung durchzuführen wird häufig ein **Verbindungsgraph**, auch **Lee Graph** genannt, verwendet. Er veranschaulicht die Wege zwischen einem Eingang und einem Ausgang der betrachteten Koppelanordnung. Im Verbindungsgraphen werden die Koppelmatrizen, über die mindestens einer der Wege führt, als Knoten, die verwendeten Zwischenleitungen als Kanten dargestellt (Bild 10.15). Meist ist es nicht erforderlich, alle Kombinationen der Ein- und Ausgänge einer Koppelanordnung zu betrachten, denn die Koppelanordnungen werden meist symmetrisch aufgebaut. So braucht man z.B. für die Koppelanordnungen im Bild 10.15 jeweils lediglich einen Verbindungsgraphen zu betrachten.

Zunächst zeigt der Verbindungsgraph nur die Möglichkeiten, wie Verbindungen zwischen einem Eingang und einem Ausgang durchgeschaltet werden können, auf. Die Berechnung der Blockierungswahrscheinlichkeit einer Koppelanordnung ist im allgemeinen eine schwierige Aufgabe. Unter einigen vereinfachenden Annahmen kann der Verbindungsgraph jedoch verwendet werden, um eine erste Annäherung der Blockierungswahrscheinlichkeit zu erhalten. Wir wollen dies für die Koppelanordnung im Bild 10.15a durchführen.

Wir nehmen zunächst an, daß die Belegungswahrscheinlichkeit der Ein- und Ausgänge homogen (d.h. für alle Anschlüsse gleich) und bekannt ist. Sie sei p. Die Wahrscheinlichkeit, daß ein Anschluß nicht belegt ist, ist somit $q = 1 - p$. Wir nehmen ferner an, daß die Belegungswahrscheinlichkeiten der einzelnen Kanten bekannt und unabhängig von den belegten Wegen ist. Die Bestimmung der Belegungswahrscheinlichkeiten der einzelnen Kanten erfordert meist weitere Annahmen oder Symmetrieüberlegungen. In unserem Beispiel setzen wir alle Belegungswahrscheinlichkeiten der Kanten aus Symmetriegründen gleich p'. Ist nun $k > i$, so kann keine Eingangsblockierung und keine Ausgangsblockierung auftreten. In diesem Fall können wir annehmen, daß

$$p' = \frac{p \cdot i}{k} \qquad (10.4)$$

ist, d.h. alle ankommenden Rufe werden gleichmäßig über die k Kanten verteilt.

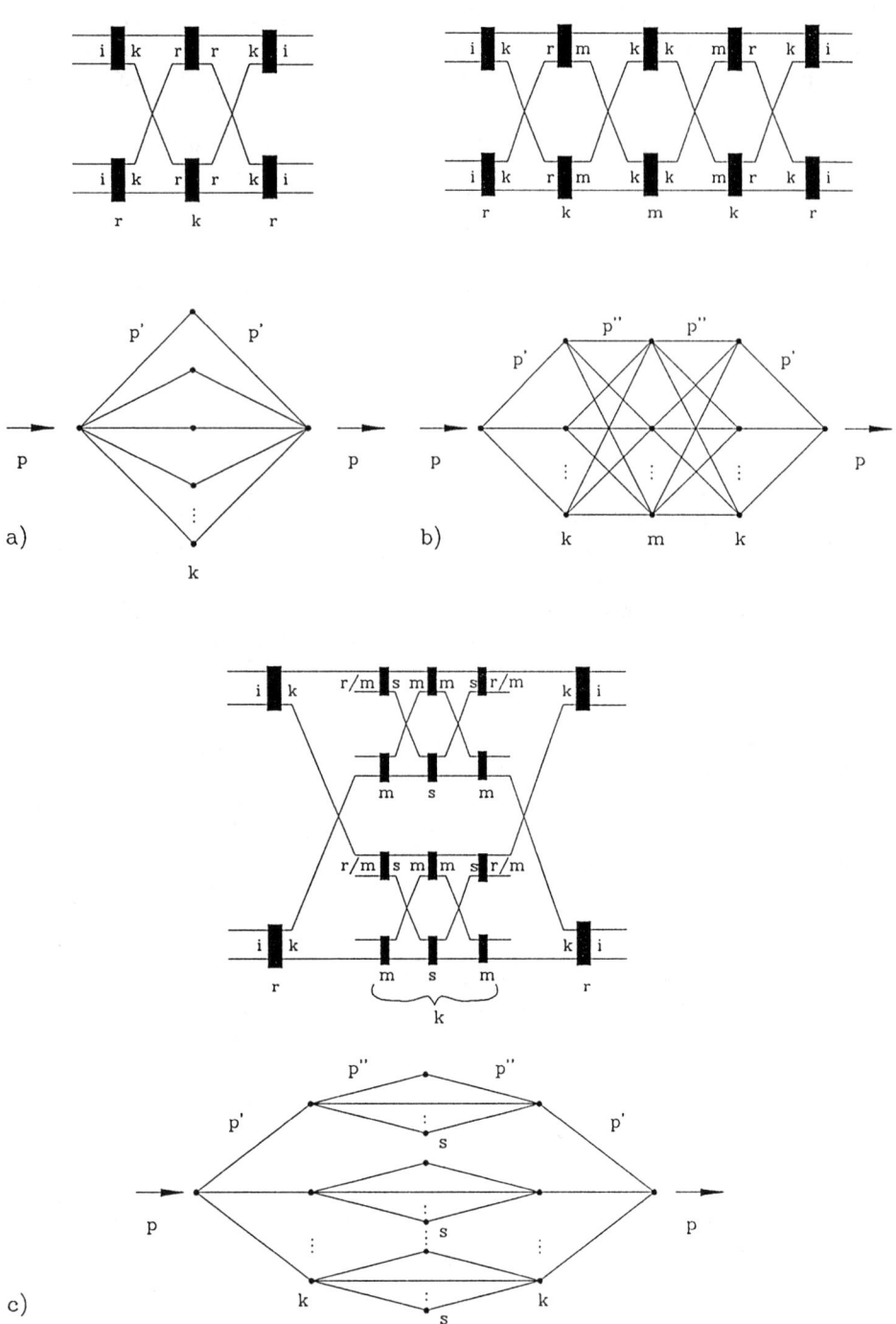

Bild 10.15 Mehrstufige Koppelanordnungen und deren Wegegraphen

Ist $k < i$, so können Eingangs- und Ausgangsblockierungen auftreten. Berechnungen solcher Blockierungen werden im Kapitel 11 durchgeführt. Ist jedoch der Teilnehmerverkehr gering, so kann diese Blockierung vernachlässigt werden. Es kann dann angenommen werden, daß alle ankommenden Rufe bedient werden und wieder Gl.(10.4) gilt. Sind die Belegungswahrscheinlichkeiten der einzelnen Kanten bekannt, so besteht nun die Aufgabe, die Wahrscheinlichkeit, daß alle Wege belegt sind, auszurechnen. Am einfachsten ist es, wenn, wie in der Koppelanordnung der Bilder 10.15a und 10.15c, der Verbindungsgraph aus seriellen, d.h. hintereinander geschalteten und parallelen Kanten besteht. Für diesen Fall können die Blockierungswahrscheinlichkeiten unmittelbar ausgerechnet werden. Manchmal müssen weitere Annahmen über die Unabhängigkeit einzelner Wege gemacht werden. Es ist auch möglich, die Blockierungswahrscheinlichkeiten über Simulationen zu bestimmen. Für den Verbindungsgraphen des Bildes 10.15a gilt:

$$
\begin{aligned}
B &= \text{Wahrscheinlichkeit, daß alle Wege belegt sind} \\
&= (\text{Wahrscheinlichkeit, daß ein beliebiger Weg belegt ist})^k \\
&= (\text{Wahrscheinlichkeit, daß mindestens eine Kante} \\
&\quad \text{in dem Weg belegt ist})^k \\
&= (1 - q'^2)^k
\end{aligned}
$$

wobei

$$q' = 1 - p'.$$

Mit (10.4) erhalten wir für die **Blockierungswahrscheinlichkeit** der dreistufigen Koppelanordnung vom Bild 10.15a

$$B = \left(1 - \left(1 - \frac{p \cdot i}{k}\right)^2\right)^k. \tag{10.5}$$

Nimmt man eine geringfügige Blockierungswahrscheinlichkeit in Kauf, so kann die Anzahl der erforderlichen Koppelpunkte gewöhnlich wesentlich heruntergedrückt werden. Wir wissen, daß Clos-Systeme auch für $p = 1$ blockierungsfrei sind. Setzen wir jedoch $k = 2i - 1$ und $p = 1$ in Gl.(10.5) ein, so ist $B \neq 0$. Für $i = 32$ erhalten wir z.B. $B = 2{,}6 \cdot 10^{-8}$. Diese geringe Abweichung ist auf die Mittelwertbetrachtung mit der Annahme über die gleichmäßige Verteilung der Belegungen über alle Wege zurückzuführen. Tatsächlich bleibt bei Clos-Systemen stets ein Weg frei.

Die Aufgabe der Berechnung der Blockierungswahrscheinlichkeit bei vorgegebenen Belegungswahrscheinlichkeiten der einzelnen Kanten des Verbindungsgraphen ist identisch mit einer anderen Aufgabe, die bei Kommunikationsnetzen gelegentlich auftritt. Hier sind die Knoten Kommunikationssysteme und die Kanten Nachrichtenverbindungen zwischen ihnen. Die Kantenwahrscheinlichkeit ist die Wahrscheinlichkeit, daß die Verbindung ausfällt. Die Aufgabe besteht nun darin, die Wahrscheinlichkeit zu bestimmen, daß zwei Systeme über das Netz nicht mehr kommunizieren können.

Beispiel 10.4

Wir bestimmen nun die Koppelersparnisse, die sich durch eine Annahme von einer Blockierungswahrscheinlichkeit von etwa 0,002 erreichen lassen. Wir nehmen zunächst an, daß es sich um eine Vermittlung handelt, an der Leitungen mit einer hohen Belegungswahrscheinlichkeit von 0,7 angeschlossen sind. Als Vergleich nehmen wir die Werte von Beispiel 10.3. In der Eingangsstufe haben wir stets $k > i$ gewählt, um eine Verkehrsexpansion zu erhalten.

n	r	i	k	k'	K_{opt}	K_b	B
128	16	8	15	14	$7,6 \cdot 10^3$	$7,2 \cdot 10^3$	0,0019
512	32	16	31	22	$6,3 \cdot 10^4$	$4,5 \cdot 10^4$	0,0023
2048	64	32	63	37	$5,2 \cdot 10^5$	$3,0 \cdot 10^5$	0,0019
8192	128	64	127	64	$4,2 \cdot 10^6$	$2,1 \cdot 10^6$	0,0024
32768	256	128	255	116	$3,3 \cdot 10^7$	$1,5 \cdot 10^7$	0,0021
131072	512	256	511	215	$2,7 \cdot 10^8$	$1,1 \cdot 10^8$	0,0024

n Anzahl der Anschlüsse
r, i, k Kennwerte der 3-stufigen Clos-Anordnung
k' Anzahl der Koppelmatrizen in der Zwischenstufe bei
*   Zulassung von Blockierung*
K_{opt} Optimale Anzahl der Koppelpunkte bei Clos-Anordnung
K_b Anzahl der Koppelpunkte bei Zulassung der Blockierung
B Blockierungswahrscheinlichkeit bei Belegungswahrschein-
*   lichkeit $p = 0,7$*

Die Ergebnisse zeigen, daß erhebliche Ersparnisse mit recht geringen Blockierungswahrscheinlichkeiten erzielt werden können. So haben wir bei 8192 Leitungen die Anzahl der Koppelpunkte um die Hälfte auf 2,1 Mio. reduziert, obwohl wir eine recht hohe Belegungswahrscheinlichkeit gewählt haben. Falls es sich um eine Vermittlung mit Teilnehmeranschlüssen handelt, so können wir mit einer geringeren Belegungswahrscheinlichkeit von z.B. 0,1 rechnen. Hier wählen wir bei Zulassung von geringen Blockierungswahrscheinlichkeiten $k' < i$, um in der Eingangsstufe eine Verkehrskonzentration zu erhalten. Die Ersparnisse fallen jetzt noch drastischer aus.

n	r	i	k	k'	K_{opt}	K_b	B
128	16	8	15	5	$7,6 \cdot 10^3$	$2,5 \cdot 10^3$	0,0022
512	32	16	31	7	$6,3 \cdot 10^4$	$1,4 \cdot 10^4$	0,0018
2048	64	32	63	10	$5,2 \cdot 10^5$	$8,2 \cdot 10^4$	0,0020
8192	128	64	127	15	$4,2 \cdot 10^6$	$4,9 \cdot 10^5$	0,0025
32768	256	128	255	24	$3,3 \cdot 10^7$	$3,1 \cdot 10^6$	0,0028
131072	512	256	511	41	$2,7 \cdot 10^8$	$2,1 \cdot 10^7$	0,0020

n *Anzahl der Anschlüsse*

r, i, k *Kennwerte der 3-stufigen Clos-Anordnung*

k' *Anzahl der Koppelmatrizen in der Zwischenstufe bei Zulassung von Blockierung*

K_{opt} *Optimale Anzahl der Koppelpunkte bei Clos-Anordnung*

K_b *Anzahl der Koppelpunkte bei Zulassung der Blockierung*

B *Blockierungswahrscheinlichkeit bei Belegungswahrscheinlichkeit $p = 0,1$*

Wir haben die Einführung von mehrstufigen Koppelanordnungen durch die Möglichkeit, große Vermittlungen zu realisieren, und durch die Ersparnisse von Koppelpunkten begründet. Die Ersparnis von Koppelpunkten ist auf die Mehrfachnutzung einzelner Koppelpunkte für verschiedene Verbindungen und auf die Zulassung von geringen Blockierungswahrscheinlichkeiten zurückzuführen. Da es in mehrstufigen Koppelanordnungen gewöhnlich mehrere Wege zwischen einem Eingang und einem Ausgang gibt, sind sie gegenüber Ausfällen einzelner Komponenten weniger anfällig, d.h. sie haben eine bessere Ausfallsicherheit. Durch ihren modularen Aufbau sind sie auch modular erweiterungsfähig. Dies ist besonders wichtig, denn die Größe einer Vermittlung verändert sich mit der Zeit. Bei der Betrachtung der Blockierungseigenschaften haben wir die Blockierungswahrscheinlichkeit hervorgehoben und gefordert, daß diese niedrig bleibt. Im Einzelfall kann die berechnete Blockierungswahrscheinlichkeit sehr niedrig, die tatsächliche aber inakzeptabel sein, denn die Berechnungen basieren auf mittleren Belegungsannahmen, die im Einzelfall nicht stimmen. Häufig wird deshalb darauf geachtet, daß in Teilnehmeranschlußgruppen Geschäftsanschlüsse, die viel Verkehr erzeugen, und Privatanschlüsse mit wenig Verkehr gemeinsam geführt werden, um im Mittel akzeptable Bedingungen zu erzeugen. Bei Koppelmatrizen gibt es genau einen Koppelpunkt, der geschaltet werden muß, um eine Verbindung zwischen zwei bestimmten Anschlüssen durchzuschalten. Bei mehrstufigen Koppelanordnungen können gewöhnlich zwei Anschlüsse über verschiedene Wege durch die Koppelanordnung durchgeschaltet werden. Bei mehrstufigen Koppelanordnungen hat man somit die zusätzliche Aufgabe, aus den verschiedenen möglichen Wegen einen freien Weg herauszusuchen. Verfahren hierzu werden **Wegesuchverfahren** genannt. Es ist sinnvoll, nicht immer den selben Weg durch die Koppelanordnung für eine Verbindung zwischen zwei Anschlüssen zu wählen. Im Falle einer Störung bzw. nicht ausreichender Güte der Verbindung besteht dann eine hohe Wahrscheinlichkeit, beim nächsten Versuch einen anderen Weg zu finden. Häufig werden deshalb zufällige oder zyklische Wegesuchstrategien angewandt. Unter gewissen Annahmen ist es möglich, die Zeit, die erforderlich ist, um einen freien Weg durch die Koppelanordnung zu finden, abzuschätzen.

Wir nehmen an, daß es k Wege zwischen zwei Anschlüssen einer Koppelanordnung gibt, diese sind bekannt und werden hintereinander abgeprüft, ob sie frei sind. Wir nehmen ferner an, daß die Wahrscheinlichkeit, daß ein Weg belegt ist, gleich p ist, und daß dies für alle Wege unabhängig voneinander gilt. Die Wahrscheinlichkeit, daß wenn i Versuche durchgeführt werden, die ersten $(i-1)$ Wege belegt sind und der i-te Weg frei ist sei p_i, dann gilt

$$p_i = p^{(i-1)} \cdot (1-p).\qquad(10.6)$$

Der Erwartungswert für die Anzahl der Versuche bis ein freier Weg gefunden wird oder die Suche erfolglos verläuft, ergibt sich hieraus als

$$E\{\text{Anzahl der Versuche}\} = 1 \cdot p_1 + 2 \cdot p_2 + \ldots + i \cdot p_i + \ldots + k \cdot p_k + k \cdot p^k \quad (10.7)$$

Der letzte Term in Gl.(10.7) entspricht der erfolglosen Suche. p_i aus Gl.(10.6) eingesetzt in Gl.(10.7) liefert

$$
\begin{aligned}
E\{\text{Anzahl der Versuche}\} &= 1 \cdot (1-p) + 2p(1-p) + \ldots \\
&\quad + ip^{i-1} \cdot (1-p) + \ldots \\
&\quad + kp^{k-1}(1-p) + kp^k \\
&= 1 + p + \ldots + p^i + \ldots + p^{k-1}.
\end{aligned}
$$

Die Summation der geometrischen Reihe ergibt

$$E\{\text{Anzahl der Versuche}\} = \frac{1 - p^k}{1 - p}.\qquad(10.8)$$

Benötigt man für die Überprüfung eines Weges die Zeit t, so ist der Erwartungswert der Zeit bis zu einer erfolgreichen Suche oder Abbruch T gegeben durch

$$E\{T\} = \frac{1 - p^k}{1 - p} \cdot t.\qquad(10.9)$$

Beispiel 10.5
Wir betrachten die dreistufige Koppelanordnung des Beispiels 10.4, mit $n = 8192$ Leitungsanschlüssen, $k' = 64$ und $i = 64$, mit der Blockierungswahrscheinlichkeit von $0,0024$ und einer Belegungswahrscheinlichkeit der Anschlüsse von $0,7$. Für die Belegungswahrscheinlichkeit der Kanten haben wir $p' = 0,7 \times \frac{i}{k'} = 0,7 \times \frac{64}{64} = 0,7$.

Die Wahrscheinlichkeit, daß ein bestimmter Weg frei ist, ist

$$q = 0,3 \times 0,3 = 0,09,$$

daß er belegt ist somit

$$p = 0,91.$$

Somit haben wir

$$E\{A\} = \frac{1 - (0.91)^{64}}{1 - 0,91} = 11.$$

Es müssen also im Mittel 11 Wege abgesucht werden, bevor ein freier Weg gefunden wird oder feststeht, daß kein Weg frei ist.

In elektromechanischen Systemen wird die Wegesuche in der jeweiligen Koppelstufe unabhängig von den danach folgenden Koppelvielfachen durchgeführt. Man spricht dann von der direkten Wahl oder der **schrittweisen Durchschaltung**. Es kann nun vorkommen, daß der durch eine Koppelstufe aufgebaute Weg in den danach folgenden Stufen nicht mehr erfolgreich weitergeführt werden kann. In Vermittlungsanlagen mit Rechnersteuerung wird meist eine Belegungsabbildung in der Steuerung abgelegt. Bei Belegungswunsch wird zunächst ein Weg in der Abbildung durch die gesamte Koppelanordnung aufgesucht und erst dann durchgeschaltet. Man spricht nun von indirekter Wahl oder **konjugierter Durchschaltung**.

Es sei hier erwähnt, daß auch eine Variante der direkten Durchschaltung im System 12 der Firma SEL angewandt wird. Hierfür wurde ein kundenspezifischer LSI-Baustein entwickelt, in dem schrittweise durchgeschaltet wird, wobei bei ungünstiger Wegeführung die Belegung rückgängig gemacht bzw. anders geführt werden kann. Die verwendete Technologie und Auslegung der Koppelanordnung mit der implementierten Wegesuchstrategie garantiert praktisch eine blockierungsfreie Durchschaltung, verbunden mit modularer Erweiterbarkeit.

Wie wir gesehen haben, kann bei blockierungsfreien Systemen bei jeder Belegung in der Koppelanordnung ein freier Weg gefunden werden, so lange die entsprechenden Ein- und Ausgänge frei sind. Bei nichtblockierungsfreien Koppelanordnungen kann es vorkommen, daß eine Verbindung zunächst bei der vorliegenden Belegung der einzelnen Wege nicht durchgeschaltet werden kann; eine **Umordnung der Belegung (rearrangement)** jedoch eine Durchschaltung ermöglicht. Systeme, die durch Umordnungsstrategien blockierungsfrei gemacht werden können, nennt man auch **Benes-Systeme**[1].

Wie wir bereits im Kapitel 1 gesehen haben, werden Durchschaltenetze gewöhnlich hierarchisch aufgebaut. Man unterscheidet zwischen Vermittlungsstellen, an denen Teilnehmer angeschlossen werden, und reinen Transitvermittlungsstellen, die als Zwischenknoten dienen. Entsprechend unterscheidet man (s. Bild 10.16) in der Koppelanordnung zwischen dem Verkehr, der zwischen den an der Koppelanordnung

---

[1] V. Benes, s. Literaturverzeichnis [BEN]

angeschlossenen Teilnehmern abgewickelt wird (**Internverkehr**), dem Verkehr, der zwischen einem an der Koppelanordnung angeschlossenen und einem fernen Teilnehmer abgewickelt wird (**Externverkehr**) und zwischen dem Verkehr, der zwischen zwei fernen Teilnehmern abgewickelt wird (**Transitverkehr**).

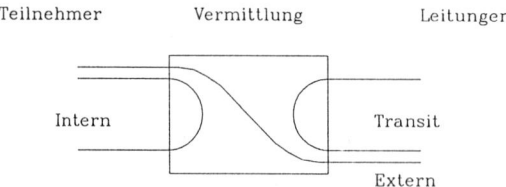

Bild 10.16   Verkehrsarten in einer Vermittlung

Beim Internverkehr muß ein freier Weg zwischen einem Eingang und einem Ausgang gefunden werden (Bild 10.17). Man spricht in diesem Fall von **Punkt-zu-Punkt-Wahl**. Bei Extern- und Transitverkehr braucht man lediglich einen freien Ausgang aus mehreren, die in eine Richtung führen, auszuwählen. Man bezeichnet dies als **Punkt-zu-Mehrpunkt-Wahl**. Die Blockierungswahrscheinlichkeit von Punkt-zu-Mehrpunkt-Wahl in einer Koppelanordnung ist geringer als die Blockierungswahrscheinlichkeit für Punkt-zu-Punkt-Wahl; die Wegesuche ist entsprechend einfacher bei Punkt-zu-Mehrpunkt-Wahl.

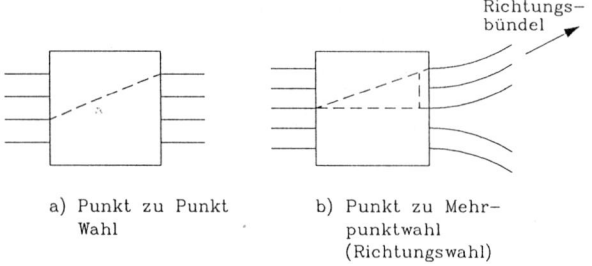

Bild 10.17   Wahlarten in einer Vermittlung
a) Punkt-zu-Punkt-Wahl
b) Punkt-zu-Mehrpunkt-Wahl (Richtungswahl)

10.3 Speichervermittlung

Bei der **Speichervermittlung** im engeren Sinne (**Sendungsvermittlung** oder **Message Switching**) werden Nachrichten, wie bei der Briefpost, mit Adressen versehen von einem Teilnehmer A über verschiedene Zwischenknoten im Kommunikationsnetz an den Empfänger B ausgehändigt. Das Verfahren wurde bereits beim Telegraphendienst angewandt, wo die Nachrichten von Station zu Station übermittelt, in den einzelnen Stationen auf Richtigkeit überprüft, soweit erforderlich zwischengespeichert und weitergeleitet wurden.

Heute werden als Speichervermittlungen Rechner eingesetzt, die ankommende Nachrichten aufnehmen, auf Fehlerfreiheit (z.B. durch Anwendung von zyklischen Codes) überprüfen, fehlerhafte Nachrichten neu anfordern, die Nachricht in einer Warteschlange in die gewünschte Richtung zwischenspeichern und dann weiterleiten. Als Adresse ist lediglich die Zieladresse erforderlich, häufig wird jedoch auch die Anfangsadresse mitgeteilt.

Eine wesentliche Vermittlungsaufgabe (Schicht 3) besteht darin, einen Weg (genauer Route) durch das Netz vom Sender bis zum Empfänger zu finden. Hier kommen verschiedene Verfahren zur Anwendung: von a priori festgelegten Routen bis auf dynamische Routensuche nach verschiedenen Kriterien wie Auslastung einzelner Knoten und Warteschlangenlängen in einzelnen Richtungen. Es ist auch möglich, bei der Behandlung der Nachrichten den einzelnen Nachrichten verschiedene Prioritäten einzuräumen. Wesentliche Eigenschaften der Speichervermittlung im engeren Sinne (Sendungsvermittlung oder message switching) sind:

- Es wird eine bessere Ausnutzung der Übertragungskapazitäten der Teilstrecken ermöglicht, denn diese werden durch mehrere Teilnehmer genutzt, wobei durch die Warteschlangenbildung vor jeder Teilstrecke die Nutzung optimiert wird.

- Eine gleichzeitige Verfügbarkeit von Sender und Empfänger und auch der Zwischeneinrichtungen ist nicht erforderlich, da es sich im Gegensatz zur Durchschaltevermittlung hier um eine verbindungslose Übermittlung handelt.

- Es tritt keine Blockierung wie bei der Durchschaltevermittlung ein; dafür können lange Wartezeiten entstehen.

- Den Nachrichten können verschiedene Prioritäten zugeordnet werden, um z.B. dringende Nachrichten bevorzugt zu übermitteln oder Nachrichten mit niedrigen Prioritäten in verkehrsarmen Zeiten zu übermitteln, um dadurch die Kapazitäten besser zu nutzen.

- Die Fehlerbehandlung erstreckt sich auf ganze Nachrichten. Sie kann individuell gestaltet werden.

- Häufig werden die Nachrichten zwischen zwei Stationen durchgezählt, damit keine Nachrichten auf Teilstrecken verlorengehen.

- Die Routensuche kann so ausgelegt werden, daß Störungen im Netz umgangen werden. Dies führt zu einer besseren Ausfallsicherheit.

- Durch die Speicherung der Nachricht ist eine unmittelbare Geschwindigkeits- anpassung möglich. Auch eine Codeanpassung kann leicht realisiert werden. Dies ermöglicht, Nachrichten zwischen unterschiedlichen Endgeräten auszu- tauschen.

- Eine Duplizierung einer Nachricht in Zwischenstationen ist leicht möglich, um eine Rundsendung (Punkt-zu-Mehrpunktübermittlung) zu erzielen.

- Es kann auch eine längere Speicherung im Netz vorgenommen werden, so daß verschiedene Leistungsmerkmale, wie Warten auf den Empfänger, Ausliefe- rung nach Zeit, Archivierung im Netz usw. möglich werden.

- Eine Mitteilung an den Sender, wenn die Nachricht an den Empfänger aus- gehändigt wird, ist möglich.

Die zuletzt aufgezählten Eigenschaften zeigen, daß durch die Zulassung einer Da- tenverarbeitung im Kommunikationsnetz mit Speichervermittlung leicht die Mail- boxfunktion (s. Kapitel 1.3.4) möglich wird.

Trotz der vielen vorteilhaften Eigenschaften der Sendungsvermittlung (message switching) darf nicht übersehen werden, daß ein Nachteil gravierend ist. Die Nach- richten werden jeweils hintereinander (sequentiell) übermittelt und erfahren da- her erhebliche Wartezeiten im Netz. Die Wartezeiten sind nicht konstant, son- dern hängen von der momentanen Netzbelastung ab. Eine interaktive Echtzeit- Kommunikation ist daher praktisch nicht möglich.

Wir wenden uns nun kurz der Zeitmultiplexbildung bei der Durchschaltevermittlung wieder zu und fragen nach der Ausnutzung der zugeteilten Kanäle in der jeweiligen Verbindungsphase, d.h. in der Phase, in der Nutzdaten übertragen werden.

Liegen bei einer Verbindung in dieser Phase keine Daten vor, so laufen die jeweiligen Teilkanäle leer – es wird bei der PCM-Sprachübertragung z.B. das Nullwort gesendet (Bild 10.18a).

Im Bild 10.18b bis d sind verschiedene Strategien, die alle als **statistische Zeit- multiplexverfahren** oder **asynchrone Zeitmultiplexverfahren** bezeichnet wer- den, dargestellt. Asynchron bezieht sich hier darauf, daß die zu einer Verbindung gehörenden Zeitschlitze nicht mehr kontinuierlich bzw. zyklisch ankommen. Der Zeitmultiplexkanal selbst wird nach wie vor synchron betrieben.

In der im Bild 10.18b dargestellten Strategie wird die Rahmeninformation im- mer, wenn eine Verbindung inaktiv oder aktiv wird, neu herausgegeben. Bei häufig ändernder Nutzung einzelner Verbindungen (d.h. bei büschelartigem Datenaufkom- men innerhalb einzelner Verbindungen) muß im ungünstigsten Fall bei jedem Rah- men die Rahmenzusammensetzung der Demultiplexeinrichtung neu mitgeteilt wer- den.

In der im Bild 10.18c dargestellten Strategie wird jedem Zeitschlitz eine Adressinformation hinzugefügt. Der Demultiplexer weiß also unmittelbar vor dem Zeitschlitz, zu welchem Kanal die darin enthaltene Information gehört.

In der im Bild 10.18d dargestellten Strategie wird für jeden Zeitschlitz anstatt der Adresse eine Inhaltsangabe gemacht. Die Demultiplexeinrichtung erfährt hierüber, ob der Zeitschlitz Nutzinformationen enthält und deshalb vorhanden ist, oder ob er leer war und deshalb weggelassen wurde. Die Strategien erbringen je nach Verkehrseigenschaften der Verbindungen unterschiedliche Ersparnisse gegenüber dem nichtstatistischem Zeitmultiplexverfahren. Es gibt zahlreiche Möglichkeiten, die Verfahren weiter zu optimieren, so z.B. durch relative Adressierung der Zeitschlitze.

Wir haben im Bild 10.18 angenommen, daß das Synchronisationswort (häufig auch **Flag** genannt) stets mitgesendet wird; bei geringem Verkehrsaufkommen können auch einzelne Flags herausgelassen werden, um an der Übertragungskapazität weiter zu sparen. Es sei darauf hingewiesen, daß die beschriebenen Verfahren der statistischen Zeitmultiplexbildung keinen Vermittlungsvorgang darstellen. Die einzelnen Zeitschlitze verschieben zwar ihre absolute Lage, ihre relativen Lagen bleiben erhalten; bei der Adressierung handelt es sich um die Schicht-2-Adressen.

Wir haben in Anlehnung an die byteweise Zeitmultiplexbildung angenommen, daß es sich im Bild 10.18 um Zeitschlitze von je einem Byte handelt. Wir können die Ersparnis an Bandbreite in der Regel noch erhöhen, indem wir pro Zeitschlitz mehrere Bytes annehmen und somit das Verhältnis zwischen der Verwaltungsinformation (Overhead – wie Rahmeninformation oder Adresse) und der Nutzinformation weiter herabsetzen. Behalten wir dabei eine feste Paketlänge, so müssen wir gelegentlich Leerstellen stopfen bzw. mit Flags ausfüllen (Bild 10.19a). Wir können auch die feste Paketlänge bzw. Zeitschlitzlänge zu Gunsten einer variablen Paketlänge aufgeben. Nun müssen wir eine Längeninformation dem Informationspaket voranstellen oder uns ganz auf die Flags (Synchronworte) verlassen, um im nachhinein das Ende eines Paketes zu erkennen (Bild 10.19b). Wir haben damit die Voraussetzung in der Schicht 2 für die Implementierung der Paketvermittlung geschaffen.

Es sei noch einmal festgehalten, daß die zu übermittelnde Nachricht in Paketen mit einer maximal zulässigen Größe vorliegt, die mit Schicht-2-Adressen versehen werden und eine Längenangabe oder Synchronisationsinformation, aus der die Länge ableitbar ist, enthalten. Wir haben implizit angenommen, daß die Zuteilung der verfügbaren Kapazität auf der Teilstrecke von der Schicht 2 des Multiplexers zentral festgelegt wird. Es gibt auch zahlreiche dezentrale Zugriffsstrategien, die vor allem in lokalen Netzen angewandt werden. Die Schicht 2 kann über die erwähnten Aufgaben hinaus weitere Dienste anbieten. Hierzu gehören häufig: die Fehlsicherung über der Teilstrecke z.B. über zyklische Codes, ein Abzähl- und Quittierungsverfahren für die Flußregelung und Sicherung auf der Teilstrecke.

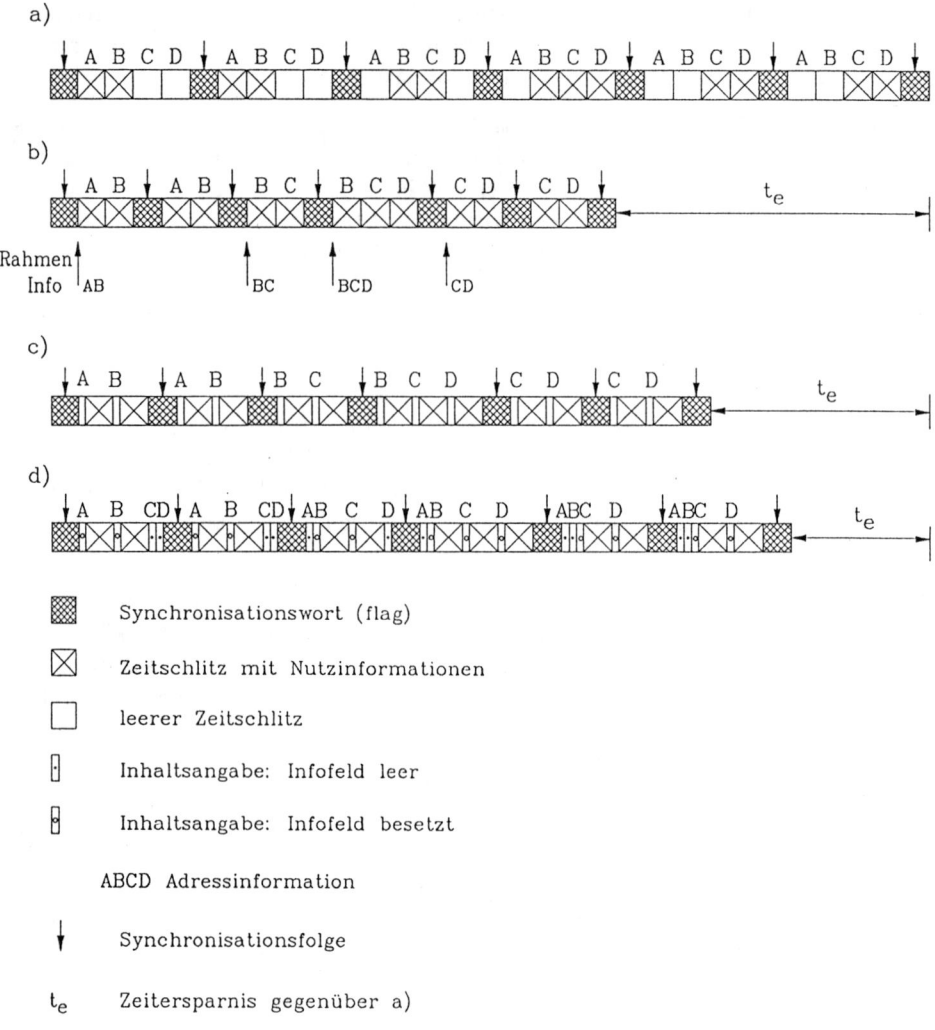

a) Synchrones Zeitmultiplexverfahren, Reihenfolge der Rahmen vorab festgelegt

▨	Synchronisationswort (flag)
⊠	Zeitschlitz mit Nutzinformationen
☐	leerer Zeitschlitz
⯁	Inhaltsangabe: Infofeld leer
⯀	Inhaltsangabe: Infofeld besetzt
ABCD	Adressinformation
↓	Synchronisationsfolge
t_e	Zeitersparnis gegenüber a)

Bild 10.18 Verfahren für synchrones und statistisches Multiplexen
a) Synchrones Zeitmultiplexverfahren, Reihenfolge der Rahmen vorab festgelegt
b) Statisches Multiplexen mit gesonderter Angabe der Rahmeninformation
c) Statisches Multiplexen mit Adressangabe (Adressmultiplex)
d) Statisches Multiplexen mit Inhaltsangabe, Reihenfolge der Rahmen vorab festgelegt

Wir haben einige Aufgaben der Schicht 2 bereits im Abschnitt 2.3.2 kennengelernt. Wir werden einige dieser Aufgaben in den nächsten Abschnitten noch näher betrachten. Wir wenden uns nun den Schicht-3-Aspekten der Paketvermittlung zu. Wie wir bereits im einleitenden Abschnitt 10.1 gesehen haben, wird die Nachricht bei der Paketvermittlung in Teilnachrichten (Pakete) zerlegt.

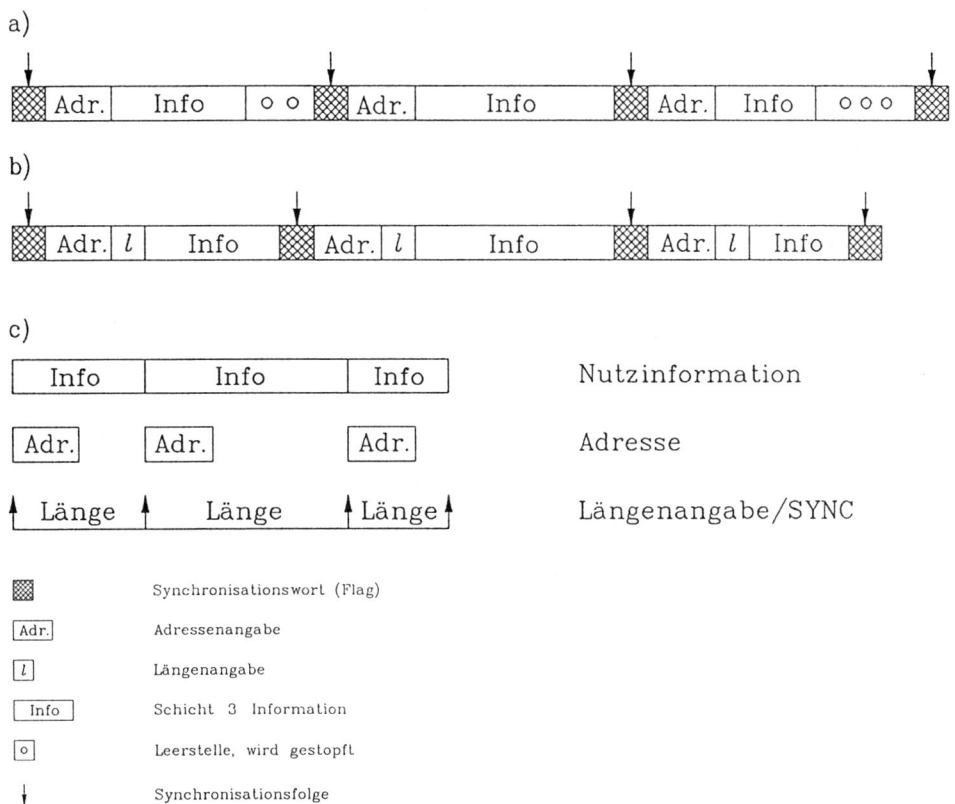

Bild 10.19 Paketbildung mit variabler Informationslänge
a) Feste Paketlänge, nicht verwendete Bytes werden gestopft
b) Variable Paketlänge mit Längenangabe
c) Logischer Aufbau der Pakete

Beim **Datagramm**-Verfahren werden alle Pakete mit der Zieladresse versehen und einzeln durchnumeriert. Sie werden dann über das Netz mit Zwischenspeicherung an Vermittlungsknoten bis zum Empfänger geleitet. An den Vermittlungsknoten werden die Pakete unabhängig voneinander (wie bei der Sendungsvermittlung) wie eigenständige Nachrichten behandelt und nach den geltenden Routentabellen oder Routenvereinbarungen weitergeleitet. Sie können deshalb verschiedene Routen nehmen und sich dabei überholen. Beim Empfänger können die Pakete, da sie durchnumeriert sind, wieder zu der ursprünglichen Nachricht zusammengesetzt werden. Da der Zeitpunkt der Ankunft der einzelnen Pakete beim Empfänger nicht bekannt ist, weiß der Empfänger beim Fehlen eines Paketes nicht, ob es verlorengegangen ist oder ob es lediglich eine längere Verzögerung erfahren hat. Die Ende-zu-Ende-Kontrolle muß deshalb auf einer Zeitangabe (time out) basieren.
Bei der Paketvermittlung mit **virtuellen Verbindungen** wird zwischen dem Teilnehmer A und dem Teilnehmer B zunächst eine Route durch das Netz festgelegt.

Alle nachfolgenden Pakete einer virtuellen Verbindung werden durch das Netz auf diese Route geleitet. Zwischen zwei Teilnehmern können über ein Netz verschiedene virtuelle Verbindungen gleichzeitig existieren. Sie werden in den Knoten wie unterschiedliche Verbindungen behandelt. Die Übermittlung verläuft, wie alle verbindungsorientierten Übermittlungen, in drei Phasen. In der Verbindungsaufbauphase werden Steuerpakete von der verbindungaufbauenden Einrichtung gesendet. Diese enthalten die Sende- und Empfängeradresse, Prioritätsangaben und andere Steuerinformationen. Die Steuerpakete werden für die Festlegung der Route durch das Netz verwendet. Sobald die Route festgelegt und freigegeben ist, können die Datenpakete (Nachrichten) über die Route gesendet werden. Zwar kann jedes Paket auf der festgelegten Route an jedem Knoten unterschiedliche Verzögerungen erleiden, die Reihenfolge der Pakete bleibt jedoch erhalten. Eine Durchnumerierung der Pakete ist deshalb nicht erforderlich. Lediglich die Steuerpakete müssen die vollständigen Adressangaben enthalten. Die nachfolgenden Pakete können sich auf die virtuelle Verbindung beziehen; dies ermöglicht eine schnellere Abfertigung an den Vermittlungsknoten (Einsatz von lokaler Adressierung). Bei der virtuellen Verbindungstechnik hat man also zwei unterschiedliche Paketarten (die Steuer- und die Datenpakete), die mit verschiedenen Prioritäten abgearbeitet werden können.

Eine Variante des Verfahrens ist, daß feste virtuelle Verbindungen zwischen Teilnehmern aufgebaut werden und bei Beendigung der Übermittlung einer Nachricht nicht abgebaut werden, so daß sie für weitere Nachrichten unmittelbar bei Bedarf eingesetzt werden können, ohne die Verbindungsaufbauphase zu durchlaufen. Die Anzahl der gleichzeitig von einem Teilnehmer aufgebauten virtuellen Verbindungen wird bei dieser Variante beschränkt, um nicht zuviel Ressourcen im Netz zu binden.

Sieht man sich die einzelnen Abläufe der Abwicklung einer Verbindung näher an, so kann man sich ein globales Bild über den zu erwartenden Durchsatz bzw. Verzögerungen bei den einzelnen Verfahren machen. Hierzu betrachten wir Bilder 10.20 bis 10.23, in denen Nachrichten zwischen den Knoten A und B im dargestellten Netz entsprechend den zu betrachtenden Verfahren ausgetauscht werden.

Die tatsächliche Leistungsfähigkeit der einzelnen Verfahren ist pauschal kaum vorhersagbar und von den einzelnen Gegebenheiten stark abhängig. Zu nennen sind hierbei die Anzahl der Anschlüsse, die Netzstruktur, die Netzbelastung (die Länge und Anzahl der ausgetauschten Nachrichten), die Übertragungskapazität der Teilstrecken und die Verarbeitungsgeschwindigkeit der Knotenvermittlung. Einige allgemeine Aussagen sind jedoch möglich:

- Für den Austausch großer Nachrichtenmengen ist die Durchschaltevermittlung gut geeignet.

- Für sehr kurze, häufig auftretende Nachrichten sind Datagramme besonders geeignet.

- Für sporadische Nachrichten (interaktiver Dialog am Terminal) sind virtuelle Verbindungen gut geeignet.

- Für persönliche Mitteilungen (vor allem bei Abwesenheit) ist die Sendungsvermittlung (message switching) besonders geeignet.

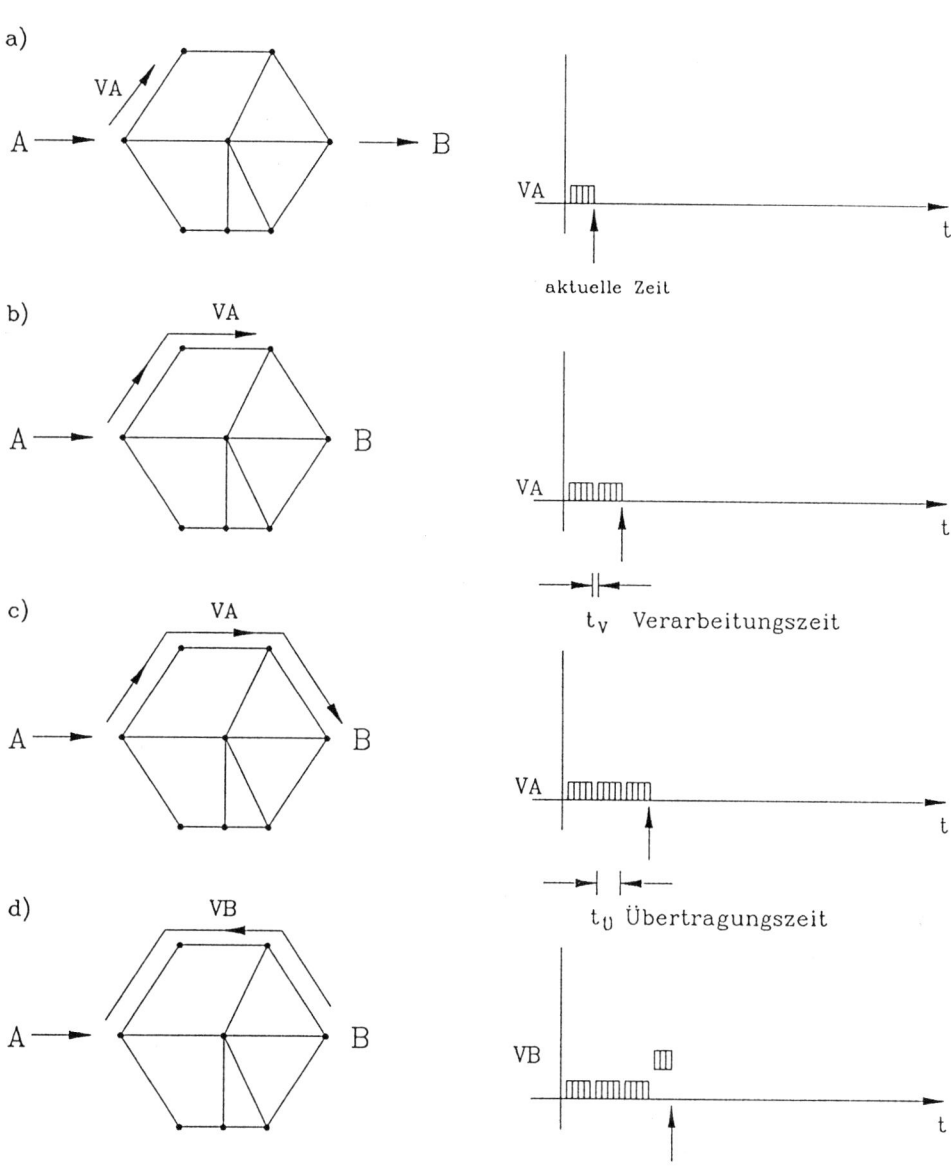

Bild 10.20   Nachrichtenübermittlung über eine durchgeschaltete Verbindung
a), b), c), d): Verbindungsaufbauphase

VA: Verbindungsaufbausignal
VB: Verbindungsbestätigungssignal

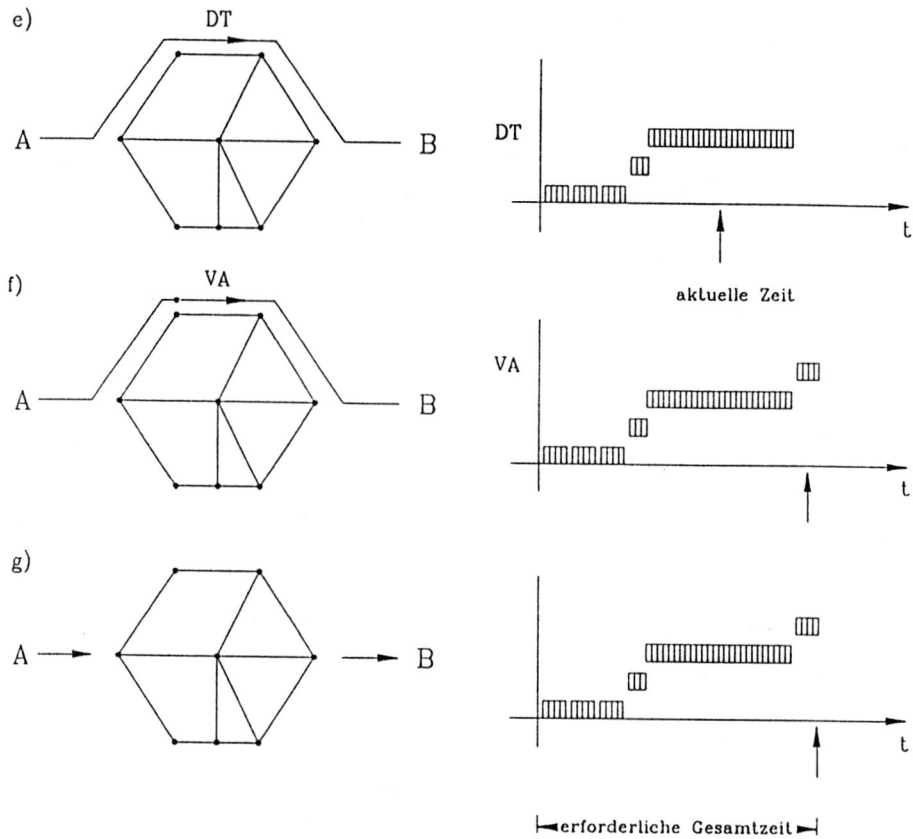

Bild 10.20   Nachrichtenübermittlung über eine durchgeschaltete Verbindung
(Fortsetzung)
e) Verbindungsphase
f) Verbindungsabbauphase
g) Ruhephase

DT: Datenaustausch
VA: Verbindungsabbausignal

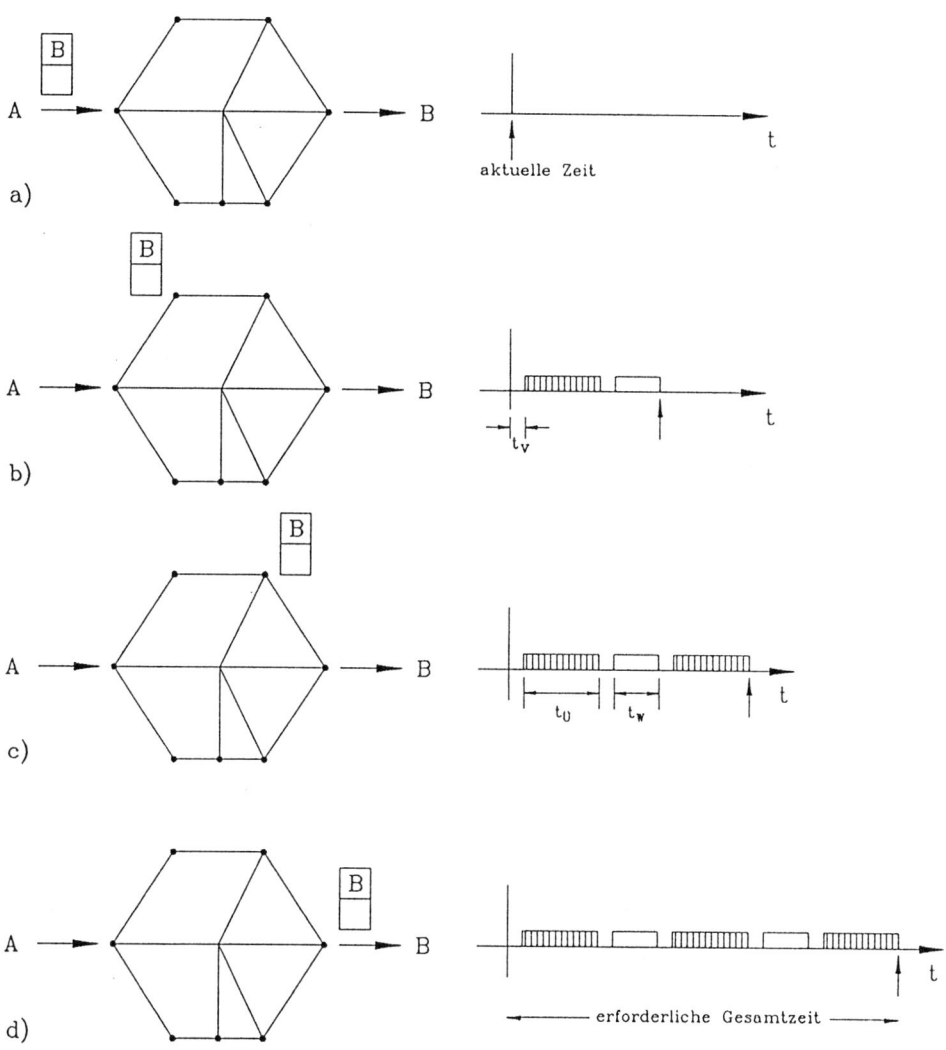

Bild 10.21 Nachrichtenübermittlung mit Sendungsvermittlung (*message switching*)
a) Beginn der Übermittlung
b) Sendung beim ersten Knoten
c) Sendung beim zweiten Knoten
d) Sendung beim Empfänger

t_V: Verarbeitungszeit
$t_{\ddot{U}}$: Übertragungszeit
t_W: Wartezeit
B Zieladresse
   Nachricht

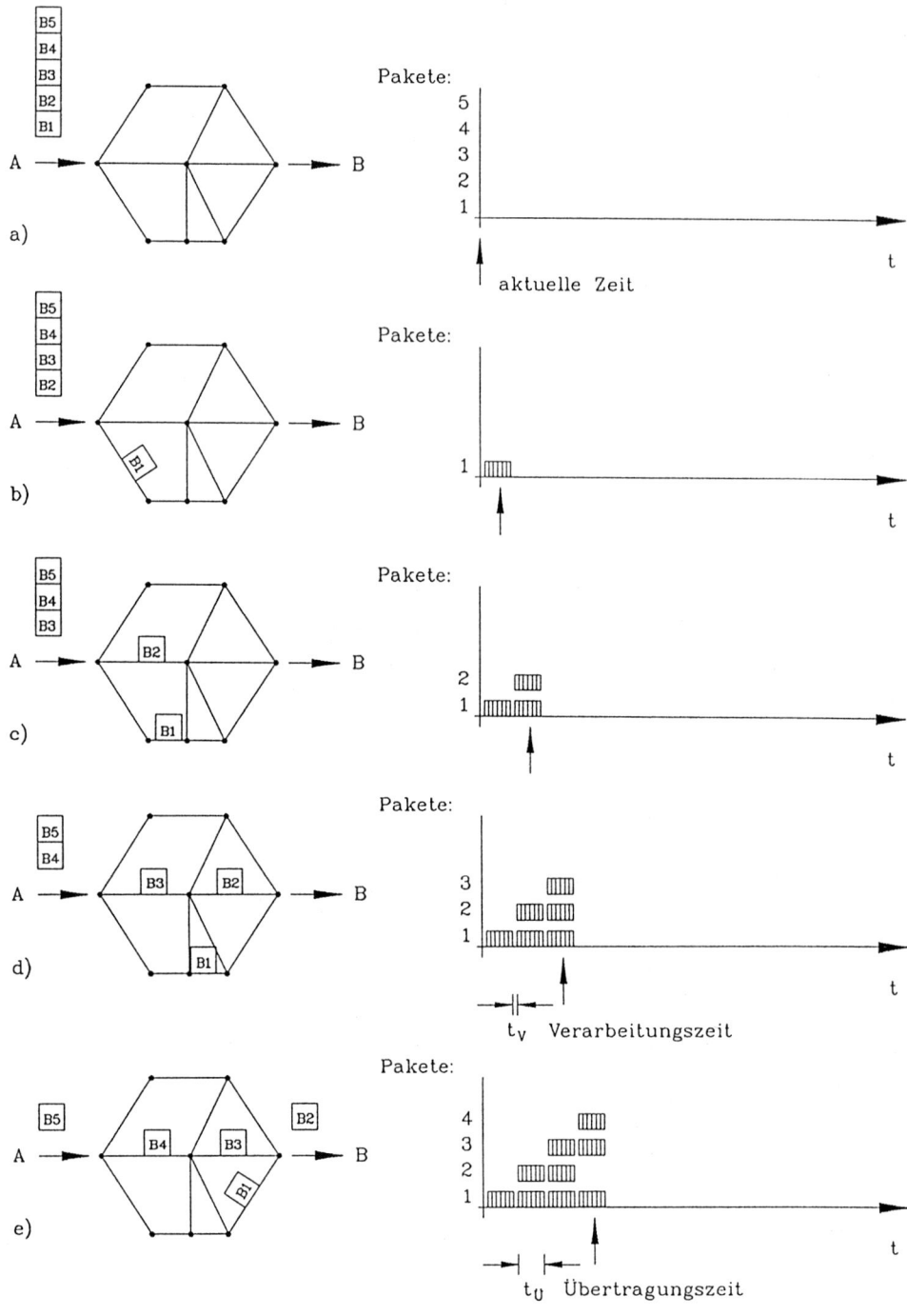

Bild 10.22 Nachrichtenübermittlung mit Datagrammen
a) Beginn der Übermittlung
b) 1. Paket abgesendet
c) 2. Paket abgesendet
d) 3. Paket abgesendet
e) 4. Paket abgesendet, 2. Paket beim Empfänger

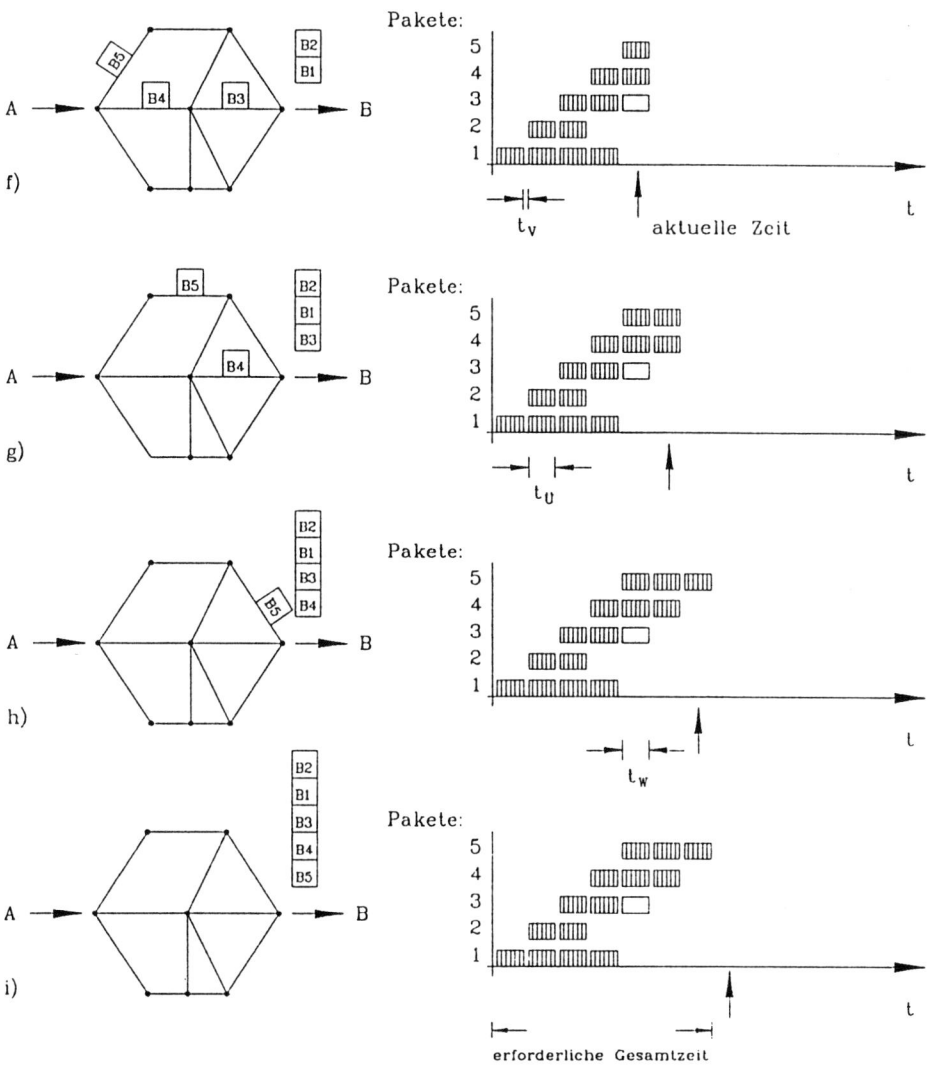

Bild 10.22   Nachrichtenübermittlung mit Datagrammen (Fortsetzung)
f) 5. Paket abgesendet, 1. Paket beim Empfänger
g) 3. Paket beim Empfänger
h) 4. Paket beim Empfänger
i) 5. Paket beim Empfänger

t_V: Verarbeitungszeit
$t_{\bar{U}}$: Übertragungszeit
t_W: Wartezeit

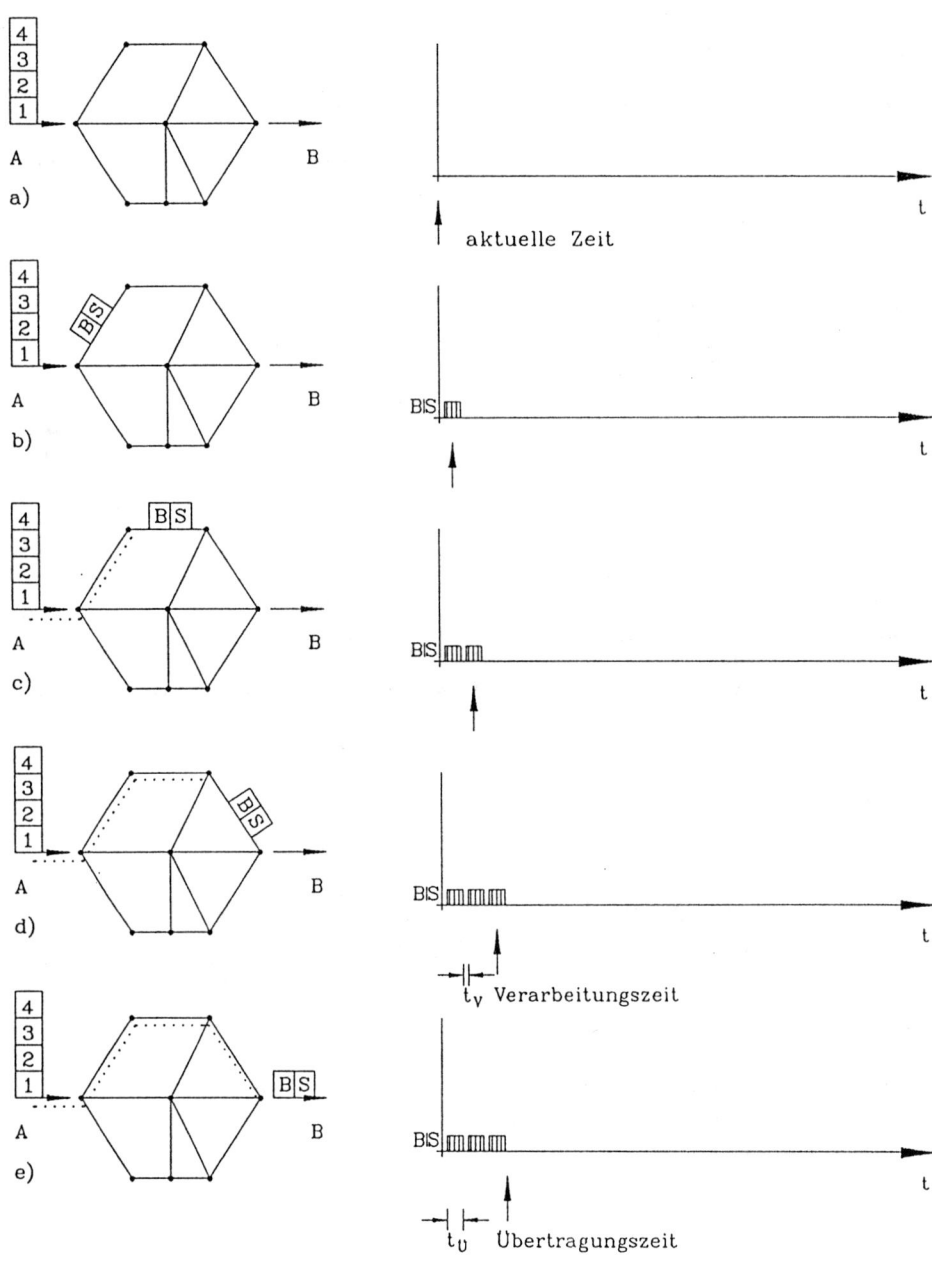

Bild 10.23 Nachrichtenübermittlung mit virtueller Verbindung
a) – i) Verbindungsaufbauphase
a) – e) Festlegung der Route
.... aufgebaute Route

BS   B: Zieladresse
      S: Steuerinformation

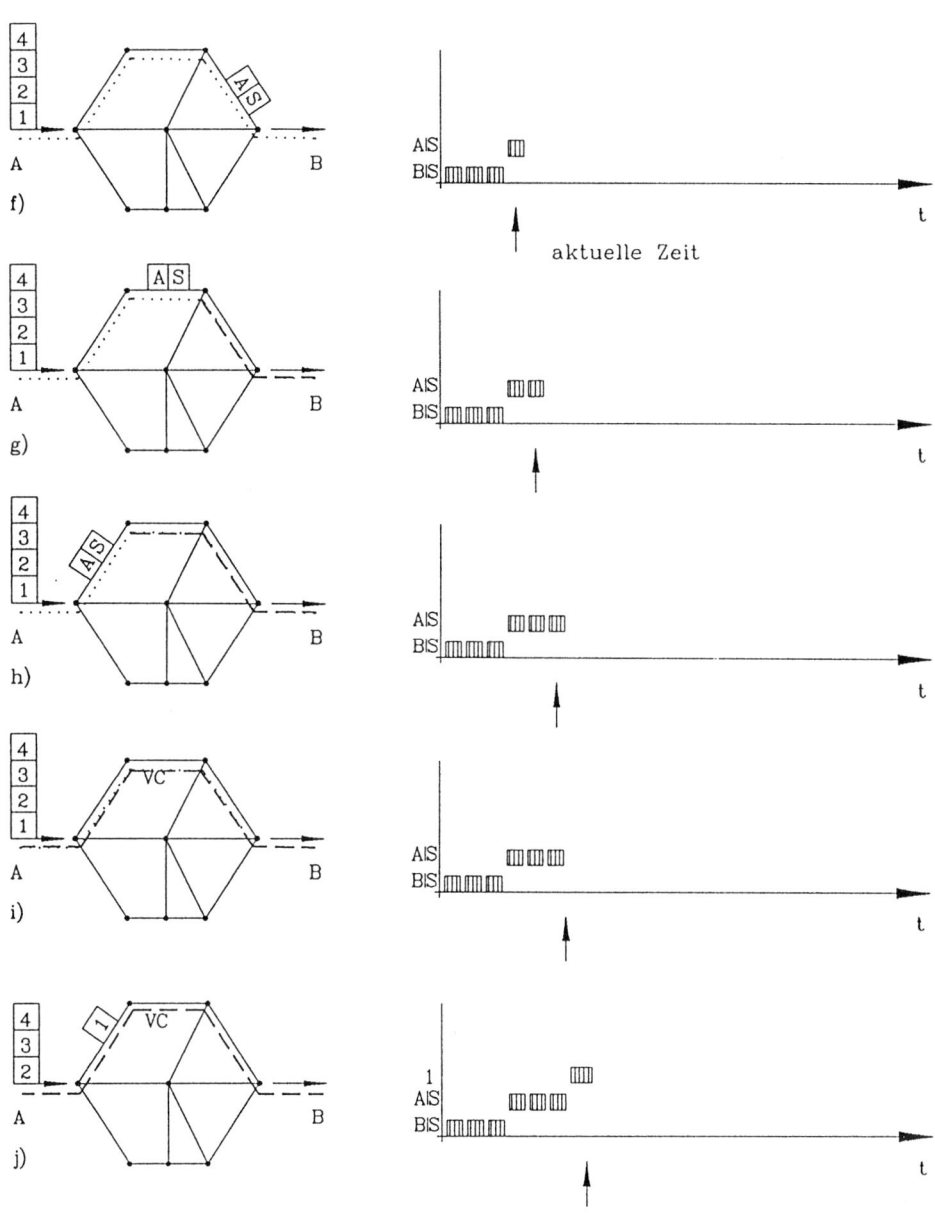

Bild 10.23   Nachrichtenübermittlung mit virtueller Verbindung (Fortsetzung)

a) – i) Verbindungsaufbauphase

f) – h) Bestätigung der Route

i) – q) Verbindungsphase

....   aufgebaute Route

- - - -   bestätigte Route

AS   A: Zieladresse

S: Steuerinformation

VC: Virtuelle Verbindung (virtual circuit)

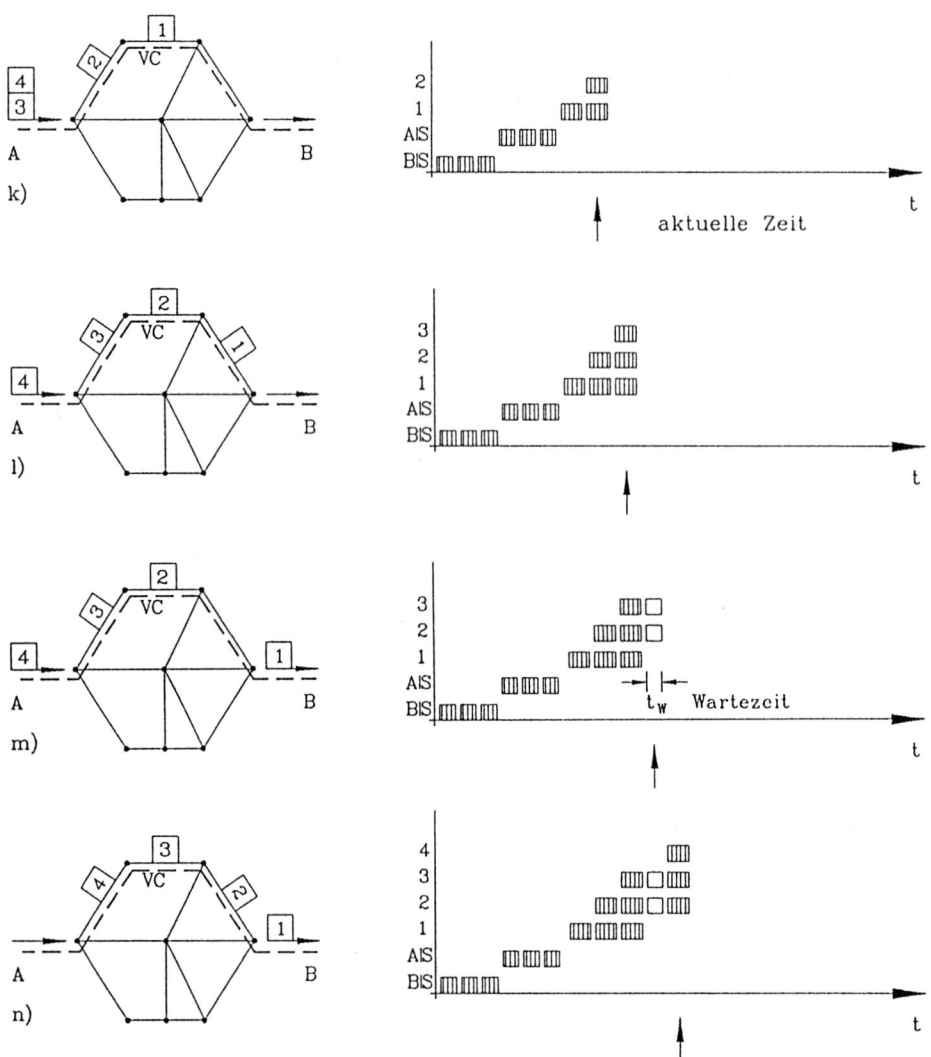

Bild 10.23   Nachrichtenübermittlung mit virtueller Verbindung (Fortsetzung)
i) – q) Verbindungsphase
- - - -   bestätigte Route

VC: Virtuelle Verbindung (virtual circuit)

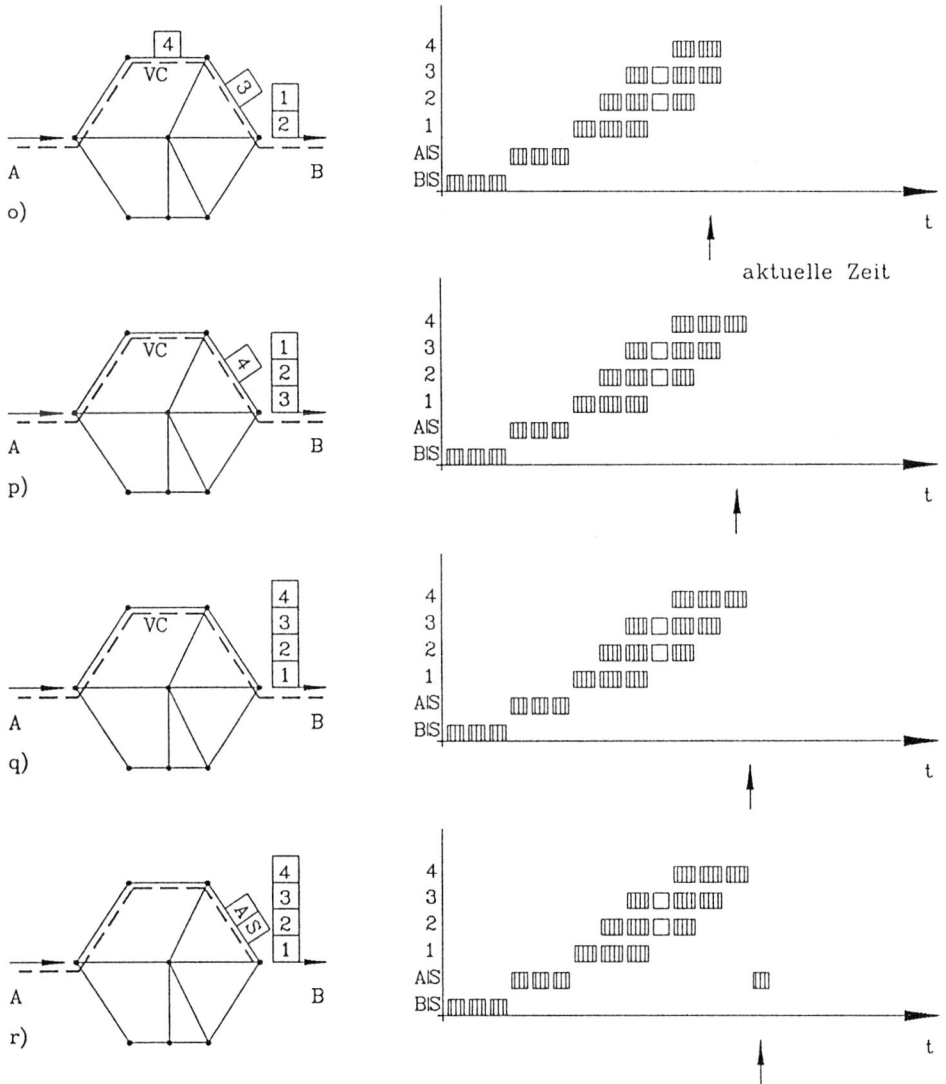

Bild 10.23 Nachrichtenübermittlung mit virtueller Verbindung (Fortsetzung)
i) – q) Verbindungsphase
r) – t) Verbindungsabbauphase
- - - - bestätigte Route

VC: Virtuelle Verbindung (virtual circuit)

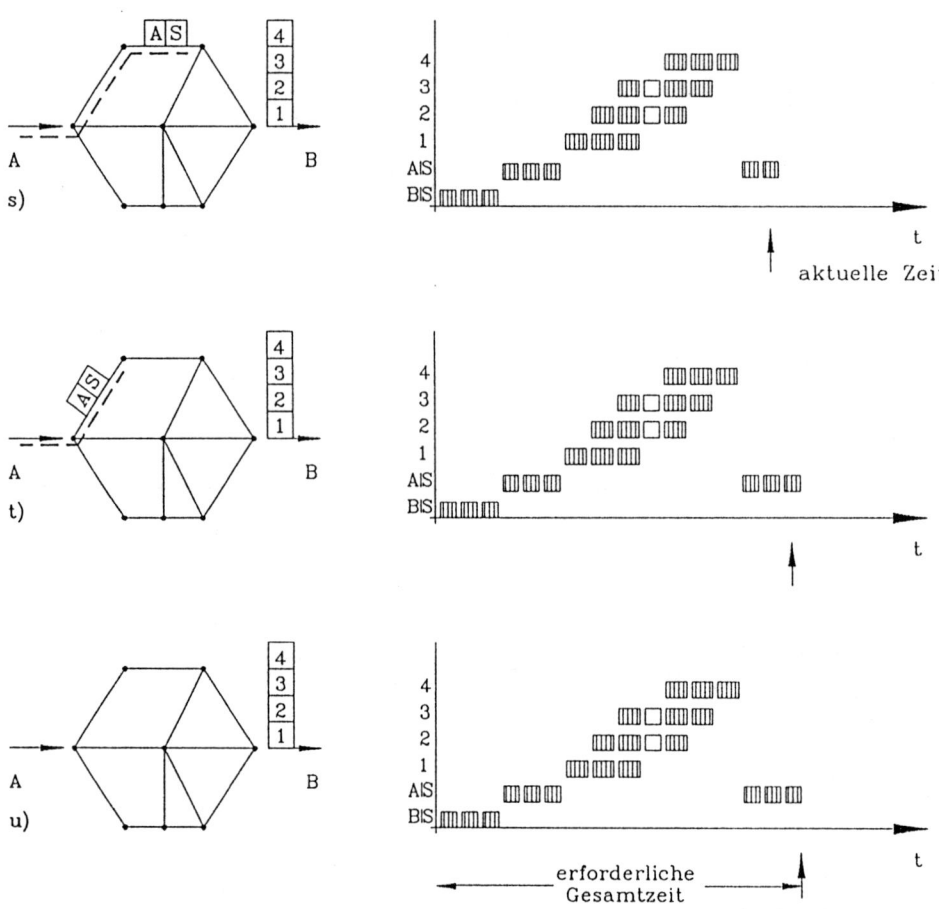

Bild 10.23   Nachrichtenübermittlung mit virtueller Verbindung (Fortsetzung)
r) – t) Verbindungsabbauphase
u) – t) Ruhephase
- - - -   bestätigte Route

|A|S| A: Zieladresse
        S: Steuerinformation

10.4 Integrierte Vermittlungsverfahren

Man unterscheidet zwischen verschiedenen Aspekten der Integration. Wir haben bereits in Kapitel 1 gesehen, daß die Digitalisierung des Fernsprechnetzes zum Einsatz gleicher Technologien und Verfahren für die Übertragung und die Vermittlung von Nachrichten führte. Diese durch die Digitalisierung ermöglichte technische Integration der Übertragung und der Vermittlung bezeichneten wir als digitale Übermittlung. Die digitale Übermittlung im Netz bis zum Teilnehmer führt dazu, daß durchgängige digitale Kanäle zwischen Teilnehmern verfügbar werden. Das Übermittlungsnetz unterscheidet nicht zwischen den verschiedenen Bitströmen für unterschiedliche Dienste, sondern behandelt alle gleich. Dieses, unterstützt durch einen starken, vom Nutzkanal unabhängigen Signalisierungskanal, führt zur Dienstintegration in einem digitalen Fernmeldenetz – dem ISDN (Integrated Services Digital Network - dienstintegrierendes Digitales Fernmeldenetz). Wir wollen diese Aspekte hier nicht weiter behandeln. ISDN-Verfahren, Protokolle und verwandte Themen werden im Kapitel 14 ausführlich behandelt. Hier wollen wir uns lediglich die Möglichkeiten, verschiedene Vermittlungsverfahren technisch zu integrieren, näher ansehen. Dabei wird aus dem Zusammenhang deutlich, ob es sich um eine Integration in einer einzelnen Vermittlung handelt oder im gesamten Netz.

Im letzten Abschnitt haben wir die Vermittlungsverfahren mit ihren Vor- und Nachteilen gegenübergestellt. In einer integrierten Vermittlung wird angestrebt, die Vorteile der einzelnen Verfahren möglichst zu nutzen und die Nachteile zu vermeiden. Wir wollen uns zunächst die Möglichkeit, verschiedene Verfahren zu kombinieren, ansehen.

Die Durchschaltevermittlung hat den wesentlichen Nachteil, daß bevor ein Austausch von Nutzinformationen stattfinden kann, die Verbindung aufgebaut werden muß. Bei der **schnellen Durchschaltevermittlung** wird angestrebt, die Verbindungsaufbauphase durch Verwendung schneller Technologien (schnellere Signalisierung, schnellere Verarbeitung der Steuerinformationen durch Parallelisierung usw.) abzukürzen. Beim herkömmlichen Fernsprechnetz dauert diese Phase etwa 10 Sekunden, im ISDN werden lediglich 1 bis 2 Sekunden benötigt. Man könnte bei einer Durchschaltevermittlung auch Prioritäten für bestimmte Verbindungen (z.B. Datenverbindungen) einführen und sie insbesondere bei der Signalisierung und Verarbeitung der Steuerinformationen bevorzugt behandeln – solche Ansätze wurden bisher in der Praxis kaum umgesetzt. Es ist auch möglich, für priorisierte Verbindungen bestimmte Wege durch die Vermittlung oder durch das gesamte Netz als permanente Verbindungen stets bereit zu halten – man spricht dann von festen Verbindungen (vgl. Mietleitungen, HfD, Kapitel 1.1).

Eine in der Praxis oft angewandte Integration ergibt sich, wenn Verbindungen in Durchschaltenetzen für das Paketvermittlungsnetz mitverwendet werden (Bild 10.24). Hier werden Wählverbindungen aufgebaut und als permanente Verbindungen fürs Paketvermittlungsnetz verwendet. Die Vorteile dieser Lösung liegen auf der Hand. Bei Veränderungen des Verkehrsaufkommens des Paketvermittlungsnetzes können Verbindungen des Durchschaltenetzes hinzugenommen oder abgebaut werden.

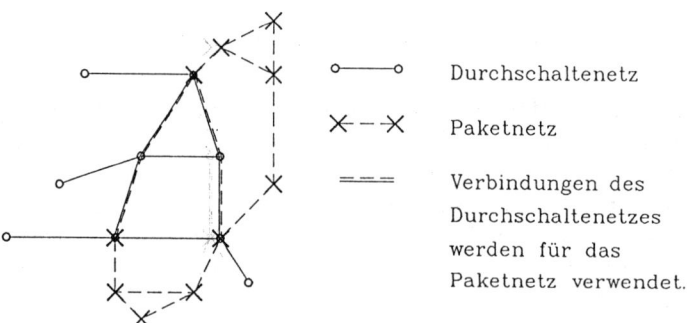

o——o   Durchschaltenetz

x――x   Paketnetz

===   Verbindungen des
Durchschaltenetzes
werden für das
Paketnetz verwendet.

Bild 10.24   Nutzung von festgeschalteten Verbindungen für ein Paketvermittlungsnetz

Es gibt auch Verfahren, die als **hybride Vermittlungsverfahren** bezeichnet werden, bei denen eine Integration der Durchschalte- und der Paketvermittlung im
Koppelfeld stattfindet. Im Bild 10.25a sind zwei Zeitrahmen einer Zeitstufe dargelegt. In einem Rahmen folgen nach dem Synchronwort eine feste Anzahl von Zeitschlitzen, die für die Durchschaltevermittlung zur Verfügung stehen. Die restlichen
Zeitschlitze im Rahmen werden für die Paketvermittlung verwendet. Das Verfahren
wird flexibler, wenn die Grenze zwischen der Durchschalte- und der Paketvermittlung dynamisch nach Bedarf verschoben werden kann. Sie wird dann jedesmal, wenn
eine Durchschalteverbindung hinzukommt oder abgebaut wird, verschoben. Es gibt
verschiedene Verfahren, dies zu bewerkstelligen und die Grenze zu kennzeichnen.
Im Bild 10.25b wird zur Kennzeichnung der Grenze ein Begrenzerbyte verwendet.
Die Strategien zur Aufteilung der verfügbaren Bandbreite auf Durchschalte- und
Speichervermittlung können verschieden ausgelegt sein. So kann im Extremfall z.B.
durch die Zulassung von maximal sovielen Durchschalteanschlüssen, wie Zeitschlitze
im Rahmen vorhanden sind und bevorzugter Zuteilung der Kapazität für Durchschalteverbindungen erreicht werden, daß alle Verbindungswünsche mit kontinuier-
licher Bitrate (z.B. Sprache) wie bei der Durchschaltevermittlung behandelt werden;
bei nicht erfolgter Ausnutzung der Bitrate für Durchschalteverbindungen steht diese für die Paketübermittlung zur Verfügung. Es können natürlich auch umgekehrt
Strategien, die die Paketvermittlung bevorzugen, angegeben werden. Meist ist eine
Kompromißlösung, die zwischen den beiden Extremfällen liegt, sinnvoll.

Wir haben bereits im letzten Abschnitt gesehen, daß die beiden Paketvermittlungsverfahren, Datagramme und virtuelle Verbindungen, sich nur geringfügig im Aufbau
der Pakete und deren Behandlung unterscheiden. Es ist ohne weiteres möglich, daß
in einem Netz sowohl Datagramme als auch virtuelle Verbindungen unterstützt werden. Hierdurch besteht für den Anwender die Möglichkeit, kurze Nachrichten schnell
und ohne große Zusatzaufwendung (Overhead) im Netz zu übermitteln, während
längere Nachrichten ohne Sequenzierungsaufwendungen über virtuelle Verbindun-

a)

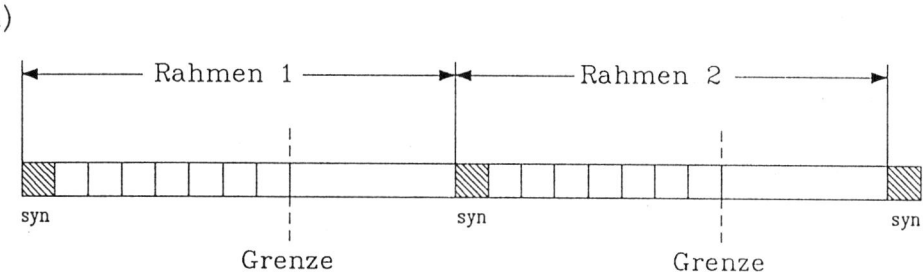

b)

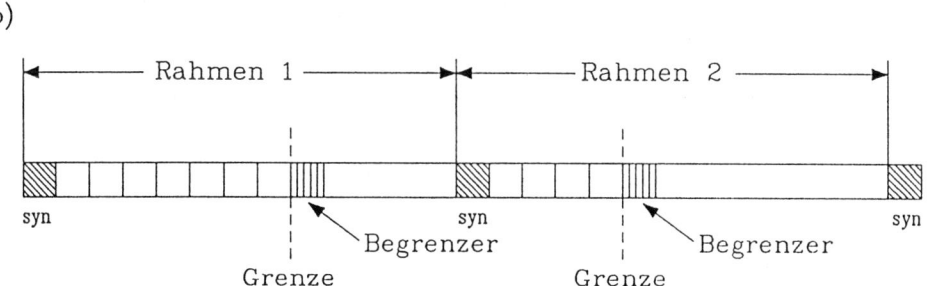

Bild 10.25 Integration der Durchschalte- und Paketvermittlung im Koppelfeld –
Hybride Vermittlungsverfahren
a) Feste Grenze zwischen Durchschalte- und Paketvermittlung
b) Dynamische Grenze zwischen Durchschalte- und Paketvermittlung

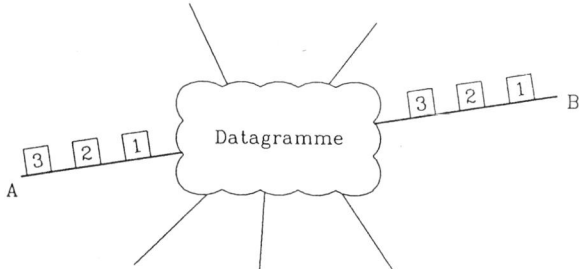

Bild 10.26 Datagramminsel im Paketnetz mit virtuellen Verbindungen

gen ausgetauscht werden können. Auch die Zusammenschaltung von Netzen mit
reinen Datagrammen oder virtuellen Verbindungen ist möglich, obwohl nicht immer
sinnvoll. So kann eine Datagramminsel in einem Netz mit virtuellen Verbindungen
sinnvoll eingebettet werden (Bild 10.26). An den Übergängen zwischen den Netzen
muß eine Speicherung und Sequenzierung vorgenommen werden. Hierdurch wird
gewährleistet, daß Nachrichten, die in fester Reihenfolge abgegeben werden, auch

in dieser Reihenfolge wieder ankommen.

Umgekehrt ist eine Einbettung einer Insel mit virtuellen Verbindungen in einem Datagrammnetz nicht sinnvoll, denn dem Teilnehmer kommen die Vorteile der virtuellen Verbindung nicht zugute. Insbesondere wird dies deutlich, wenn man betrachtet, wie ein Netz betrieben wird und welche Dienste es dem Teilnehmer anbietet. Ein Netz kann nämlich intern durchaus nur mit Datagrammen arbeiten, dem Teilnehmer aber virtuelle Verbindungen anbieten, indem es an der Schnittstelle zum Teilnehmer entsprechende Speicherung und Sequenzierung vornimmt.

Es gibt verschiedene Ansätze, ein Netz mit Paketvermittlung schneller zu machen, um ihm möglichst Eigenschaften wie bei einem Durchschaltenetz zu verleihen. Global werden solche Netze als **schnelle Paketvermittlungsnetze (fast packet switching Networks)** bezeichnet. Einige solcher Ansätze sind:

- Die abschnittsweise zyklische Fehlerüberprüfung (CRC) wird weggelassen, evtl. wird stattdessen eine Ende-zu-Ende-Fehlerüberprüfung eingeführt.

- Auf die abschnittsweise Flußkontrolle wird verzichtet.

- Es wird eine kurze (für die Anwendungen möglichst optimale) feste Paketlänge verwendet.

- Die Adressen, Längeninformation und Synchronisationsworte werden parallel verarbeitet.

- Durch den Einsatz neuerer und schnellerer Technologien und paralleler Verarbeitungsmethoden, wird eine schnellere Verarbeitung der Pakete erzielt. Insbesondere wird die virtuelle Adresse so angelegt, daß sie vom Koppelfeld direkt (dezentral) oder zentral schneller ausgewertet werden kann. So wird z.B. bei der **cut through switching** der Paketkopf bei der Ankunft am Vermittlungsknoten unmittelbar ausgewertet und die im Paket enthaltene Nutzinformation direkt (ohne Speicherung) durchgeschaltet.

- Die Pakete mit der Signalisierungsinformation werden als solche gekennzeichnet und bevorzugt abgefertigt. Alternativ wird ein getrennter unabhängiger Zeichengabekanal oder Zeichengabenetz verwendet.

- Dem Teilnehmer werden je Verbindung (diensteabhängig) maximale Bitraten zugeteilt und deren Einhaltung wird überwacht. Hierdurch wird versucht, eine Überlast zu vermeiden. Solche Verfahren werden als **Bitratenüberwachung** oder **policing function** (nach ITU-T auch **Usage Parameter Control**) bezeichnet.

- Alle mit der reinen Übermittlung im Netz verbundenen Aufgaben werden in die Schicht 2 verlagert. Hierdurch wird eine schnelle und einheitliche Behandlung der Pakete auf der Basis von Schicht-2-Rahmen möglich.

In der 1988 abgeschlossenen Studienperiode des CCITT wurden diese Vorschläge diskutiert und es wurden erste Empfehlungen, die heute noch ergänzt werden, unter I.121: "Breitbandaspekte des ISDN" verabschiedet. Das für die schnelle Paketvermittlung empfohlene Verfahren wird als **ATM - Asynchronous Transfer Mode** bezeichnet.

Asynchron bezieht sich hierbei, wie beim statistischen Multiplexen, darauf, daß die Zeitspanne zwischen den Ankünften der einzelnen Pakete einer Verbindung an einem Zwischenknoten nicht konstant ist. Transfer Mode, manchmal auch **Frame Switching** genannt, bezieht sich darauf, daß alle Funktionen, die für den Transport der Pakete benötigt werden, in eine Schicht (Schicht 2) verlagert werden; es findet also eine Vermittlung der Schicht-2-Rahmen durch das Netz statt.

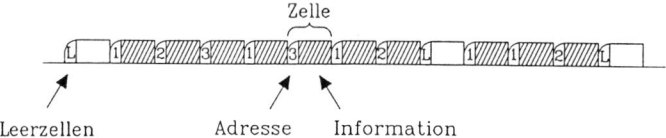

Bild 10.27 Transport von ATM-Zellen

Typische Merkmale des ATM Verfahrens sind:

- Kurze Nachrichtenpakete (Zellen genannt),

- Bildung von virtuellen Verbindungen,

- Verlagerung aller Funktionen für den Transport von Zellen durch das Netz in Schicht 2.

Die Zellen sind 53 Byte lang und bestehen aus einem Kopf aus 5 Byte und einem Informationsteil aus 48 Byte. Auf Transportstrecken werden die Zellen lückenlos aneinandergereiht (Bild 10.27). Die Zellgrenzen wurden durch Zuhilfenahme des Zellkopfes ermittelt. Im Netz wird in Anlehnung an das OSI-Modell ein vierstufiges Kommunikationsmodell realisiert (Bild 10.28).
Die erste Schicht entspricht der medienabhängigen, physikalischen Schicht des OSI-Modells.
Die zweite Schicht wird die **ATM-Schicht** genannt. In ihr sind alle Aufgaben, die für den Transport der Zelle durch das Netz erforderlich sind, angesiedelt. Insbesondere handelt es sich hierbei um die Adressierung der virtuellen Verbindung. Die virtuelle Adresse hat nur lokale Bedeutung. In der Verbindungsaufbauphase werden an den betroffenen Vermittlungsknoten Tabellen mit den Zuordnungen der Eingangs-virtuellen-Adresse und Ausgangs-virtuellen-Adresse angelegt. Die Eingangsadresse dient der Steuerung des Pakets durch das Koppelfeld, die Ausgangsadresse hat Relevanz für den nächsten Vermittlungsknoten. Sie ist die Eingangsadresse des nächsten Knotens und dient dort der Steuerung des Paketes durch das Koppelfeld (Bild 10.29).

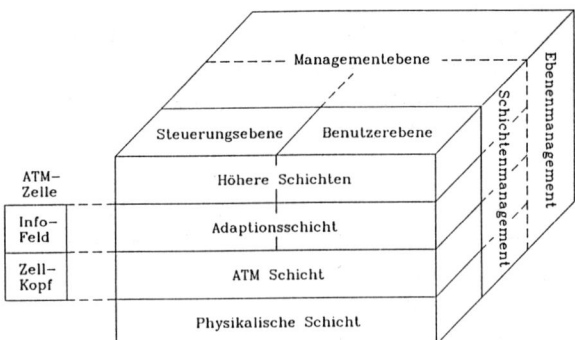

Bild 10.28   Das Schichtenmodell des ATM-Verfahrens und die Zellenstruktur

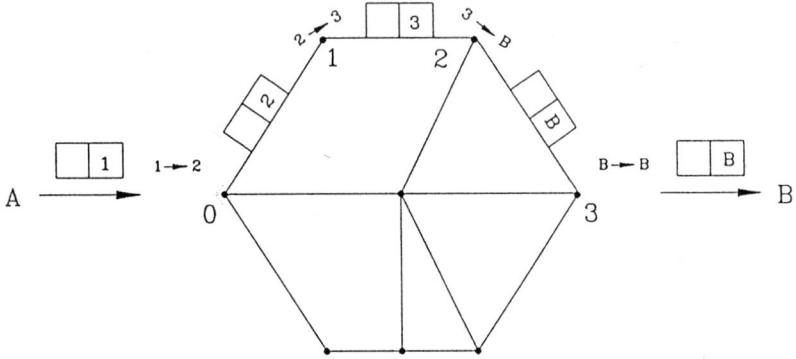

Bild 10.29   Virtuelle Adressierung beim ATM-Verfahren

Bei ATM-Netzen unterscheidet man zwischen der Adressierung des virtuellen Kanals (**Virtual Channel Identifier**-VCI) und der Adressierung des virtuellen Pfades (**Virtual Path Identifier**-VPI). Während VCI für die Steuerung der individuellen Verbindung verwendet wird, dient VPI der gemeinsamen Steuerung mehrerer Verbindungen (Bündel). Hierdurch wird der Steuerungsaufwand reduziert (Bild 10.30). Man spricht in diesem Zusammenhang auch von **Cross Connect** in der asynchronen Multiplextechnik (vgl. Abschnitt 9.3 Cross Connect in STD).

Im Bild 10.31 sind die beiden Formate für ATM-Zellen wiedergegeben, auf die man sich im CCITT geeinigt hat. Beim Teilnehmeranschluß sind vier Bit für die Flußkontrolle vorgesehen. Der VPI besteht hier aus 8 Bit. Im Netzinneren ist keine Flußkontrolle vorgesehen. Der VPI wird dafür auf 12 Bit erweitert. Alle anderen Formate sind in beiden Netzteilen identisch. So besteht der VCI aus 16 Bit. Für die Kennzeichnung der Nutzinformation sind drei Bit vorgesehen. Ein weiteres Bit dient der Angabe der Zellverlustpriorität. Dies ermöglicht z.B., daß beim Speicherüberlauf im Vermittlungsknoten zunächst die Zellen mit niedriger Priorität verworfen werden. Die Information im Zellkopf ist für die richtige Übermittlung der Zelle äußerst

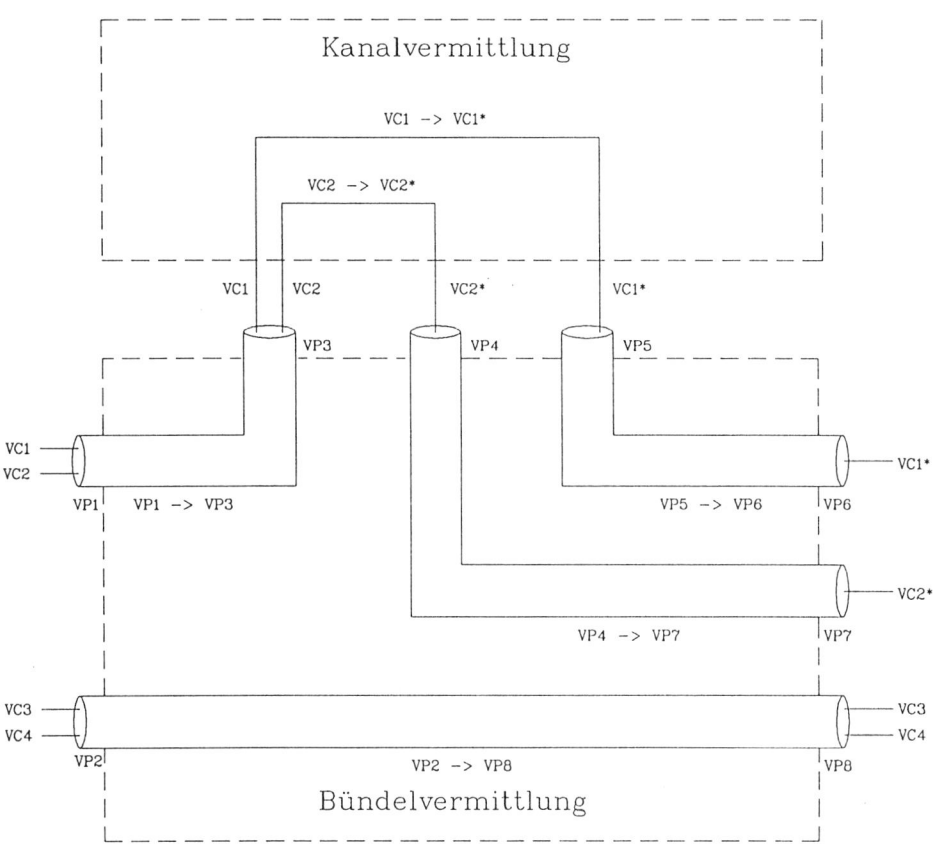

Bild 10.30 Kanal- und Bündelvermittlung

wichtig. Sie wird deshalb durch Fehlererkennungs- und Fehlerkorrekturmaßnahmen geschützt. Hierfür ist ein Oktett vorgesehen. Der Rest der Information wird nicht geschützt.

Die **Adaptionsschicht** hat die Aufgabe, eine Anpassung zwischen der ATM-Schicht und den Anforderungen der höheren Schichten der Steuerungs- und Benutzerebene vorzunehmen. Sie übernimmt die Segmentierung und Speicherung am Eingang zum ATM-Netz, Behandlung der teilweise gefüllten Zellen, Erzeugung des Synchronisationssignals usw. Am Ausgang werden die Nachrichten wieder zusammengesetzt, gespeichert, um die variable Verzögerung der Zellen auszugleichen, und weitergeleitet. Auch die Behandlung der Fehler, insbesondere der Zellverluste, gehört zu den Aufgaben der Adaptionsschicht.

Die höheren Schichten der Steuerungsebene übernehmen die restlichen Steuerungsaufgaben, wie Zeichengabe und Ende-zu-Ende-Signalisierung.

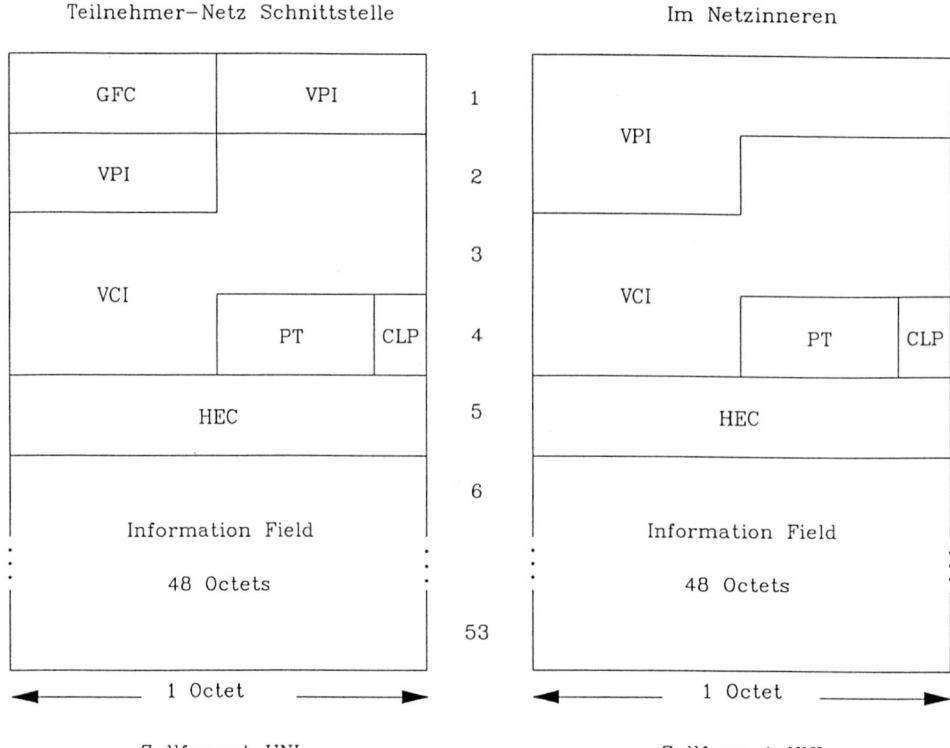

Teilnehmer–Netz Schnittstelle   Im Netzinneren

Zellformat UNI   Zellformat NNI

Bild 10.31 ATM-Zellenformate an der Teilnehmer-Netz-Schnittstelle
und im Netzinneren
CLP: Cell Loss Priority
GFC: Generic Flow Control (Flußsteuerung)
HEC: Header Error Control
NNI: Network Network Interface
PLT: Payload Type (Nutzinformationstyp)
UNI: User Network Interface
VCI: Virtual Channel Identifier
VPI: Virtual Path Identifier

Die höheren Schichten der Benutzerebene übernehmen die dienstrelevanten Aspekte
an der Teilnehmer-ATM-Schnittstelle (UNI - User Network Interface), bzw. ATM-
Netz-Eingang und -Ausgang.

Das ATM-Verfahren wurde für das Breitband-(Glasfaser-)Netz konzipiert, ist aber
allgemein anwendbar. Es bietet die Möglichkeit, am Netzanschluß verschiedene
Dienste zur Verfügung zu stellen. Diese Universalität wird durch Unterteilung der
gesamten verfügbaren Kapazität in kleine Zellen, die nach Bedarf virtuellen Kanälen
zugeteilt werden, möglich. Die Zellen haben eine feste Länge (5 Byte Kopf, 48 Byte
Informationsfeld). Die gesamte für die Zellenlenkung im Netz erforderliche Infor-

mation ist in einer Schicht (ATM-Schicht) im Kopf verfügbar. Hierdurch wird eine schnelle Übermittlung durch das Netz möglich. Pro Zwischenvermittlung wird eine Verzögerung einer Zelle von $5 - 10\ \mu s$ erwartet. Das Verfahren ermöglicht daher eine Integration verschiedener Dienste. Das Netz bietet Eigenschaften sowohl der Durchschaltevermittlung als auch der Paketvermittlung nach Bedarf. Es sei hier an die Ziele bei der Festlegung der synchronen Multiplexhierarchie (Abschnitt 9.3) erinnert. Dort wurde eine Strategie, die es ermöglicht, Netze synchron zu betreiben, entwickelt. Das ATM-Verfahren ermöglicht gerade das Gegenteil. Durch die Vermittlung von Zellen über verschiedene Netzknoten hinweg, lediglich mit Änderung des Kopfes in den Zwischenvermittlungen, wird eine schnelle asynchrone Betriebsmöglichkeit eröffnet.

Beispiel 10.6   *Einbettung von Sprachkanälen in ATM-Zellen*
Ein PCM-Sprachkanal liefert 1 Byte alle 125 μs. Würde man eine ATM-Zelle (48 Byte Nutzinformation) belegen wollen, so entstünde ein Verzug von

$$48 \cdot 125\ \mu s = 6\ ms,$$

was für Sprachübertragung inakzeptabel wäre. Bettet man 30 PCM-Sprachkanäle in eine ATM-Zelle, so entsteht ein Verzug von lediglich 125 μs. Die verbleibenden Bytes der Zelle werden gestopft bzw. für Sequenzierung usw. verwendet.

Beispiel 10.7   *Einbettung von X.25-Paketen in ATM-Zellen*
Ein 512 Byte langes Paket aus einem X.25-Netz benötigt 11 ATM-Zellen, wobei in der letzten Zelle 16 Byte gestopft werden. Dies bedeutet einen Kapazitätsverlust von ca. 3%.

Ein 1024 Byte langes Paket benötigt 22 ATM-Zellen, wobei in der letzten Zelle 32 Byte gestopft werden. Der Kapazitätsverlust ist wiederum ca. 3%.

*Tatsächlich werden in der AAL-Schicht (**A**TM **A**daption **L**ayer) je nach verwendetem Verfahren weitere 1 bis 4 Byte des Informationsfeldes pro Zelle für die Sequenzierung, ggf. Sicherung verwendet.*

Beispiel 10.8   *ATM over STM*
In einem VC-4 Container der SDH können $260 \cdot 9$ Byte = 2340 Byte untergebracht werden (siehe Bild 9.13). Da eine ATM-Zelle aus 53 Byte besteht, passen in einen Container

$$\frac{2340}{53} = 44,15\ Zellen,$$

d.h. die Zellen überlappen die Containergrenzen. Dies ist aber weiterhin unkritisch wegen der Eindeutigkeit der Abbildung.
Da ein STM-Rahmen bereits 90 Byte Overhead hat, was 3,8% entspricht, die ATM-Zelle einen Overhead von 10,4% aufweist und für die Adaption nach dem vorhergehenden Beispiel weitere 3% erforderlich werden, beträgt der gesamte Overhead gut 17%.

10.5   Aufgaben zu Kapitel 10

Aufgabe 10.1
Für 3 Teilnehmer wird ein zentraler Vermittlungsknoten geplant. Planungsziel ist den Vermittlungsknoten dorthin zu setzen, wo die Anschlußleitungen insgesamt minimal werden.

(a) Bestimmen Sie in dem folgenden Lageplan, bei dem näherungsweise davon ausgegangen wird, daß sich alle Teilnehmer auf einer ebenen Fläche befinden, diesen Ort.

(b) Ist bei der gewählten Anordnung die Leitungslänge für jede Verbindung zwischen 2 Teilnehmern minimal?

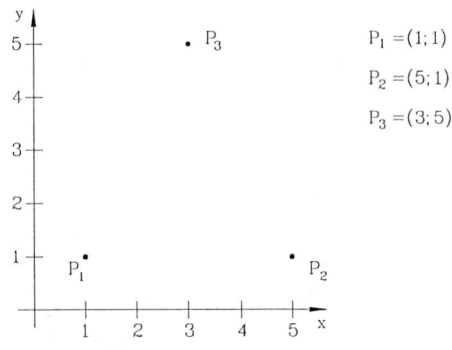

$P_1 = (1; 1)$

$P_2 = (5; 1)$

$P_3 = (3; 5)$

Lösung 10.1

(a) Koordinaten des Vermittlungskonten

x: Da die dargestellte Konfiguration symmetrisch zur Achse $x = 3$ ist, muß der Vermittlungsknoten auf dieser Achse angesiedelt werden.

y: Die Summe der Abstände zu den Vermittlungsknoten soll minimal werden.
$$f(y) = 5 - y + 2 \cdot \sqrt{(y-1)^2 + 2^2}$$

Ein Minimum muß $\dfrac{df(y)}{dy} = 0$ erfüllen.

$$\frac{df(y)}{dy} = -1 + \frac{2(y-1)}{\sqrt{(y-1)^2 + 2^2}}$$

$$(2y - 2)^2 = (y-1)^2 + 4$$

$$4y^2 - 8y + 4 = y^2 - 2y + 1 + 4$$

$$y^2 - 2y - \frac{1}{3} = 0$$

$$y = +1 \pm \sqrt{1 + \frac{1}{3}}$$

$$y \approx 2,155$$

Daß es sich bei dem Punkt $(3; 2,155)$ um ein lokales Minimum handelt, zeigt sich z.B. daran, daß beim Einsetzen von $y = 3$ ein größerer Wert für $f(y)$ herauskommt.

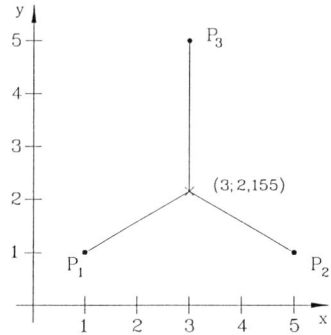

(b) Bei der gewählten Anordnung ist die Leitungslänge zwischen zwei Teilnehmern nicht immer minimal. Eine direkte Leitung zwischen zwei Teilnehmern führt stets zu einer kürzeren oder höchstens gleichen Leitungslänge.

Aufgabe 10.2
Erläutern Sie die folgenden Begriffe und zeigen Sie jeweils die Unterschiede auf.

(a) Schrittweise Durchschaltung und konjugierte Durchschaltung

(b) Konzentration und Expansion in einer Koppelanordnung

Lösung 10.2

(a) Bei der schrittweisen Durchschaltung bzw. direkten Wahl wird der Weg in der jeweiligen Koppelstufe unabhängig von den folgenden Koppelstufen gesucht. Bei der konjugierten Durchschaltung bzw. indirekten Wahl wird der Weg erst dann durchgeschaltet, wenn die Steuerung einen Weg durch die gesamte Koppelanordnung über ein Belegungsabbild gefunden hat.

(b) Bei der Konzentration hat die Koppelanordnung mehr Eingänge als Ausgänge. Bei der Expansion liegen demgegenüber mehr Ausgänge als Eingänge vor.

Aufgabe 10.3
Welche Voraussetzungen müssen erfüllt sein, wenn die Blockierungswahrscheinlichkeit nach der Formel 10.5

$$B = \left(1 - \left(1 - \frac{p \cdot i}{k}\right)^2\right)^k$$

berechnet werden soll?

Lösung 10.3
Voraussetzung ist, daß die Belegungswahrscheinlichkeit für alle Anschlüsse gleich und bekannt ist (homogener Verkehr). Außerdem muß die Belegungswahrscheinlichkeit der einzelnen Kanten bekannt und unabhängig vom belegten Weg sein. Die ankommenden Rufe müssen somit gleichmäßig verteilt sein.

Aufgabe 10.4
Erklären Sie, was man unter folgenden Vermittlungsprinzipien versteht:

- Durchschaltevermittlung

- Sendungsvermittlung (Message Switching)

- Paketvermittlung

Zeigen Sie insbesondere die Unterschiede auf.

Lösung 10.4
Bei der Durchschaltevermittlung wird zwischen zwei Teilnehmern eine physikalische Verbindung (Leitungen oder Zeitmultiplexkanäle) durchgeschaltet.

Bei der Sendungsvermittlung erfolgt diese physikalische Durchschaltung nicht, sondern die zu übertragende Nachricht wird in den Vermittlungsstellen zwischengespeichert und dann weitergereicht. Hierzu wird die Nachricht mit Adress- und Steuerinformation versehen.

Bei der Paketvermittlung wird die gesamte Nachricht in Pakete zerlegt, die dann, wie bei der Sendungsvermittlung, in den Vermittlungsstellen bis zum Empfänger weitergeleitet werden.

Aufgabe 10.5
Bei der Paketvermittlung unterscheidet man zwischen zwei Vermittlungsverfahren. Wie werden diese Verfahren bezeichnet, und wie unterscheiden sie sich?

Lösung 10.5
Bei der Paketvermittlung gibt es zum einen das Datagrammverfahren und zum anderen das Verfahren der virtuellen Verbindung. Beim Datagrammverfahren enthält jedes Paket die Adresse des Empfängers und die Sequenzierungsinformation. Bei einer virtuellen Verbindung wird zunächst über Steuerinformation eine Route aufgebaut. Alle Pakete einer Verbindung werden über diese Route geleitet. Hierzu werden sie mit einer lokalen Adresse gekennzeichnet. Eine Sequenzierung ist nicht erforderlich, da die Reihenfolge der Pakete durch die Übertragung sich nicht ändert.

Aufgabe 10.6
In einer Büroumgebung sollen 240 PC-Terminalarbeitsplätze an ein zentrales Rechenzentrum angeschaltet werden, um eine regelmäßige Datensicherung durchzuführen. In dem Rechenzentrum stehen hierfür 24 Eingangsschnittstellen zur Verfügung.

(a) Entwerfen und skizzieren Sie hierfür ein Koppelnetz, das aus einem dreistufigen System bestehen soll. Die Terminals sollen jeweils in Gruppen zu 20 an die ersten Koppelvielfache angeschlossen werden, in denen eine Konzentration um den Faktor $2,5$ erfolgt. Für die letzte Stufe werden 6 Koppelvielfache gefordert.

(b) Wieviel Koppelpunkte sind für ein Koppelvielfach in den drei Stufen jeweils erforderlich? Wieviele Koppelpunkte benötigt die gewählte Konfiguration insgesamt, und wieviele Koppelpunkte sind damit je Terminal-Arbeitsplatz erforderlich?

Lösung 10.6

(a)

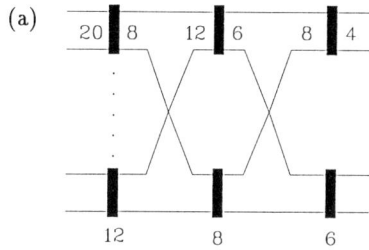

(b) 1. Stufe: $20 \cdot 8 = 160$ Koppelpunkte je Koppelvielfach
    2. Stufe: $12 \cdot 6 = 72$ Koppelpunkte je Koppelvielfach
    3. Stufe: $8 \cdot 4 = 32$ Koppelpunkte je Koppelvielfach
    Insgesamt sind $160 \cdot 12 + 72 \cdot 8 + 32 \cdot 6 = 2688$ Koppelpunkte erforderlich, d.h.
    $11,2$ je Terminal-Arbeitsplatz.

Aufgabe 10.7
Für eine Vermittlungsstelle mit 10.000 Teilnehmeranschlüssen ist eine Koppelanordnung
als blockierungsfreies System nach Clos zu entwerfen.

(a) Entwerfen und skizzieren Sie ein dreistufiges System. Berechnen Sie die gesamte
    Anzahl der erforderlichen Koppelpunkte, und bestimmen Sie die Koppelpunkt-
    zahl je Teilnehmer. Wieviel Koppelpunkte wären demgegenüber je Teilnehmer
    erforderlich, wenn es sich um eine blockierungsfreie einstufige Koppelanord-
    nung handeln würde?

(b) Erweitern Sie die Koppelanordnung aus a) so, daß ein 5-stufiges Clos-System
    entsteht, indem Sie die mittleren Koppelvielfache entsprechend erweitern.

(c) Bestimmen Sie für das 5-stufige Clos-System die Anzahl der Koppelpunkte,
    und berechnen Sie den Faktor, der dem Gewinn an Koppelpunkten gegenüber
    a) entspricht.

(d) Stellen Sie die Koppelanordnung aus b) als Verbindungsgraph dar.

(e) Berechnen Sie allgemein die Blockierungswahrscheinlichkeit der 5-stufigen Kop-
    pelanordnung aus c). Hierbei gelten folgende Voraussetzungen für die Bele-
    gungswahrscheinlichkeiten.

    i. Belegungswahrscheinlichkeit p aller Anschlüsse ist gleich

    ii. Belegungswahrscheinlichkeit p' aller Kanten, die vom Eingangspunkt aus-
        gehen und am Ausgangspunkt ankommen, ist gleich

    iii. Belegungswahrscheinlichkeit p'' aller mittleren Kanten ist gleich.

(f) Berechnen Sie für die Koppelanordnung aus b) unter den Voraussetzungen von
    e) die Blockierungswahrscheinlichkeit, wenn die Belegungswahrscheinlichkeit
    der Anschlüsse $p = 0,2$ beträgt.

Lösung 10.7

(a) Für $n = 10000$ Teilnehmer liegt das Minimum bei
$$i \approx \sqrt{\frac{n}{2}}$$
Wir setzen $i = 71$. Aus $i \cdot r \geq n = 10000$ erhalten wir $r = 141$.
Ferner liefert die Clos-Bedingung

$$k = 2i - 1 = 141.$$

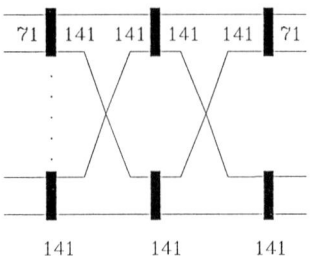

Somit ist die Anzahl der Koppelpunkte
$$K_{opt} = 2 \cdot 71 \cdot 141^2 + 141^3 = 5626323$$
Je Teilnehmer müssen somit ca. 563 Koppelpunkte eingesetzt werden. Bei einer einstufigen blockierungsfreien Koppelanordnung sind demgegenüber 10000 Koppelpunkte je Teilnehmer erforderlich.

(b) Für die mittleren Koppelvielfache gilt

$$n' = 141 \quad \text{d.h.} \quad i' \approx \sqrt{\frac{141}{2}} = 8,396$$

Wir setzen $i' = 8$.
Aus $i' \cdot r' \geq n' = 141$ erhalten wir $r' = 18$.
Die Clos-Bedingung liefert

$$k' = 2i' - 1 = 15.$$

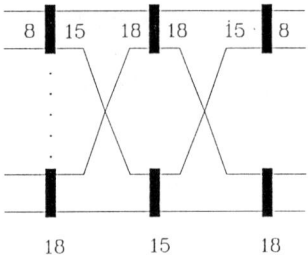

Für die Anzahl der Koppelpunkte gilt somit

$$K'_{opt} = 2 \cdot 8 \cdot 18 \cdot 15 + 18 \cdot 18 \cdot 15 = 9180$$

(c) Für die gesamte Anzahl der Koppelpunkte gilt nun

$$K_{opt} = 2 \cdot i \cdot r \cdot k + k \cdot K'_{opt}$$

$$= 2 \cdot 71 \cdot 141 \cdot 141 + 141 \cdot 9180$$

$$= 4117482$$

$$\text{Ersparnisfaktor} = \frac{1508841}{5626323} = 0,27 \quad \text{d.h.} \quad 27\%$$

(d)

(e) Wahrscheinlichkeit der Nichtbelegung:

$$q' = 1 - p' \; ; \; q'' = 1 - p''$$

Blockierungswahrscheinlichkeit der mittleren Koppelanordnung:

$$B' = (1 - q''^2)^s$$

Gesamte Blockierungswahrscheinlichkeit:

$$B = (1 - q'^2(1 - B'))^k$$

$$B = \left\{ 1 - (1 - p')^2 \left[1 - \left(1 - (1 - p'')^2 \right)^s \right] \right\}^k$$

(f)

$$p' = p \cdot \frac{i}{k} \; ; \; p'' = p \cdot \left(\frac{i}{k} \right) \cdot \left(\frac{i'}{s} \right)$$

$$p' = 0,2 \cdot \frac{71}{141} = 0,1$$

$$p'' = 0,1 \cdot \frac{8}{15} = 0,053$$

$$B = 0$$

Anmerkung:
Bei der Suche nach dem Optimum haben wir eine näherungsweise Betrachtung angestellt. Die folgende Variante zeigt, daß es bessere Lösungen gibt.

Wählt man $i = 61$, $r = 164$, $k = 121$ dann sind beide Bedingungen

$$i\,r \;\geq\; 10000 \quad \text{und}$$
$$k \;=\; 2\,i\,-1$$

erfüllt, so daß man im ersten Schritt eine blockierungsfreie Koppelanordnung mit $K_{opt} =$ 5675384, also zunächst eine schlechtere Lösung erhält.

Wählt man im nächsten Schritt $i' = 11$, $r' = 15$, $k' = 21$, dann sind wiederum die beiden Bedingungen

$$i'\,r' \;\geq\; 164 \quad \text{und}$$
$$k' \;=\; 2\,i'\,-1$$

erfüllt, so daß auch die mittlere Koppelstufe blockierungsfrei wird. Die gesamte Anzahl der Koppelpunkte ist nun $K_{opt} = 3831223$. Man hat nun eine Ersparnis von 32 %.

Aufgabe 10.8

(a) Wieviele virtuelle Pfade und virtuelle Kanäle können nach den CCITT - Zellenformaten (Bild 10.31) für ATM adressiert werden?

(b) Eine PCM-Fernsprechverbindung wird über ein ATM-Netz übermittelt. Wieviele PCM-Wörter werden in einer Zelle entsprechend dem CCITT - Zellenformat verpackt. Welche Verzögerung entsteht hierdurch?

Lösung 10.8

(a) Anzahl der virtuellen Pfade im Teilnehmeranschluß $2^8 = 256$
Anzahl der virtuellen Pfade im ATM-Netzinneren $2^{12} = 4096$
Anzahl der virtuellen Kanäle in beiden Netzen $2^{16} = 65536$

(b) Pro Zelle können 48 Nutzbytes (PCM-Wörter) übertragen werden. Dieses bedeutet eine Verzögerung von $48 * 125\ \mu s = 6\ ms$. Um die Verzögerung niedrig zu halten, werden mehrere Sprachkanäle in einer Zelle zusammen übertragen.

11 Verkehrs- und Bedientheorie

In diesem Kapitel werden die Grundlagen der Verkehrs- und Bedientheorie vorgestellt. Zunächst werden Grundbegriffe wie Verkehrsaufkommen, Hauptverkehrsstunde, Anrufrate, Enderate, Erfolgswahrscheinlichkeit, Verlustwahrscheinlichkeit usw. definiert. Im nächsten Abschnitt werden Ankunfts- und Bedienprozesse behandelt und die für die Modellierung häufig verwendeten Verteilungen vorgestellt. Anschließend wird das Warte- und Verlustsystem $M/M/1$ behandelt. Hier werden zunächst die Systemgleichungen detailliert abgeleitet und dann gezeigt, wie diese direkt aus dem Zustandsdiagramm des Systems abgelesen werden können. Die stationären Lösungen der Systemgleichungen ergeben die Systemzustandswahrscheinlichkeiten. Hieraus können die mittlere Anzahl der Anforderungen im System bzw. in der Warteschlange, der Durchsatz usw. errechnet werden. Es folgt die Ableitung des Gesetzes von Little in der allgemeinen Form. Dies ermöglicht die Berechnung der Warte- und Verweildauer im System.

Anschließend werden die bisher entwickelten Methoden zunächst auf $M/M/m$-Verlustsysteme (d.h. Verlustsysteme mit m Bedieneinheiten) übertragen. Dies führt auf die Erlangsche Verlustformel. Als nächstes werden die Betrachtungen auf Systeme mit endlicher Quellenzahl übertragen. Hierbei ist nun das Angebot von dem Systemzustand abhängig. Die Betrachtungen führen auf die Engset-Formel. Die Erweiterung auf Systeme mit m Bedieneinheiten und w Warteplätzen führt schließlich auf die Erlangsche Warteformel. Alle drei Formeln sind für klassische Vermittlungssysteme von Bedeutung. Dies wird in den Übungsbeispielen gelegentlich aufgezeigt.

Die Ableitung der Zustandsgleichungen und deren Lösungen für das $M/G/1$-System (d.h. für ein System mit Markoffschen Ankünften und beliebigen, insbesondere auch deterministischen Bediendauern) bedarf eines anderen Lösungsansatzes. Dieser führt zu den Pollaczek-Kinchin-Gleichungen. Diese sind insbesondere für verkehrstheoretische Betrachtungen von Paketvermittlungssystemen von Bedeutung.

Das Kapitel schließt mit allgemeinen Betrachtungen zur Warteschlangenorganisation und Prioritätsbearbeitung, die für Kommunikationssysteme von Bedeutung sind. Alle im Kapitel 11 abgeleiteten Ergebnisse der Verkehrs- und Bedientheorie sind im Anhang D zusammenfassend wiedergegeben, um eine Übersicht zu gewähren.

11.1 Einführung

Im folgenden behandeln wir das Aufkommen von Anforderungen an ein System (d.h. das **Verkehrsaufkommen**) und wie gut das System diesen Anforderungen gerecht wird, d.h. wieviele dieser Anforderungen und mit welchem Zeitverzug es diese erfüllen kann oder zurückweist (Bild 11.1).

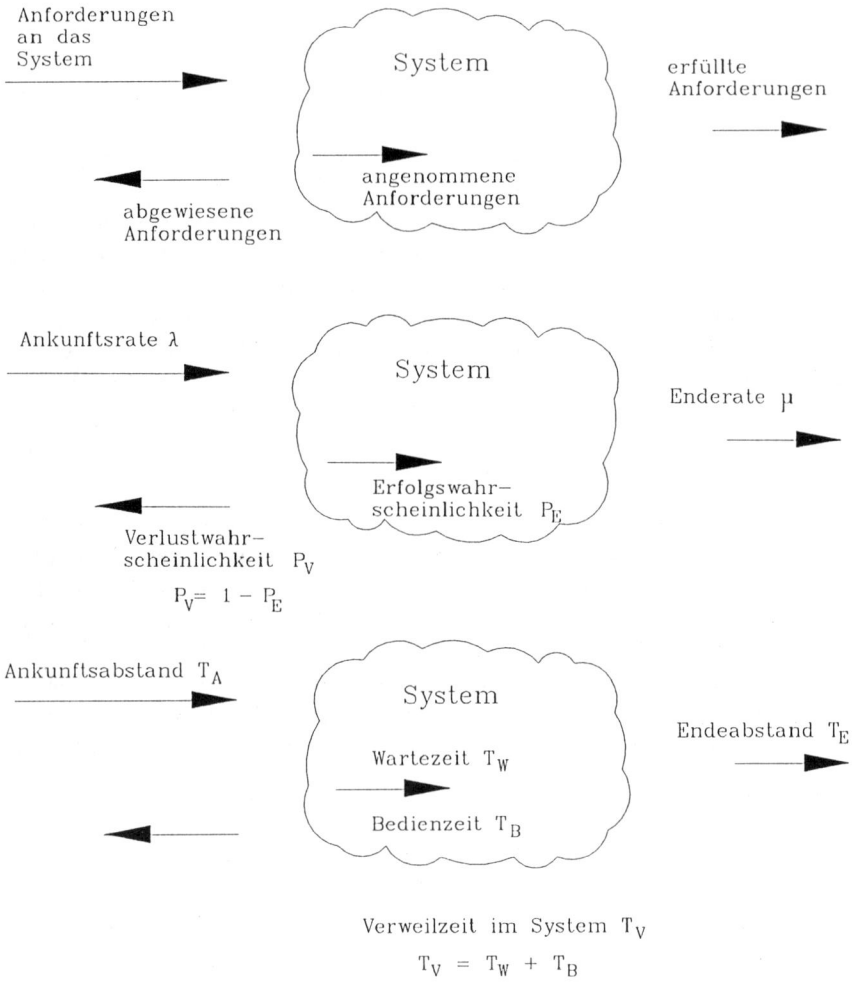

Bild 11.1 Behandlung von Anforderungen durch ein System

Als typisches Beispiel betrachten wir die Verbindungswünsche, die an eine Vermitt-lungsanlage gestellt werden und wie diese erfüllt werden. Im Bild 11.2 sind typische Verkehrsaufkommen an einer Ortsvermittlungsanlage für einen Tag, eine Woche und ein Jahr dargestellt. Die einzelnen Werte unterliegen erheblichen Schwankun-gen. Für die Strukturierung und die Dimensionierung eines Systems kommt es je-doch meist nur auf die Spitzenbelastung an, so daß für diesen Zweck häufig nur die **Hauptverkehrsstunde** (HVStd.), d.h. die zusammenhängende Stunde mit dem höchsten Verkehrsaufkommen am Tage, betrachtet wird. Auch unter dieser Ein-schränkung ist es kaum möglich, zu struktur- oder dimensionierungsbestimmenden Aussagen zu kommen. Hierzu müssen noch weitere vereinfachende Annahmen so-wohl über das Verkehrsaufkommen als auch über das Systemverhalten gemacht werden. Die Stationarität der interessierenden statistischen Eigenschaften ist häufig eine solche Annahme.

Die ankommenden, abgewiesenen und erfüllten Anforderungen können jeweils als stochastische Prozesse aufgefaßt werden, deren interessierende charakteristischen Größen jeweils betrachtet werden. Der Prozeß, der die ankommenden Anforde-rungen darstellt, wird als der **Ankunftsprozeß**, in unserem Beispiel auch als der **Anrufprozeß**, bezeichnet. Es wird davon ausgegangen, daß seine statistischen Ei-genschaften durch Messungen ermittelt wurden und daher bekannt sind. Die Zeit-spanne zwischen zwei Ankünften in einer Musterfunktion eines Ankunftsprozesses bezeichnet man als den **Ankunftsabstand** oder auch **Anrufabstand** T_A. Der Er-wartungswert der Anzahl der Ankünfte pro Zeiteinheit wird als die **Ankunftsrate** oder auch **Anrufrate** bezeichnet. Es gilt

$$\lambda = E\left\{\frac{Anzahl\ der\ Anrufe}{Zeiteinheit}\right\} = \frac{1}{E\{\mathbf{T}_A\}}. \tag{11.1}$$

Häufig wird der Ankunftsprozeß durch die Verteilungsfunktion oder die Verteilungs-dichte der Anforderungsankünfte oder der Ankunftsabstände modelliert. Je besser die statistischen Eigenschaften des stochastischen Modells den relevanten gemesse-nen Daten entsprechen, desto besser werden die Ergebnisse, die unter Verwendung des Modells abgeleitet werden, die tatsächlichen Verläufe wiedergeben. Meist führt jedoch eine genaue Modellierung auf komplexe Prozesse, die z.B. auch Abhängig-keiten zwischen den Ankünften der einzelnen Anforderungen berücksichtigen. Diese sind dann wiederum schwer zu handhaben. Eine wesentliche Aufgabe ist es des-halb, einfache, aber der gestellten Aufgabe gerecht werdende Modelle zu finden. Im nächsten Abschnitt werden wir einige solche Modelle kennenlernen. Zunächst wollen wir unsere allgemeinen Betrachtungen fortsetzen.

Ist P_V die **Verlustwahrscheinlichkeit**, d.h. die Wahrscheinlichkeit, daß eine an-kommende Anforderung abgelehnt wird, so gilt für die **Erfolgswahrscheinlichkeit** P_E, d.h. für die Wahrscheinlichkeit, daß die Anforderung angenommen wird,

$$P_E = 1 - P_V. \tag{11.2}$$

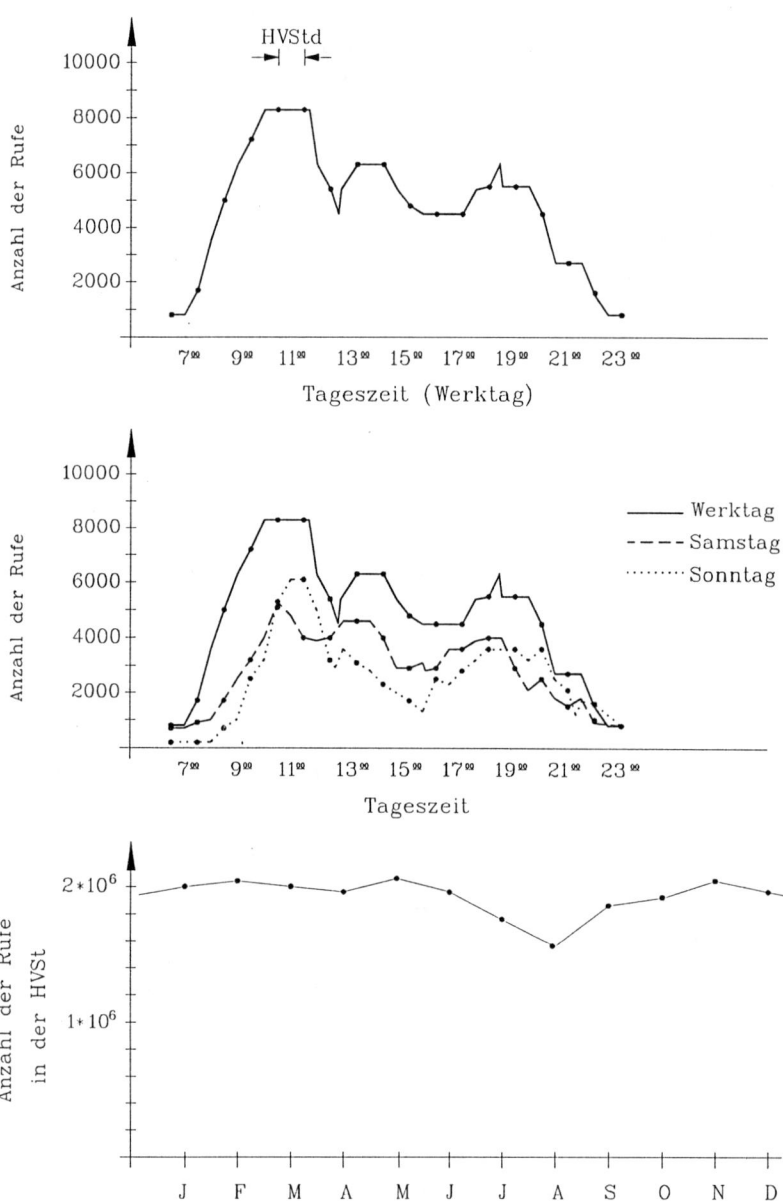

Bild 11.2   Verkehrsaufkommen in einer Ortsvermittlungsstelle

Einfache (einstufige) Systeme bestehen aus **Bedieneinheiten**, die die Anforderungen abarbeiten und **Warteschlangen** mit **Warteplätzen** (Speicher), in denen die Anforderungen warten, bis die Bearbeitung beginnen kann. Im Bild 11.3 sind einige einfache Systeme dargestellt.

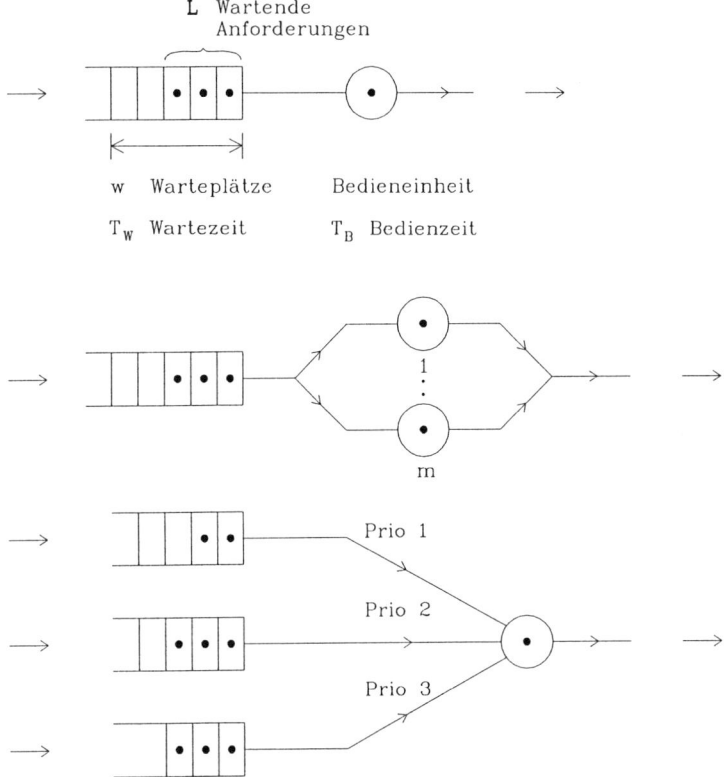

Bild 11.3   Einige einfache (einstufige) Systeme
a) System mit einer Warteschlange und einer Bedieneinheit
b) System mit einer Warteschlange und m Bedieneinheiten
c) System mit drei Warteschlangen und einer Bedieneinheit (Prioritätssystem)

Man unterscheidet zwischen Systemen ohne Wartemöglichkeit, den **Verlustsystemen**, und Systemen mit Wartemöglichkeiten, den **Wartesystemen**.

Bei Verlustsystemen wird eine Anforderung sofort abgewiesen, wenn keine Bedieneinheit frei ist; bei Wartesystemen wird die Anforderung gespeichert, bis sie abgearbeitet werden kann. Bei den Wartesystemen unterscheidet man wiederum zwischen Wartesystemen mit einer endlichen Anzahl von Warteplätzen (Warte-Verlust-Systeme) und Wartesystemen mit unendlich vielen Warteplätzen (reine Wartesysteme). In der Praxis hat man stets mit Wartesystemen mit endlich vielen Warteplätzen zu tun; häufig sind jedoch Systeme mit unendlich vielen Warteplätzen einfacher zu behandeln – sie können dann für Grenzwertbetrachtungen herangezogen werden. Im allgemeinen besteht die **Verweilzeit** $\mathbf{T}_V$ einer Anforderung im System aus der **Wartezeit** $\mathbf{T}_W$ und der **Bedienzeit** $\mathbf{T}_B$, d.h.

$$\mathbf{T}_V = \mathbf{T}_W + \mathbf{T}_B. \tag{11.3}$$

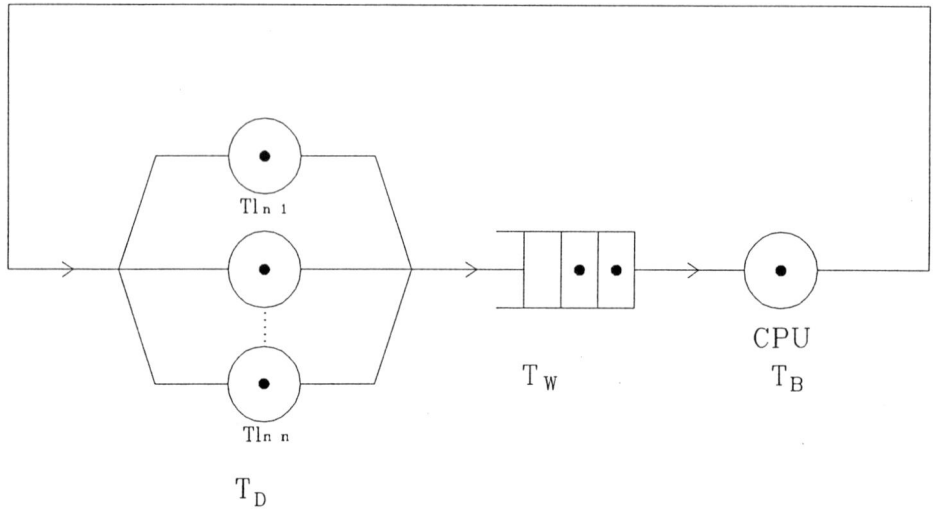

Bild 11.4   Ein gekoppeltes System
n Teilnehmer am Terminal (Bedienzeit = Denkzeit $\mathbf{T}_D$) werden von einer CPU (Bedienzeit $\mathbf{T}_B$) über eine Warteschlange bedient.

Komplexe Systeme bestehen aus einer Zusammenschaltung von mehreren einfachen Systemen. Im Bild 11.4 ist ein zweistufiges gekoppeltes System dargestellt. Das Verhalten komplexer Systeme ist u.a. von der Systemstruktur abhängig. Auch die Betriebsorganisation von Systemen, d.h. die Betriebsmittelzuteilungs- und Verwaltungsstrategien und Prioritätszuteilungen spielen dabei eine Rolle.

Die typischen interessierenden Größen eines Systems sind sowohl die mittleren Warte-, Bedien- und Verweilzeiten, als auch die Anzahl der im System befindlichen (wartenden bzw. in Bedienung befindlichen) Anforderungen. Es ist auch häufig interessant zu wissen, wie die einzelnen Bedieneinheiten ausgelastet sind bzw. wieviele Bedieneinheiten im Mittel belegt sind. Häufig wird das Verhalten einer Bedieneinheit durch einen **Bedienprozeß**, der auf der Wahrscheinlichkeitsverteilung bzw. Wahrscheinlichkeitsdichte der Bedienzeit $\mathbf{T}_B$ basiert, modelliert. Systeme mit mehreren Bedienplätzen oder mehreren Warteplätzen werden meist durch **Zustandsprozesse** modelliert. Schließlich werden die erfüllten Anforderungen ähnlich wie die Anforderungsankünfte als ein stochastischer Prozeß, der **Ausgangsprozeß** oder der **Endprozeß**, dargestellt. Die interessierenden Größen sind dabei nun der

Abstand zwischen zwei erfüllten Anforderungen $\mathbf{T}_E$ (der **Endeabstand**) und die **Enderate** μ, d.h. der Erwartungswert der Anzahl der abgefertigten Anforderungen pro Zeiteinheit. Die bisher angesprochenen statistischen Größen und auch die Prozesse sind teilweise voneinander abhängig. In den folgenden Abschnitten werden wir diese Abhängigkeiten für typische Systeme untersuchen.

11.2 Ankunfts- und Bedienprozesse

Der am häufigsten angewandte Ankunftsprozeß wird durch die negativ-exponentielle Wahrscheinlichkeitsverteilung der Ankunftsabstände beschrieben:

$$F_{\mathbf{T}_A}(t) = 1 - e^{-ct}, \tag{11.4}$$

wobei c eine positive Konstante und $t \geq 0$ ist.

Laut Definition der Wahrscheinlichkeitsverteilung Gl. (3.16) gilt

$$F_{\mathbf{T}_A}(t) = P(\{\eta_i | \mathbf{T}_A(\eta_i) \leq t\}),$$

das wir im folgenden abkürzend als

$$F_{\mathbf{T}_A}(t) = P(\{\mathbf{T}_A \leq t\})$$

schreiben werden. $F_{\mathbf{T}_A}(t)$ ist nach Definition also die Wahrscheinlichkeit, daß in einem Zeitintervall der Länge t eine Anforderung auftritt.

Für $t = 0$ ist $F_{\mathbf{T}_A}(t) = 0$. Mit zunehmender Größe des Intervalls nimmt die Wahrscheinlichkeit, daß eine Anforderung in dem betrachteten Intervall liegt, exponentiell zu.

Durch Differenzieren der Gl.(11.4) erhalten wir für die Wahrscheinlichkeitsdichte (s. Gl. 3.17)

$$f_{\mathbf{T}_A}(t) = ce^{-ct}. \tag{11.5}$$

Der Erwartungswert von $\mathbf{T}_A$ errechnet sich somit (s. Gl. 3.25) zu

$$E\{\mathbf{T}_A\} = \int_0^\infty t \cdot ce^{-ct} dt.$$

Die partielle Integration liefert

$$\begin{aligned}
E\{\mathbf{T}_A\} &= c[-\frac{t}{c}e^{-ct}\Big|_0^\infty + \int_0^\infty \frac{1}{c}e^{-ct} dt] \\
&= -\frac{1}{c}e^{-ct}\Big|_0^\infty = \frac{1}{c}.
\end{aligned}$$

Ein Vergleich mit Gl.(11.1) ergibt

$$c = \lambda,$$

d.h. die Konstante c ist gleich der Ankunftsrate λ.

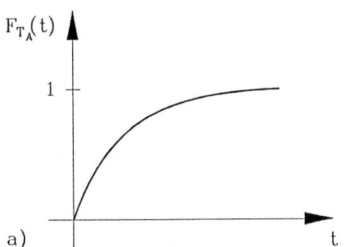
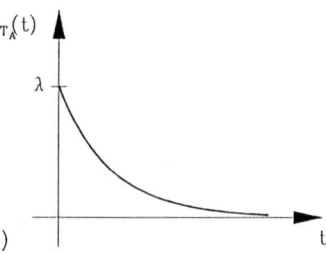

Bild 11.5 Der negativ exponentielle Ankunftsprozeß
a) Wahrscheinlichkeitsverteilung der Ankunftsabstände T_A
b) Wahrscheinlichkeitsdichte der Ankunftsabstände T_A

Für die negativ-exponentielle Wahrscheinlichkeitsverteilung $F_{\mathbf{T}_A}(t)$ und Wahrscheinlichkeitsdichte $f_{\mathbf{T}_A}(t)$ erhalten wir somit (Bild 11.5)

$$F_{\mathbf{T}_A}(t) = 1 - e^{-\lambda t} \qquad\qquad (11.6)$$

und

$$f_{\mathbf{T}_A}(t) = \lambda e^{-\lambda t}. \qquad\qquad (11.7)$$

Für den quadratischen Mittelwert (s. Gl. 3.27) gilt

$$
\begin{aligned}
E\{\mathbf{T}_A^2\} &= \int_0^\infty t^2 \cdot \lambda e^{-\lambda t} dt \\
&= -t^2 e^{-\lambda t}\Big|_0^\infty + \int_0^\infty e^{-\lambda t} \cdot 2t \; dt \\
&= \frac{2t}{-\lambda} e^{-\lambda t}\Big|_0^\infty + 2 \cdot \int_0^\infty \frac{e^{-\lambda t}}{\lambda} dt \\
&= \frac{2 e^{-\lambda t}}{-\lambda^2}\Big|_0^\infty = \frac{2}{\lambda^2}.
\end{aligned}
$$

Für die Varianz (s. Gl. 3.28) haben wir

$$
\begin{aligned}
\sigma_{\mathbf{T}_A}^2 &= E\{\mathbf{T}_A^2\} - (E\{\mathbf{T}_A\})^2 \\
&= \frac{2}{\lambda^2} - \frac{1}{\lambda^2} = \frac{1}{\lambda^2}.
\end{aligned}
$$

Wir haben somit

$$E\{\mathbf{T}_A\} = \frac{1}{\lambda} \text{ und } \sigma^2_{\mathbf{T}_A} = \frac{1}{\lambda^2}. \tag{11.8}$$

Wir wollen nun überprüfen, ob der durch die negativ-exponentielle Wahrschein-lichkeitsverteilung beschriebene Prozeß gedächtnislos, d.h. ein Markoff-Prozeß ist. Hierzu betrachten wir einen Ankunftsprozeß, bei dem bei $t = 0$ eine Anforderung eintraf und seitdem bis $t = t_1$ keine weitere Anforderung kam (Bild 11.6). Wir betrachten nun die bedingte Wahrscheinlichkeit, daß für $t > t_1$ eine Anforderung antrifft und erhalten mit Gl. (3.11)

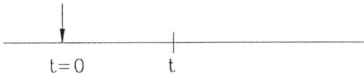

a) Beobachtung ab $t=0$

$P(\{T_A \leq t\}) = 1 - e^{-\lambda t}$

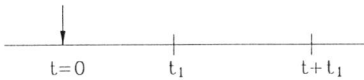

b) Von $t=0$ bis $t=t_1$ trat keine Anforderung ein.

Wie geht es weiter ab t_1?

$P(\{T_A \leq t+t_1 \mid T_A > t_1\}) = ?$

Bild 11.6 Zur Veranschaulichung der Fragestellung, wie sich die Vergangenheit eines Prozesses auf seine Zukunft auswirkt

$$P(\{\mathbf{T}_A \leq t_1 + t | \mathbf{T}_A > t_1\}) = \frac{P(\{\mathbf{T}_A \leq t_1 + t\} \cap \{\mathbf{T}_A > t_1\})}{P(\{\mathbf{T}_A > t_1\})}$$

$$= \frac{P(\{t_1 < \mathbf{T}_A \leq t + t_1\})}{P(\{\mathbf{T}_A > t_1\})}$$

Mit Gl.(11.6) erhalten wir hieraus

$$P(\{\mathbf{T}_A \leq t_1 + t | \mathbf{T}_A > t_1\}) = \frac{(1 - e^{-\lambda(t_1+t)}) - (1 - e^{-\lambda t_1})}{1 - (1 - e^{-\lambda t_1})}$$

$$= \frac{e^{-\lambda t_1}(1 - e^{\lambda t})}{e^{-\lambda t_1}} = 1 - e^{-\lambda t}$$

$$= P(\{\mathbf{T}_A \leq t\}). \tag{11.9}$$

Dies bedeutet, daß die Vergangenheit des Prozesses auf seine Zukunft keinen Einfluß nimmt. Es handelt sich also um einen **Markoff-Prozeß**.

Wir wollen nun weitere Eigenschaften des negativ-exponentiellen Ankunftsprozesses untersuchen. Wir betrachten hierzu ein kleines Intervall Δt. Die Wahrscheinlichkeit, daß eine Anforderung in diesem Intervall auftritt, ist

$$p_1 = P(\{\mathbf{T}_A \leq \Delta t\}) = 1 - e^{-\lambda \Delta t}. \tag{11.10}$$

Mit der Reihenentwicklung für die Exponentialfunktion

$$e^x = 1 + \frac{x^1}{1!} + \frac{x^2}{2!} + \frac{x^3}{3!} \cdots$$

erhält man

$$p_1 = 1 - \left[1 - \lambda \Delta t + \frac{(\lambda \Delta t)^2}{2!} - \frac{(\lambda \Delta t)^3}{3!} + \cdots\right]$$

d.h.

$$p_1 = \lambda \Delta t + o(\Delta t), \tag{11.11}$$

wobei wir mit $o(\Delta t)$ alle Terme, die schneller gegen Null gehen als Δt, bezeichnet haben, d.h. es gilt

$$\lim_{\Delta t \to o} \frac{o(\Delta t)}{\Delta t} = 0. \tag{11.12}$$

Entsprechend ist die Wahrscheinlichkeit, daß keine Anforderung im Intervall Δt auftritt, gleich

$$p_0 = 1 - \lambda \Delta t - o(\Delta t), \tag{11.13}$$

während die Wahrscheinlichkeit, daß $n > 1$ Anforderungen im Intervall Δt auftreten, gleich

$$p_n = O(\Delta t) \tag{11.14}$$

ist.

Wir wollen nun die Wahrscheinlichkeit, daß k Anforderungen in einem größeren Intervall T auftreten, betrachten. Wir teilen es in m kleine Intervalle Δt, d.h.

$$T = m \cdot \Delta t. \tag{11.15}$$

Die Wahrscheinlichkeit, daß k Anforderungen im Intervall $T = m\Delta t$ auftreten, ist somit gleich

$$p(k) = \binom{m}{k} p_1^k \cdot p_0^{m-k} + o(\Delta t) \tag{11.16}$$

$$= \frac{m!}{(m-k)!k!}(\lambda \cdot \Delta t)^k \cdot (1 - \lambda \cdot \Delta t)^{m-k} + o(\Delta t)$$

$$p(k) = \frac{\lambda^k \cdot T^k}{k!} \frac{m!}{m^k(m-k)!} \cdot (1 - \lambda \Delta t)^{m-k} + o(\Delta t).$$

Wir lassen nun $\Delta t \to 0$, d.h. $m \to \infty$ gehen, wobei $m \cdot \Delta t = T$ fest bleibt. Für $m \gg k$ können wir

$$\frac{m!}{(m-k)!} = m(m-1)\ldots(m-k+1) \approx m^k$$

setzen. Ferner gilt für $\Delta t \to 0$ bzw. $m \to \infty$

$$(1 - \lambda \Delta t)^{m-k} \approx (1 - \lambda \Delta t)^m = (1 - \lambda \Delta t)^{\frac{T}{\Delta t}}$$

und laut Definition der Exponentialfunktion

$$\lim_{t \to 0}(1 + at)^{\frac{k}{t}} = e^{ak}$$

ist

$$(1 - \lambda \Delta t)^{m-k} \approx e^{-\lambda T}.$$

Insgesamt ergibt der Grenzübergang somit

$$p(k) = \frac{\lambda^k T^k}{k!} e^{-\lambda T}, \tag{11.17}$$

wobei $p(k)$ die Wahrscheinlichkeit ist, daß k Anforderungen in einem Zeitintervall T ankommen. Die Verteilung nach Gl.(11.17) ist als **Poisson-Verteilung** bekannt. Der Ansatz, der zur Poisson-Verteilung führte (Gln.(11.15) und (11.16)) impliziert, daß die einzelnen Ankünfte voneinander unabhängig sind.

Beispiel 11.1

Das Verkehrsaufkommen eines PCM-30-Konzentrators mit 120 Teilnehmern läßt sich mit einem Poisson-Prozeß recht gut modellieren, denn die einzelnen Anrufe können unabhängig voneinander vorausgesetzt werden. Treffen im Mittel 6 Gespräche pro Minute ein, so ist $\lambda = 6$ Anrufe pro Minute oder $\lambda = 0,1$ Anrufe pro Sekunde. Somit ist der Erwartungswert der Anrufabstände

$$E\{\mathbf{T}_A\} = \frac{1}{\lambda} = 10 \; Sekunden.$$

Die Wahrscheinlichkeit, daß der Anrufabstand größer als 30 Sekunden wird, ist

$$\begin{aligned} P(\{\mathbf{T} > 30\}) &= 1 - P(\{\mathbf{T} \le 30\}) \\ &= 1 - (1 - e^{-\lambda t}) = e^{-\frac{30}{10}} = 0,0498. \end{aligned}$$

Die Wahrscheinlichkeit, daß innerhalb von 2 Minuten 30 Anrufe ankommen, liegt bei

$$P(k) = \frac{\lambda^k T^k}{k!} e^{-\lambda T} \; mit \; T = 120\,sec., \; k = 30$$

d.h.

$$P(30) = (\frac{120}{10})^{30} \frac{1}{30!} \cdot e^{-\frac{120}{10}}$$

$$= \frac{12^{30}}{30!} e^{-12} = 5,498 \cdot 10^{-6}.$$

Die exponentiellen und Poisson-Verteilungen bzw. Markoff-Prozesse werden sowohl für Ankunftsprozesse als auch für Bedienprozesse häufig angewandt, da sie einerseits die tatsächlichen Vorgänge gut wiedergeben, andererseits aber auch analytisch und simulationsmäßig recht einfach handhabbar sind. Als Bedienprozeß formuliert lautet Gl.(11.4)

$$F_{\mathbf{T}_B}(t) = 1 - e^{-\mu t} \tag{11.4a}$$

und Gl.(11.8) wird zu

$$E\{\mathbf{T}_B\} = \frac{1}{\mu} \quad \text{und} \quad \sigma^2_{\mathbf{T}_B} = \frac{1}{\mu^2}. \tag{11.8b}$$

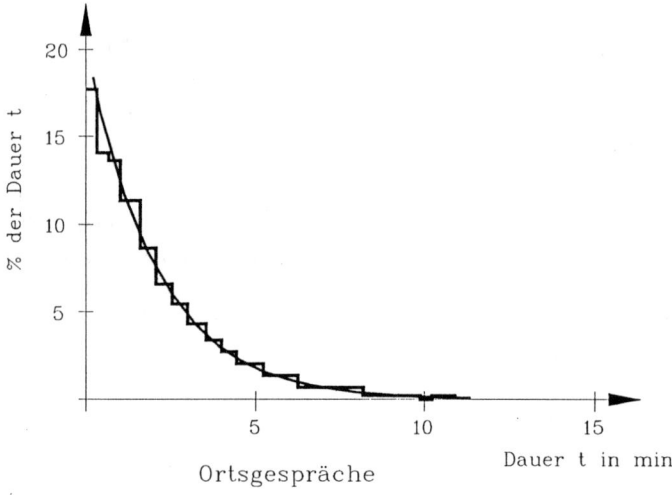

Bild 11.7   Typische Gesprächsdauer von Telefonverbindungen

Im Bild 11.7 sind typische Gesprächsdauern von Telefonverbindungen, wie sie in einer Ortsvermittlungsstelle gemessen wurden, wiedergegeben. Sie lassen sich gut durch eine exponentielle Wahrscheinlichkeitsdichte approximieren. Obwohl die Gesprächsdauer von den Teilnehmern bestimmt wird, kann sie als die Bediendauer des Systems aufgefaßt werden. Dies zeigt, daß die Modellbildung nicht immer einen physikalischen Bezug zum System haben muß, obwohl dies häufig der Fall ist. Die

Tatsache, daß das Modell das Teilnehmerverhalten gut wiedergibt, ist unter anderem darauf zurückzuführen, daß die einzelnen Gesprächsdauern als statistisch unabhängig voneinander angenommen werden können. Wir wollen nun weitere Wahrscheinlichkeitsverteilungen, die in verkehrstheoretischen Betrachtungen oft auftreten, kennenlernen. Wir haben sie im folgenden als Bedienprozesse formuliert.

Die **konstante Wahrscheinlichkeitsverteilung**

$$F_{\mathbf{T}_B}(t) = P(\{\mathbf{T}_B \leq t\}) \quad = \quad \begin{cases} 0 & \text{für} \quad t < b \\ 1 & \text{für} \quad t \geq b \end{cases} \tag{11.18}$$

beschreibt Vorgänge mit konstanter Bedienzeit, wie z.B. das Abarbeiten gleichlanger Datenpakete. Für den Erwartungswert der Bedienzeit und seine Varianz erhält man

$$E\{\mathbf{T}_B\} = b \qquad \text{und} \qquad \sigma^2_{\mathbf{T}_B} = 0. \tag{11.19}$$

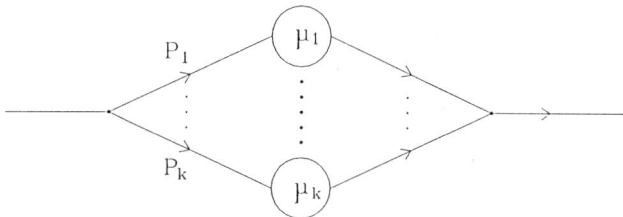

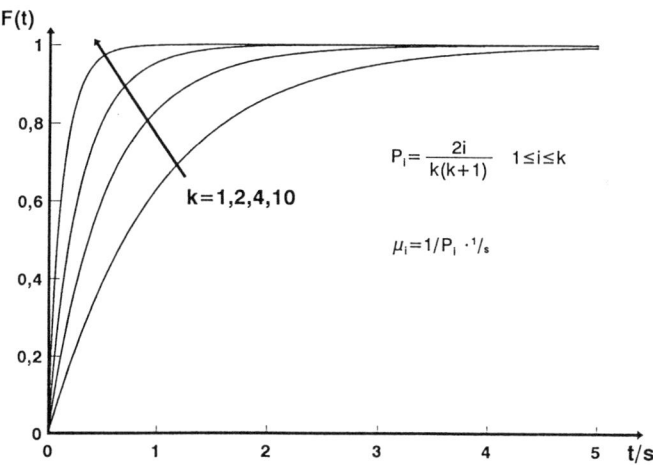

Bild 11.8   Bediensysteme mit hyperexponentiell verteilten Bedienzeiten
a) Systemmodell, das zur hyperexponentiellen Wahrscheinlichkeitsverteilung der
   Bedienzeiten führt (Alternativwahl von Bedieneinheiten)
b) Die hyperexponentielle Wahrscheinlichkeitsverteilung

Die **hyperexponentielle Wahrscheinlichkeitsverteilung** k-ter Ordnung (Bild 11.8)

$$F_{\mathbf{T}_B}(t) = P(\{\mathbf{T}_B \le t\}) = 1 - \sum_{i=1}^{k} P_i \cdot e^{-\mu_i t} \tag{11.20}$$

für $t \ge 0$ und $\displaystyle\sum_{i=1}^{k} P_i = 1, \ k \in \{1, 2, \ldots\}$

beschreibt einen Bedienprozeß, dessen Anforderungen in k Klassen eingeteilt werden können. Die einzelnen Klassen haben exponentiell verteilte Bediendauer. Innerhalb einer Bedienphase hat man somit die Markoff-Eigenschaft, insgesamt ist der Prozeß allerdings von der Vorgeschichte (Anforderung aus welcher Klasse bedient wird) abhängig. Der Erwartungswert der Bediendauer $\mathbf{T}_B$ und die Varianz errechnen sich zu

$$E\{\mathbf{T}_B\} = \sum_{i=1}^{k} \frac{P_i}{\mu_i}, \quad \sigma^2_{\mathbf{T}_B} = 2\sum_{i=1}^{k} P_i/\mu_i^2 - \left(\sum_{i=1}^{k} P_i/\mu_i\right)^2. \tag{11.21}$$

Die **Erlang-k-Verteilung** (Bild 11.9)

$$F_{\mathbf{T}_B}(t) = P(\{\mathbf{T}_B \le t\}) = 1 - e^{-\mu t} \sum_{i=0}^{k-1} \frac{(\mu t)^i}{i!} \tag{11.22}$$

für $t \ge 0, \ k \in \{1, 2, \ldots\}$

beschreibt Vorgänge, bei denen die Bedienphase aus k hintereinander ausgeführten Bedienphasen besteht, wobei alle Bedienphasen exponentielle Bediendauer mit dem gleichen Mittelwert $1/\mu$ haben. Der Mittelwert und die Varianz der Bediendauer insgesamt errechnen sich zu

$$E\{\mathbf{T}_B\} = \frac{k}{\mu}, \quad \sigma^2_{\mathbf{T}_B} = \frac{k}{\mu^2}. \tag{11.23}$$

Die Cox-Verteilung (Bild 11.10) ist eine Verallgemeinerung der Erlang-k-Verteilung. Bei ihr wird mit der Wahrscheinlichkeit $(1 - d_i)$ nach Beendigung der i-ten Bedienphase die Bedienung beendet, mit der Wahrscheinlichkeit d_i die nächste Bedienungsphase eingeleitet. Die einzelnen Bedienungsdauern haben eine exponentielle Verteilung mit möglicherweise unterschiedlichen mittleren Bediendauern. Mit der Cox's-Verteilung können beliebige Verteilungen approximiert werden.

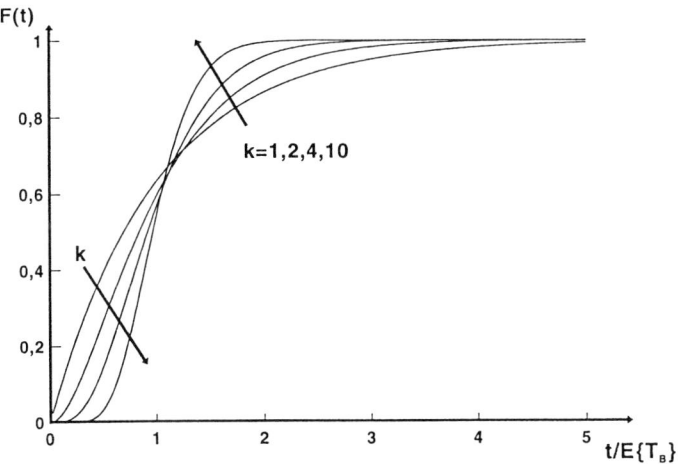

Bild 11.9   Bediensysteme mit Erlang-k verteilten Bedienzeiten
a) Systemmodell, das zur Erlang-k-Wahrscheinlichkeitsverteilung der Bedienzeiten führt
   (Hintereinanderschalten von Bedienphasen)
b) Die Erlang-k-Wahrscheinlichkeitsverteilung

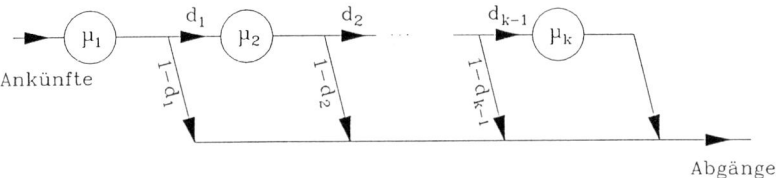

Bild 11.10   Zur Cox-Verteilung
Die einzelnen exponentiellen Bedienphasen können die unterschiedlichen mittleren Bediendauern $1/\mu_i$ haben. Die jeweiligen Verzweigungswahrscheinlichkeiten sind d_i und $(1 - d_i)$.

In den folgenden Abschnitten werden wir Modelle, die aus einem Ankunfts- und einem Bedienprozeß bestehen, untersuchen. Für die Bezeichnung solcher Systeme hat
sich die **Kendallsche Notation** durchgesetzt. Sie setzt sich wie folgt zusammen:

$$AP/BP/BE - OPT.$$

Dabei bezeichnet

AP den Ankunftsprozeß

BP den Bedienprozeß

BE die Anzahl der Bedieneinheiten

OPT die Optionen, z.B. Anzahl der Warteplätze

Die häufig verwendeten Abkürzungen sind

M für den Markoff-Prozeß (Exponentielle Verteilung)

D für die Gleichverteilung (Deterministisch)

E_k für Erlang-k-Verteilung

H_k für hyperexponentielle Verteilung k-ter Ordnung

G für beliebige Verteilungen (General)

GI für beliebige Verteilungen mit unabhängigen Ankünften
(General Independent)

So bedeutet z.B. $M/G/m - w$: Markoff-Ankunftsprozeß, beliebiger Bedienprozeß
mit m Bedieneinheiten und einem Warteraum mit w Warteplätzen.

Beispiel 11.2
*Die Kendallsche Bezeichnung $H_2/G/1$ beschreibt ein System mit einem Ankunfts-
prozeß, der die hyperexponentielle Wahrscheinlichkeitsverteilung zweiter Ordnung
der Ankunftsabstände hat, und einem Bedienprozeß mit einer beliebigen Wahrscheinlichkeitsverteilung der Bedienzeiten. Das System hat eine Bedieneinheit und
unendlich viele Warteplätze und kann wie folgt dargestellt werden:*

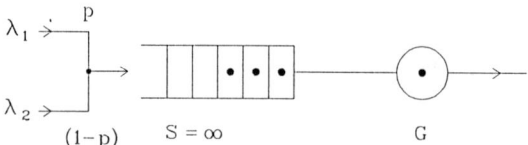

11.3   Das Warte- und Verlustsystem $M/M/1$

Wir betrachten zunächst das $M/M/1$-**Wartesystem**, d.h. ein System mit Markoffschen Ankünften mit der Ankunftsrate λ, einer Markoffschen Bedieneinheit mit
der Bedienrate μ und einem Warteraum mit unendlich vielen Warteplätzen (Bild
11.11). Mit der Zufallsvariablen **k** bezeichnen wir die Anzahl der im System (einschließlich in der Bedieneinheit) befindlichen Anforderungen zu einem Zeitpunkt
t. **k** kann also auch als eine Zustandsvariable, d.h. eine Variable, die den Zustand
des Systems zu einem Zeitpunkt t wiedergibt, verstanden werden. Es sei $p_k(t)$ die
Wahrscheinlichkeit, daß sich zum Zeitpunkt t das System im Zustand k befindet.
Es gilt dann

$$\sum_{k=0}^{\infty} p_k(t) = 1, \tag{11.24}$$

denn wir nehmen an, daß sich das System zu jedem Zeitpunkt in einem definierten Zustand befindet.

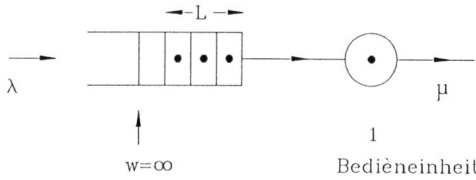

Bild 11.11
Das M/M/1 Wartesystem
w: Anzahl der Warteplätze $= \infty$
λ: Ankunftsrate
μ: Bedienrate
L+1: Anzahl der Anforderungen im System

Wir betrachten nun das System zu einem Zeitpunkt $(t + \Delta t)$. Wir nehmen an, daß es sich zu diesem Zeitpunkt im Zustand k befindet ($k \neq 0$). Sowohl für den Ankunftsprozeß als auch für den Bedienprozeß gelten die Gleichungen (11.10) bis (11.14). Dies bedeutet insbesondere, daß die Wahrscheinlichkeit $p_j(t)$, $j \neq k$, $k+1$ oder $k-1$ von der Ordnung $o(\Delta t)$ ist, d.h. zum Zeitpunkt t können nur die Zustände k, $k+1$ oder $k-1$ eine Wahrscheinlichkeit größer als $o(\Delta t)$ haben. Wir können nun mit den Gleichungen (11.10) bis (11.14) die Wahrscheinlichkeit, daß der Zustand k zum Zeitpunkt $(t + \Delta t)$ erreicht wird, zusammenstellen:

$$\begin{aligned} p_k(t + \Delta t) = p_k(t) \cdot &[(1 - \lambda \cdot \Delta t)(1 - \mu \cdot \Delta t) + \mu \cdot \Delta t \cdot \lambda \cdot \Delta t + o(\Delta t)] \\ &+ p_{k-1}(t)[\lambda \cdot \Delta t(1 - \mu \cdot \Delta t) + o(\Delta t)] \\ &+ p_{k+1}(t)[\mu \cdot \Delta t(1 - \lambda \cdot \Delta t) + o(\Delta t)] \\ &+ o(\Delta t) \end{aligned} \tag{11.25}$$

Wir haben bei der Zusammenstellung von Gl.(11.25) z.B. berücksichtigt, daß der Zustand k erhalten bleibt, wenn entweder im Intervall Δt weder eine Anforderung ankommt noch eine Bedienung zu Ende geht (erster Term in der ersten Klammer) oder eine Anforderung ankommt und eine Bedienung zu Ende geht (zweiter Term in der ersten Klammer) usw. Wir vereinfachen Gl.(11.25), indem wir alle Terme höherer Ordnung in Δt in $o(\Delta t)$ zusammenfassen und erhalten für $k \neq 0$

$$\begin{aligned} p_k(t + \Delta t) = &[1 - (\lambda + \mu) \cdot \Delta t] \cdot p_k(t) + \lambda \cdot \Delta t \cdot p_{k-1}(t) \\ &+ \mu \cdot \Delta t \cdot p_{k+1}(t) + o(\Delta t). \end{aligned} \tag{11.26}$$

Entsprechend erhalten wir für $k = 0$

$$p_0(t + \Delta t) = [1 - \lambda \cdot \Delta t] \cdot p_0(t) + \mu \cdot \Delta t \cdot p_1(t) + o(\Delta t). \tag{11.27}$$

Die Gleichungen (11.26) bis (11.27) unter Einbeziehung von Gl.(11.24) ermöglichen es, alle Zustandswahrscheinlichkeiten aus einem Anfangszustand iterativ zu berechnen. Alternativ haben wir aus Gl.(11.26)

$$\frac{p_k(t + \Delta t) - p_k(t)}{\Delta t} = -(\lambda + \mu) \cdot p_k(t) + \lambda \cdot p_{k-1}(t)$$

$$+\mu \cdot p_{k+1}(t) + \frac{o(\Delta t)}{\Delta t} \qquad \text{für } k \neq 0.$$

Wir machen den Grenzübergang $\Delta t \to 0$ und erhalten hieraus für $k \neq 0$

$$\frac{dp_k(t)}{dt} = -(\lambda + \mu) \cdot p_k(t) + \lambda \cdot p_{k-1}(t) + \mu \cdot p_{k+1}(t) \qquad (11.28)$$

und entsprechend aus Gl.(11.27)

$$\frac{dp_o(t)}{dt} = -\lambda \cdot p_0(t) + \mu \cdot p_1(t). \qquad (11.29)$$

Gesucht ist nun die Lösung der Differentialgleichungen (11.28) bis (11.29) unter Einbeziehung von Gl.(11.24), um den zeitlichen Ablauf von $p_k(t)$ aus vorgegebenen Anfangswerten zu erhalten.

Wir nehmen nun an, daß der betrachtete Prozeß einen stationären Zustand erreicht, dann ist die zeitliche Veränderung von $p_k(t)$ gleich Null. Mit

$$\lim_{t \to \infty} p_k(t) = p_k$$

erhalten wir aus Gl.(11.28) bis (11.29) wegen

$$\frac{dp_k(t)}{dt} = 0$$

$$(\lambda + \mu)p_k = \lambda \cdot p_{k-1} + \mu \cdot p_{k+1} \qquad \text{für } k \neq 0 \qquad (11.30)$$

und

$$\lambda \cdot p_0 = \mu \cdot p_1 \qquad \text{für } k = 0. \qquad (11.31)$$

Rekursives Auflösen der Gleichungen (11.30) bis (11.31) ergibt

$$p_1 = \frac{\lambda}{\mu} \cdot p_0$$

$$p_2 = \frac{\lambda}{\mu} \cdot p_1$$

$$p_3 = \frac{\lambda}{\mu} \cdot p_2$$

$$p_k = \frac{\lambda}{\mu} \cdot p_{k-1} \qquad (11.32)$$

oder

$$p_k = \left(\frac{\lambda}{\mu}\right)^k \cdot p_0. \tag{11.33}$$

Für die Summe

$$S_n = p_0 + p_1 + p_2 + \ldots + p_k + \ldots + p_n$$

erhalten wir

$$
\begin{aligned}
S_n &= p_0 + \frac{\lambda}{\mu}p_0 + \ldots \qquad + \left(\frac{\lambda}{\mu}\right)^n \cdot p_0 \\
&= p_0\left(1 + \frac{\lambda}{\mu} + \left(\frac{\lambda}{\mu}\right)^2 + \ldots \quad + \left(\frac{\lambda}{\mu}\right)^n\right).
\end{aligned}
$$

Die Summe der geometrischen Reihe ist

$$S_n = p_0 \frac{1 - \left(\frac{\lambda}{\mu}\right)^{n+1}}{1 - \frac{\lambda}{\mu}}. \tag{11.34}$$

Die unendliche Reihe konvergiert nur für $\frac{\lambda}{\mu} < 1$, d.h. wenn die Ankunftsrate geringer ist als die Bedienrate. In diesem Fall ergibt sich aus Gl.(11.34) wegen $\left(\frac{\lambda}{\mu}\right)^{n+1} \to 0$ und $S_n \to 1$ für $n \to \infty$

$$p_o = \left(1 - \frac{\lambda}{\mu}\right)$$

und aus Gl.(11.33)

$$p_k = \left(\frac{\lambda}{\mu}\right)^k \cdot \left(1 - \frac{\lambda}{\mu}\right). \tag{11.35}$$

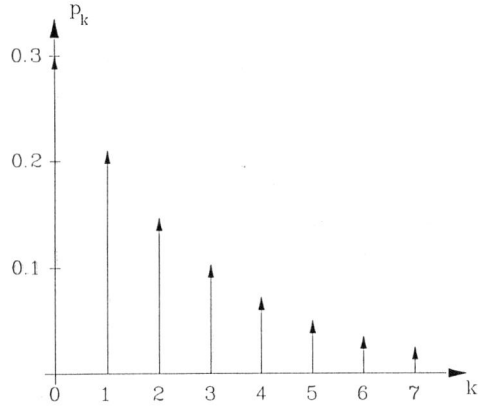

Bild 11.12
Zustandswahrscheinlichkeiten des
$M/M/1$-Wartesystems für die Auslastung
$\rho = \lambda/\mu = 0,7$

Im Bild 11.12 ist p_k für $\frac{\lambda}{\mu} = 0,70$ aufgezeichnet. Für $\frac{\lambda}{\mu} > 1$, d.h. Ankunftsrate größer als Bedienrate, baut sich die Warteschlange stets weiter auf, erreicht also nie einen eingeschwungenen Zustand.

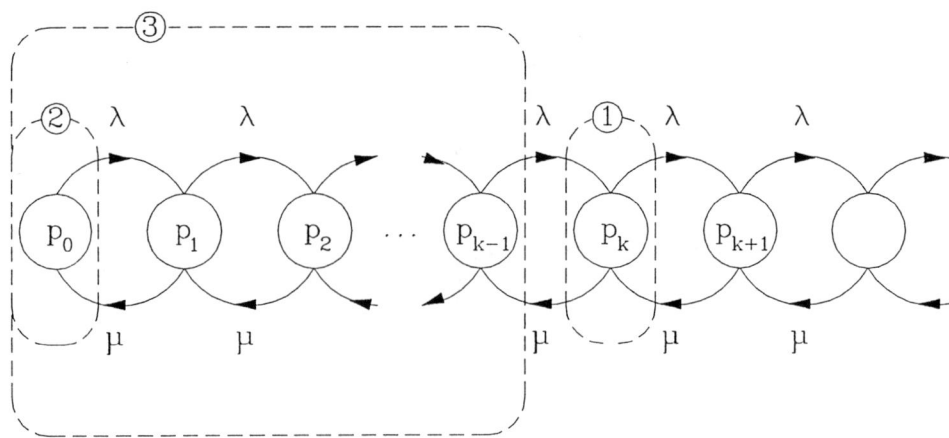

Bild 11.13   Das Zustandsdiagramm des M/M/1-Wartesystems

Für $\frac{\lambda}{\mu} = 1$ erhält man aus Gl.(11.35) einerseits $p_0 = 0 = p_1 = p_2 = \ldots = p_n$, andererseits aus Gl.(11.24) $p_1 + p_2 + \ldots + p_n = 1$, also einen Widerspruch. Auch in diesem Fall wird ein eingeschwungener Zustand nicht erreicht.

Wir betrachten nun das Zustandsdiagramm (Bild 11.13) des Markoff-Prozesses. Wir haben darin die einzelnen Zustände mit ihren Zustandswahrscheinlichkeiten (im eingeschwungenen Zustand) gekennzeichnet. Die Zustandsübergänge haben wir anstatt wie bisher mit Übergangswahrscheinlichkeiten nun mit den entsprechenden Ankunfts- bzw. Bedienraten gewichtet. Wir erinnern uns daran, daß z.B. [die Ankunftsrate $\cdot \Delta t$] die entsprechende Übergangswahrscheinlichkeit wiedergibt. Wegen der Übersichtlichkeit haben wir die Übergänge aus einem Zustand in denselben Zustand im Zustandsdiagramm nicht dargestellt.

Wir stellen nun fest, daß wir alle Gleichungen (11.30) bis (11.32) aus dem Zustandsdiagramm direkt hinschreiben können. Hierzu behandeln wir [$\lambda \cdot$ Wahrscheinlichkeit des Knotens aus dem der entsprechende Pfeil stammt] und [$\mu \cdot$ Wahrscheinlichkeit des Knotens, aus dem der entsprechende Pfeil stammt] jeweils als einen Fluß. Die einzelnen Gleichungen ergeben sich, wenn wir den an einem Knoten (oder Schnittmenge) ankommenden Fluß gleich dem abgehenden Fluß setzen. So erhält man Gl.(11.30) bei der Flußbetrachtung an der im Bild (11.13) als (1) gekennzeichneten Fläche. Gleichung (11.31) ergibt sich an der Fläche (2) und Gleichung (11.32) an der Fläche (3).

Im folgenden werden wir häufig von dieser Art Flußbetrachtung im Zustandsdiagramm Gebrauch machen und somit die mühsamen Ableitungen der Gleichungen entsprechend (11.30) bis (11.32) umgehen. Zur Lösung müssen wir dann noch die Gleichung (11.24) heranziehen. Die Lösung haben wir mit Gl.(11.35) angegeben. Hiermit können wir nun die interessierenden Größen für das $M/M/1$-Wartesystem ableiten.

Bezeichnen wir mit ρ die Auslastung der Bedieneinheit, so haben wir

$\rho =$ Wahrscheinlichkeit, daß die Bedieneinheit besetzt ist,

$$\rho = 1 - p_0 = 1 - \left(1 - \frac{\lambda}{\mu}\right) = \frac{\lambda}{\mu} \; . \qquad (11.36)$$

Für den Erwartungswert der Anzahl der Anforderungen im System haben wir

$$E\{\mathbf{k}\} \;=\; \sum_{k=0}^{\infty} k \cdot p_k = \sum_{k=0}^{\infty} k \cdot \rho^k \cdot (1 - \rho)$$

$$=\; (1 - \rho) \cdot \sum_{k=0}^{\infty} k \cdot \rho^k$$

$$E\{\mathbf{k}\} \;=\; (1 - \rho) \cdot \frac{\rho}{(1 - \rho)^2} = \frac{\rho}{1 - \rho} \; . \qquad (11.37)$$

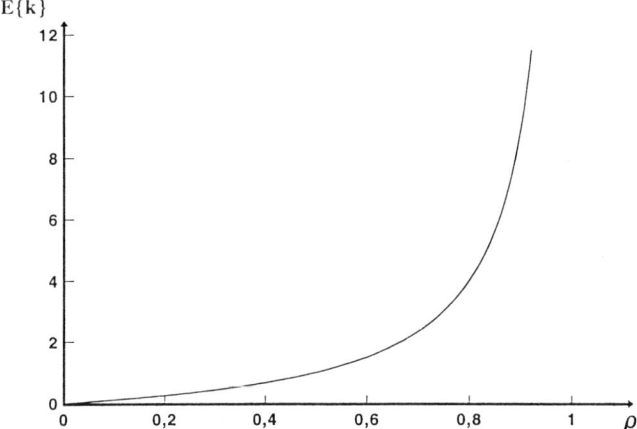

Bild 11.14 Erwartungswert der Anzahl der Anforderungen im M/M/1-Wartesystem in Abhängigkeit von der Auslastung ρ

Der Verlauf von $E\{\mathbf{k}\}$ ist im Bild 11.14 dargestellt.

Entsprechend haben wir für die Anzahl der Anforderungen in der Warteschlange

$$E\{\text{Anforderungen in der Warteschlange}\} = E\{\mathbf{L}\}$$

$$= \; 0 \cdot p_0 + 0 \cdot p_1 + 1 \cdot p_2 + \ldots + (k - 1) \cdot p_k + \cdots + (n - 1) \cdot p_n$$

$$= \; \rho^2 (1 - \rho) + \ldots + (k - 1) \cdot \rho^k \cdot (1 - \rho) + \ldots + (n - 1) \cdot \rho^n \cdot (1 - \rho)$$

$$= \; (1 - \rho) \cdot \rho \cdot [\rho + \ldots + (k - 1) \cdot \rho^{k-1} + \ldots + (n - 1) \cdot \rho^{n-1}]$$

$$E\{\mathbf{L}\} = (1 - \rho) \cdot \rho \cdot \frac{\rho}{(1 - \rho)^2} = \frac{\rho^2}{1 - \rho}. \tag{11.38}$$

Der Verlauf von $E\{\mathbf{L}\}$ ist im Bild 11.15 dargestellt.

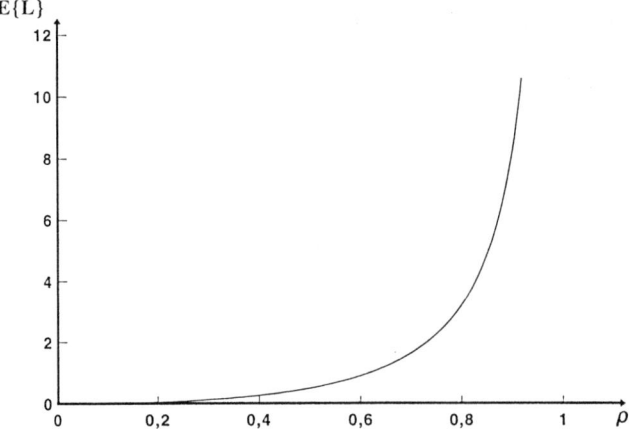

Bild 11.15 Erwartungswert der Anzahl der Anforderungen in der Warteschlange des M/M/1-Wartesystems in Abhängigkeit von der Auslastung ρ

Wir wenden uns nun der Berechnung der mittleren Verweildauer $E\{\mathbf{T}_v\}$ im System zu. Hierzu leiten wir ein recht allgemeines Gesetz für Wartesysteme ab, das 1961 von Little[1] bewiesen wurde und als das **Gesetz von Little** bekannt ist. Für die Ableitung betrachten wir zunächst Zeitmittelwerte und werden dann die Ergodizität (Kapitel 3.7) voraussetzen, um das Gesetz für Scharmittelwerte zu beweisen.

Wir betrachten ein Wartesystem, dessen Anforderungsankünfte als $A(t)$ (Arrivals) und deren Abgänge d.h. abgefertigte Anforderungen als $D(t)$ (Departures) im Bild 11.16a gezeichnet sind. Die schraffierte Fläche zwischen den beiden Kurven wird mit F bezeichnet. Das Gesetz von Little kann aus Bild 11.16 abgeleitet werden, indem wir die mittlere Verweildauer $\tilde{T}_V$ und die mittlere Anzahl der Anforderungen im System $\tilde{k}$ bis zum Zeitpunkt τ zusammenstellen. Es gilt

$$\tilde{T}_V(\tau) = \frac{\sum_{i=0}^{A(\tau)} T_{V_i}}{A(\tau)} = \frac{F}{A(\tau)} \tag{11.39}$$

und

$$\tilde{k}(\tau) = \frac{\int_0^\tau l(t)dt}{\tau} = \frac{F}{\tau}. \tag{11.40}$$

---

[1] s. Literatur [LIT]

a)

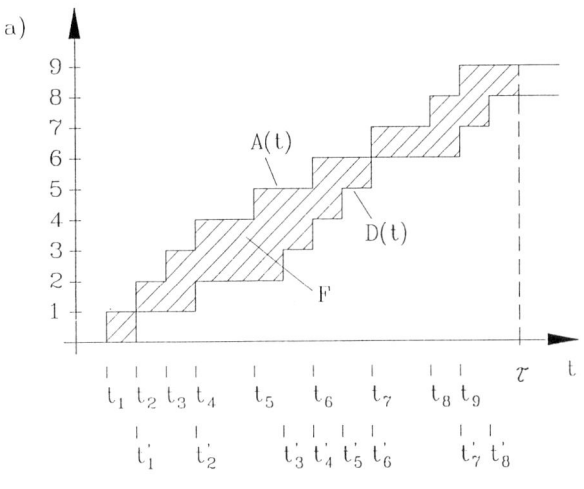

A(t)   Ankünfte der
       Anforderungen

D(t)   Abgänge der
       abgefertigten
       Anforderungen

b)

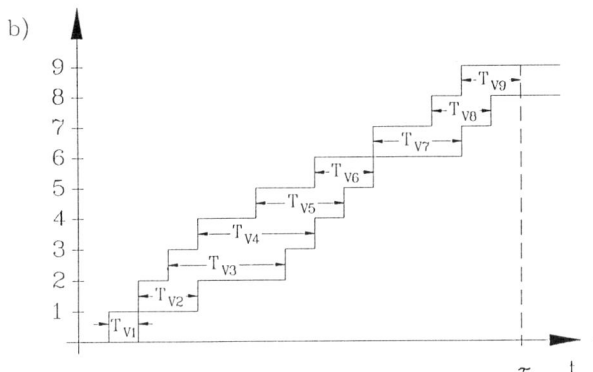

$T_{V1}, T_{V2}, \ldots T_{V9}$

Verweilzeiten der
einzelnen Anforder-
ungen bis $t = \tau$

c)

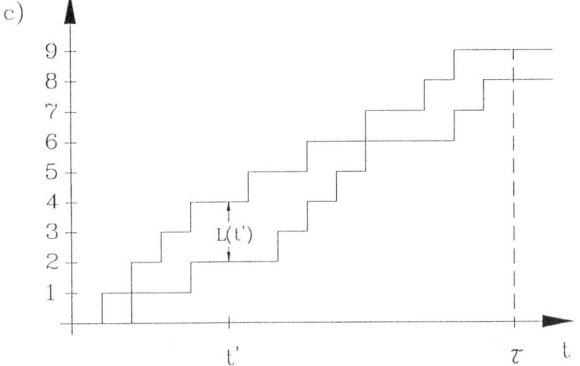

l(t')   Anzahl der Anfor-
        derungen im Sys-
        tem zum Zeit-
        punkt t'

Bild 11.16 Zur Ableitung des Gesetzes von Little

Aus den beiden Gleichungen erhalten wir

$$\tilde{T}_V(\tau) \cdot A(\tau) = F = \tilde{k}(\tau) \cdot \tau$$

oder

$$\tilde{T}_V(\tau) \cdot \frac{A(\tau)}{\tau} = \tilde{k}(\tau) \tag{11.41}$$

Wir nehmen nun an, daß für $\tau \to \infty$ der stationäre Zustand erreicht wird und setzen hierfür

$$\lim_{\tau \to \infty} \tilde{T}_V(\tau) = \tilde{T}_V, \qquad \lim_{\tau \to \infty} \tilde{k}(\tau) = \tilde{k}$$

und

$$\lim_{\tau \to \infty} \frac{A(\tau)}{\tau} = \tilde{\lambda}. \tag{11.42}$$

Aus Gl.(11.41) erhalten wir somit

$$\tilde{T}_V \cdot \tilde{\lambda} = \tilde{k}. \tag{11.43}$$

Aus der Ergodizitätsannahme erhalten wir mit

$$\tilde{T}_V = \tilde{m}_{\mathbf{T}_V} \doteq E\{\mathbf{T}_V\}$$
$$\tilde{\lambda} = \tilde{m}_\lambda \doteq E\{\text{Anzahl der Anrufe pro Zeiteinheit }\} = \lambda$$
$$\tilde{k} = \tilde{m}_{\mathbf{k}} \doteq E\{\mathbf{k}\}$$

wobei $\doteq$ die Gleichheit mit der Wahrscheinlichkeit 1 bedeutet, das **Gesetz von Little**

$$E\{\mathbf{T}_V\} \cdot \lambda = E\{\mathbf{k}\}. \tag{11.44}$$

Es besagt, daß der Erwartungswert der Verweilzeit mal die Ankunftsrate gleich der mittleren Anzahl der Anforderungen im System ist.

Es sei hier betont, daß wir für die Ableitung des Gesetzes von Little keine Voraussetzungen für den Ankunfts- oder den Bedienprozeß gemacht haben. Lediglich das Erreichen des stationären Zustandes und die Ergodizität wurden verwendet. Die Voraussetzung, daß von der Bedieneinheit die Abarbeitung in der Reihenfolge der Ankünfte vorgenommen wurde, diente lediglich dazu, den Sachverhalt etwas zu vereinfachen. Wegen

$$\sum_i T_{V_i} = \sum_i (t_i - t_i') = \sum_i t_i - \sum_i t_i'$$

gilt Gl.(11.39) auch für beliebige Abarbeitungsstrategien.

Das Gesetz von Little ist recht allgemein. So läßt es sich ohne wesentliche Änderungen z.B. anstatt für das System auch für die Warteschlange beweisen. Es heißt dann: [Mittlere Wartezeit in der Warteschlange × Ankünfte in die Warteschlange = mittlere Warteschlangenlänge], d.h.

$$E\{\mathbf{T}_W\} \cdot \lambda = E\{\mathbf{L}\}. \tag{11.45}$$

Das Gesetz gilt auch für Verlustsysteme mit der Modifizierung, daß anstatt der Ankunftsrate nun die Rate der angenommenen Anforderungen verwendet wird.

Mit dem Gesetz vom Little Gl.(11.45) und (11.37) erhalten wir für das $M/M/1$-Wartesystem

$$E\{\mathbf{T}_V\} = \frac{1}{\lambda} \cdot \frac{\rho}{1 - \rho} = \frac{1}{\mu - \lambda}. \tag{11.46}$$

Aus Gl.(11.46) erhalten wir für die mit λ genormte Verweildauer

$$\lambda \cdot E\{\mathbf{T}_V\} = \frac{\rho}{1 - \rho},$$

sein Verlauf ist identisch mit dem Verlauf von $E\{\mathbf{k}\}$ (s. Bild 11.14).

Mit dem Gesetz von Little für die Warteschlange Gl.(11.45) und Gl.(11.38) erhalten wir

$$E\{\mathbf{T}_W\} = \frac{1}{\lambda} \cdot \frac{\rho^2}{1 - \rho}. \tag{11.47}$$

Die mit λ genormte Wartezeit $\lambda \cdot E\{\mathbf{T}_W\}$ verläuft wie $E\{\mathbf{L}\}$ (s. Bild 11.15).

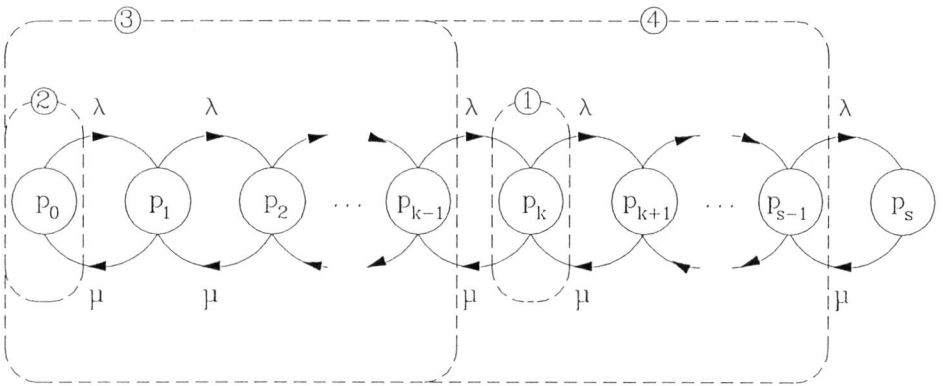

Bild 11.17 Zustandsdiagramm des M/M/1-w-Verlustsystems mit s Plätzen (d.h. mit w = s - 1 Warteplätzen)

Aus den für das $M/M/1$-Wartesystem vorliegenden Ergebnissen können wir unmittelbar die charakteristischen Größen für das $M/M/1$-**Warte-Verlustsystem**, d.h. ein System mit begrenzten Warteplätzen ableiten. Das $M/M/1 - w$-Warte-Verlustsystem habe insgesamt $s = w + 1$ Plätze (w Warteplätze und 1 Platz in der Bedieneinheit). Das System kann somit einen der $k = 0, \ldots, s$ Zustände annehmen. Die Gleichungen (11.30) bis (11.32) modifizieren sich geringfügig, indem nun nur $s + 1$ Zustände berücksichtigt werden. Aus dem Zustandsdiagramm (Bild 11.17) erhalten wir wieder

$$p_k = \left(\frac{\lambda}{\mu}\right) \cdot p_{k-1} \quad \text{für } k \neq 0 \tag{11.48}$$

und

$$p_k = \left(\frac{\lambda}{\mu}\right)^k \cdot p_0. \tag{11.49}$$

Mit der modifizierten Form der Gleichung (11.34)

$$\sum_{k=0}^{s} p_k = 1$$

erhalten wir entsprechend

$$p_0 = \frac{1 - \frac{\lambda}{\mu}}{1 - (\frac{\lambda}{\mu})^{s+1}} = \frac{1 - \rho}{1 - \rho^{s+1}}$$

und mit Gl.(11.49)

$$p_k = \rho^k \frac{1 - \rho}{1 - \rho^{s+1}}, \quad k \leq s, \tag{11.50}$$

wobei

$$\rho = \frac{\lambda}{\mu}.$$

Insbesondere erhalten wir für $k = s$

$$p_s = \rho^s \cdot \frac{1 - \rho}{1 - \rho^{s+1}}. \tag{11.51}$$

p_s ist die Wahrscheinlichkeit, daß alle s Plätze im System (einschließlich des Bedienplatzes) besetzt sind; sie ist also die Wahrscheinlichkeit P_B, daß das System blockiert ist. Zwischen ihr und der **Verlustwahrscheinlichkeit** P_V, daß eine ankommende Anforderung abgewiesen wird, besteht ein einfacher Zusammenhang. Wir betrachten zunächst die Wahrscheinlichkeit, daß das System blockiert ist und eine Anforderung kommt an, $P(\{\text{Blockiert und Ankunft}\})$. Diese kann in zwei äquivalente Ausdrucke umgewandelt werden, nämlich

$$P(\text{Blockiert und Ankunft}) = P(\text{Blockiert} \mid \text{Ankunft}) \cdot P(\text{Ankunft})$$

und

$$P(\text{Blockiert und Ankunft}) = P(\text{Ankunft} \mid \text{Blockiert}) \cdot P(\text{Blockiert}).$$

Da $P_V = P(\text{Blockiert} \mid \text{Ankunft})$ ist, haben wir

$$P_V \cdot P(\text{Ankunft}) = P(\text{Ankunft} \mid \text{Blockiert}) \cdot P_B$$

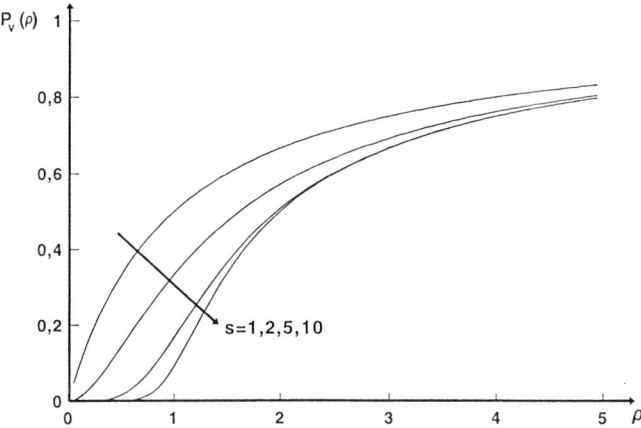

Bild 11.18 Verlustwahrscheinlichkeit des M/M/1-w-Warte-Verlustsystems in Abhängigkeit von $\rho = \lambda/\mu$ und s = w + 1, Anzahl der Plätze im System

oder

$$P_V = \frac{P(\text{Ankunft} \mid \text{Blockiert})}{P(\text{Ankunft})} \cdot P_B \qquad (11.52)$$

Ist die Ankunftswahrscheinlichkeit unabhängig vom Systemzustand, so erhalten wir $P(\text{Ankunft} \mid \text{Blockiert}) = P(\text{Ankunft})$ und die Verlustwahrscheinlichkeit und die Blockierungswahrscheinlichkeit sind gleich. Dies ist beim betrachteten M/M/1-System gegeben, so daß gilt

$$P_V = P_B = p_s = \rho^s \frac{1-\rho}{1-\rho^{s+1}} \qquad (11.53)$$

Im Bild (11.18) ist die Verlustwahrscheinlichkeit in Abhängigkeit von s und ρ dargestellt.

Die Wahrscheinlichkeit, daß eine ankommende Anforderung angenommen wird, ist $(1 - P_V)$. Da die Anforderungen mit der Ankunftsrate λ ankommen, ist unter der Annahme, daß allmählich alle ankommenden Anforderungen auch abgearbeitet werden, der Durchsatz

$$D = \lambda(1 - P_V) = \lambda \cdot \frac{1-\rho^s}{1-\rho^{s+1}}. \qquad (11.54)$$

Der auf λ normierte Durchsatz $\frac{D}{\lambda}$ ist im Bild (11.19) für verschiedene ρ und s dargestellt. Man sieht, daß bei konstant gehaltener Ankunftsrate mit wachsendem ρ, d.h. abnehmender Bedienrate der Durchsatz geringer wird.

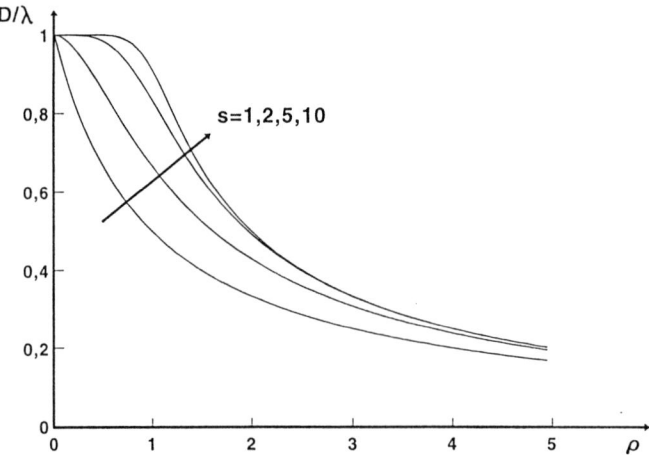

Bild 11.19 Der auf die Ankunftsrate normierte Durchsatz des
M/M/1-w-Warte-Verlustsystems in Abhängigkeit von $\rho = \lambda/\mu$
und s = w + 1, Anzahl der Plätze im System

Im Bild (11.20) ist der auf μ normierte Durchsatz $\frac{D}{\mu}$ in Abhängigkeit von ρ und
s dargestellt. Man sieht nun, daß bei konstanter Bedienrate und wachsender Ankunftsrate der Durchsatz erhöht wird.

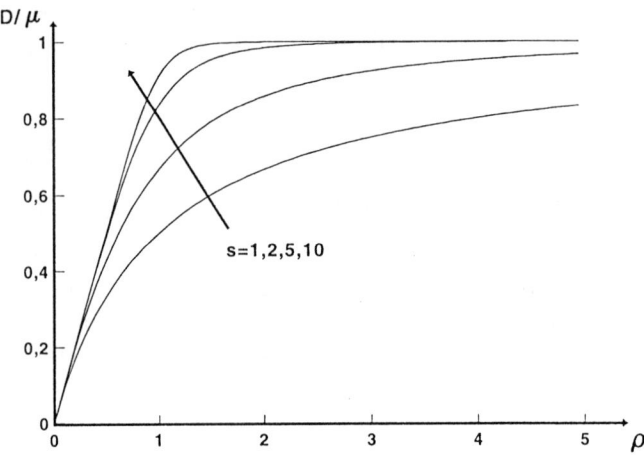

Bild 11.20 Der auf die Bedienrate normierte Durchsatz des
M/M/1-w-Warte-Verlustsystems in Abhängigkeit von $\rho = \lambda/\mu$
und s = w + 1, Anzahl der Plätze im System

Beispiel 11.3

Es sei das $M/M/1-8$-System gegeben. Wir berechnen die Verlustwahrscheinlichkeit, die mittlere Warteschlangenlänge und den Durchsatz des Systems für die Ankunftsrate $\lambda = 0,3/s$ und die Bedienrate $\mu = 0,6/s$. Mit

$$\rho = \frac{\lambda}{\mu} = 0,5$$

erhalten wir die Verlustwahrscheinlichkeit:

$$P_V = \rho^s \cdot \frac{1-\rho}{1-\rho^{s+1}} = \rho^9 \cdot \frac{1-\rho}{1-\rho^{10}} = 0,000978$$

die mittlere Warteschlangenlänge:

$$E\{\mathbf{L}\} = \frac{\rho^2}{1-\rho} = 0,5$$

und den Durchsatz:

$$
\begin{aligned}
D &= \lambda \cdot (1 - P_v) = 0,3/s \cdot (1 - 0,000978) \\
&= 0,2997/s.
\end{aligned}
$$

11.4 Das Warte- und Verlustsystem $M/M/m$

Die im vorigen Abschnitt ausführlich dargestellten Verfahren und Ergebnisse können auf einfache Weise auf Systeme mit m Bedieneinheiten erweitert werden. $M/M/m$-Systeme werden häufig für die Verkehrsanalyse von Kommunikationssystemen und -netzen herangezogen. In der Regel wird davon ausgegangen, daß ein stationärer Zustand erreicht wird. Im wesentlichen läuft die Analyse dann auf die Betrachtung der Zustandsdiagramme, die Aufstellung der Zustandsgleichungen und die Ableitung der Zustandswahrscheinlichkeiten hinaus, aus denen die einzelnen interessierenden Verkehrsgrößen dann berechnet werden. Häufig können die Werte nicht exakt berechnet werden, sondern man begnügt sich mit Näherungswerten.

Wie bei den bisher betrachteten Systemen sind häufig Zustandsübergänge von einem Zustand nur zu den beiden benachbarten Zuständen zulässig. Die Übergangsraten sind im allgemeinen allerdings durchaus von den einzelnen Zuständen abhängig (Bild 11.21). Solche Prozesse werden als **Geburts- und Sterbeprozesse** bezeichnet, weil sie das klassische Beispiel des Geburts- und Sterbeverlaufs einer Bevölkerung recht gut widerspiegeln. Im folgenden betrachten wir verschiedene solcher Prozesse, wobei die Komplexität der betrachteten Systeme jeweils etwas erhöht wird.

Wir beginnen mit einem reinen $M/M/m$-**Verlustsystem**, d.h. einem System mit m Bedieneinheiten und keinen Warteplätzen (Bild 11.22). Da die Ankunftsrate der

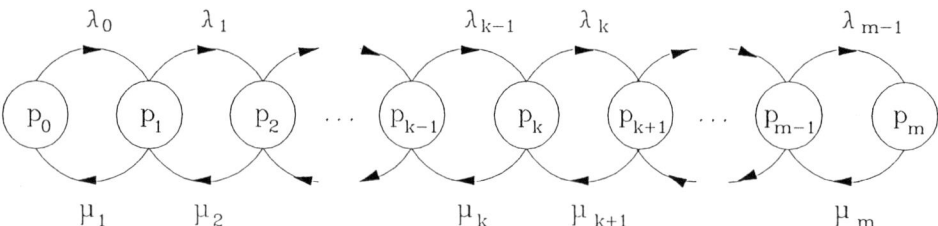

Bild 11.21   Das Zustandsdiagramm eines Geburts- und Sterbeprozesses
λ_k: Geburtsrate im Zustand k
μ_k: Sterberate im Zustand k

Anforderungen unabhängig von dem Zustand des Systems gleich λ ist, finden die Übergänge von einem Zustand in den nächsten aufwärts alle mit der Übergangsrate λ statt. Die Situation in der anderen Richtung ist anders. Im Zustand k wird in k Bedieneinheiten jeweils eine Anforderung bearbeitet. Die Wahrscheinlichkeit, daß in der Zeit Δt eine bestimmte Bedieneinheit eine Anforderung beendet, ist entsprechend Gl.(11.10)

$$p_1 = 1 - e^{-\mu \Delta t}.$$

Die Wahrscheinlichkeit, daß sie keine Anforderung beendet, ist somit

$$p_0 = e^{-\mu \Delta t}.$$

Die Wahrscheinlichkeit, daß keine der k Bedieneinheiten eine Anforderung beendet, läßt sich als das Produkt

$$p_{k0} = e^{-\mu \Delta t} \cdot e^{-\mu \Delta t} \cdots = e^{-k \mu \Delta t}$$

darstellen, denn nach Voraussetzung arbeiten die Bedieneinheiten unabhängig voneinander.

Die Wahrscheinlichkeit, daß mindestens eine der k Bedieneinheiten eine Anforderung beendet, ist dann

$$p_{k1} = 1 - e^{-k \mu \Delta t}.$$

Ein Vergleich mit Gl.(11.10) zeigt, daß es sich wiederum um eine exponentielle Verteilung mit der Bedienrate $k\mu$ handelt. $k\mu$ ist somit die Übergangsrate, mit der der Zustand k nach $(k-1)$ verlassen wird. Damit erhalten wir das Zustandsdiagramm von Bild 11.22b für das reine $M/M/m$-Verlustsystem. Es handelt sich hierbei um eine spezielle Form des Geburts- und Sterbeprozesses (vgl. Bild 11.21). Die Flußgleichungen an den Flächen (1), (2) und (3) im Bild 11.22b lauten

$$(\lambda + k\mu) \cdot p_k = \lambda p_{k-1} + (k+1) \cdot \mu p_{k+1}, \qquad (11.55)$$

$$\lambda p_0 = \mu p_1 \qquad (11.56)$$

und

$$p_k = \frac{\lambda}{k\mu} \cdot p_{k-1}. \tag{11.57}$$

a)

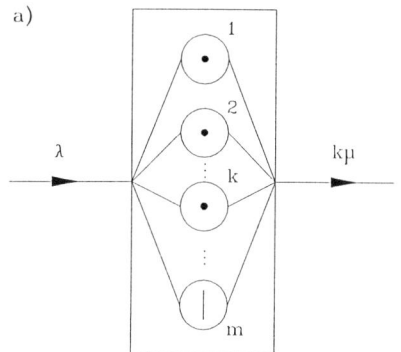

Bild 11.22
Das M/M/m-Verlustsystem
a) Symbolische Darstellung im Zustand k
b) Das Zustandsdiagramm des
   M/M/m-Verlustsystems

b)

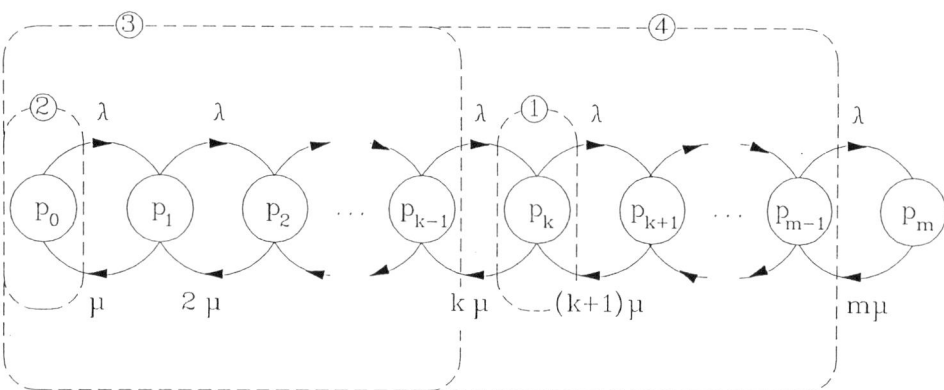

Hieraus erhalten wir

$$p_k = \frac{\lambda}{k\mu} \cdot \frac{\lambda}{(k-1)\mu} \cdot \ldots \cdot \frac{\lambda}{\mu} \cdot p_0$$

oder

$$p_k = \frac{\lambda^k}{\mu^k k!} p_0. \tag{11.58}$$

Wegen

$$\sum_{i=0}^{m} p_i = 1$$

erhalten wir aus Gl.(11.58)

$$p_0 = \cfrac{1}{\displaystyle\sum_{i=0}^{m} \frac{\lambda^i}{\mu^i i!}}$$

und damit

$$p_k = \cfrac{\dfrac{\lambda^k}{\mu^k k!}}{\displaystyle\sum_{i=0}^{m} \frac{\lambda^i}{\mu^i i!}} . \tag{11.59}$$

Da λ die Ankunftsrate der Anforderungen und $\frac{1}{\mu}$ die mittlere Bediendauer einer Anforderung ist, wird $\lambda \cdot \frac{1}{\mu}$ als das **Verkehrsangebot** bezeichnet und mit

$$A = \frac{\lambda}{\mu} \tag{11.60}$$

abgekürzt. Für $k = m$ erhalten wir aus Gl.(11.59) die Verlustwahrscheinlichkeit $P_V = p_m$.

$$P_V = \cfrac{\dfrac{A^m}{m!}}{\displaystyle\sum_{i=0}^{m} \frac{A^i}{i!}} . \tag{11.61}$$

Gl.(11.61) wird nach A. K. Erlang die **Erlangsche Verlustformel** oder die **erste Erlangsche Formel** genannt und die Verlustwahrscheinlichkeit P_V mit $E_{1,m}(A)$ oder B (<u>B</u>locking) bezeichnet:

$$E_{1,m}(A) = B = \cfrac{\dfrac{A^m}{m!}}{\displaystyle\sum_{i=0}^{m} \frac{A^i}{i!}} \tag{11.62}$$

Für die Erfolgswahrscheinlichkeit, d.h. für die Wahrscheinlichkeit, daß eine ankommende Anforderung angenommen wird, gilt wieder Gl.(11.2)

$$P_E = (1 - P_V).$$

Als **Verkehr** V bezeichnet man

$$V = A \cdot P_E = A(1 - P_V). \tag{11.63}$$

Wir wollen kurz zeigen, daß

$$V = E\{\mathbf{k}\}, \tag{11.64}$$

d.h. der Verkehr gleich der Anzahl der im Mittel belegten Bedieneinheiten ist. Es gilt

$$E\{\mathbf{k}\} = \sum_{i=0}^{m} i \cdot p_i = \sum_{i=1}^{m} i \cdot p_i .$$

Mit Gl.(11.57) erhalten wir

$$
\begin{aligned}
E\{\mathbf{k}\} &= \sum_{i=1}^{m} i \cdot \frac{\lambda}{i \cdot \mu} \cdot p_{i-1} = \sum_{i=1}^{m} A \cdot p_{i-1} \\
&= A \cdot \sum_{i=0}^{m} p_i - A \cdot p_m \\
&= A(1 - p_m) = A(1 - P_V) = V,
\end{aligned}
$$

was wir zeigen wollten.

Der Teil des Verkehrs, der nicht bedient werden kann, wird als der **Verkehrsrest** R bezeichnet. Für ihn gilt

$$R = A - V \tag{11.65}$$

bzw.

$$R = A \cdot P_V \tag{11.66}$$

Die Werte A, R und V sind dimensionslos. Um aufzuzeigen, daß es sich um Verkehrswerte handelt, werden sie in der Pseudoeinheit **Erlang** angegeben.

Beispiel 11.4
Wir betrachten ein PCM30-System, das als Verkehrskonzentrator im Vorfeld eingesetzt wird und an dem 120 Teilnehmer mit 0,17 Erlang Verkehrsaufkommen pro Teilnehmer angeschlossen sind.

Das Verkehrsangebot wird als

$$A = 120 \times 0,17 = 20,4 \ Erlang$$

angenommen. Für die Verlustwahrscheinlichkeit ergibt sich aus Gl.(11.61)

$$B = \frac{\frac{(20,4)^{30}}{30!}}{\sum_{i=0}^{30} \frac{(20,4)^i}{i!}}.$$

Der Ausdruck für den Verlust kann entweder durch Näherungsbetrachtungen für die Exponentialfunktion und die Fakultäten oder durch einen Rechenalgorithmus ausgewertet werden. Alternativ kann man auch Verkehrstabellen z.B. der Firma Siemens heranziehen. Man erhält $B \approx 0,01$.

Somit ist der Verkehr

$$V = 20,4 \times 0,99 = 20,196 \ Erlang$$

und der Verkehrsrest

$$R = 0,204 \ Erlang.$$

Beispiel 11.5

Wir betrachten ein Überlaufsystem bestehend aus einem Primärbündel aus n_1 Leitungen und einem Sekundärbündel aus n_2 Leitungen. A sei das poissonverteilte Verkehrsangebot am System.

	$\downarrow$	A	*Angebot*
Primärbündel	☰	n_1	*Leitungen*
	$\downarrow$	R_1	*Überlauf*
Sekundärbündel	☰	n_2	*Leitungen*
	$\downarrow$	R_2	*Verkehrsrest*

Für die Blockierungswahrscheinlichkeit des Primärbündels gilt die Erlangsche Verlustformel Gl.(11.61) und wir erhalten

$$B_1 = \frac{\dfrac{A^{n_1}}{n_1!}}{\displaystyle\sum_{i=0}^{n_1} \frac{A^i}{i!}}.$$

Für den Verkehrsrest (Überlauf) des Primärbündels gilt Gl. (11.66)

$$R_1 = A \cdot B_1 = \frac{\dfrac{A^{n_1+1}}{n_1!}}{\displaystyle\sum_{i=0}^{n_1} \frac{A^i}{i!}}.$$

Dies ist das Verkehrsangebot am Sekundärbündel, das allerdings nicht mehr poissonverteilt ist. Für das Gesamtsystem bestehend aus $(n_1 + n_2)$ Leitungen und dem poissonverteilten Angebot gilt wiederum Gl. (11.66). Für die Blockierungswahrscheinlichkeit des Gesamtsystems erhalten wir

$$B = \frac{\dfrac{A^{n_1+n_2}}{(n_1+n_2)!}}{\displaystyle\sum_{i=0}^{n_1+n_2} \frac{A^i}{i!}}$$

und für den Verkehrsrest, der nicht bedient werden kann, gilt

$$R = R_2 = A \cdot B = \frac{\dfrac{A^{n_1+n_2+1}}{(n_1+n_2)!}}{\displaystyle\sum_{i=0}^{n_1+n_2} \frac{A^i}{i!}} .$$

Für die Wahrscheinlichkeit B_2, daß ein am Eingang des Sekundärbündels ankommender Ruf nicht bedient werden kann, gilt

$B_2 = P(Ruf\ kann\ nicht\ bedient\ werden\ |\ Primärbündel\ blockiert)$

$\quad = \dfrac{P(Ruf\ kann\ nicht\ bedient\ werden\ und\ Primärbündel\ blockiert)}{P(Primärbündel\ blockiert)}$

$\quad = \dfrac{P(Ruf\ kann\ nicht\ bedient\ werden)}{P(Primärbündel\ blockiert)}$

$\quad = \dfrac{B}{B_1} = \dfrac{R_2}{R_1} = \dfrac{Verkehrsrest}{Überlauf} .$

Wir wenden uns nun einem $M/M/m$-Verlustsystem, bei dem das Verkehrsaufkommen abhängig von dem Zustand des Systems ist, zu. Ein solches System ergibt sich, wenn das Verkehrsaufkommen von einer begrenzten Anzahl von Verkehrsquellen stammt. Warten nun einige dieser Quellen im System, so erzeugen sie keinen Verkehr. Man bezeichnet solche Systeme als $M/M/m$-**Verlustsysteme mit endlicher Quellenzahl**.

Wir betrachten im folgenden ein solches System mit q Quellen, $q > m$. Die Ankunftsrate einer freien, d.h. nicht wartenden Quelle sei λ, die Quellen voneinander unabhängig. Befindet sich das System im Zustand k, so sind k Bedieneinheiten aktiv, die Bedienrate ist also wie bisher $k\mu$, während nun nur noch $(q-k)$ Quellen den Verkehr erzeugen, die Ankunftsrate ist daher $(q-k)\cdot\lambda$. Im Bild 11.23 ist das Zustandsdiagramm des Systemes dargestellt. Daraus ergeben sich unmittelbar durch Flußgleichheit an den im Bild als (1), (2) und (3) gekennzeichneten Flächen

$$k\mu p_k + (q-k)\lambda p_k = (q-k+1)\lambda p_{k-1} + (k+1)\mu \cdot p_{k+1}, \tag{11.67}$$

$$q \cdot \lambda p_0 = \mu p_1 \tag{11.68}$$

und

$$p_k = \frac{\lambda(q - k + 1)}{\mu \cdot k} \cdot p_{k-1}. \tag{11.69}$$

Hieraus erhalten wir

$$p_k = \frac{\lambda}{\mu} \cdot \frac{(q - k + 1)}{k} \cdot \frac{\lambda}{\mu} \cdot \frac{(q - k + 2)}{k - 1} \cdot \frac{\lambda}{\mu} \cdot \frac{(q - k + 3)}{k - 2} \cdots \frac{\lambda q}{\mu} \cdot p_0$$

oder

$$p_k = \left(\frac{\lambda}{\mu}\right)^k \cdot \frac{q!}{k! \cdot (q - k)!} \cdot p_0,$$

d.h.

$$p_k = \left(\frac{\lambda}{\mu}\right)^k \cdot \binom{q}{k} \cdot p_0. \tag{11.70}$$

Wegen

$$\sum_{i=0}^{m} p_i = 1$$

erhalten wir aus Gl.(11.70)

$$p_0 \cdot \sum_{i=0}^{m} \left(\frac{\lambda}{\mu}\right)^i \cdot \binom{q}{i} = 1$$

bzw.

$$p_0 = \frac{1}{\sum\limits_{i=0}^{m} \left(\frac{\lambda}{\mu}\right)^i \cdot \binom{q}{i}}$$

und damit

$$p_k = \frac{\left(\frac{\lambda}{\mu}\right)^k \cdot \binom{q}{k}}{\sum\limits_{i=0}^{m} \left(\frac{\lambda}{\mu}\right)^i \binom{q}{i}}. \tag{11.71}$$

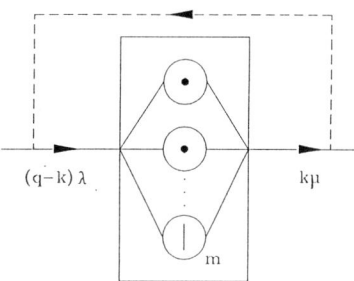

Bild 11.23
Das M/M/m-Verlustsystem mit q Verkehrsquellen,
q > m
a) Symbolische Darstellung des
   M/M/mVerlustsystems im Zustand k
b) Zustandsdiagramm des M/M/m-Verlustsystems

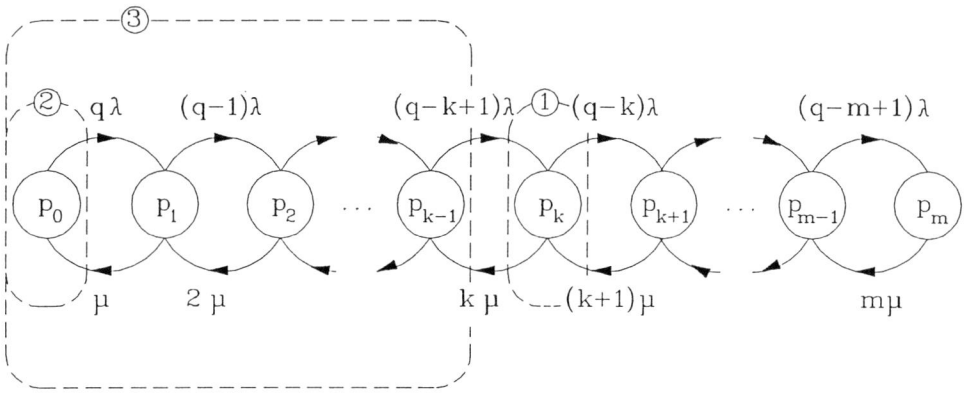

Setzen wir $\beta = \frac{\lambda}{\mu}$, d.h. β ist dann das Verkehrsaufkommen einer freien Quelle, so erhalten wir aus Gl.(11.71)

$$p_k = \frac{\beta^k \binom{q}{k}}{\sum_{i=0}^{m} \beta^i \binom{q}{i}}. \tag{11.72}$$

Gl.(11.72) wird als **Engset-Formel** oder **Erlang-Bernoulli-Formel** bezeichnet. Aus ihr können die anderen interessierenden Größen des $M/M/m$-Verlustsystems mit q Quellen abgeleitet werden.

Beispiel 11.6
Wir betrachten nun das PCM 30-System aus dem Beispiel 11.4 genauer, nämlich als M/M/m-Verlustsystem mit endlicher Quellenzahl. Es seien 120 Teilnehmer mit pro freiem Teilnehmer 0,17 Erlang Verkehrsaufkommen angeschlossen. Die Blockierungswahrscheinlichkeit des Systems errechnet sich nach der Engset-Formel zu:

$$B = \frac{(0,17)^{30} \cdot \binom{120}{30}}{\sum_{i=0}^{30}(0,17)^i \binom{120}{i}} = 0,00091 \ .$$

Wir wenden uns nun dem $M/M/m$-**Wartesystem**, d.h. einem System mit m Bedieneinheiten und unendlich vielen Warteplätzen (Bild 11.24a), zu. Wir setzen voraus, daß der Verkehr aus vielen Quellen stammt, d.h. daß die Ankunftsrate λ unabhängig vom Zustand ist. Ist μ die Bediendauer einer Bedieneinheit, so haben wir entsprechend unserer vorangegangenen Überlegung die Endrate $k\mu$ im Zustand $k < m$. Für $k \geq m$ bleibt die Endrate bei $m\mu$, denn es können maximal m Anforderungen bedient werden. Somit erhalten wir das Zustandsdiagramm von Bild 11.24b,c. Die Zustandsgleichungen lauten

$$(k\mu + \lambda)p_k = \lambda p_{k-1} + (k+1)\mu p_{k+1} \qquad \text{für } k < m,$$

$$(m\mu + \lambda)p_k = \lambda p_{k-1} + m\mu p_{k+1} \qquad \text{für } k \geq m, \qquad (11.73)$$

$$\lambda p_0 = \mu p_1$$

und

$$p_k = \frac{\lambda}{\mu k} \ p_{k-1} \qquad \text{für } k < m,$$

$$p_k = \frac{\lambda}{\mu \cdot m} \ p_{k-1} \qquad \text{für } k \geq m. \qquad (11.74)$$

Aus Gl.(11.73) bis (11.74) erhalten wir

$$p_k = \frac{\lambda}{\mu k} \cdot \frac{\lambda}{\mu(k-1)} \cdot \ldots \cdot \frac{\lambda}{\mu} \cdot p_0 \qquad \text{für } k < m$$

und

$$p_k = \frac{\lambda}{\mu m} \cdot \frac{\lambda}{\mu m} \cdot \frac{\lambda}{\mu m} \cdot \ldots \cdot \frac{\lambda}{\mu(m-1)} \cdot \frac{\lambda}{\mu(m-2)} \cdot \ldots \cdot \frac{\lambda}{\mu} \cdot p_0 \qquad \text{für } k \geq m$$

oder mit $\frac{\lambda}{\mu} = A$ für das Angebot

$$p_k = \frac{A^k}{k!} p_0 \qquad \text{für } k < m$$

und

$$p_k = \frac{A^k}{m!} \cdot \frac{1}{m^{k-m}} p_0 \qquad \text{für } k \geq m. \qquad (11.75)$$

a)

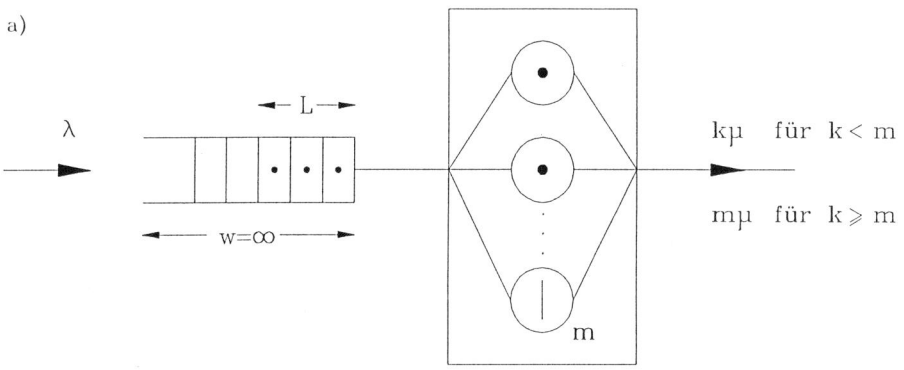

b)

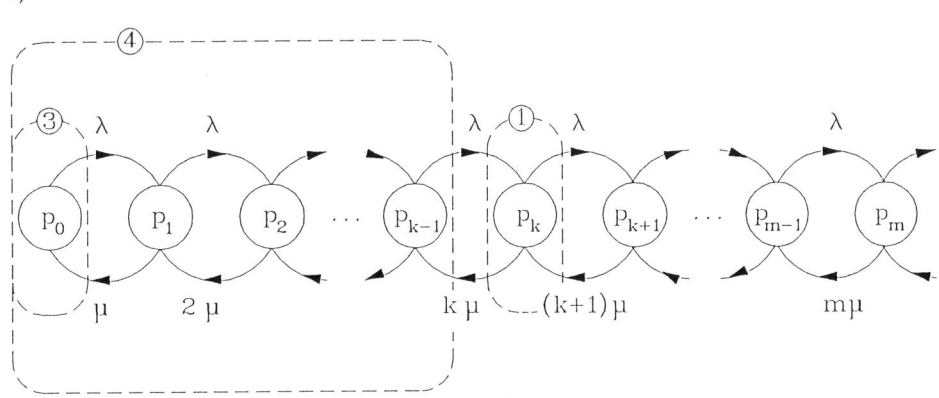

c)

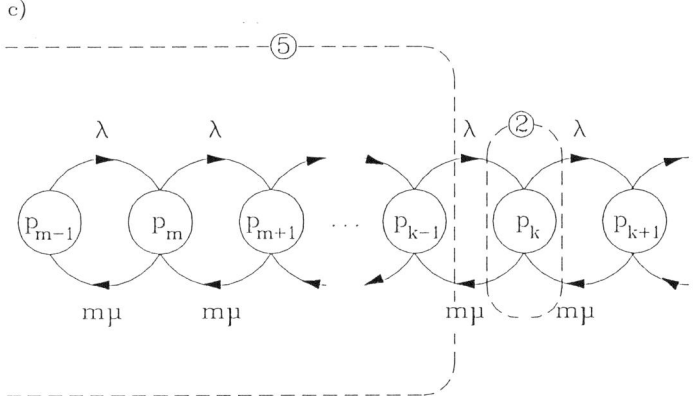

Bild 11.24 Das M/M/m-Wartesystem
a) Symbolische Darstellung des M/M/m-Wartesystems im Zustand k
b) Das Zustandsdiagramm des M/M/m-Wartesystems mi k < m
c) Das Zustandsdiagramm des M/M/m-Wartesystems mi k ≥ m

Wegen

$$\sum_{i=0}^{\infty} p_i = 1$$

erhalten wir

$$1 = \left[\sum_{i=0}^{m-1} \frac{A^i}{i!} + \sum_{i=m}^{\infty} \frac{A^i}{m^{i-m}} \cdot \frac{1}{m!} \right] p_0.$$

Wir setzen $j = i - m$ im zweiten Summanden und erhalten

$$1 = \left[\sum_{i=0}^{m-1} \frac{A^i}{i!} + \sum_{j=0}^{\infty} \frac{A^{j+m}}{m^j} \cdot \frac{1}{m!} \right] p_0.$$

$$= \left[\sum_{i=0}^{m-1} \frac{A^i}{i!} + \frac{A^m}{m!} \sum_{j=0}^{\infty} \left(\frac{A}{m} \right)^j \right] p_0. \tag{11.76}$$

Für $\frac{A}{m} < 1$ bzw. $\frac{\lambda}{m\mu} < 1$, d.h. wenn die Ankunftsrate geringer ist als die maximale Bedienrate, erhalten wir für die geometrische Reihe

$$\sum_{j=0}^{\infty} \left(\frac{A}{m} \right)^j = \frac{1}{1 - \frac{A}{m}} = \frac{m}{m - A}.$$

Somit erhalten wir aus Gl.(11.76)

$$p_0 = \frac{1}{\displaystyle\sum_{i=0}^{m-1} \frac{A^i}{i!} + \frac{A^m}{m!} \frac{m}{m - A}}.$$

Damit wird aus Gl.(11.75)

$$p_k = \frac{\dfrac{A^k}{k!}}{\displaystyle\sum_{i=0}^{m-1} \frac{A^i}{i!} + \frac{A^m}{m!} \cdot \frac{m}{m - A}} \qquad \text{für } k < m \tag{11.77}$$

und

$$p_k = \frac{\dfrac{A^k}{m!} \dfrac{1}{m^{k-m}}}{\displaystyle\sum_{i=0}^{m-1} \frac{A^i}{i!} + \frac{A^m}{m!} \cdot \frac{m}{m - A}} \qquad \text{für } k \geq m. \tag{11.78}$$

Aus den Zustandswahrscheinlichkeiten Gl.(11.77) und (11.78) können nun die interessierenden Größen abgeleitet werden.

Für die Wartewahrscheinlichkeit P_W erhalten wir

$$
\begin{aligned}
P_W &= \sum_{i=m}^{\infty} p_i \\
&= \frac{\displaystyle\sum_{i=m}^{\infty} \frac{A^i}{m!} \cdot \frac{1}{m^{i-m}}}{\displaystyle\sum_{i=0}^{m-1} \frac{A^i}{i!} + \frac{A^m}{m!} \frac{m}{m-A}} = \frac{\displaystyle\sum_{j=0}^{\infty} \frac{A^{j+m}}{m! \cdot m^j}}{\displaystyle\sum_{i=0}^{m-1} \frac{A^i}{i!} + \frac{A^m}{m!} \frac{m}{m-A}} .
\end{aligned}
$$

Wir verwenden wieder die Summation der unendlichen Reihe im Zähler für $\left(\frac{A}{m}\right) < 1$ und erhalten

$$
P_W = \frac{\dfrac{A^m}{m!} \dfrac{m}{m-A}}{\displaystyle\sum_{i=0}^{m-1} \frac{A^i}{i!} + \frac{A^m}{m!} \frac{m}{m-A}} . \tag{11.79}
$$

Der Ausdruck in Gl.(11.79) wird als die **Erlangsche Wartewahrscheinlichkeit** oder als die **zweite Erlangsche Formel** bezeichnet und mit $E_{2,m}(A)$ abgekürzt,

$$
E_{2,m}(A) = P_W = \frac{\dfrac{A^m}{m!} \dfrac{m}{m-A}}{\displaystyle\sum_{i=0}^{m-1} \frac{A^i}{i!} + \frac{A^m}{m!} \cdot \frac{m}{m-A}} . \tag{11.80}
$$

Für die mittlere Warteschlangenlänge $E\{\mathbf{L}\}$ erhalten wir unter Verwendung von Gl.(11.78)

$$
\begin{aligned}
E\{\mathbf{L}\} &= 1 \cdot p_{m+1} + 2 \cdot p_{m+2} + \ldots + n \cdot p_{m+n} + \ldots \\
&= \sum_{i=0}^{\infty} i\, p_{m+i} = \sum_{j=m}^{\infty} (j-m) p_j \\
&= \frac{\displaystyle\sum_{j=m}^{\infty} (j-m) \cdot \frac{A^j}{m!} \cdot \frac{1}{m^{j-m}}}{\displaystyle\sum_{i=0}^{m-1} \frac{A^i}{i!} + \frac{A^m}{m!} \frac{m}{m-A}} .
\end{aligned}
$$

Für den Zähler erhalten wir

$$
Z = \sum_{i=0}^{\infty} \frac{i \cdot A^{i+m}}{m!\, m^i} = \frac{A^m}{m!} \sum_{i=0}^{\infty} i \cdot \left(\frac{A}{m}\right)^i .
$$

Wir summieren wieder für $\frac{A}{m} < 1$ und erhalten

$$Z = \frac{A^m}{m!} \frac{\frac{A}{m}}{(1 - \frac{A}{m})^2}$$

und somit

$$E\{\mathbf{L}\} = \frac{\frac{A^m}{m!} \frac{mA}{(m-A)^2}}{\sum_{i=0}^{m-1} \frac{A^i}{i!} + \frac{A^m}{m!} \frac{m}{m-A}}. \tag{11.81}$$

Ein Vergleich mit Gl.(11.79) ergibt

$$E\{\mathbf{L}\} = P_W \cdot \frac{A}{m-A}. \tag{11.82}$$

Mit der Gleichung von Little (11.45) erhalten wir für die Wartezeit

$$E\{\mathbf{T}_W\} \cdot \lambda = P_W \cdot \frac{A}{m-A}$$

$$E\{\mathbf{T}_W\} = \frac{P_W}{\lambda} \cdot \frac{A}{m-A}. \tag{11.83}$$

Für die Verweilzeit im System gilt somit

$$E\{\mathbf{T}_V\} = \frac{P_W}{\lambda} \frac{A}{m-A} + \frac{1}{\mu}. \tag{11.84}$$

Da im Wartesystem $P_V = 0$ ist, gilt $P_E = 1$ und für den Verkehr V nach Gl.(11.63)

$$V = A \cdot P_E = A(1 - P_V) = A, \tag{11.85}$$

d.h. der Verkehr ist gleich dem Angebot.

Entsprechend den Ausführungen nach Gl.(11.64) gilt wieder, daß der Verkehr gleich der Anzahl der im Mittel belegten Bedieneinheiten ist.

Für das $M/M/m$-**Warte-Verlustsystem** mit m Bedieneinheiten und w Warteplätzen geht man ähnlich wie bei dem $M/M/m$-Wartesystem vor und erhält entsprechend Gl.(11.75)

$$p_k = \frac{A^k}{k!} p_0 \quad \text{für } k < m,$$

$$p_k = \frac{A^k}{m!} \cdot \frac{p_0}{m^{k-m}} \quad \text{für } m \le k \le m+w. \tag{11.86}$$

Wegen

$$\sum_{i=0}^{m+w} p_i = 1$$

erhalten wir

$$1 = \left[\sum_{i=0}^{m-1} \frac{A^i}{i!} + \sum_{j=0}^{w} \frac{A^{j+m}}{m^j} \frac{1}{m!} \right] p_0$$

oder

$$p_0 = \frac{1}{\displaystyle\sum_{i=0}^{m-1} \frac{A^i}{i!} + \frac{A^m}{m!} \frac{1 - (\frac{A}{m})^{w+1}}{1 - \frac{A}{m}}}. \tag{11.87}$$

Setzt man p_0 aus Gl.(11.87) in Gl.(11.86) ein, so erhält man die Zustandswahrscheinlichkeit p_k.

Aus den Zustandswahrscheinlichkeiten können wir wieder die interessierenden Größen berechnen. Wir wollen uns nur auf einige wesentliche beschränken. Für die Wartewahrscheinlichkeit P_W erhält man:

$$P_W = \sum_{j=m}^{w+m-1} \frac{A^j}{m!} \cdot \frac{p_0}{m^{j-m}},$$

$$P_W = \sum_{j=0}^{w-1} \frac{A^m}{m!} \cdot \frac{A^j}{m^j} \cdot p_0 = \frac{A^m}{m!} \cdot \frac{1 - (\frac{A}{m})^w}{1 - (\frac{A}{m})} \cdot p_0. \tag{11.88}$$

Für die Verlustwahrscheinlichkeit erhält man aus Gl.(11.86)

$$P_V = \frac{A^m}{m!} \cdot \frac{A^w}{m^w} \cdot p_0. \tag{11.89}$$

Für die mittleren Warteschlangenlängen erhalten wir

$$E\{\mathbf{L}\} = 1 \cdot p_{m+1} + 2 \cdot p_{m+2} + \ldots + w \cdot p_{m+w}$$

$$= \frac{A^m}{m!} \sum_{i=0}^{w} i \cdot \left(\frac{A}{m} \right)^i \cdot p_0. \tag{11.90}$$

Hieraus können wir mit Gl.(11.45) wiederum die mittlere Wartezeit errechnen.

11.5 Das $M/G/1$-Wartesystem

Wir betrachten nun ein $M/G/1$-**Wartesystem**, d.h. ein Wartesystem mit einem Markoff-Prozeß am Eingang, unendlich vielen Warteplätzen und einer Bedieneinheit mit einer beliebigen (general) Verteilung der Bedienzeiten (Bild 11.25). Vereinfachend nehmen wir zunächst an, daß die Anforderungen in der Reihenfolge, in der sie ankommen, abgearbeitet werden.

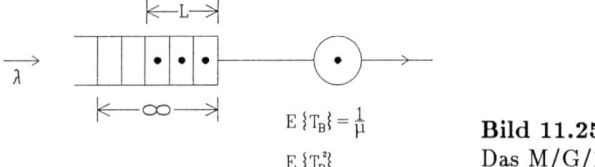

E\{T_B\} = \frac{1}{\mu}

$E\{T_B^2\}$

Bild 11.25
Das M/G/1-Wartesystem

Wir setzen ferner voraus, daß die mittlere Bediendauer

$$E\{\mathbf{T}_B\} = \frac{1}{\mu}$$

und ihre Streuung

$$\sigma_{T_B}^2 = E\{\mathbf{T}_B^2\} - (E\{\mathbf{T}_B\})^2,$$

die wir abkürzend mit σ^2 bezeichnen, bekannt (und zeitunabhängig) sind. Wir betrachten nun die Ankunft einer bestimmten Anforderung (der i-ten Anforderung zum Zeitpunkt t_i). R_i sei die Restbedienzeit der zu diesem Zeitpunkt in Bedienung befindlichen Anforderung (gegebenenfalls ist keine Anforderung in der Bedienung und $R_i = 0$). L_i sei die Länge der Warteschlange und T_{W_i} die Wartezeit (in der Schlange) der betrachteten (i-ten) Anforderung. Wir haben dann

$$T_{W_i} = R_i + \sum_{j=i-L_i}^{i-1} T_{B_j}, \tag{11.91}$$

wobei T_{B_j} die Bedienzeit der j-ten Anforderung ist und die Summe sich über alle in der Warteschlange befindlichen L_i vielen Anforderungen erstreckt.

Wir können nun die Warte-, Rest- und Bedienzeiten als Zufallsvariablen auffassen und den Erwartungswert der Gleichung (11.91) bilden, wobei wir beachten, daß im Mittel die Summe in Gl.(11.91) $E\{\mathbf{L}\}$ Terme enthält, und erhalten

$$E\{\mathbf{T}_W\} = E\{\mathbf{R}\} + E\{\mathbf{L}\} \cdot E\{\mathbf{T}_B\}, \tag{11.92}$$

d.h.

$$E\{\mathbf{T}_W\} = E\{\mathbf{R}\} + \frac{1}{\mu} \cdot E\{\mathbf{L}\}. \tag{11.93}$$

Wir wenden nun das Gesetz von Little (11.45) auf die Warteschlange an

$$E\{\mathbf{L}\} = \lambda \cdot E\{\mathbf{T}_W\}$$

und erhalten aus Gleichung (11.93)

$$E\{\mathbf{T}_W\} = E\{\mathbf{R}\} + \frac{\lambda}{\mu} \cdot E\{\mathbf{T}_W\}$$

oder

$$E\{\mathbf{T}_W\} = \frac{E\{\mathbf{R}\}}{1 - \rho} \tag{11.94}$$

mit $\rho = \frac{\lambda}{\mu}$.

Es sei hier darauf hingewiesen, daß wir den eingeschwungenen Zustand zum Zeitpunkt t_i betrachtet und vorausgesetzt haben, daß die Erwartungswerte in Gl.(11.92) stationär sind. Hierdurch wurde insbesondere impliziert, daß die Erwartungswerte der Bedienzeiten zu den Zeitpunkten $t_i, t_{i+1}, \ldots t_{L_{i-1}}$ alle identisch gleich $E\{\mathbf{T}_B\}$ waren. Dieses ist erfüllt, wenn die Bediendauern sowohl voneinander als auch von den Ankunftsabständen unabhängig sind.

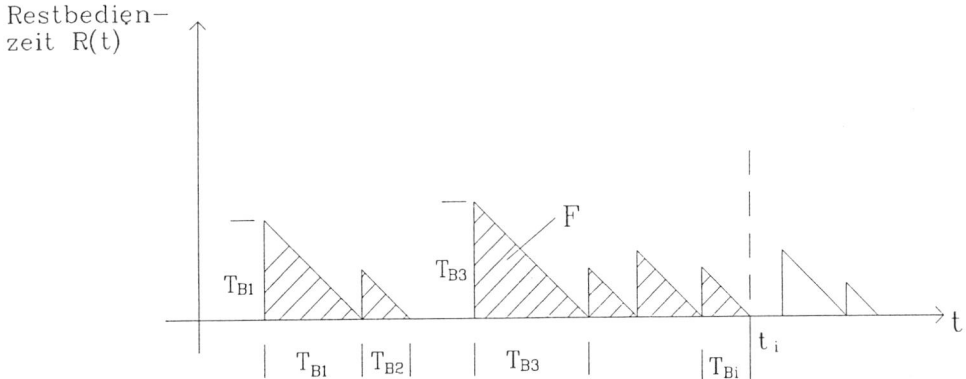

Bild 11.26   Restbedienzeit R(t) in Abhängigkeit von der (laufenden) Zeit t

Für die Auswertung von $E\{\mathbf{R}\}$ betrachten wir Bild 11.26, in dem die Restbedienzeiten in Abhängigkeit von der (laufenden) Zeit aufgetragen sind. Bis zum Zeitpunkt t_i sind i Anforderungen bedient worden. Für den Zeitmittelwert der Restbedienzeit gilt

$$\tilde{m}_R = \lim_{t \to \infty} \frac{1}{\tau} \int_0^t R(\tau)d\tau$$

$$= \lim_{t \to \infty} \frac{1}{t} F(t), \tag{11.95}$$

wobei $F(t)$ die schraffierte Fläche im Bild 11.26 darstellt. Für sie gilt:

$$F(t_i) = \frac{1}{2} \sum_{j=1}^{i} T_{B_j}^2. \tag{11.96}$$

Somit haben wir aus Gleichung (11.95)

$$\tilde{m}_R = \lim_{t \to \infty} \frac{i}{t} \cdot \frac{1}{2} \cdot \frac{1}{i} \sum_{j=1}^{i} T_{B_j}^2. \tag{11.97}$$

Für $t \to \infty$ bzw. $i \to \infty$ ist im stationären Zustand die Enderate gleich der Ankunftsrate, d.h.

$$\lambda = \lim_{t \to \infty} \frac{i}{t}, \tag{11.98}$$

während

$$\lim_{i \to \infty} \frac{1}{i} \sum_{j=1}^{i} T_{B_j}^2 \doteq E\{\mathbf{T}_B^2\}, \tag{11.99}$$

und

$$\tilde{m}_R \doteq E\{\mathbf{R}\}, \tag{11.100}$$

wobei wir nun die Ergodizität voraussetzen.

Aus Gln.(11.97) bis (11.100) erhalten wir somit

$$E\{\mathbf{R}\} = \frac{\lambda}{2} \cdot E\{\mathbf{T}_B^2\}, \tag{11.101}$$

und mit Gl.(11.94) haben wir dann

$$E\{\mathbf{T}_W\} = \frac{\lambda \cdot E\{\mathbf{T}_B^2\}}{2(1 - \rho)} \tag{11.102}$$

und aus Gl.(11.45)

$$E\{\mathbf{L}\} = \frac{\lambda^2 \cdot E\{\mathbf{T}_B^2\}}{2(1 - \rho)}. \tag{11.103}$$

Wegen

$$\mathbf{T}_V = \mathbf{T}_B + \mathbf{T}_W$$

haben wir

$$E\{\mathbf{T}_V\} = \frac{1}{\mu} + E\{\mathbf{T}_W\}$$

oder

$$E\{\mathbf{T}_V\} = \frac{1}{\mu} + \frac{\lambda \cdot E\{\mathbf{T}_B^2\}}{2(1 - \rho)}. \tag{11.104}$$

Ferner haben wir mit der Gleichung von Little (11.44) für das System

$$E\{\mathbf{k}\} = \lambda \cdot E\{\mathbf{T}_V\},$$

$$E\{\mathbf{k}\} = \rho + \frac{\lambda^2 \cdot E\{\mathbf{T}_B^2\}}{2(1-\rho)}. \tag{11.105}$$

Mit

$$\sigma^2 = E\{\mathbf{T}_B^2\} - (E\{\mathbf{T}_B\})^2,$$

d.h.

$$E\{\mathbf{T}_B^2\} = \sigma^2 + \frac{1}{\mu^2}\ ,$$

erhalten wir aus Gl.(11.104).

$$E\{\mathbf{T}_V\} = \frac{1}{\mu} + \frac{\lambda(\sigma^2 + \frac{1}{\mu^2})}{2(1-\rho)}$$

bzw.

$$E\{\mathbf{T}_V\} = \frac{\frac{1}{\mu}}{1-\rho} \cdot \left[1 - \frac{\rho}{2}(1 - \mu^2\sigma^2)\right] \tag{11.106}$$

und entsprechend

$$E\{\mathbf{k}\} = \frac{\rho}{1-\rho} \cdot \left[1 - \frac{\rho}{2}(1 - \mu^2\sigma^2)\right]. \tag{11.107}$$

Diese Gleichungen werden nach den russischen Mathematikern Pollaczek und Kinchin die **Pollaczek-Kinchin-Gleichungen** genannt.

Für den Poisson-Bedienprozeß mit $\sigma^2 = \frac{1}{\mu^2}$ (vgl. Gleichung (11.8)) erhalten wir aus Gl.(11.106) und Gl.(11.107)

$$E\{\mathbf{T}_V\} = \frac{\frac{1}{\mu}}{1-\rho} = \frac{1}{\mu - \lambda} \tag{11.108}$$

und

$$E\{\mathbf{k}\} = \frac{\rho}{1-\rho}\ , \tag{11.109}$$

wie zu erwarten war. Mit Höherwerden der Streuung werden die Wartezeiten und die Anzahl der Anforderungen im System größer. Das Minimum erhält man für $\sigma^2 = 0$.

Dies ist bei dem deterministischen Bedienprozeß, d.h. für das $M/D/1$-**Wartesystem** (vgl. Gleichung (11.19)) gegeben. Hierfür erhält man aus Gl.(11.106) und Gl.(11.107)

$$E\{\mathbf{T}_V\} = \frac{\frac{1}{\mu}}{1-\rho}\left(1 - \frac{\rho}{2}\right) \tag{11.110}$$

und

$$E\{\mathbf{k}\} = \frac{\rho}{1-\rho}\left(1 - \frac{\rho}{2}\right). \tag{11.111}$$

Wir haben bei der Betrachtung des $M/G/1$-Wartesystems zunächst vorausgesetzt, daß die Anforderungen in der Reihe, in der sie ankommen, bedient werden. Es ist leicht zu zeigen, daß die Betrachtungen für beliebige Bedienstrategien gelten, solange die bei der Ableitung verwendeten anderen Annahmen weiter gelten. Um dies zu beweisen, braucht man nur die Reihenfolge der wartenden Anforderungen in der Warteschlange zu vertauschen. Die Wartezeiten der einzelnen Anforderungen werden hierdurch vertauscht. Solange jedoch die Erwartungswerte der einzelnen Wartezeiten bei der Ableitung der Gl.(11.92) aus Gl.(11.91) konstant bleiben, spielt dies keine Rolle. Falls jedoch eine Strategie wie "Anforderungen mit kurzen Bedienzeiten werden bevorzugt behandelt" angewandt wird, ist diese Voraussetzung verletzt, und Gl.(11.92) kann nicht mehr aus Gl.(11.91) abgeleitet werden.

11.6   Warteschlangenorganisation und Prioritätsbearbeitung

Wir wollen uns nun einige Verfahren zur Warteschlangenorganisation und Prioritätsbehandlung, die in Kommunikationssystemen häufig angewandt werden, ansehen.

Am häufigsten werden Warteschlangen nach der **FIFO**(First In First Out)-**Strategie**, auch **FCFS**(First Come First Serve)-**Strategie** genannt, angelegt. Die ankommenden Anforderungen werden in der Schlange hinten eingereiht und von vorne abgerufen. Die Strategie wird als eine faire Strategie angesehen.

Die **LIFO**(Last In First Out)-**Strategie**, auch **LCFS**(Last Come First Serve)-**Strategie** genannt, wird dann angewandt, wenn die Bedeutung der Anforderungen mit der Zeit abnimmt. Die zuletzt angekommene Anforderung wird deshalb als erste behandelt. Die Warteschlange wird so angelegt, daß die ankommende Anforderung vorne eingereiht wird und wiederum von vorne abgerufen wird. Da die mittleren Bedien- und Wartezeiten durch diese Warteschlangenorganisation nicht beeinflußt werden, gelten unsere bisherigen Überlegungen auch für die LCFS-Strategie.

In realen Systemen wird häufig eine unterschiedliche Speicherkapazität für die Speicherung der einzelnen Anforderungen erforderlich. Die Anforderungen werden in zufälliger Anordnung – gerade wo der Speicherplatz ausreicht – abgelegt. Diese zufällige Strategie - **Random Queue** genannt – hat wiederum keinen Einfluß auf die mittleren Wartezeiten, und unsere bisherigen Ergebnisse gelten hier ebenfalls.

Häufig werden Warteschlangen nach bestimmten Kriterien organisiert und in der so entstehenden Reihenfolge abgearbeitet. Man spricht dann von **Prioritätsorganisation** oder einfach von Prioritäten. Diese Art von Prioritäten beeinflussen jeweils die Wahl der zu bearbeitenden Anforderung; sobald die Wahl getroffen wurde, fängt die Bearbeitung an und wird bis zu Ende durchgeführt, anschließend steht die nächste Anforderung der höchsten Priorität zur Bearbeitung an. Man spricht deshalb hier auch von **nichtverdrängender Priorität** (nonpreemptive). Im Gegensatz dazu spricht man von **verdrängender Priorität** (preemptive), wenn bei der Ankunft einer höher priorisierten Anforderung die Bearbeitung unterbrochen wird, um die neue Anforderung zunächst zu bearbeiten. Anschließend wird die unterbrochene Bearbeitung wieder fortgesetzt. Dieser Vorgang kann nun mehrfach verschachtelt vorkommen. In der Praxis wird die Anzahl der gleichzeitig unterbrochenen Anforderungen auf ein Maximum begrenzt.

Die Prioritätsorganisation mit nichtverdrängender Priorität wird in Kommunikationssystemen häufig angewandt. Die Prioritäten der einzelnen Anforderungen können fest vorgegeben sein oder dynamisch in Abhängigkeit vom Systemzustand festgelegt werden. Ein Beispiel von fest vorgegebener Priorität tritt bei der Paketvermittlung auf, wo Pakete mit Steuerinformation bevorzugt gegenüber den Datenpaketen mit Nutzinformation behandelt werden. Beispiele mit zustandsabhängigen Prioritäten treten auf bei der Überlastabwehr (wo z.B. gewisse Anforderungen nicht mehr angenommen werden), aber auch bei Strategien wie der bevorzugten Behandlung von Anforderungen mit kurzen Bedienzeiten (z.B. Shortest Job First - **SJF-Strategie**). Die Bearbeitung mit verdrängender Priorität dürfte dem Leser von der Interruptbehandlung bei Mikrorechnern bekannt sein.

Wir betrachten nun ein **System mit nichtverdrängenden Prioritäten** und unendlich vielen Warteplätzen. Die Anforderungen seien in n Klassen eingeteilt, wobei die Klasse k die Priorität k hat. Wir nehmen an, daß die Markoff-Ankünfte der Klasse k die Ankunftsrate λ_k haben und die Anforderung mit einer von der Prioritätsklasse k abhängigen Bediendauer $\frac{1}{\mu_k}$ abgeführt werden, wenn sie an der Reihe sind. Das zweite Moment der Bedienzeiten $E\{\mathbf{T}_{B_k}^2\}$ sei bekannt. Das System ist im Bild 11.27 skizziert. Es handelt sich also um ein $M/G/1$-Prioritätssystem mit n Ankunftsklassen.

Wir verwenden die bisherigen Bezeichnung, wobei wir mit dem Index k die k-te Prioritätsklasse andeuten. Wir gehen davon aus, daß der stationäre Zustand erreicht ist und insbesondere

$$\rho_1 + \rho_2 + \ldots + \rho_n < 1 \qquad (11.112)$$

ist, wobei

$$\rho_k = \frac{\lambda_k}{\mu_k}.$$

Wir betrachten nun die Anforderungen der ersten Klasse. R ist wie bisher die Restzeit einer Bedienung zum Zeitpunkt einer neuen Anforderung. Wie bei der Überlegung des $M/G/1$-Systems, haben wir für die Anforderungen der Klasse 1

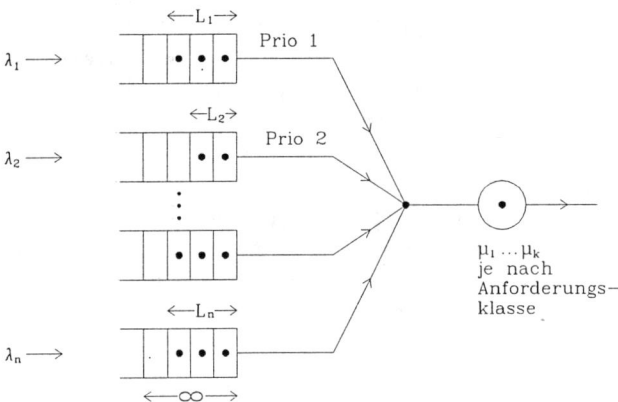

Bild 11.27 System mit nichtverdrängenden Prioritäten
und unendlich vielen Warteplätzen

$$E\{\mathbf{T}_{W_1}\} = E\{\mathbf{R}\} + \frac{1}{\mu_1} E\{\mathbf{L}_1\}, \tag{11.113}$$

denn eine beliebige Anforderung muß zunächst die Restzeit und anschließend die
Abarbeitung der Warteschlange der Klasse 1 abwarten. Das Gesetz von Little liefert
ferner

$$E\{\mathbf{L}_1\} = \lambda_1 E\{\mathbf{T}_{W_1}\}. \tag{11.114}$$

Wir haben somit

$$E\{\mathbf{T}_{W_1}\} = E\{\mathbf{R}\} + \frac{1}{\mu_1} \cdot \lambda_1 E\{\mathbf{T}_{W_1}\}$$

bzw.

$$E\{\mathbf{T}_{W_1}\} = \frac{E\{\mathbf{R}\}}{(1 - \rho_1)}. \tag{11.115}$$

Eine Anforderung der zweiten Klasse muß die Restbedienzeit, alle Anforderungen
der ersten und zweiten Klasse, die bei der Ankunft warten, und zusätzlich die Bedienung aller Anforderungen der ersten Klasse, die während der Wartezeit auftraten,
abwarten. Für sie gilt

$$E\{\mathbf{T}_{W_2}\} = E\{\mathbf{R}\} + \frac{1}{\mu_1} \cdot E\{\mathbf{L}_1\} + \frac{1}{\mu_2} E\{\mathbf{L}_2\} + \frac{1}{\mu_1} \lambda_1 \cdot E\{\mathbf{T}_{W_2}\}. \tag{11.116}$$

Das Gesetz von Little gilt auch entsprechend Gl.(11.114) für die zweite Klasse, so
daß wir aus Gl.(11.116) erhalten

$$E\{\mathbf{T}_{W_2}\} = E\{\mathbf{R}\} + \frac{\lambda_1}{\mu_1} \cdot E\{\mathbf{T}_{W_1}\} + \frac{\lambda_2}{\mu_2} E\{\mathbf{T}_{W_2}\} + \frac{\lambda_1}{\mu_1} \cdot E\{\mathbf{T}_{W_2}\},$$

d.h.

$$E\{\mathbf{T}_{W_2}\} = \frac{E\{\mathbf{R}\} + \rho_1 E\{\mathbf{T}_{W_1}\}}{(1 - \rho_1 - \rho_2)}.$$

$E\{\mathbf{T}_{W_1}\}$ aus Gl.(11.115) hierin eingesetzt liefert

$$E\{\mathbf{T}_{W_2}\} = \frac{E\{\mathbf{R}\}}{(1 - \rho_1)(1 - \rho_1 - \rho_2)}. \tag{11.117}$$

Die Berechnung kann entsprechend fortgesetzt werden, und für die Wartezeit der k-ten Klasse erhalten wir

$$E\{\mathbf{T}_{W_k}\} = \frac{E\{\mathbf{R}\}}{(1 - \rho_1 - \rho_2 - \ldots - \rho_{k-1}) \cdot (1 - \rho_1 - \rho_2 - \ldots - \rho_k)} \tag{11.118}$$

Wir berechnen nun den Erwartungswert der Restzeit, die für alle Prioritätsklassen ja gleich ist. Dafür verwenden wir dieselbe Argumentation wie bei der Ableitung von Gl.(11.101). Die Ankunftsrate ist nun $\lambda = \lambda_1 + \ldots + \lambda_k$, und wir haben

$$E\{\mathbf{R}\} = \frac{1}{2} \sum_{i=1}^{n} \lambda_i \cdot E\{\mathbf{T}_B^2\}. \tag{11.119}$$

Das zweite Moment ist nun proportional der jeweiligen Ankunftsrate und den einzelnen zweiten Momenten, d.h.

$$E\{\mathbf{T}_B^2\} = \frac{\lambda_1}{\sum\limits_{i=1}^{n}\lambda_i} \cdot E\{\mathbf{T}_{B_1}^2\} + \frac{\lambda_2}{\sum\limits_{i=1}^{n}\lambda_i} E\{\mathbf{T}_{B_2}^2\} + \ldots + \frac{\lambda_n}{\sum\limits_{i=1}^{n}\lambda_i} \cdot E\{\mathbf{T}_{B_n}^2\}. \tag{11.120}$$

Somit haben wir

$$E\{\mathbf{R}\} = \frac{1}{2} \sum_{i=1}^{n} \lambda_i E\{\mathbf{T}_{B_i}^2\}. \tag{11.121}$$

Dies eingesetzt in Gl.(11.118) liefert schließlich

$$E\{\mathbf{T}_{W_k}\} = \frac{\sum\limits_{i=1}^{n} \lambda_i E\{\mathbf{T}_{B_i}^2\}}{2(1 - \rho_1 - \ldots - \rho_{k-1})(1 - \rho_1 - \ldots - \rho_k)}. \tag{11.122}$$

Für die Verweildauer erhalten wir

$$E\{\mathbf{T}_V\} = E\{\mathbf{T}_{W_k}\} + E\{\mathbf{T}_{B_k}\}$$

$$E\{\mathbf{T}_V\} = E\{\mathbf{T}_{W_k}\} + \frac{1}{\mu_k}, \tag{11.123}$$

während für die Warteschlangenlänge

$$E\{\mathbf{L}_k\} = \lambda_k \cdot E\{\mathbf{T}_{W_k}\} \tag{11.124}$$

gilt. Für die Berechnung von $E\{\mathbf{T}_V\}$ und $E\{\mathbf{L}_k\}$ setzt man $E\{\mathbf{T}_{W_k}\}$ aus Gl.(11.122) in Gl.(11.123) bzw. (11.124) ein.

Wir betrachten nun das bisherige **System**, jedoch mit **verdrängender Priorität**. Dies bedeutet, daß wenn nun eine Anforderung einer bestimmten Priorität ankommt und eine Anforderung einer niedrigeren Priorität gerade bearbeitet wird, diese Bearbeitung unterbrochen und die Bearbeitung der Anforderung der höheren Priorität begonnen wird. Bei Beendigung dieser Bearbeitung wird die unterbrochene Bearbeitung wieder fortgesetzt. Für eine ankommende Anforderung besteht die Verweildauer im System aus drei Anteilen:

$$E\{\mathbf{T}_{V_k}\} = E\{\mathbf{P}\} + E\{\mathbf{Q}\} + \frac{1}{\mu_k}. \tag{11.125}$$

Hierin ist P die Zeit, die erforderlich ist, alle bei der Ankunft der Anforderung wartenden Anforderungen der Priorität höher gleich k abzuarbeiten und Q die Zeit, die erforderlich ist, die während der Verweildauer ankommenden Anforderungen der Priorität größer k abzuarbeiten. Der letzte Term entspricht der Zeit für die Abarbeitung der betrachteten Anforderung. $E\{\mathbf{P}\}$ können wir sofort angeben, wenn wir beachten, daß es sich hier um ein äquivalentes $M/G/1$-System ohne Priorität handelt. Man erkennt, daß die Priorität der wartenden Anforderungen (höherer oder gleicher Priorität) keine Rolle spielt, da ein Vertauschen dieser wartenden Anforderungen die Wartezeit nicht verändert.

Für die Berechnung von $E\{\mathbf{P}\}$ können wir Gl.(11.94)

$$E\{\mathbf{P}\} = \frac{\lambda E\{\mathbf{T}_B^2\}}{2(1-\rho)} \tag{11.126}$$

heranziehen, wobei nun für die Ankunftsrate

$$\lambda = \lambda_1 + \lambda_2 + \ldots + \lambda_k \tag{11.127}$$

gilt, für die Auslastung gilt

$$\rho = \rho_1 + \rho_2 + \ldots + \rho_k, \tag{11.128}$$

und für das zweite Moment der Wartezeit entsprechend Gl.(11.120) gilt

$$E\{\mathbf{T}_B^2\} = \frac{\lambda_1 E\{\mathbf{T}_{B1}^2\}}{\sum\limits_{i=1}^{k}\lambda_i} + \frac{\lambda_2 E\{\mathbf{T}_{B2}^2\}}{\sum\limits_{i=1}^{k}\lambda_i} + \ldots + \frac{\lambda_k E\{\mathbf{T}_{Bk}^2\}}{\sum\limits_{i=1}^{k}\lambda_i}. \tag{11.129}$$

Aus Gl.(11.126) und Gln.(11.127) bis (11.129) erhalten wir

$$E\{\mathbf{P}\} = \frac{1}{2}\frac{\sum\limits_{i=1}^{k}\lambda_i E\{\mathbf{T}_{Bi}^2\}}{(1-\rho_1-\rho_2-\ldots-\rho_k)}. \tag{11.130}$$

Für $E\{\mathbf{Q}\}$ gilt

$$E\{\mathbf{Q}\} = \sum_{i=1}^{k-1} \frac{1}{\mu_i} \cdot \lambda_i \cdot E\{\mathbf{T}_{V_k}\} = \sum_{i=1}^{k-1} \rho_i \cdot E\{\mathbf{T}_{V_k}\} \qquad \text{für } k > 1 \qquad (11.131)$$

und $E\{\mathbf{Q}\} = 0$ für $k = 1$.

$$E\{\mathbf{T}_{V_k}\} = \frac{\dfrac{2}{\mu_k}(1 - \rho_1 - \ldots - \rho_k) + \sum_{i=1}^{k} \lambda_i E\{\mathbf{T}_{Bi}^2\}}{2(1 - \rho_i - \ldots - \rho_k)(1 - \rho_1 - \ldots - \rho_{k-1})} \qquad (11.132)$$

Es sei hier darauf hingewiesen, daß die Wartezeit bzw. Verweildauer der k-ten Klasse bei der nichtverdrängenden Priorität von der Ankunftsrate der Anforderungen niedriger Priorität beeinflußt werden (Gl.(11.122)), dies ist bei verdrängender Priorität (Gl.(11.132)) nicht der Fall.

11.7 Aufgaben zu Kapitel 11

Aufgabe 11.1
Es sei das folgende Bedienmodell gegeben.

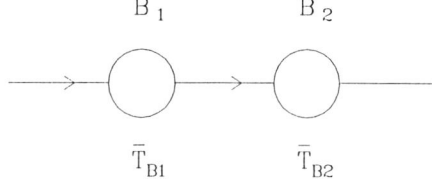

Die zwei Bedieneinheiten $B1$ und $B2$ weisen negativ exponentiell verteilte Bedienzeiten mit den mittleren Bediendauern $\overline{T}_{B1}$ und $\overline{T}_{B2}$, $\overline{T}_{B1} = \overline{T}_{B2} = 5\ s$ auf.

(a) Durch welche Verteilungsfunktion in bezug auf die Bedienzeiten kann man am besten das Bedienmodell beschreiben?

(b) Ermitteln Sie den Mittelwert und die Streuung der Bedienzeiten des in a) identifizierten Bedienprozesses.

(c) Zum Vergleich wird ein Markoffscher Bedienprozeß mit dem doppelten Mittelwert der Bedienzeiten betrachtet. Zeichnen Sie die zwei Verteilungsfunktionen in einem Diagramm auf.

Lösung 11.1

(a) Man kann das skizzierte System am besten mit der Erlang-2-Verteilungsfunktion in bezug auf die Bedienzeiten beschreiben.

(b) Die jeweiligen Bedienraten errechnen sich zu

$$\mu = \frac{1}{\overline{T}_{B1}} = \frac{1}{\overline{T}_{B2}} = \frac{1}{5\ s}.$$

Damit lautet die Verteilungsfunktion

$$F_{\mathbf{T}_B}(t) = P(\{\mathbf{T}_B \le t\}) = 1 - e^{-t/(5s)} \cdot \sum_{i=0}^{1} \frac{\left(\dfrac{t}{5\ s}\right)^i}{i!} = 1 - e^{-t/(5s)} \cdot \left(1 + \frac{t}{5s}\right),$$

der Mittelwert der Bedienzeiten:

$$E\{\mathbf{T}_B\} = \frac{2}{\mu} = 10\ s,$$

die Varianz der Bedienzeiten:

$$\sigma^2_{\mathbf{T}_B} = \frac{2}{\mu^2} = \frac{2}{\left(\frac{1}{5\ s}\right)^2} = 50\ s^2,$$

bzw. die Streuung:

$$\sigma_{\mathbf{T}_B} = \sqrt{50\ s^2} = 7{,}071\ s.$$

(c) Die Markoffsche Verteilungsfunktion mit dem Mittelwert von 10 s lautet

$$F_{\mathbf{T}_B}(t) = 1 - e^{-t/10s}.$$

Die beiden Verteilungsfunktionen sind in dem nachstehenden Diagramm aufgezeichnet. Dabei steht M für die Markoffsche Verteilungsfunktion, E_2 für die Erlang-2-Verteilungsfunktion.

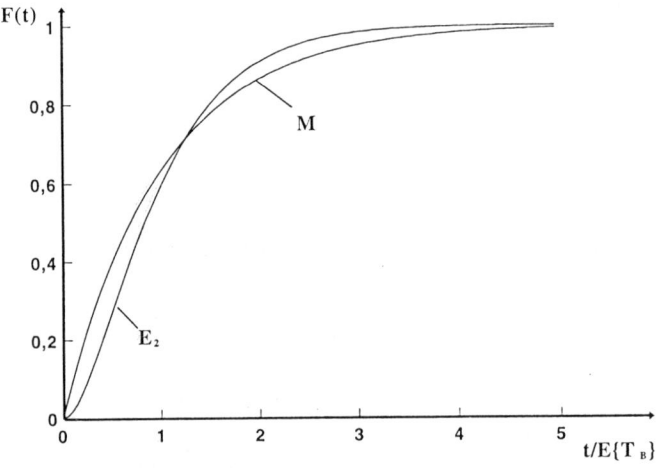

Aufgabe 11.2
Ein Bediensystem wird durch den H_3-Bedienprozeß charakterisiert. Die Parameter sind wie folgt angegeben:

$$\begin{aligned}
p_1 &= 0{,}70, & \overline{T}_{B1} &= 5\ s \\
p_2 &= 0{,}25, & \overline{T}_{B2} &= 20\ s \\
p_3 &= 0{,}05, & \overline{T}_{B3} &= 120\ s.
\end{aligned}$$

Ermitteln Sie den Mittelwert und die Streuung der Bedienzeiten. Zeichnen Sie diese Verteilungsfunktion und die negativ exponentielle Verteilungsfunktion mit demselben Mittelwert in einem Diagramm auf.

Lösung 11.2
Der Mittelwert der Bedienzeiten lautet:

$$E\{\mathbf{T}_B\} = \frac{1}{\mu} = \sum_{i=1}^{3} \frac{p_i}{\mu_i} = \sum_{i=0}^{3} p_i \cdot \overline{T}_{Bi}$$
$$= 0,7 \cdot 5s + 0,25 \cdot 20s + 0,05 \cdot 120s$$
$$= 14,5s.$$

Die Varianz der Bedienzeiten lautet:

$$\sigma^2_{\mathbf{T}_B} = 2 \cdot \sum_{i=1}^{3} \frac{p_i}{\mu_i^2} - (E\{\mathbf{T}_B\})^2$$
$$= 2 \cdot (0,7 \cdot (5s)^2 + 0,25 \cdot (20s)^2 + 0,05 \cdot (120s)^2) - (14,5s)^2$$
$$= 1464,75s^2,$$

bzw. die Streuung der Bedienzeiten:

$$\sigma_{\mathbf{T}_B} = \sqrt{1464,75s^2} = 38,27s.$$

Die Hyperexponentielle Verteilungsfunktion 3-ter Ordnung lautet:

$$F_{\mathbf{T}_B}(t) = 1 - \sum_{i=1}^{3} p_i \cdot e^{-\mu_i t}$$
$$= 1 - (0,7 \cdot e^{-\frac{t}{5s}} + 0,25 \cdot e^{-\frac{t}{20s}} + 0,05 \cdot e^{-\frac{t}{120s}}).$$

Die Markoffsche Verteilungsfunktion mit dem Mittelwert von $14,5s$ ist

$$F_{\mathbf{T}_B}(t) = 1 - e^{-t/14,5s}.$$

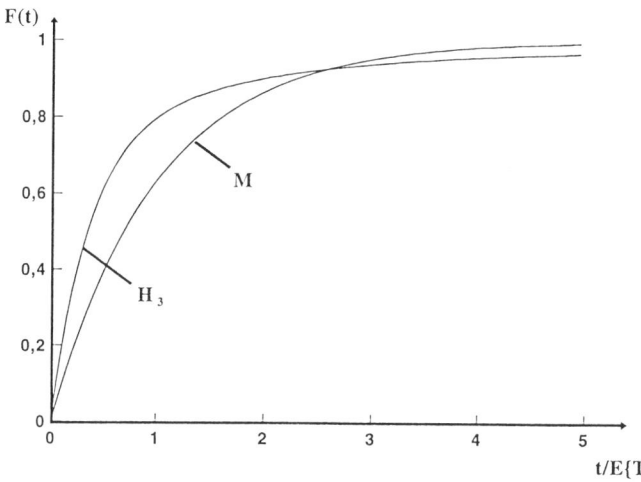

Aufgabe 11.3
Ein $M/M/1$-Wartesystem wird betrachtet. Die Ankunftsrate der Anforderungen beträgt $0,05/s$, während die mittlere Bediendauer der Anforderungen gleich 10 Sekunden ist. Ermitteln Sie die folgenden Größen:

    (a) die mittlere Wartezeit;

    (b) die mittlere Verweildauer;

    (c) die mittlere Warteschlangenlänge;

    (d) die mittlere Anzahl der Anforderungen im System.

Lösung 11.3
Aus der Aufgabenstellung erhält man die Ankunftsrate

$$\lambda = 0,05/s$$

und die Bedienrate

$$\mu = \frac{1}{10\ s} = 0,1/s.$$

Daraus ergibt sich die Auslastung

$$\rho = \frac{\lambda}{\mu} = 0,5,$$

    (a) die mittlere Wartezeit (vgl. Gl. 11.47):

$$E\{\mathbf{T}_W\} = \frac{1}{\lambda} \cdot \frac{\rho^2}{1-\rho} = \frac{1}{0,05/s} \cdot \frac{(0,5)^2}{1-0,5} = 10\ s,$$

    (b) die mittlere Verweildauer:

$$E\{\mathbf{T}_V\} = E\{\mathbf{T}_W\} + \frac{1}{\mu} = 10\ s + 10\ s = 20\ s,$$

    (c) die mittlere Warteschlangenlänge:

$$E\{\mathbf{L}\} = E\{\mathbf{T}_W\} \cdot \lambda = 10\ s \cdot 0,05/s = 0,5,$$

    (d) die mittlere Anzahl der Anforderungen im System:

$$E\{\mathbf{k}\} = E\{\mathbf{T}_V\} \cdot \lambda = 20\ s \cdot 0,05/s = 1.$$

Aufgabe 11.4
Wir betrachten den Basisanschluß im ISDN. 8 Endgeräte sind daran angeschlossen. Jedes freie Endgerät erbringt einen Nutzverkehr von $0,05$ Erlang. Die mittleren Bedienzeiten für alle Endgeräte sind gleich $\overline{T}_{\mathbf{B}} = 100\ s$. Der Ankunftsprozeß an jedem Endgerät ist ein Poisson-Prozeß.

    (a) Berechnen Sie die Blockierungswahrscheinlichkeit.

    (b) Ermitteln Sie den Durchsatz in den beiden B-Kanälen.

    (c) Ermitteln Sie die mittlere Anzahl der Anrufe im System.

Lösung 11.4

(a) Für die Berechnung der Blockierungswahrscheinlichkeit kann man die Engset-Formel verwenden, wobei

$$\beta = 0,05 \ \ Erlang, \quad q = 8, \quad m = 2$$

gegeben sind. Die Blockierungswahrscheinlichkeit P_B ist gleich p_m:

$$P_B = p_m = \frac{\beta^m \binom{q}{m}}{\sum_{i=0}^{2} \beta^i \binom{8}{i}} = \frac{0,05^2 \cdot \binom{8}{2}}{\sum_{i=0}^{2} 0,05^i \cdot \binom{8}{i}} = \frac{0,07}{1,47} = 0,04762.$$

(b) Der Durchsatz ist vom Systemzustand abhängig. Es gibt 3 Systemzustände $k = 0, 1, 2$. Die Zustandswahrscheinlichkeiten sind

$$p_0 = \frac{1}{1,47}, \quad p_1 = \frac{0,4}{1,47}, \quad p_2 = \frac{0,07}{1,47}.$$

Die Ankunftsrate pro freie Quelle beträgt

$$\lambda = \beta \cdot \mu = \frac{\beta}{\overline{T}_B}.$$

Die Gesamtankunftsraten in den einzelnen Zuständen $k = 0, 1, 2$:

$$\lambda_0 = 8\lambda \quad \lambda_1 = 7\lambda, \quad \lambda_2 = 6\lambda.$$

Da nur die Zustände $k = 0$ und $k = 1$ zum Durchsatz beitragen, ergibt sich:

$$
\begin{aligned}
D &= \sum_{i=0}^{1} \lambda_i \cdot p_i = \lambda_0 \cdot p_0 + \lambda_1 \cdot p_1. \\
D &= 8 \cdot \frac{0,05}{100s} \cdot \frac{1}{1,47} + 7 \cdot \frac{0,05}{100s} \cdot \frac{0,4}{1,47} \\
&= 0,003673/s
\end{aligned}
$$

(c) Die mittlere Anzahl der Anrufe im System:

$$
\begin{aligned}
E\{k\} &= \sum_{j=0}^{2} j \cdot p_j = \sum_{j=0}^{2} j \cdot \frac{0,05^j \cdot \binom{8}{j}}{\sum_{i=0}^{2} 0,05^i \cdot \binom{8}{i}} \\
&= \frac{0,05 \cdot \binom{8}{1}}{1,47} + \frac{2 \cdot 0,05^2 \cdot \binom{8}{2}}{1,47} \\
&= \frac{0,4 + 0,14}{1,47} = 0,3673.
\end{aligned}
$$

Aufgabe 11.5

Zeigen Sie, daß bei einem $M/M/m$-Wartesystem der Verkehr gleich der Anzahl der im Mittel belegten Bedieneinheiten ist.

Lösung 11.5
Die Anzahl der im Mittel belegten Bedieneinheiten $E\{\mathbf{N}_B\}$ errechnet sich zu

$$E\{\mathbf{N}_B\} = E\{\mathbf{k}\} - E\{\mathbf{L}\}.$$

Es gilt (Gl. 11.82)

$$E\{\mathbf{L}\} = P_W \cdot \frac{A}{m - A},$$

bzw. (Gl. 11.84)

$$E\{\mathbf{T}_V\} = \frac{P_W}{\lambda} \cdot \frac{A}{m - A} + \frac{1}{\mu}.$$

Mit dem Gesetz von Little

$$E\{\mathbf{T}_V\} \cdot \lambda = E\{\mathbf{k}\}$$

erhält man

$$E\{\mathbf{N}_B\} = E\{\mathbf{T}_V\} \cdot \lambda - E\{\mathbf{L}\} = \frac{\lambda}{\mu} = A.$$

Weil die Verlustwahrscheinlichkeit des $M/M/m$-Wartesystems Null ist, ergibt sich der Verkehr V (Gl. 11.85):

$$V = A = E\{\mathbf{N}_B\},$$

was zu zeigen war.

Aufgabe 11.6
Wie sieht die Pollaczek-Kinchin-Gleichung für das Wartesystem $M/E_2/1$ aus?

Lösung 11.6
Die Pollaczek-Kinchin-Gleichung (11.107) für das $M/G/1$-System lautet

$$E\{\mathbf{T}_V\} = \frac{E\{\mathbf{T}_B\}}{1 - \lambda \cdot E\{\mathbf{T}_B\}} \cdot \left[1 - \frac{\lambda}{2} E\{\mathbf{T}_B\}(1 - \frac{\sigma^2_{\mathbf{T}_B}}{(E\{\mathbf{T}_B\})^2})\right]$$

Es gilt für das $M/E_2/1$-System folgendes:

$$E\{\mathbf{T}_B\} = \frac{2}{\mu} \qquad \text{und} \qquad \sigma^2_{\mathbf{T}_B} = \frac{2}{\mu^2}.$$

Damit ergibt sich für das $M/E_2/1$-System

$$E\{\mathbf{T}_V\} = \frac{\frac{2}{\mu}}{1 - \rho'} \left[1 - \frac{\rho'}{2}(1 - (\frac{\mu}{2})^2 \cdot \frac{2}{\mu^2})\right], \text{ wobei } \rho' = \frac{2\lambda}{\mu}$$

$$= \frac{\frac{2}{\mu}}{1 - \rho'} \left[1 - \frac{\rho'}{4}\right]$$

Aufgabe 11.7
Wir betrachten ein nichtverdrängendes Prioritätssystem mit der FIFO-Strategie für jede Warteschlange. Das System hat zwei Prioritätsklassen von Ankünften und eine Bedieneinheit. Für jede Klasse wird eine Warteschlange mit unendlich vielen Plätzen angelegt. Die Ankunftsprozesse sind Poisson-Prozesse mit den jeweiligen Ankunftsraten

$$\lambda_1 = 0,05/s \quad \text{und} \quad \lambda_2 = 0,2/s.$$

Die Bedienprozesse sind auch Poisson-Prozesse mit den Endraten μ_1 und μ_2.

Ermitteln Sie die mittleren Wartezeiten der beiden Klassen für die folgenden Fälle:

(a) $\mu_1 = 0,5/s$ und $\mu_2 = 0,4/s$;

(b) $\mu_1 = 0,2/s$ und $\mu_2 = 0,4/s$.

Lösung 11.7

(a) Die Aufgabenstellung ergibt

$$\rho_1 = \frac{\lambda_1}{\mu_1} = \frac{0,05/s}{0,5/s} = 0,1,$$

$$\rho_2 = \frac{\lambda_2}{\mu_2} = \frac{0,2/s}{0,4/s} = 0,5,$$

und aus der Gleichung

$$\sigma^2_{\mathbf{T}_B} = E\{\mathbf{T}_B^2\} - E\{\mathbf{T}_B\}^2$$

erhalten wir

$$E\{\mathbf{T}_{B1}^2\} = \frac{2}{\mu_1^2} = \frac{2}{0,25}s^2,$$

$$E\{\mathbf{T}_{B2}^2\} = \frac{2}{\mu_2^2} = \frac{2}{0,16}s^2.$$

Die mittlere Wartezeit der Klasse 1:

$$E\{\mathbf{T}_{W1}\} = \frac{\sum_{i=1}^{2} \lambda_i \cdot E\{\mathbf{T}_{Bi}^2\}}{2 \cdot 1 \cdot (1 - \rho_1)}$$

$$= \frac{0,05 \cdot \dfrac{2}{0,25} + 0,2 \cdot \dfrac{2}{0,16}}{2 \cdot 1 \cdot 0,9} s$$

$$= 1,611 \; s.$$

Die mittlere Wartezeit der Klasse 2:

$$E\{\mathbf{T}_{W2}\} = \frac{\sum_{i=1}^{2} \lambda_i \cdot E\{\mathbf{T}_{Bi}^2\}}{2(1 - \rho_1)(1 - \rho_1 - \rho_2)}$$

$$= \frac{0,05 \cdot \dfrac{2}{0,25} + 0,2 \cdot \dfrac{2}{0,16}}{2 \cdot (1 - 0,1) \cdot (1 - 0,1 - 0,5)} s$$

$$= 4,0278 \; s.$$

(b) Die Vorrechnung ergibt:

$$\rho_1 = 0,25,$$

$$\rho_2 = 0,5,$$

$$E\{\mathbf{T}_{B1}^2\} = \frac{2}{0,04} s^2,$$

$$E\{\mathbf{T}_{B2}^2\} = \frac{2}{0,16} s^2.$$

Die mittlere Wartezeit der Klasse 1:

$$E\{\mathbf{T}_{W1}\} = \frac{\sum_{i=1}^{2} \lambda_i \cdot E\{\mathbf{T}_{Bi}^2\}}{2 \cdot 1 \cdot (1 - \rho_1)}$$

$$= \frac{0,05 \cdot \dfrac{2}{0,04} + 0,2 \cdot \dfrac{2}{0,16}}{2 \cdot 1 \cdot 0,75} s$$

$$= 3,33 \ s.$$

Die mittlere Wartezeit der Klasse 2:

$$E\{\mathbf{T}_{W2}\} = \frac{0,05 \cdot \dfrac{2}{0,04} + 0,2 \cdot \dfrac{2}{0,16}}{2 \cdot 0,75 \cdot 0,25} s = 13,33 \ s$$

12 Lokale Netze

Im Kapitel 12 werden Verfahren, die in Lokalen Netzen (LANs – **L**ocal **A**rea **N**et-*works*) eingesetzt werden, vorgestellt. Die Abhandlung folgt in etwa der geschichtlichen Entwicklung. Einführend werden Pollingverfahren (Sendeaufruf) behandelt. Es folgen stochastische Verfahren (CSMA – **C**arrier **S**ense **M**ultiple **A**ccess-Varianten) und deterministische Verfahren (Token Bus, Token Ring). Einer kurzen Abhandlung der Vernetzung (WAN – **W**ide **A**rea **N**etworks) folgen die schnellen Netze (MANs – **M**etropolitan **A**rea **N**etworks, HSLANs – **H**igh **S**peed **L**ANs). Als Repräsentanten der schnellen Netze werden FDDI – (**F**iber **D**istributed **D**ata **I**nterface), DQDB – (**D**istributed **Q**ueue **D**ual **B**us), CRMA – (**C**yclic **R**eservation **M**ultiple **A**ccess) und ATM Ring – (**A**synchronous **T**ransfer **M**ode **R**ing) vorgestellt. Die Abhandlung ist so gefaßt, daß einerseits die Protokolle besprochen, andererseits die Systemkonzepte und Systemeigenschaften vorgestellt und auch die technologischen Einflüsse aufgezeigt werden.

12.1 Polling (Sendeaufruf)

Bisher haben wir uns häufig auf die Kommunikation zwischen zwei Partnern beschränkt. Ein Übertragungskanal stand zur Verfügung, der gegebenenfalls in Multiplextechnik genutzt wurde. Im Kapitel 9.4 lernten wir Richtungstrennungsverfahren kennen, die es ermöglichen, einen Übertragungskanal im Duplexbetrieb (d.h. für die Übertragung von Informationen in beiden Richtungen) einzusetzen. Wir wenden uns nun dem allgemeineren Fall zu, daß ein Übertragungsmedium mehreren Partnern zur Verfügung steht. Wir begegneten diesem Fall bereits bei der Multiplexbildung, insbesondere in einer komplexeren Form bei der statistischen Multiplexbildung im Abschnitt 10.3. Hierbei wurde die Prozedur zur Zuteilung des Kanals an die jeweiligen Kommunikationspartner allerdings nicht näher betrachtet. Bei der Paketvermittlung (auch im Abschnitt 10.3) tritt ein ähnlicher Fall auf, dabei wird im Vermittlungsknoten eine Warteschlange gebildet, und die Zuteilung des Kanals wird zentral geregelt. Wir wenden uns nun einigen allgemeinen Fällen zur Zuteilung des Übertragungsmediums zu, wie sie insbesondere in Lokalen Netzen vorkommen.

Häufig tritt der Fall auf, daß mehrere Kommunikationspartner mit einer zentralen
Einheit Informationen austauschen. Ein solches Beispiel ist die Kommunikation zwischen Peripherieeinheiten und einem zentralen Prozessor. Meistens wird in diesen
Fällen ein als **Polling** oder **Sendeaufruf** bezeichnetes Verfahren angewandt. Wir
wollen zwei Varianten des Polling-Verfahrens kennenlernen.

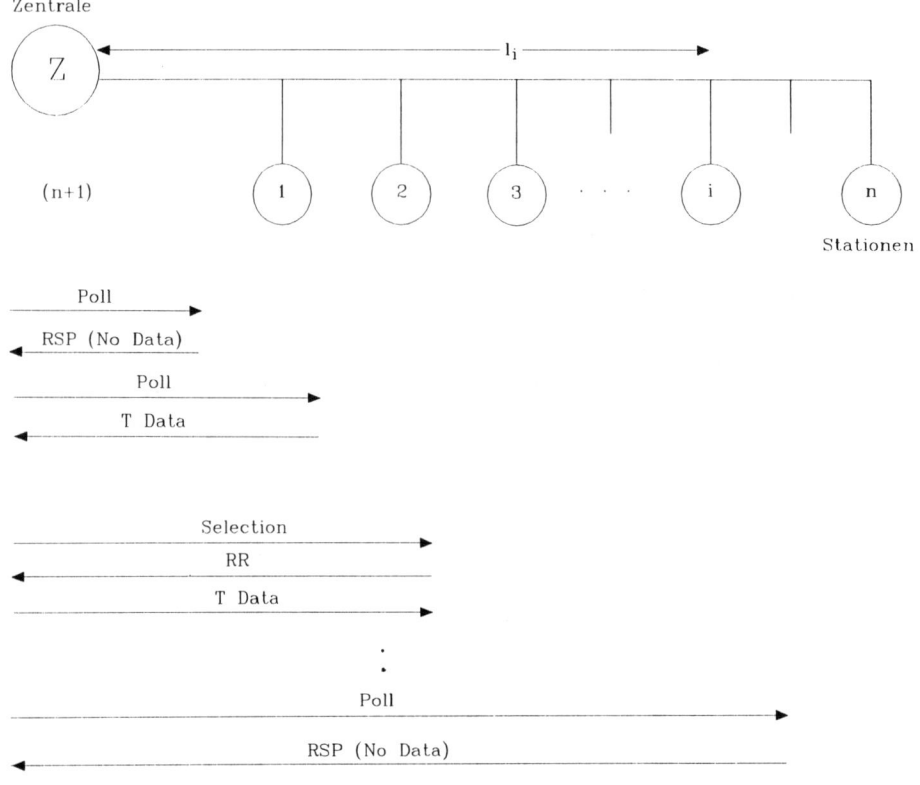

Bild 12.1   Sendeaufruf (Sequential Polling)
RR: receive ready $\hat{=}$ Empfangsbereit
RSP: response $\hat{=}$ Antwort
T: Transmit data $\hat{=}$ Datenübertragung

In der einfachen Variante, die als **Sequential Polling (sequentieller Sendeaufruf)** bezeichnet wird, ruft die zentrale Einheit die einzelnen Stationen durch das
Senden eines adressierten Sendeaufrufs auf. Dieser wird als Poll bezeichnet. Die
aufgerufene Peripherieeinheit (Station) sendet hierauf die zu übertragenden Daten
oder sendet eine Meldung, daß keine Daten vorhanden sind. Hat die zentrale Einheit
Daten an die Peripherie zu übertragen, so schickt sie anstatt des Sendeaufrufs (Poll)
eine adressierte **Auswahl-Meldung**, die als **Selection** bezeichnet wird, an die Pe-

ripherie. Diese antwortet mit der Meldung **RR** (**Receive Ready**), falls sie bereit ist, die Daten aufzunehmen oder **RNR** (**Receive Not Ready**) im anderen Fall. Im Bild 12.1 ist ein typischer Ablauf des Sequential Polling mit den ausgetauschten Meldungen dargelegt. Wegen der Übersichtlichkeit sind die jeweiligen Adressen in den Meldungen im Bild nicht dargestellt. Meist wird auch eine Fehlersicherung der Meldungen und Quittierung der Daten vorgenommen.

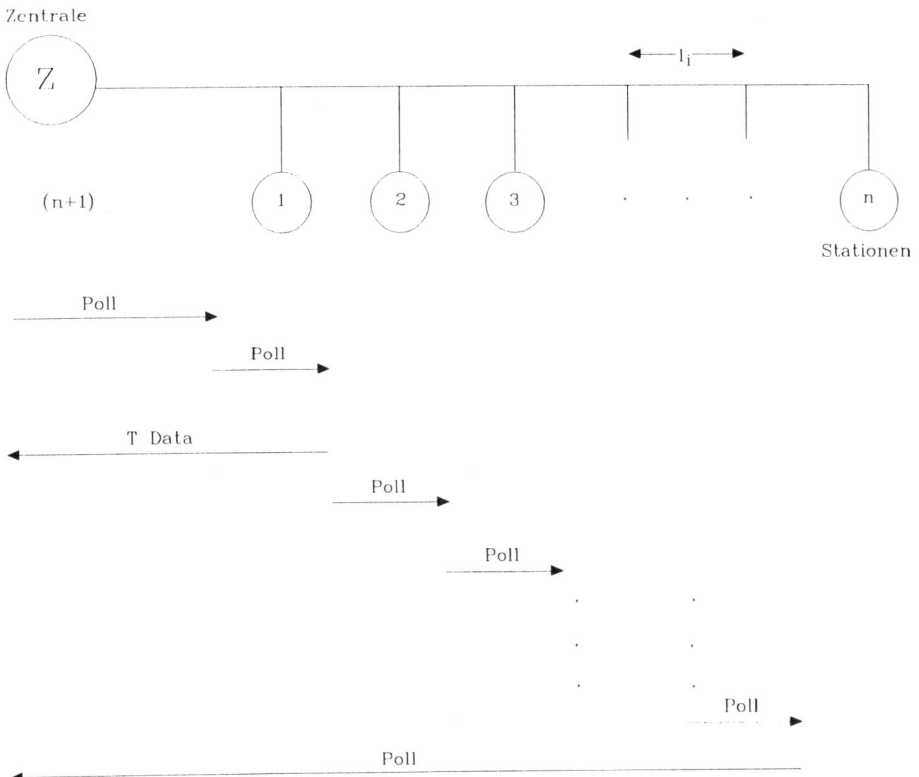

Bild 12.2 Sendeaufruf (Hub Polling)
Der Aufruf Poll wird weitergeleitet, wenn keine Daten an der Station zur Übertragung vorliegen.
T: Transmit data $\hat{=}$ Datenübertragung

Bei der Variante **Hub Polling** (**Aufrufweiterleitung**), die im Bild 12.2 dargestellt ist, wird der Sendeaufruf (Poll) von einer Einheit zur nächsten weitergeleitet. Hat eine Station eine Nachricht zu senden, so tut sie dieses, wenn sie den Sendeaufruf erhält. Hat sie keine Daten zu übertragen, so gibt sie den Sendeaufruf weiter an die nächste Station. Auch hier kann eine Fehlersicherung und Quittierung implementiert werden. Das Hub Polling-Verfahren stellt den ersten Schritt zur Dezentralisierung der Kommunikationsprozedur dar. Die zentrale Einheit ist die Datensenke. Sie hat lediglich die Überwachung des Kommunikationsablaufes als zusätzliche Aufgabe. Die Generierung des Aufrufes wird dezentral von den einzelnen Stationen vorgenommen. Diese müssen nun größere "Intelligenz" aufweisen. Wir werden weitere dezentrale Zugriffsverfahren in Kürze kennenlernen, wollen jedoch eine Zeitanalyse der beiden Polling-Verfahren voranstellen.

Als **Zyklusdauer** t_c eines Polling-Verfahrens (**cycle time**) bezeichnen wir die Zeit, die erforderlich ist, bis einmal alle Stationen aufgerufen werden, ihre Daten übertragen haben und der Aufruf an die Anfangsstelle zurückkehrt. Diese ist von Zyklus zu Zyklus unterschiedlich und kann als eine Zufallsvariable aufgefaßt werden.

Für das **Sequential Polling**-Verfahren besteht die Zykluszeit aus drei Komponenten: der Reaktionszeit der Zentrale, der Reaktionszeit der Peripheriestationen und der Übertragungszeit. Die Reaktionszeit der Zentrale t_z ist die Zeit, die die Zentrale benötigt, um nach einer Meldungsankunft zu erkennen, daß die Peripheriestation keine Daten zu übertragen und sie die Generierung des nächsten Sendeaufrufs zu beginnen hat. Die Reaktionszeit einer Peripheriestation t_p ist die Zeit, die eine Peripheriestation benötigt, um nach einer Meldungsankunft zu erkennen, daß sie aufgerufen wurde (Adressidentifizierung) und hierauf mit der Generierung einer Meldung zu reagieren. Gewöhnlich ist diese Zeit etwas größer als die Reaktionszeit der Zentrale. Wir nehmen an, daß alle Peripheriestationen die gleiche Reaktionszeit t_p haben. Die Übertragungszeit $t_{\ddot{u}}$ besteht aus der Signallaufzeit l_i, die ein Signal benötigt, um die Strecke von der Zentralstation zu der i-ten Station und zurück zu durchlaufen, und der Datenübertragungszeit d_i. Bei Kabelnetzen beträgt l_i einige μs, während sie bei Satelliten- und Funkübertragung einige ms betragen kann. Die Datenübertragungszeit d_i, die für die i-te Station aufgewandt wird, besteht aus zwei Komponenten, t_{ni} und t_{do}. t_{ni} ist die Zeit, die benötigt wird, um die Nutzinformation zu übertragen, während t_{do} die Zeit ist, die benötigt wird, um Steuerinformationen (wie Synchronisationswort, Adressierung, Sicherung, Quittierung, Signalisierung usw.) pro Station in jeweils eine Richtung zu übertragen. Wir nehmen vereinfachend an, daß diese Zeit für alle Peripheriestationen konstant ist, und erhalten für den Fall, daß Nutzdaten nur von den Peripheriestationen zur Zentrale gesendet werden

$$t_c = nt_z + nt_p + \sum_{i=1}^{n} l_i + 2nt_{do} + \sum_{i=1}^{n} t_{n_i}. \tag{12.1}$$

Für ein vorgegebenes System sind die ersten vier Terme in Gl. (12.1) konstant. Wir fassen diese zu t_{co} zusammen und erhalten

$$t_c = t_{co} + \sum_{i=1}^{n} t_{n_i}. \tag{12.2}$$

Betrachtet man die Ankunft einer Meldung an einer Station, so kann man vereinfachend ansetzen, daß diese im Mittel die halbe mittlere Zyklusdauer $\frac{1}{2}E\{t_c\}$ warten muß. Bei geringem Datenverkehr liegt diese nahe bei $\frac{1}{2}t_{co}$ – diese stellt die minimale

Wartezeit dar. Für eine genauere Analyse sind Zustandsbetrachtungen, wie wir sie im letzten Kapitel angestellt haben, erforderlich.

Beispiel 12.1
Wir betrachten ein sequentielles Poll-System mit 10 Peripheriestationen, die sich jeweils im Abstand von 10, 20, 30 ... 100 km von der zentralen Einheit entfernt befinden. Die Reaktionszeit der Zentrale sei 0,5 ms, die der Stationen jeweils 1 ms. Die Signallaufzeit sei 10 μs pro km.

Die Poll- und RSP(Response - No Data)-Meldungen haben das Format:

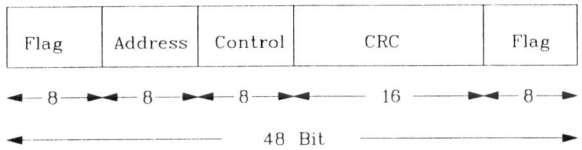

Die Transmit Data Meldungen haben das Format:

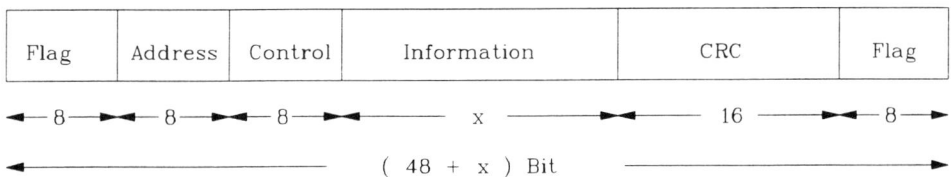

Hierbei ist x die Länge der Nutzinformation. Es sind pro Meldung jeweils 48 Bit als Steuerinformation erforderlich. Bei einer Übertragungsrate von 64 kbit/s benötigt man hierfür jeweils

$$t_{do} = \frac{48 \ bit}{64 \ kbit/s} = 0,75 \ ms.$$

Wenn keine Meldungen vorliegen, beträgt die Zyklusdauer

$$
\begin{aligned}
t_{co} &= 10 t_z + 10 t_p + \sum_{i=1}^{10} l_i + 2n \cdot t_{do} \\
&= 10 \times 0,5 \ ms + 10 \times 1 \ ms + \\
&\quad + 2 \cdot \frac{10 \mu s}{km} \cdot \sum_{i=1}^{10} 10 \cdot i \cdot km + 2 \times 10 \times 0,75 \ ms \\
&= 15 \ ms + 200 \cdot \frac{10 \times 11}{2} \mu s + 15 \ ms \\
&= 15 \ ms + 11 \ ms + 15 \ ms = 41 \ ms.
\end{aligned}
$$

Ist der Durchsatz pro Peripheriestation 80 bit/s im Mittel, so fallen pro Zyklus und Station Nutzdaten im Umfang von

$$\frac{80\ bit}{s} \cdot t_c$$

an, für deren Übertragung bei 64 kbit/s die Zeit

$$\frac{80\ bit}{s} \cdot \frac{t_c s}{64\ kbit} = 1,25 \cdot 10^{-3} t_c$$

erforderlich ist.

Somit erhält man aus Gl.(12.2)

$$E\{\mathbf{t}_c\} = t_{co} + n \cdot 1,25 \cdot 10^{-3} \cdot E\{\mathbf{t}_c\}$$

oder mit $n = 10$

$$\begin{aligned}
0,9875\ E\{\mathbf{t}_c\} &= 41\ ms \\
\underline{E\{\mathbf{t}_c\}} &= 41,52\ ms\ .
\end{aligned}$$

Somit wartet eine Meldung im Mittel

$$\frac{1}{2} \cdot E\{\mathbf{t}_c\} = 20,76\ ms$$

an einer Station.

Die Zeitanalyse beim Hub-Polling-Verfahren kann analog zum Sequential-Polling-Verfahren durchgeführt werden. Man erhält

$$\mathbf{t}_c = t_z + n t_p + \sum_{i=1}^{n+1} l_i + \sum_{i=1}^{n+1} \mathbf{t}_{d_i} + \sum_{i=1}^{n} \mathbf{t}_{n_i}. \tag{12.3}$$

Die Zyklusdauer $\mathbf{t}_c$ setzt sich aus ähnlichen Komponenten wie bei Gl.(12.2) zusammen, wobei nun die einzelnen Symbole geringfügig anders interpretiert werden. So ist $\mathbf{t}_{n_i}$ und $\mathbf{t}_{d_i}$ die Zeit für die Übertragung der Nutz- bzw. der Steuerdaten der i-ten Station.

Beispiel 12.2
Analog zum Beispiel 12.1 betrachten wir ein Hub-Poll-System mit 10 Peripherie-stationen im Abstand von $10, 20, 30 \ldots 100$ km von der zentralen Einheit entfernt. Die Reaktionszeit der Zentrale sei wieder $0,5$ ms. Die Reaktionszeit der Stationen sei jeweils $1,2$ ms. Sie ist etwas größer als beim Sequential-Polling-Verfahren, da nun die Stationen jeweils ein Poll mit der Adresse der nächsten Station generieren. Liegen keine Daten zur Übertragung vor, so ist die Laufzeit

$$\sum_{i=1}^{n+1} l_i = 2L,$$

wobei L die Laufzeit von der Zentrale zur letzten Station ist – in unserem Beispiel ist $L = 100\ km \times 10\mu \frac{s}{km} = 1$ ms. Liegen wiederum keine Daten vor und verwenden wir Poll-Meldungen mit 48 Bit und eine Bitrate von 64 kbit/s, so erhalten wir

$$t_{do} = \frac{48 \; bit}{64 \; kbit/s} = 0,75 \; ms.$$

Wir haben hierbei berücksichtigt, daß eine RSP (No Data) nicht verwendet wird. Da auch die Zentrale eine Poll-Meldung generiert, haben wir pro Zyklus $(n + 1)$ solche Meldungen. Die Zykluszeit, wenn keine Daten zur Übertragung vorliegen, ist damit

$$
\begin{aligned}
t_{co} &= t_z + n \cdot t_p + 2L + (n + 1)t_{do} \\
&= 0,5 \; ms + 10 \times 1,2 \; ms + 2 \; ms + 11 \cdot 0,75 \; ms \\
&= 12,5 \; ms + 2 \; ms + 8,25 \; ms \\
&= 22,75 \; ms.
\end{aligned}
$$

Wenn keine Daten zur Übertragung vorliegen, so ist die Zykluszeit beim Hub-Polling-Verfahren in der Regel wesentlich kürzer als beim Sequential-Polling-Verfahren.

12.2 CSMA-Verfahren

Wir wenden uns nun **dezentralen Zugriffsverfahren** zu. Es handelt sich hierbei um mehrere Stationen, die an einem Medium angeschlossen sind, miteinander Nachrichten austauschen können und dezentral auf das Medium zugreifen. Beispiele hierzu sind Lokale Netze und Mehrfachzugriffsverfahren auf Funk- und Satellitenkanälen. Dezentrale Zugriffsverfahren können grob in zwei Klassen eingeteilt werden. Bei **stochastischen Zugriffsverfahren (random access)** greifen die Stationen auf das Medium zu, wenn Nachrichten zur Übertragung vorliegen, wobei verschiedene Vereinbarungen getroffen werden können, um beim gleichzeitigen Zugriff von mehreren Stationen einen geregelten Ablauf zu gewährleisten. Bei **deterministischen Zugriffsverfahren (token access)** wird der Zugriff über eine Sendeberechtigung geregelt – wer diese hat, darf auf das Medium zugreifen. Auch hier können verschiedene Vereinbarungen getroffen werden, nach denen das Token (die Sendeberechtigung) an einzelne Stationen übergeben wird. Wir wollen sowohl random access- als auch token access-Verfahren etwas näher ansehen.

Das erste stochastische Zugriffsverfahren (random access) wurde 1970 an der University of Hawaii implementiert und ist als **Aloha System** bekannt. In der Grundversion (**pure Aloha**) greifen die Stationen auf das Übertragungsmedium zu, sobald eine zu übertragende Nachricht vorliegt. Es entsteht eine Situation, wie sie im Bild 12.3 dargestellt ist, wobei wir vereinfachend angenommen haben, daß alle Nachrichten die gleiche Länge von P Bits aufweisen. Betrachtet man die i-te Nachricht, so sieht man (Bild 12.3 b), daß eine Kollision genau dann eintritt, wenn innerhalb des Intervalls $2P\tau$ (τ ist dabei die Dauer einer Bitübertragung) eine weitere Meldung ankommt. Nimmt man nun an, daß der Ankunftsprozeß der Nachrichten ein Poisson-Prozeß mit der Ankunftsrate λ ist, so sind die einzelnen Ankünfte voneinander unabhängig. Die Wahrscheinlichkeit, daß keine Ankunft in dem Interval $2P\tau$ liegt, ist (vgl. Gl. (11.4))

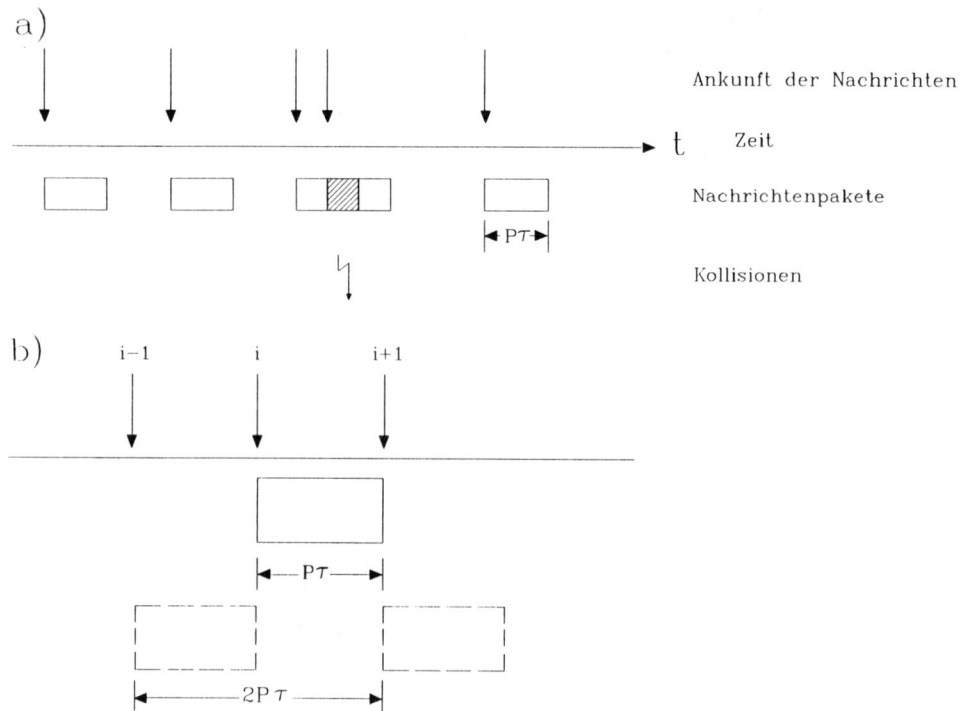

Bild 12.3 Pure Aloha
a) Zufällig ankommende Nachrichten
b) Kollisionsbereich $2P\tau$

$$1 - P\{\mathbf{t} \leq 2P\tau\} = e^{-2\lambda P\tau}. \tag{12.4}$$

Dies ist auch die Wahrscheinlichkeit, daß keine Kollision auftritt. Da die Ankunftsrate λ ist, ist der Durchsatz

$$
\begin{aligned}
D &= \text{Ankunftsrate} \times \text{Wahrscheinlichkeit, daß keine Kollision auftritt} \\
D &= \lambda e^{-2\lambda P\tau}. \tag{12.5}
\end{aligned}
$$

Im Bild 12.4 ist D in Abhängigkeit von λ (für $P\tau = 1$) dargestellt. Das Maximum ergibt sich für $\lambda = \frac{1}{2}$, d.h. für $E\{T_B\} = \frac{1}{\lambda} = 2$, wie zu erwarten ist. Ist die Ankunftsrate niedriger als $\lambda = \frac{1}{2}$, so wird der Durchsatz geringer, weil im wesentlichen nicht genügend Verkehr angeboten wird. Ist die Ankunftsrate größer als $\lambda = \frac{1}{2}$, so wird der Durchsatz wieder geringer, weil vermehrt Kollisionen auftreten. Der maximale Durchsatz von 18,4 % ist recht gering. Wir werden im folgenden noch sehen, wie dieser erhöht werden kann.

In unseren bisherigen Betrachtungen haben wir angenommen, daß Kollisionen keine Rückwirkung auf die Ankunftsrate der Meldungen haben. Wir nehmen nun an, daß Kollisionen lediglich die Ankunftsrate auf λ' erhöhen. Wir haben dabei nicht

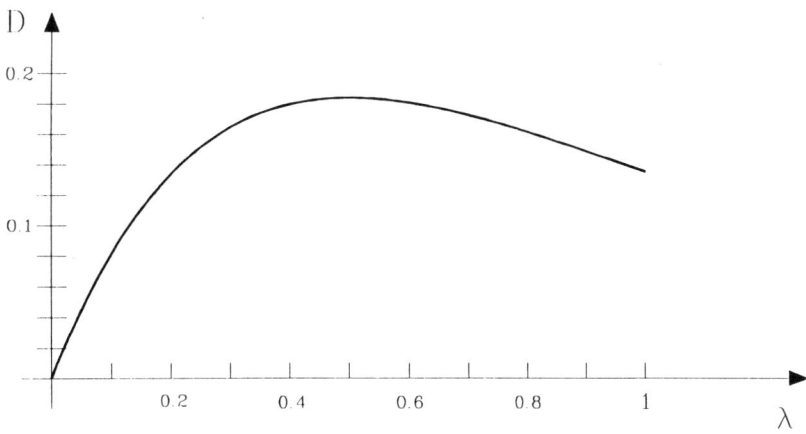

Bild 12.4   Durchsatz D in Abhängigkeit der Ankunftrate λ bei Pure Aloha ($P_\tau = 1$)

betrachtet, wie diese Rückkopplung tatsächlich zustande kommt. Die Annahme ist erfüllt, wenn die Wiederholungen nach Kollisionen auch einen Poisson-Prozeß bilden, der von dem ursprünglichen Ankunftsprozeß unabhängig ist und die Wiederholrate nun größer als λ ist. Für den Fall, daß recht viele Stationen vorhanden sind und Kollisionen häufig vorkommen, dürfte unsere Annahme annähernd erfüllt sein. Wir erhalten für diesen Fall

$$D = \lambda' e^{-2\lambda' P\tau} \tag{12.6}$$

mit $\lambda' > \lambda$.

Wir betrachten als nächstes den Fall, daß das Übertragungsmedium synchron betrieben wird, d.h., daß ein Takt vorhanden ist, zu dem die Stationen eine Meldung absetzen können. Dieser Takt sei so gewählt, daß die Nachrichten jeweils gerade in einer Taktperiode gesendet werden können, d.h.

$$T = P \cdot \tau. \tag{12.7}$$

Die Ankünfte seien wieder Poisson verteilt. Die ankommenden Nachrichten werden nun an den Stationen gespeichert, bis die nächste Taktperiode beginnt. Da wir wieder von vielen Stationen ausgehen, können wir in unserem Modell stets annehmen, daß alle in einer Taktperiode ankommenden Nachrichten an verschiedenen Stationen vorliegen. Dieses **getaktete Aloha System** ist als **slotted Aloha** bekannt. Durch die Taktung können Kollisionen jeweils nur am Anfang einer Taktperiode auftreten (Bild 12.5) und nicht mehr über die ganze Nachricht, wie beim pure Aloha-Verfahren. Eine Kollision mit einer vorliegenden Nachricht tritt somit nicht auf, wenn in der vorangegangenen Taktperiode keine (weitere) Nachricht ankam, d.h. mit der Wahrscheinlichkeit

$$1 - P\{\mathbf{t} \le P\tau\} = e^{-\lambda P\tau}. \tag{12.8}$$

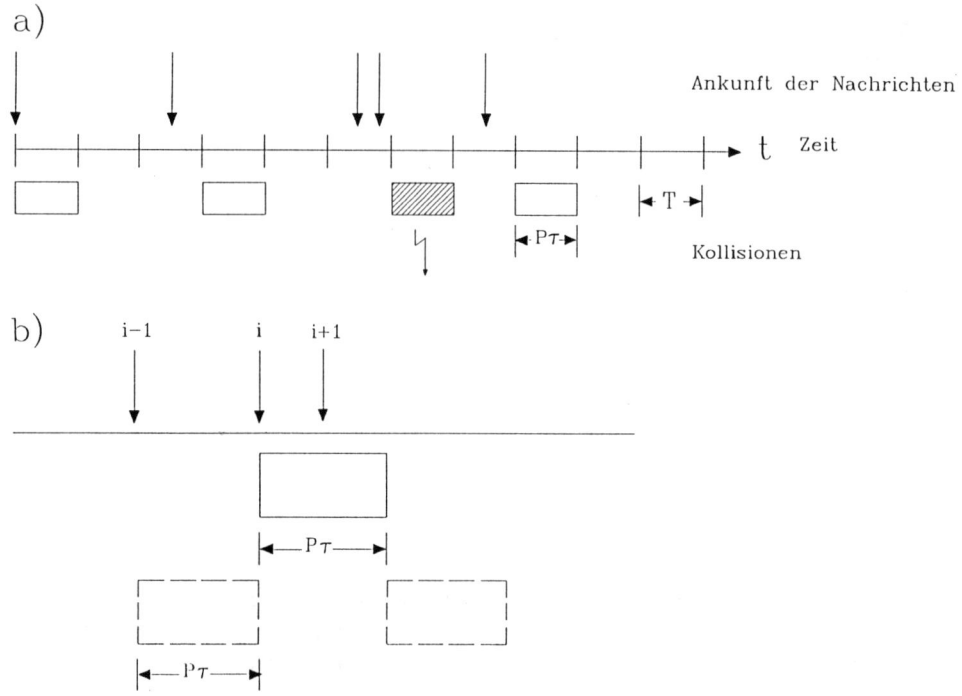

Bild 12.5 Slotted Aloha ($P\tau = T$)
a) Zufällig ankommende Nachrichten
b) Kollisionsbereich $P\tau$

Für den Durchsatz gilt entsprechend

$$D = \lambda e^{-\lambda P \tau}.$$ (12.9)

Im Bild 12.6 ist der Durchsatz des slotted Aloha-Verfahrens im Vergleich zum pure Aloha-Verfahren aufgezeichnet. Man sieht, daß durch die Taktung der maximale Durchsatz verdoppelt werden kann.

Unsere bisherigen Betrachtungen zeigen, daß beide Aloha Systeme instabil sind, indem eine Erhöhung der Ankunftsrate zu einer erheblichen Verringerung des Durchsatzes führen kann. Insbesondere kann das Wissen über den Zustand des Systems zur Optimierung des Durchsatzes verwendet werden, indem versucht wird, das Verkehrsangebot so zu gestalten, daß der maximale Durchsatz erreicht wird bzw. erhalten bleibt. Da die Sendestationen jedoch dezentral angeordnet sind, ist eine solche Optimierung nicht ohne weiteres möglich. Treten Kollisionen auf, so werden diese an den Empfangsstationen gewöhnlich über Sicherungsverfahren (meist CRC) erkannt, und die Nachrichten werden wieder angefordert. Dieses führt zu erhöhtem Verkehrsangebot und so wiederum zu mehr Kollisionen. Häufig ist es so, daß die sendende Station auch das Medium abhört, so daß beim Auftreten einer Kollision sie diese erkennt, falls die gesendete Nachricht verfälscht wird. Sie kann dieses Wissen

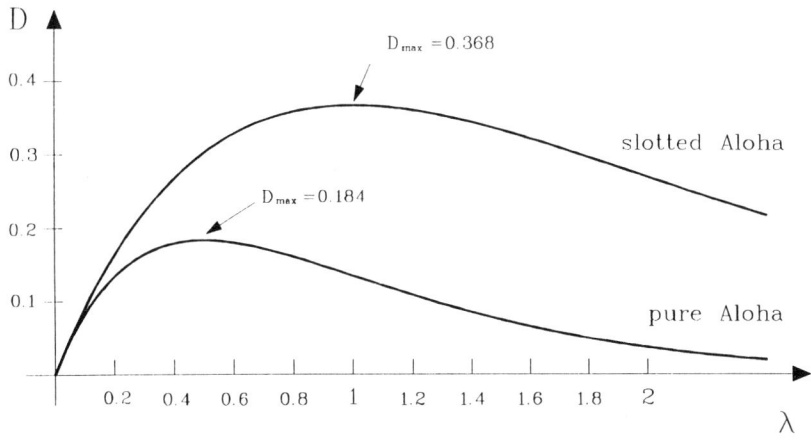

Bild 12.6 Durchsatz in Abhängigkeit von der Ankunftrate λ bei pure und slotted Aloha

zur Optimierung des Durchsatzes verwenden, wobei sie allerdings meist nur einen kleinen Anteil am gesamten Verkehrsaufkommen hat. Es gibt auch Varianten, bei denen eine Station, die eine Kollision erkennt, die Übertragung der Nachricht abbricht und eine Rundsendung (Jam) an alle schickt, daß eine Kollision aufgetreten ist. Somit können alle Stationen ihr Verkehrsangebot an die Häufigkeit der Kollisionen anpassen und so dynamisch eine Optimierung des Durchsatzes anstreben. Die räumliche Entfernung spielt hierbei eine gewisse Rolle, wie das folgende Beispiel zeigt.

Beispiel 12.3
Wir betrachten drei Stationen, die über ein Koaxkabel kommunizieren und wie folgt angeschlossen sind:

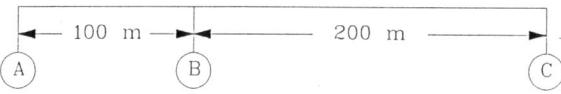

Nimmt man eine Signallaufzeit von $5\mu s$ pro km für das Koaxkabel an, so benötigt ein Signal $5 \cdot 10^{-7}$ Sekunden, um 100 Meter zu überbrücken. Wird das System mit 10 Mbit/s betrieben, so benötigt man pro Bit die Übertragungszeit von 10^{-7} Sekunden. Nimmt A eine Kollision wahr und sendet eine Jam-Meldung ab, so könnte B bereits 5 Bit und C bereits 15 Bit abgesendet haben, bevor sie diese Meldung erreicht. Sind die Entfernungen 1 km (statt 100 m) und 2 km (statt 200 m), so könnte B bereits 50 Bit und C bereits 150 Bit in der Zwischenzeit abgesendet haben.

Wir betrachten nun das getaktete Aloha-Verfahren (slotted Aloha) für den Fall, daß eine Kollision von den an der Kollision beteiligten Stationen erkannt wird. Tritt nun eine Kollision auf, so würden die an ihr beteiligten Stationen in der nächsten

Taktperiode versuchen, die Meldung wieder abzusetzen. Dies würde erneut zu einer Kollision führen. Um solche Kollisionswiederholungen zu vermeiden, ist es erforderlich, eine Strategie über das Verhalten der Stationen, die an einer Kollision beteiligt sind, zu vereinbaren. Solche Strategien werden **collision resolution** oder **Kollisionsauflösungs-Strategien** genannt.

Die Kollisionsauflösungs-Strategien können wiederum stochastisch oder deterministisch sein. Wir wollen einige dieser Strategien kennenlernen. Die einfachste stochastische Strategie (**gleichverteilte Wiederholung zur Kollisionsauflösung**) besteht darin, daß jede an einer Kollision beteiligte Station eine ganze Zahl i mit $1 \leq i \leq n$ auswürfelt und die Nachricht in der i-ten Taktperiode sendet. Diese Strategie hat den Effekt, daß die kollidierten Nachrichten über n Taktperioden annähernd gleichmäßig verteilt werden.

Bei der **Wiederholung mit einer festen Wahrscheinlichkeit zur Kollisionsauflösung** wird eine kollidierte Nachricht jeweils in der nächsten Taktperiode mit einer Wahrscheinlichkeit p_w wiederholt, bis sie erfolgreich abgesendet wird. Dies ist gleichwertig damit, daß eine Station nach einer Kollision eine Zahl i auswürfelt, die angibt, in welcher Taktperiode die Nachricht wieder gesendet wird. Dabei ist die Wahrscheinlichkeit, daß eine bestimmte Zahl i ausgewürfelt wird,

$$P\{\mathbf{i} = i\} = p_w(1 - p_w)^{i-1} \quad \text{für } i = \{1, 2, 3 \ldots\}. \tag{12.10}$$

Wir können die Methoden, die wir im Kapitel 11 kennengelernt haben, verwenden, um solche Verfahren zu analysieren. Wir wollen dies kurz aufskizzieren.

Hierzu betrachten wir ein **slotted Aloha** System **mit** einer **endlichen** Anzahl q von **Quellen** (hier Stationen). Es sei β die Ankunftsrate einer freien Quelle. Wir nehmen an, daß eine Quelle, deren Nachricht an einer Kollision beteiligt war und die die Wiederholungsstrategie eingeleitet hat, keine neue Nachricht generiert, solange die vorliegende Nachricht nicht abgesendet werden konnte. Wir nennen sie eine wartende Quelle. Wir betrachten das getaktete Aloha System jeweils unmittelbar vor dem Beginn eines neuen Taktes. Wir sagen, daß das System sich im Zustand k befindet, wenn genau k der q Quellen warten. Die Wahrscheinlichkeit, daß eine freie Quelle in einem Taktintervall (P_τ) eine Nachricht generiert, ist

$$p_f = 1 - e^{-\beta P_\tau}, \tag{12.11}$$

wenn wir Markoff-Ankünfte voraussetzen.

Wir betrachten nun die Situation unmittelbar vor dem Beginn einer Taktperiode. Das System befinde sich im Zustand k. In der bevorstehenden Taktperiode werden k Stationen versuchen jeweils eine Nachricht mit der Wahrscheinlichkeit p_w abzusetzen. $Q_w(i, k)$ sei die Wahrscheinlichkeit, daß i der k Stationen eine Nachricht absenden, so gilt

$$Q_w(i, k) = \binom{k}{i} \cdot (1 - p_w)^{k-i} \cdot p_w^i. \tag{12.12}$$

Von den $(q - k)$ freien Stationen, senden diejenigen eine Nachricht ab, die in der vorangegangenen Periode eine Nachricht generierten. $Q_f(i, k)$ sei die Wahrscheinlichkeit, daß i der $(q - k)$ freien Stationen eine Nachricht absenden, so gilt entsprechend

$$Q_f(i, k) = \binom{q - k}{i} \cdot (1 - p_f)^{q-k-i} \cdot p_f^i. \tag{12.13}$$

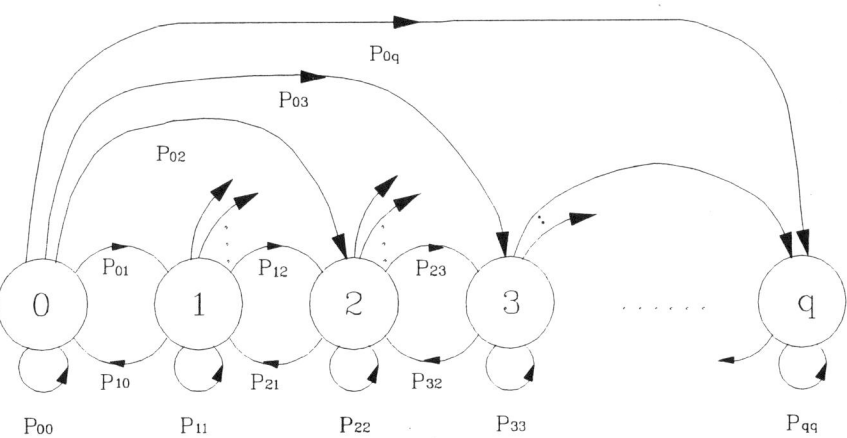

Bild 12.7 Zustandsdiagramm für slotted Aloha mit einer endlichen Anzahl von Quellen q

Wir können das Zustandsdiagramm wie im Bild 12.7 angeben. Wir können auch die Übergangswahrscheinlichkeiten in Abhängigkeit von $Q_w(i, k)$ und $Q_f(i, k)$ angeben, wenn wir folgendes beachten. Von einer Takt-Periode zur nächsten erhöht sich die Anzahl der wartenden Stationen genau um die Anzahl der Ankünfte der freien Quellen weniger eins, falls eine Nachricht erfolgreich abgesendet werden konnte. Eine Nachricht kann allerdings nur erfolgreich abgesendet werden, wenn versucht wird, genau eine Nachricht abzusenden. Für die Übergangswahrscheinlichkeit vom Zustand k in den Zustand $k + i$ haben wir somit

$$P_{k,k+i} = \begin{cases} Q_f(0, k) \cdot Q_w(1, k) & \text{für } i = -1 \\ Q_f(1, k) \cdot Q_w(0, k) + Q_f(0, k)[1 - Q_w(1, k)] & \text{für } i = 0 \\ Q_f(1, k)[1 - Q_w(0, k)] & \text{für } i = 1 \\ Q_f(i, k) & \text{für } 2 \leq i \leq (q - k). \end{cases} \tag{12.14}$$

Man sieht, daß die Zustandsänderung nach unten jeweils nur um eins möglich ist. Hierdurch können die Zustandsgleichungen iterativ gelöst werden, wie wir dies im Kapitel 11 für Geburts- und Sterbeprozesse bereits getan haben. Mit dem Gesetz von Little (Abschnitt 11.3) kann dann die mittlere Wartezeit berechnet werden.

Wir wenden uns nun einer deterministischen Kollisionsauflösungs-Strategie zu. Hierbei wird die **Adressenpriorität für die Kollisionsauflösung** verwendet. Wir

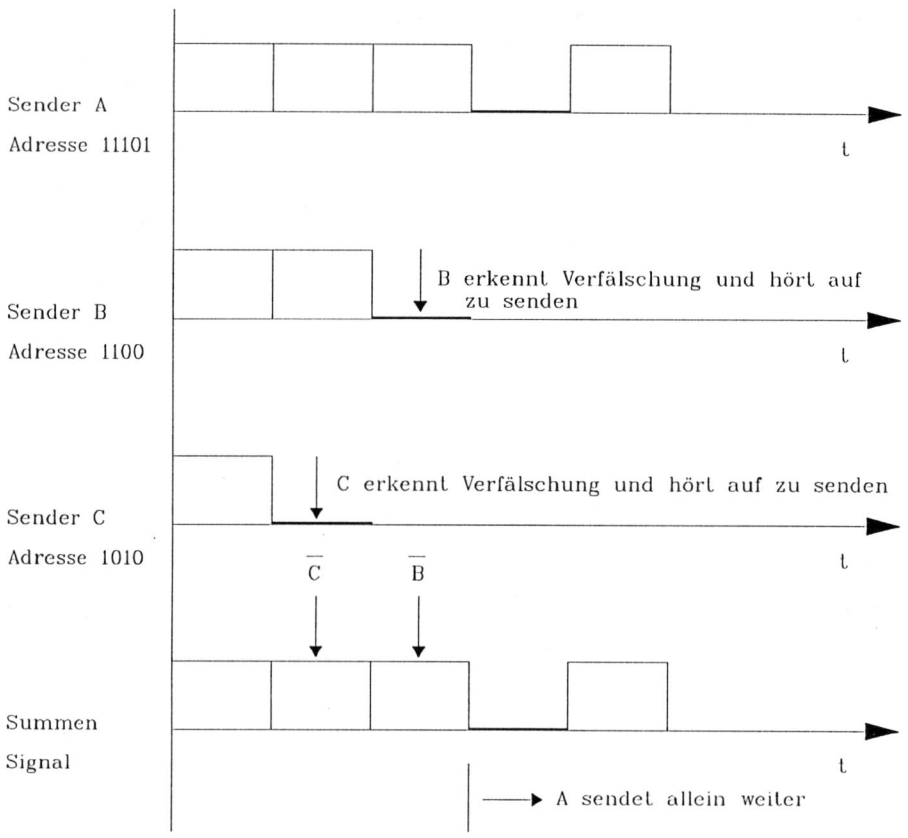

Bild 12.8   Kollisionsauflösung über Adressenpriorität

betrachten wieder das slotted Aloha-Verfahren und betrachten den Fall, daß das
erste gesendete Wort eine Adresse ist (eigene oder die des Empfängers). Tritt nun
eine Kollision auf, so werden die Bits auf dem Übertragungsmedium so verfälscht,
daß bei binärer Übertragung eine physikalische Eins (Pegel auf der Leitung) gegenüber einer physikalischen Null (kein Pegel) sich durchsetzt (Bild 12.8). Kann
diese Verfälschung von der betroffenen Station vor dem Senden des nächsten Bits
erkannt werden und gibt die Station das Senden sofort auf, so kann die andere Station ihre Nachricht ungestört weitersenden. Dieses Verfahren setzt voraus, daß eine
unmittelbare Rückkopplung für die Stationen möglich ist und die Signallaufzeiten
so klein sind, daß vor dem Senden des nächsten Bits der Nachricht eine Kollisionserkennung möglich ist. Dieses Verfahren wird im ISDN für den Zugriff auf den
Signalisierkanal (D-Kanal) des Basisanschlusses angewandt.

Es gibt eine Reihe von weiteren Verfahren, die als **splitting algorithms**, d.h. **Spaltungsalgorithmen für die Kollisionsauflösung** bezeichnet werden. Bei diesen Algorithmen teilen sich die an einer Kollision beteiligten Stationen in zwei Gruppen auf, wobei jeweils eine Gruppe wartet, während die andere Gruppe senden darf. Tritt wieder eine Kollision auf, so wird die sendende Gruppe weiter aufgespalten. Jede Station führt ein Bild über auftretende Kollisionen und ermittelt daraus, wann sie wieder senden darf.

Im Bild 12.9 ist der Ablauf in einem konkreten Fall wiedergegeben. An einer Kollision sind fünf Stationen (A, B, C, D, E) beteiligt. Es wird angenommen, daß alle Stationen unmittelbar erfahren, ob in einer Taktperiode eine Nachricht erfolgreich abgesendet wurde (e), eine Kollision auftrat (k) oder gar keine Nachricht gesendet wurde (l). Die Stationen würfeln, A, B, C, daß sie senden und D und E, daß sie warten. In der zweiten Taktperiode tritt wieder eine Kollision auf, da A, B und C zu senden versuchen. Sie würfeln wieder. Unglücklicherweise würfeln alle drei, daß sie senden dürfen – in der wartenden Gruppe befindet sich daher keine Station. Den einzelnen Stationen wird lediglich die Rückkopplung e, k oder l gegeben, so daß ihnen die Zusammensetzung der Gruppen nicht unmittelbar bekannt ist. In der dritten Taktperiode tritt nun wieder eine Kollision auf. Dieses Mal würfelt A, daß sie senden darf, B und C, daß sie warten. In der vierten Taktperiode sendet somit nun A erfolgreich. Es darf jetzt die nächste wartende Gruppe, in unserem Beispiel BC, den Kanal verwenden, und so tritt wieder eine Kollision in der fünften Taktperiode auf. Erneutes Würfeln führt dazu, daß B senden und C warten darf. In der siebten Taktperiode darf dann C senden. Die nächste Taktperiode läuft leer, da nicht bekannt war, daß diese Gruppe leer war. Als nächstes darf die Gruppe DE senden, was wiederum zu einer Kollision führt. Auswürfeln führt dazu, daß D in der zehnten Taktperiode senden darf. E sendet in der elften Taktperiode, und die ursprüngliche Kollision ist somit aufgelöst.

Wir haben in unserem Beispiel in der Tabelle die einzelnen wartenden Gruppen explizit aufgeführt. Den Stationen ist jedoch nur die Rückkopplung verfügbar, so daß sie lediglich annehmen, daß bei jeder Kollision sich zwei Gruppen bilden, die sie mit 1 (sendeberechtigte Gruppe) und 0 (wartende Gruppe) bezeichnen. Somit können sie den Baum mit den binären Bezeichnungen der Zwischenknoten bzw. Blätter aufstellen (Bild 12.9a). Es genügt für die Stationen, jeweils lediglich einen Zähler zu haben, der bei der ersten Kollision auf Null gesetzt wird, falls sie senden darf, und auf Eins, falls sie warten muß. Zeigt die Rückkopplung eine Kollision, so wird der Zähler um Eins erhöht; zeigt sie e oder l, so wird er um Eins herabgesetzt. Ist der Zähler bei Null, so darf die Station wieder senden.

a)

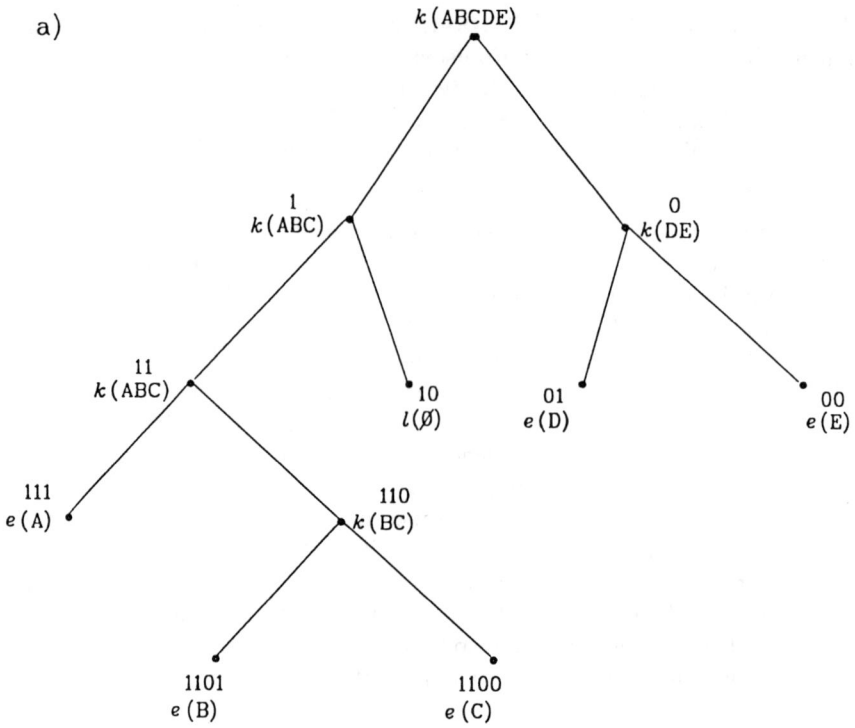

b)

Taktperiode	Gruppe S (Senden)	Gruppen W (Warten)	Rückkopplung k = Kollision e = erfolgreiches Senden l = Leerlauf
1	A B C D E	–	k
2	A B C	DE	k
3	A B C	$\emptyset$, DE	k
4	A	BC , $\emptyset$, DE	e
5	B C	$\emptyset$, DE	k
6	B	C , $\emptyset$, DE	e
7	C	$\emptyset$, DE	e
8	$\emptyset$	DE	l
9	D E	–	k
10	D	E	e
11	E	–	e

Bild 12.9 Beispiel eines Spaltungsalgorithmus für die Kollisionsauflösung
a) Spaltungsbaum
b) Spaltungstabelle

Beispiel 12.4

Wir betrachten Station E im Beispiel des Bildes 12.9. Nach der ersten Kollision wird ihr Zähler auf Eins gesetzt, da sie das Warten würfelt. Der weitere Verlauf ist:

nach der 2. Taktperiode ist der Zählerstand 2,
nach der 3. Taktperiode ist der Zählerstand 3,
nach der 4. Taktperiode ist der Zählerstand 2,
nach der 5. Taktperiode ist der Zählerstand 3,
nach der 6. Taktperiode ist der Zählerstand 2,
nach der 7. Taktperiode ist der Zählerstand 1,
nach der 8. Taktperiode ist der Zählerstand 0.

In der 9. Taktperiode darf die Station E senden. Es tritt eine Kollision auf. Das Würfeln leitet wieder das Warten ein und der Zählerstand wird nach der 9. Taktperiode auf 1 gesetzt. Der weitere Verlauf ist somit:

nach der 9. Taktperiode ist der Zählerstand 1,
nach der 10. Taktperiode ist der Zählerstand 0.

In der 11. Taktperiode sendet E nun erfolgreich ihre Nachricht ab.

Am vorangegangenen Beispiel dürfte deutlich geworden sein, daß viele Varianten zur Optimierung des vorgestellten Verfahrens denkbar sind. Tritt z.B. ein Leerlauf nach einer Kollision auf, so war die Spaltung nicht optimal, und eine weitere Kollision ist vorprogrammiert, wenn die entsprechende Gruppe an die Reihe kommt. Es ist deshalb sinnvoll, eine weitere Spaltung vorab vorzunehmen. Im Prinzip ist stets eine Strategie anzustreben, die es ermöglicht, eine Kollision in möglichst wenig Schritten aufzulösen. Die minimale Anzahl der erforderlichen Schritte ist gleich der Anzahl der Stationen, die an der Kollision beteiligt sind. In diesem Fall sendet in jeder Taktperiode eine Station ihre Nachricht erfolgreich ab. Mit dieser Überlegung können wir auch die Lösung eines weiteren Problems angehen. Während die Strategie zur Auflösung der Kollision angewandt wird (in unserem Beispiel 11 Taktperioden), dürften die an der Kollision nicht beteiligten Stationen weitere Ankünfte zu verzeichnen haben. Nimmt man an, daß diese sich – so lange die Kollision nicht aufgelöst ist – zurückhalten, so versuchen alle Stationen, die eine Meldung vorliegen haben, nun diese abzusetzen. Eine Kollision ist also wiederum vorprogrammiert. Hier kann folgende Strategie weiterhelfen. Ist die Ankunftsrate bekannt, so kann der Erwartungswert der Anzahl der neuen Ankünfte errechnet werden. Es werden so viele Teilgruppen aus den wartenden Stationen gebildet, daß pro Teilgruppe eine Ankunft zu erwarten ist. Die folgenden Taktperioden werden jeweils einer Teilgruppe zur Verfügung gestellt. Auch hierfür sind unterschiedliche Strategien denkbar.

Häufig sind die an einer Kollision nicht beteiligten Stationen nicht empfangsbereit. Sie haben dann auch keine Rückkopplung erhalten. Es ist deshalb auch üblich, diese gleich in die Gruppe der sendeberechtigten Stationen aufzunehmen. Sie setzen also ihre Zähler zunächst auf Null und können sich unmittelbar in den Spaltungsalgorithmus einbinden.

Heute werden häufig Zugriffsverfahren implementiert, die voraussetzen, daß bevor eine Station auf das Übertragungsmedium zugreift, sie das Medium abhört, um festzustellen, ob es frei ist. Solche Verfahren werden als **CSMA-Verfahren** bezeichnet. CSMA ist die Abkürzung für **carrier sense multiple access**, d.h. Mehrfachzugriff mit dem Abhören des Trägers; das Übertragungsmedium wird dabei als Träger bezeichnet, und das Abhören bezieht sich auf das Feststellen, ob das Medium frei ist. Man unterscheidet manchmal zwischen Verfahren, bei denen nur vor dem Senden abgehört wird (LBT – listen before talking) und Verfahren, bei denen während des Sendens abgehört wird, um Kollisionen zu erkennen (LWT – listen while talking). Verfahren, bei denen abgehört wird und Kollisionen erkannt werden, werden auch als **CSMA/CD-Verfahren** bezeichnet (carrier sense multiple access with collision detection). Manchmal wird auch von **CSMA/CR-Verfahren** gesprochen (carrier sense multiple access with collision resolution), um zu betonen, daß eine Strategie zur Kollisionsauflösung angewendet wird. Ein Verfahren, bei dem die ständig abhörende Station senden darf, sobald das Medium frei ist, wird als **persistent CSMA** bezeichnet. Bei **non-persistent CSMA** hört eine Station das Medium unmittelbar vor dem Senden einer Nachricht ab; ist das Medium besetzt, so leitet sie (für sich) die Kollisionsauflösungsstrategie (wie wir sie bereits kennengelernt haben, z.B. würfeln, wann sie wieder senden darf) ein. Beim persistent CSMA-Verfahren besteht die Gefahr, daß beim Freiwerden des Mediums mehrere wartende Stationen gleichzeitig das Senden beginnen und somit eine Kollision verursachen. Beim non-persistent CSMA-Verfahren besteht die Gefahr, daß das Medium, obwohl es frei ist, nicht verwendet wird. Beim **p-persistent CSMA**-Verfahren hört eine Station, die eine Nachricht übertragen möchte, das Medium ab und sendet die Nachricht mit der Wahrscheinlichkeit p ab, wenn das Medium frei wird. Mit der Wahrscheinlichkeit $(1-p)$ sendet sie also die Nachricht nicht ab, sondern wartet bis zum nächsten Zeitschlitz und wiederholt die Prozedur. Im Bild 12.10 sind Signalflußgraphen für eine Sendestation mit den drei CSMA-Sendestrategien angegeben.

Wir wollen im folgenden den Durchsatz eines synchronisierten non-persistent CSMA-Verfahrens (slotted CSMA) unter vereinfachenden Bedingungen berechnen. Wir nehmen wieder an, daß es sich bei den Ankünften der Nachrichten um einen Poisson-Prozeß mit der Gesamtankunftsrate (d.h. einschließlich der Wiederholversuche) λ handelt. Alle Pakete haben die Länge $P \cdot \tau$, wobei τ der Zeittakt ist. Das Abhören soll unmittelbar möglich sein, d.h. wir vernachlässigen Laufzeiten und Verarbeitungszeiten. Wenn eine Nachricht ankommt, sind folgende Fälle möglich:

1. Ist das Medium besetzt, so wird die Nachricht zurückgestellt und entsprechend der non-persistent Strategie der Versuch wiederholt. Dies ist in der Ankunftsrate λ in unserem Modell enthalten.

2. Ist das Medium frei, so wird bis zum Anfang der nächsten Taktperiode gewartet und dann die Nachricht abgesandt. War dies die einzige Nachricht, die während der letzten Taktperiode ankam, wird sie erfolgreich gesendet und belegt den Kanal für die nächsten P Taktperioden. Waren mehrere Nachrichten während der letzten Taktperiode angekommen, so entsteht eine Kollision.

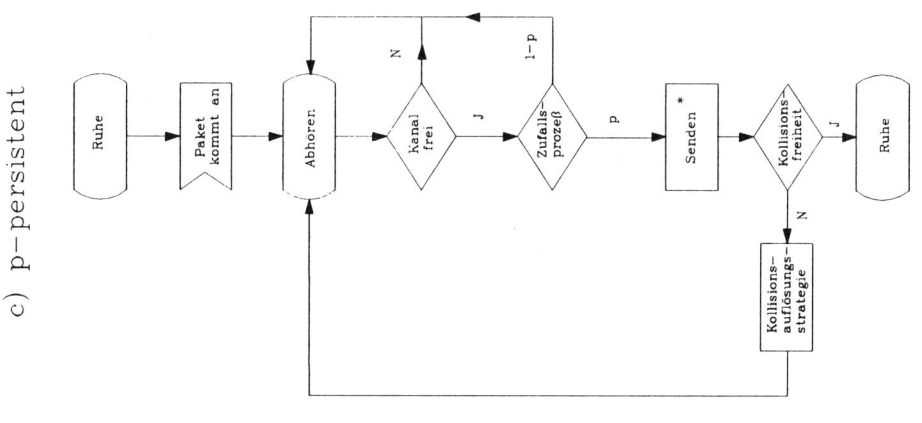

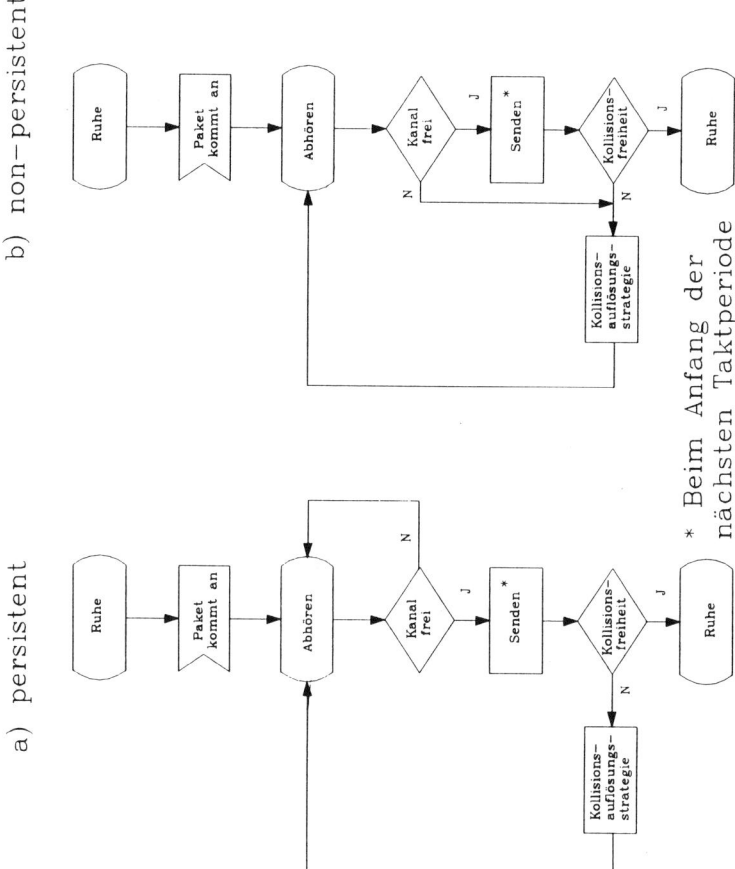

Bild 12.10 CSMA-Sendestrategien
a) persistent CSMA
b) non-persistent CSMA
c) p-persistent CSMA

Wir wollen annehmen, daß die gestörten Nachrichten bis zum Ende gesendet werden und dann entsprechend der Kollisionsauflösungsstrategie wieder gesendet werden. Auch diese Wiederholungen sind in unserem Modell in der Ankunftsrate λ enthalten.

Die Vereinfachungen, die wir angenommen haben, entsprechen in etwa den Annahmen, die wir bei Ableitungen der Gleichungen (12.5) und (12.6) bzw. (12.9) machten. Die Ergebnisse sind prinzipiell vergleichbar und spiegeln die Eigenschaften der Verfahren wider.

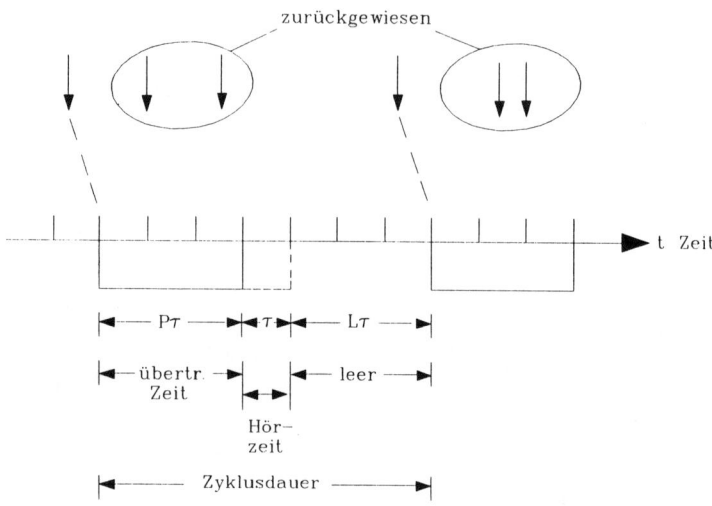

Bild 12.11   Slotted-CSMA
Nachrichten gleicher Länge $P\tau$
τ: Taktdauer
P: Paketlänge

Zunächst sei bemerkt, daß jede gesendete Nachricht einen Zyklus (dessen Länge $\mathbf{t}_c$ eine Zufallsvariable ist) einleitet, der beim Beginn der nächsten gesendeten Nachricht endet (Bild 12.11). Die ersten P Zeittakte dieses Zyklus werden für die Übertragung der ungestörten oder der gestörten Nachricht verwendet. Weitere Nachrichten, die während dieser Zeit ankommen, werden abgewiesen. Der nächste Zeittakt (Hörtakt genannt) enthält stets keine Nachricht, denn alle in der vorangegangenen Taktperiode angekommenen Nachrichten werden abgewiesen. Es folgen nun L Taktperioden, in denen keine Nachrichten gesendet werden (wobei $L = 0$ sein kann). In der letzten Taktperiode des Zyklus kam mindestens eine Nachricht an, denn in der nächsten Taktperiode wird wieder eine gestörte oder ungestörte Nachricht gesendet.

Wir wollen nun den Erwartungswert der Zykluslänge $\mathbf{t}_c$ errechnen. Es gilt

$$
\begin{aligned}
E\{\mathbf{t}_c\} &= E\{P\tau + \tau + \mathbf{L}\tau\} \\
&= P\tau + \tau + \tau E\{\mathbf{L}\}\,.
\end{aligned}
\tag{12.15}
$$

Ferner gilt

$$E\{\mathbf{L}\} = 0 \cdot P\{0\} + 1 \cdot P\{1\} + 2 \cdot P\{2\} + \ldots + i \cdot P\{i\} + \ldots \qquad (12.16)$$

wobei $P\{i\}$ die Wahrscheinlichkeit, daß $L = i$ ist darstellt. Wir können nun die einzelnen Wahrscheinlichkeiten wie folgt angeben:

$$
\begin{aligned}
P\{0\} &= P\{\text{Mindestens 1 Ankunft in der Taktperiode } \tau\} \\
&= 1 - e^{-\lambda\tau} .
\end{aligned}
\qquad (12.17)
$$

Wir wollen diese Wahrscheinlichkeit mit q abkürzen

$$q = P\{0\} = 1 - e^{-\lambda\tau} . \qquad (12.18)$$

$$
\begin{aligned}
P\{1\} &= P\{\text{keine Ankunft in der Periode } \tau\} \cdot P\{0\} \\
&= e^{-\lambda\tau} \cdot P\{0\} = (1 - q) \cdot q \\
P\{2\} &= P\{\text{keine Ankunft in der Periode } \tau\} \cdot P\{1\} \\
&= (1 - q)^2 \cdot q \\
&\;\vdots \\
P\{i\} &= (1 - q)^i \cdot q .
\end{aligned}
\qquad (12.19)
$$

Somit bildet $E\{\mathbf{L}\}$ eine unendliche konvergente Reihe mit der Summe $S = \frac{\rho}{1-\rho}$, die sich aus der geometrischen Reihe mit den Quotienten $_r ho = (1 - q)$ ableiten läßt, d.h.

$$E\{\mathbf{L}\} = S = \frac{\rho}{1 - \rho} = \frac{1 - q}{q} = \frac{e^{-\lambda\tau}}{1 - e^{-\lambda\tau}} . \qquad (12.20)$$

In Gl.(12.15) eingesetzt ergibt dies

$$
\begin{aligned}
E\{\mathbf{t}_c\} &= P\tau + \tau + \frac{\tau e^{-\lambda\tau}}{1 - e^{-\lambda\tau}} \\
E\{\mathbf{t}_c\} &= \frac{P\tau - P\tau e^{-\lambda\tau} + \tau}{1 - e^{-\lambda\tau}} .
\end{aligned}
\qquad (12.21)
$$

Wir betrachten nun die Zyklen, insbesondere das Verhältnis der Erwartungswerte der Zeit, in der erfolgreich gesendet wird (im folgenden als "erfolgreiche Zeit" bezeichnet), zur Gesamtzeit. Hierfür gilt:

$$
\frac{E\{\text{erfolgreiche Zeit}\}}{E\{\text{Gesamtzeit}\}} = \frac{E\{\text{erfolgreiche Zeit}\}}{P\tau} \cdot \frac{P\tau}{E\{\text{Gesamtzeit}\}}
$$

$$
= \frac{E\{\text{Anzahl der erfolgreichen Ankünfte}\}}{E\{\text{Gesamtzeit}\}} \cdot P\tau
$$

$$
= D \cdot P\tau , \qquad (12.22)
$$

wobei D wie bisher der Durchsatz ist.

Da wir Zyklen betrachten, ist

$$E\{\text{Gesamtzeit}\} = E\{\mathbf{t}_c\} \qquad\qquad (12.23)$$

die mittlere Zyklusdauer, während für $E\{\text{erfolgreiche Zeit}\}$ gilt:

$$
\begin{aligned}
E\{\text{erfolgreiche Zeit}\} &= P \cdot \tau \cdot P\{\text{eine Ankunft während } \tau \text{ ist erfolgreich}\} \\
&= P \cdot \tau \cdot P\{\text{eine Ankunft in } \tau | \text{ überhaupt Ankünfte} \\
&\quad\ \text{in } \tau\} \, .
\end{aligned}
$$

Mit der Definition der bedingten Wahrscheinlichkeit Gl. (3.11) erhalten wir

$$
\begin{aligned}
E\{\text{erfolgreiche Zeit}\} &= P\tau \cdot \frac{P\{\text{eine Ankunft in } \tau \cap \text{ Ankünfte in } \tau\}}{P\{\text{Ankünfte in } \tau\}} \\
&= P\tau \cdot \frac{P\{\text{eine Ankunft in } \tau\}}{P\{\text{Ankünfte in } \tau\}} \, .
\end{aligned}
$$

Mit $P\{\text{eine Ankunft in } \tau\} = \lambda\tau e^{-\lambda\tau}$ entsprechend Gl.(11.17) und $P\{\text{Ankünfte in } \tau\} = 1 - e^{-\lambda\tau}$ haben wir

$$E\{\text{erfolgreiche Zeit}\} = \frac{P\tau \cdot \lambda\tau e^{-\lambda\tau}}{1 - e^{-\lambda\tau}} \, . \qquad\qquad (12.24)$$

Gleichungen (12.23), (12.24) und (12.21) eingesetzt in Gl.(12.22) ergeben

$$D = \frac{\lambda e^{-\lambda\tau}}{1 + P - Pe^{-\lambda\tau}} \, . \qquad\qquad (12.25)$$

Wie zu erwarten, ist der Durchsatz abhängig von der Ankunftsrate, der Paketlänge und der Taktdauer. Setzen wir das Verhältnis der Taktdauer zu Paketdauer gleich a, d.h.

$$a = \frac{\tau}{P\tau} = \frac{1}{P} \qquad\qquad (12.26)$$

und normieren $P\tau$ auf 1, d.h. $P\tau = 1$, so erhalten wir

$$D = \frac{a\lambda e^{-a\lambda}}{a + 1 - e^{-a\lambda}} \, . \qquad\qquad (12.27)$$

Im Bild 12.12 ist der Durchsatz für verschiedene Werte von a in Abhängigkeit von λ aufgezeichnet. Die Extremwerte liegen bei

$$D = \frac{\lambda}{1 + \lambda} \quad \text{für } a = 0$$

und

$$D = \frac{\lambda e^{-\lambda}}{2 - e^{-\lambda}} \quad \text{für } a = 1.$$

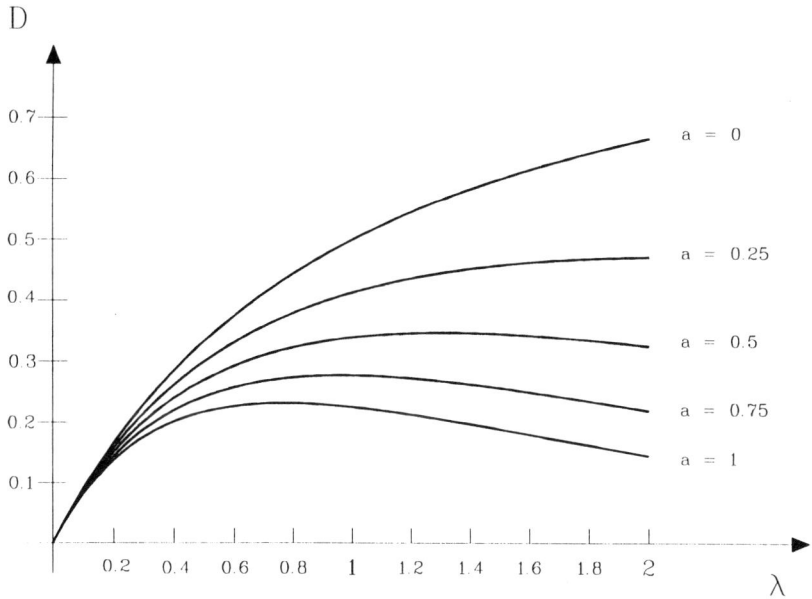

Bild 12.12 Durchsatz D in Abhängigkeit der Ankunftsrate λ bei non-persistent slotted CSMA mit a = 1/P: als Parameter und P: Paketlänge

Im Bild 12.13 sind die Durchsätze der drei betrachteten Verfahren (pure Aloha, slotted Aloha und non-persistent slotted CSMA) im Vergleich dargestellt.

Die erste Realisierung des CSMA/CD-Verfahrens wurde für interne Anwendungen bei Xerox Paloalto Research Labs in Kalifornien entwickelt und 1976 vorgestellt, DEC, Intel und Xerox entwickelten das Verfahren weiter zum heute meistverwendeten Lokalen Netz, dem **Ethernet**. Der IEEE (Institute of Electical and Electronics Engineers) Standard 802.3 für CSMA/CD basiert auf dieser Entwicklung. Im Bild 12.14 ist das Meldungsformat dieses Standards wiedergegeben.

Die Präambel besteht aus einer 10-Folge von mindestens 7 Byte Länge und dient der Bitsynchronisation.

Das Trennzeichen (Starting Frame Delimiter) zeigt den Beginn der Meldung an. Es besteht aus einer 1 Byte langen 10-Folge in der die letzte 0 auf 1 gesetzt wird – die beiden 1 hintereinander zeigen somit den Beginn an.

Es folgen die Ziel- und die Absenderadresse. Diese können Individual- oder Gruppenadressen sein und aus 2 oder 6 Byte bestehen. Sie müssen in einem Netzwerk einheitlich sein. Das erste Bit der Adresse zeigt an, ob es sich um eine Individual- oder Gruppenadresse handelt. Die Gruppenadressen können lokal verwaltet werden oder global angelegt sein. Das zweite Bit der Gruppenadresse gibt hierüber Auskunft. Die Globaladressen werden für standardisierte Lokale Netze von IEEE verwaltet. Die restlichen 46 Bit ermöglichen die Vergabe von $2^{46} \approx 10^{14}$ Adressen – ausreichend für

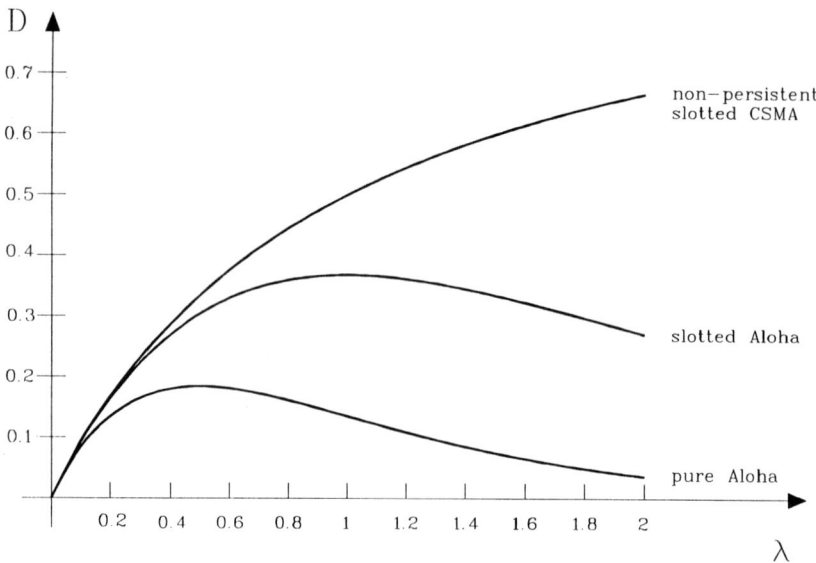

Bild 12.13 Durchsatz D in Abhängigkeit der Ankunftrate λ bei pure Aloha, slotted Aloha und non-persistent slotted CMSA mit a = 1/P = 0 und P: Paketlänge

die eindeutige weltweite Adressierung aller LAN-Teilnehmer. Die Absenderadresse ist stets eine Individualadresse. Das G/I Bit kann deshalb für andere Zwecke (z.B. Hinweis auf Routing) verwendet werden. Die nächsten beiden Bytes geben die Länge des nachfolgenden Datenfeldes an. Dieses darf eine maximale Länge von 1500 Byte und eine minimale Länge von 46 Byte haben. Liegt die Nutzdatenlänge unter 46 Byte, so muß gestopft werden; die Angabe im Längenfeld ermöglicht es, die Stopf-bits wieder zu entfernen. Die minimale Länge ist erforderlich, um die einwandfreie Kollisionserkennung und -auflösung zu gewährleisten. Die maximale Länge erwirkt, daß ein Anwender das Lokale Netz nicht zu lange blockiert. Die maximale Länge ist jedoch so gewählt, daß sie gewöhnlich für eine ganze Nachricht ausreicht.

Das letzte Feld aus 4 Byte (FCS, **F**rame **C**heck **S**equence) wird für die zyklische Fehlererkennung verwendet. Das bei Ethernet eingesetzte Verfahren wurde bereits im Abschnitt 7.4 (Beispiel 7.25) behandelt. Am Abschluß der Meldung folgt eine Schutzzeit von mindestens 9,6 μs.

Der IEEE 802.3-Standard schreibt die persistent-Variante des CSMA/CD vor. Das Kollisionsauflösungsverfahren wird als **truncated binary exponential backoff** bezeichnet. Nach einer Kollision wartet eine Station die Zeit W ab, wobei gilt:

(Alle numerischen nichtbezeichneten Werte tragen die Einheit : Byte)

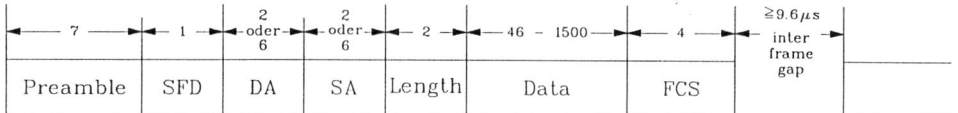

SFD   Starting Frame Delimiter
DA   Destination Address
SA   Source Address
FCS   Frame Check Sequence   CRC-32

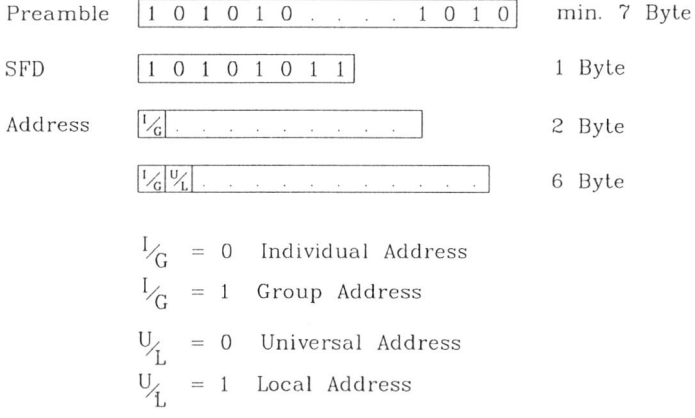

$$\frac{l}{G} = 0 \quad \text{Individual Address}$$

$$\frac{l}{G} = 1 \quad \text{Group Address}$$

$$\frac{U}{L} = 0 \quad \text{Universal Address}$$

$$\frac{U}{L} = 1 \quad \text{Local Address}$$

Bild 12.14   IEEE 802.3 CSMA/CD-Meldungsformat

$$W = i \times T,$$
$$i = \text{Zufallszahl aus } \{0 \le i \le 2^k - 1\} \text{ mit}$$
$$k = min(n, 10) \text{ und n} = \text{Anzahl der Wiederholungen der gleichen Meldung.}$$
$$T = \text{Slot time (round trip delay)} = 2 \times \text{max. Signallaufzeit.}$$

Nach 10 vergeblichen Versuchen steigt die Wartezeit im Mittel nicht weiter an, nach 16 Versuchen wird abgebrochen und eine Fehlermeldung erzeugt.

Das **Backoff-Verfahren** ist so angelegt, daß die mittlere Wartezeit exponentiell mit der Anzahl der erlittenen Kollisionen ansteigt. Dies bedeutet eine Benachteiligung aller, mehrfach kollidierter Meldungen.

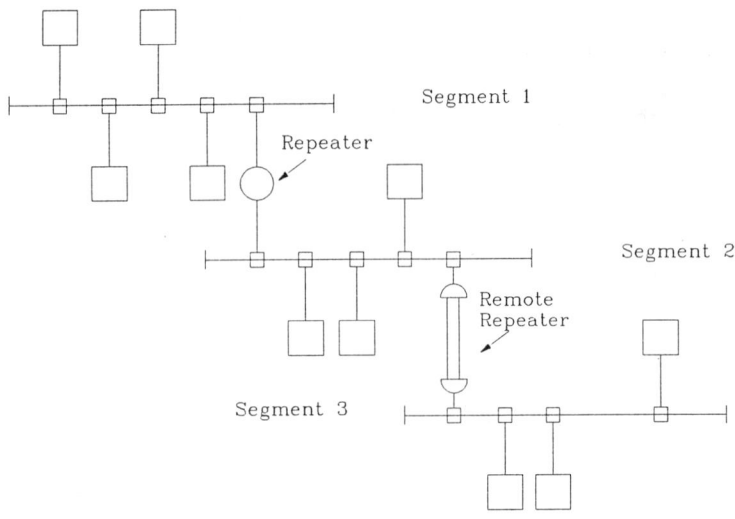

Bild 12.15   Ethernet-Struktur

Das Ethernet hat eine Busstruktur (Bild 12.15) und wird am häufigsten auf Koaxkabel mit einer Impedanz von $50 \pm 2\ \Omega$ realisiert. Die Dämpfung darf bei 10 MHz,
der Frequenz mit dem das Netz betrieben wird, 17 dB/km nicht überschreiten. Die
Signalausbreitungsgeschwindigkeit muß mindestens 77 % der Lichtgeschwindigkeit
betragen. Die maximale Länge eines Segments beträgt 500 m (dh. die Dämpfung
ist pro Segment $\leq$ 8,5 dB), die maximale einfache Laufzeit pro Segment ist 2,165
μs. An ein Kabelsegment können bis zu 100 Anschlußsätze (s. Abschnitt 1.4, Bild
1.33), die Transceiver genannt werden, angeschlossen werden. Mehrere Segmente
können über Signalregeneratoren (Repeater) zusammengeschlossen werden, um die
Reichweite zu vergrößern.

Die klassische CSMA/CD-Realisierung auf Koaxkabel wird auch als 10 Base 5 bezeichnet (10 Mbit/s Datenübertragungsrate, Basisbandübertragung, 5 x 100 Meter
maximale Segmentlänge). Es gibt zahlreiche Varianten des Ethernet, die auch standardisiert sind. **Cheapernet** ist eine billige Variante auf dünnerem, flexiblerem
Koaxialkabel und trägt die Bezeichnung 10 Base 2 (10 Mbit/s, Basisband, 2 x 100
Meter maximale Segmentlänge). **StarLan** ist eine noch billigere Variante für verdrillte Kupferadern (1 Base 5). Eine Breitbandvariante auf 75Ω CATV-Kabeln mit
einer Baumstruktur und Frequenzmodulation wird als 10 Broad 36 bezeichnet.

12.3 Token-Verfahren

Wir betrachten nun deterministische Zugriffsverfahren, d.h. Zugriffsverfahren mit
Sendeberechtigung (**token access**). Wie bereits erwähnt, sind diese Verfahren dem
Hub Polling verwandt – der Unterschied besteht lediglich darin, daß die Meldungen
zwischen beliebigen Stationen ausgetauscht werden, und der Zugriff dezentral verwaltet wird. Wir wollen die Grundzüge der Token-Access-Verfahren am Bild 12.16
illustrieren.

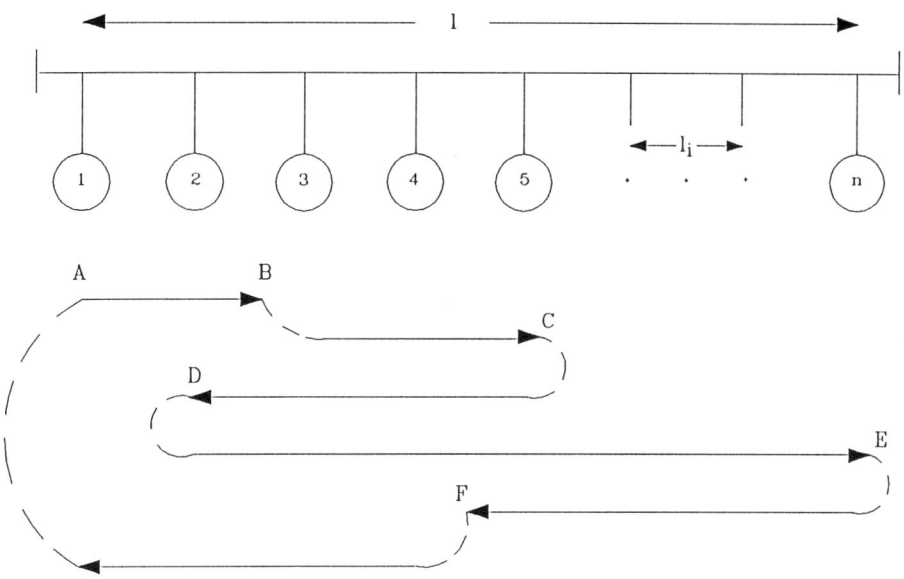

Bild 12.16 Token-Access-Verfahren
Die Reihenfolge der Tokenübergabe ist stets geschlossen

n Stationen sind an ein Übertragungsmedium (Netz) angeschlossen. Die Sendeberechtigung (Token) wird nach der Initialisierung in der Reihenfolge $A \rightarrow B \rightarrow C \rightarrow
D \rightarrow E \rightarrow F \rightarrow A$ übergeben. Die letzte Station übergibt also die Berechtigung
wieder an die erste Station – man spricht deshalb auch von einem logischen Ring
(nicht zu verwechseln mit der physikalischen Struktur des Netzes). Die Station,
die die Sendeberechtigung (Token) besitzt, darf für eine befristete Zeit (*token holding time*) das Medium für die Datenübertragung verwenden. Hat die Station keine
Daten zu übertragen, oder ist die Zeit abgelaufen, so reicht die Station die Sendeberechtigung weiter. Systeme mit Token-Verfahren unterscheiden sich unter anderem
in ihrer physikalischen Struktur, in dem Verfahren zur Festlegung der logischen
Reihenfolge und in der Implementierung der Verwaltungsaufgaben (z.B. Überwachung der Sendeberechtigung, Aufnahme neuer Stationen, Verhalten im Fehlerfall).
Im Bild 12.17 ist die typische Rahmenstruktur einer Meldung eines Systems mit

Token-Access-Verfahren dargestellt. Die Rahmensteuerung (FC) enthält u.a. die Information, ob es sich um eine Sendeberechtigung (Token) oder um einen Informationsrahmen handelt. Als Ziel können gewöhnlich einzelne oder alle Stationen, manchmal auch Gruppen von Stationen adressiert werden.

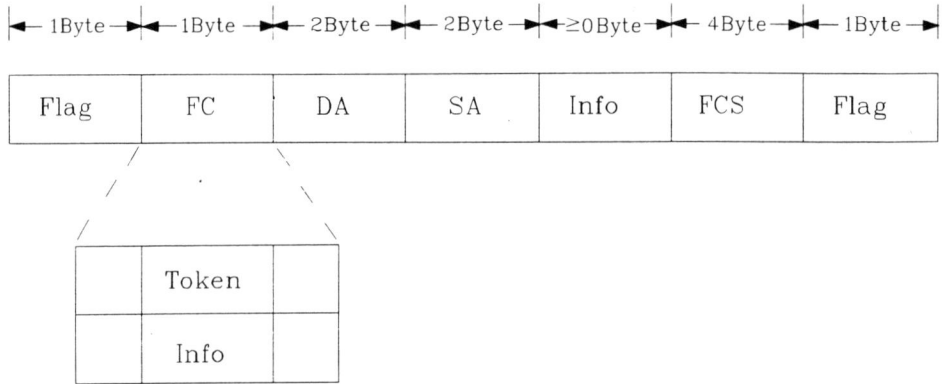

Bild 12.17 Rahmenstruktur einer Meldung eines Systems mit Token-Access-Verfahren
DA: Destination Address (Zieladresse)
FC: Frame Control (Information für Rahmensteuerung)
FCS: Frame Check Sequence (Fehler Überprüfungssequenz)
Flag: (Rahmenerkennung)
Info: Information (Nutzinformation)
SA: Source Address (Ursprungsadresse)

Token-Verfahren werden als deterministisch bezeichnet, weil die Reihenfolge, in der die Stationen die Sendeberechtigung erhalten, vorab festliegt. Sie sind insofern fair, daß jede Station pro Zyklus die Sendeberechtigung erhält und die Zyklusdauer (token rotation time) in der Regel begrenzt ist, da auch die Sendedauer (token holding time) der Stationen in der Regel begrenzt ist. Es ist recht einfach bei Token-Verfahren den Sendern und/oder den einzelnen Meldungen Prioritäten einzuräumen. Es besteht auch die Möglichkeit, die Sendedauer abhängig von der Priorität der Meldung und/oder der tatsächlich beim letzten Umlauf aufgetretene Zyklusdauer (und damit der Auslastung des Systems) zu machen.

Für die Analyse der Zyklusdauer (d.h. die Dauer, in der die Sendeberechtigung den logischen Ring einmal durchläuft) des Token-Access-Verfahrens erhalten wir analog zur Gl.(12.3) für Hub Polling

$$t_c = t_z + nt_p + \sum_{i=1}^{n} l_i + \sum_{i=1}^{n} t_{d_i} + \sum_{i=1}^{n} t_{n_i}. \tag{12.28}$$

Wir haben dabei angenommen, daß eine der Stationen gewisse Verwaltungsaufgaben übernimmt und hierfür pro Zyklus die Zeit t_z benötigt. t_p ist wie bisher die Reaktionszeit der Peripherie. l_i ist die Laufzeit der Meldung der i-ten Station (bei mehreren Meldungen an einer Station nehmen wir an, daß diese unmittelbar hintereinander gesendet werden). t_{d_i} ist die Zeit, die für die Übertragung der Steuerinformationen benötigt wird. Sie ist nun abhängig von der Anzahl der Meldungen pro Station und somit eine Zufallsvariable. t_{n_i} ist die Zeit für die Übertragung der Nutzinformationen und somit auch eine Zufallsvariable. Für den Erwartungswert der Zyklusdauer erhalten wir für eine physikalische Busstruktur

$$E\{\mathbf{t}_c\} = t_z + nt_p + \frac{nl}{3} + \sum_{i=1}^{n} E\{\mathbf{t}_{d_i} + \mathbf{t}_{n_i}\}. \tag{12.29a}$$

und für eine physikalische Ringstruktur

$$E\{\mathbf{t}_c\} = t_z + nt_p + \frac{nl}{4} + \sum_{i=1}^{n} E\{\mathbf{t}_{d_i} + \mathbf{t}_{n_i}\}. \tag{12.29b}$$

Beispiel 12.5
Wie leiten nun Gl.(12.29) ab, in dem wir zeigen, daß bei einer zufälligen Verteilung der Stationen an einem Lokalen Netz der Länge l der mittlere Abstand zwischen zwei Stationen $E\{l_i\}$ für eine Busstruktur $\frac{1}{3}$ und für eine Ringstruktur $\frac{1}{4}$ beträgt. Zunächst betrachten wir zwei Stationen x_1 und x_2 an einem Bus.

Für ein festes x_1 gilt:

$$
\begin{aligned}
E\{|\,\mathbf{x}_1 - \mathbf{x}_2\,|\} &= \int_0^l |\,x_1 - x_2\,| \cdot \frac{1}{l} \cdot dx_2 \\
&= \int_0^{x_1} (x_1 - x_2) \cdot \frac{1}{l} \cdot dx_2 + \int_{x_1}^l (x_1 - x_2) \cdot \frac{1}{l} \cdot dx_2 \\
&= \frac{1}{l} \left(x_1\, x_2 - \frac{x_2^2}{2} \right) \bigg|_0^{x_1} + \frac{1}{l} \left(\frac{x_2^2}{2} - x_1\, x_2 \right) \bigg|_{x_1}^l \\
&= \frac{1}{l} \left(\frac{l^2}{2} - x_1\, l + x_1^2 \right)
\end{aligned}
$$

Da der Erwartungswert von x_1 abhängig ist, mitteln wir über alle x_1 und erhalten

$$E\{|\, \mathbf{x}_1 - \mathbf{x}_2\, |\} \;=\; \int\limits_0^l \frac{1}{l}\left(\frac{l^2}{2} - x_1 l + x_1^2\right)\frac{1}{l}\cdot dx_1$$

$$=\; \frac{1}{l^2}\cdot\left(\frac{l^2 x_1}{2} - \frac{x_1^2 l}{2} + \frac{x_1^3}{3}\right)\Big|_0^l$$

$$=\; \frac{l}{3}.$$

Für zwei Stationen an einem Ring gilt für ein festes x_1

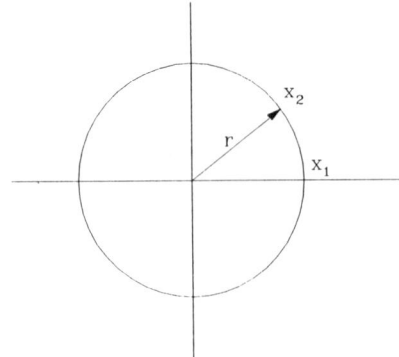

$$E\{|\, \mathbf{x}_2 - \mathbf{x}_1\, |\} \;=\; \frac{\pi\, r}{2} \;=\; \frac{l}{4}$$

Der Erwartungswert ist unabhängig von x_1 und gilt somit allgemein.

Token-Verfahren werden physikalisch als Bus oder Ring implementiert. Beide Realisierungen sind von IEEE standardisiert.

Der **Token Bus** wird im IEEE 802.4-Standard spezifiziert. Für die Realisierung können verschiedene Medien, Geschwindigkeiten und Modulationsverfahren verwendet werden. Beispiele sind 1,5 oder 10 Mbit/s Einkanal-Bus mit FSK-Modulation (Frequency Shift Keying) oder gerichteter Breitband-Bus mit kombinierter Amplituden- und Phasen-Modulation. Das Meldungsformat für den Token Bus nach IEEE 802.4 ist im Bild 12.18 wiedergegeben.

Die Präambel hat eine Mindestdauer von 2 μs und beträgt eine ganze Anzahl von Oktetts. Die Präambel und das Trennzeichen (Start Delimiter) werden abhängig vom Modulationsverfahren festgelegt.

Die ersten beiden Bits des Kontrollfeldes (Frame Control) zeigen an, ob es sich bei der Meldung um eine Datenmeldung oder eine Steuermeldung (wozu auch der Token gehört) handelt. Im Falle der Datenmeldung können noch Prioritäten angezeigt werden. Einige Kontrollmeldungen werden im folgenden besprochen.

(Alle numerischen nichtbezeichneten Werte tragen die Einheit : Byte)

≥ 1	1	1	2 oder 6	2 oder 6	≥ 0	4	1
Preamble	SD	FC	DA	SA	Data	FCS	ED

SD   Start Delimiter   (depends on medium)
FC   Frame Control
DA   Destination Address
SA   Source Address
FCS   Frame Check Sequence   CRC−32
ED   End Delimiter

FC   Daten | 0 1 | P P P 0 0 0 | P   Priority Bits

FC   MAC | 0 0 | C C C C C C | C   Control

         0 0 0 0 0 0   Claim Token

         0 0 0 0 0 1   Solicit Successor 1 (1 Response Window)

         0 0 0 0 1 0   Solicit Successor 2 (2 Response Windows)

         0 0 0 0 1 1   Who Follows   (3 Response Windows)

         0 0 0 1 0 0   Resolve Contention (4 Response Windows)

         0 0 1 0 0 0   TOKEN

         0 0 1 1 0 0   Set Successor

Address | $^I/_G$ | . . . . | 2 Byte

           | $^I/_G$ | $^U/_L$ | . . . . | 6 Byte

$^I/_G$ = 0   Individual Address
$^I/_G$ = 1   Group Address
$^U/_L$ = 0   Universal Address
$^U/_L$ = 1   Local Address

Bild 12.18   IEEE 802.4-Token-Bus-Meldungsformat

Die Adressierung entspricht der beim CSMA/CD-Verfahren nach IEEE 802.3. Auch das für die zyklische Fehlerprüfung vorgeschriebene Polynom CRC-32 ist identisch mit dem Polynom beim Ethernet (s. Abschnitt 7.4, Beispiel 7.25). Ein Trennzeichen (End Delimiter) zeigt das Meldungsende an.

Das Token-Bus-Protokoll ist wesentlich komplexer als das CSMA/CD-Protokoll, da aufwendige Verwaltungsaufgaben durchgeführt werden. Hierzu gehören die Token-Verwaltung, das Ein- und Ausgliedern der Stationen und die Initialisierung.

Die Token-Verwaltung ist dezentral ausgelegt und wird gemeinsam von allen Stationen wahrgenommen. Jeder am Bus angeschlossenen Station wird eine Adresse zugeordnet. Die Vergabe der Adressen am Bus ist frei, so daß Adressen fehlen können und eine beliebige Reihenfolge am physikalischen Bus möglich ist. Der logische Ring ist nach fallenden Adressen geordnet, d.h. der Token wird in dieser Reihenfolge weitergereicht; die Station mit der niedrigsten Adresse reicht den Token an die Station mit der höchsten Adresse weiter, um so den Ring zu schließen. Jede Station merkt sich ihren Vorgänger und ihren Nachfolger am logischen Ring. Den Vorgänger erfährt sie über die Quelladresse der Token-Meldung. Den Nachfolger kann sie mit der Meldung *who follows* erfragen. Mögliche Konfliktfälle z.B., wenn mehrere Nachfolger sich melden, werden gesondert aufgelöst. Erhält eine Station den Token, so darf sie für eine begrenzte Dauer (*token holding time*) Daten senden. Anschließend gibt sie den Token an die Folgestation weiter und überwacht, daß diese aktiv wird. Ist dies innerhalb der Überwachungsdauer (*lost token time*) nicht der Fall, so versucht sie erneut, ihr den Token zu übermitteln. Gelingt dies auch nicht, so versucht sie, die nächste Folgestation (ggf. über den ganzen Adreßraum) zu ermitteln und so den Token weiterzureichen. Stellt eine Station, die einen Token besitzt, fest, daß eine andere Station sendet, so kehrt sie in den Abhörmodus zurück. Dies sichert letztlich, daß sich nur ein Token im Netz befindet.

Wird eine neue Station an den Bus angeschlossen, so muß sie erst in den logischen Ring aufgenommen werden, bevor sie sich an dem Nutzdatenaustausch beteiligen kann. Jede aktive Station sendet hierzu regelmäßig eine Aufforderung (*solicit successor*), die an alle Stationen, deren Adresse zwischen der Sendenden und ihrem Nachfolger liegt, gerichtet ist, und wartet ein Antwortzeit-Fenster ab. Antwortet keine Station, so bleibt es wie zuvor. Die bisherige Nachfolgestation erhält dann den Token. Meldet genau eine Station sich zurück, so wird diese in den Ring aufgenommen. Sie merkt sich die Adressen ihrer Vorgänger- und Nachfolge-Station, die in der *solicit successor*-Meldung enthalten waren. Die Nachfolgestation merkt sich wiederum die Adresse ihrer neuen Vorgängerstation, sobald sie ihrerseits den Token erhält. Antworten mehrere Stationen auf die Aufforderung (*solicit successor*), so liegt ein Konfliktfall vor und eine Konfliktauflösungsstrategie wird eingeleitet.

Wenn eine Station den Ring verlassen möchte, so sendet sie, wenn sie den Token erhält, eine entsprechende Meldung (*set successor*) an ihre Vorgängerstation und teilt ihr die Adresse ihres Nachfolgers mit. Außer diesem geordneten Ausgliedern, kann sie auch auf den Tokenempfang hin gar nicht agieren und somit den bereits besprochenen Fehlerfall durch Überschreitung der Überwachungszeit (*lost token time*) auslösen.

Die Initialisierung ist eine besondere Variante der Eingliederung einer Station. Stellt eine neuangeschlossene Station fest, daß binnen der Überwachungszeit (*lost token time*) der Bus inaktiv bleibt, so ergreift sie die Initiative und sendet eine *claim token*-Meldung. Auch hier kann der Konfliktfall auftreten, daß mehrere Stationen die fehlende Aktivität beobachten und gleichzeitig die Initiative ergreifen. In diesem Fall wird eine Konfliktauflösungsstrategie angewandt, um die Station zu ermitteln, die den Token erhält. Der Ring wird dann durch die Eingliederungsstrategie weiter aufgebaut, bis alle Stationen daran beteiligt sind.

Wir wollen nun den Konfliktfall, daß mehrere Stationen auf eine Eingliederungsaufforderung (*solicit successor*-Meldung) antworten, näher betrachten. Die initiierende Station merkt an dem nicht identifizierbaren Signal im Antwortfenster, daß der Konfliktfall vorliegt, sendet daraufhin eine *resolve contention*-Meldung und wartet vier Antwortzeitfenster. Gemäß den ersten beiden Bits ihrer Adresse ordnen sich die antwortenden Stationen den Zeitfenstern zu. In dem ihnen zugeordneten Zeitfenster dürfen die Stationen wieder antworten, wenn vorher keine andere Station geantwortet hat. Nun kann wieder der Fall auftreten, daß in einem verwendeten Fenster genau eine Station sendet, dann erhält diese als nächste den Token. Es kann allerdings auch der Fall auftreten, daß wieder mehrere Stationen versuchen, in einem Fenster zu senden. In diesem Fall wird die Prozedur wiederholt, wobei nun die nächsten beiden Adreßbits den Ausschlag geben. In dem Fehlerfall, daß zwei Stationen die gleiche Adresse haben, wird die Prozedur bis zu den letzten beiden Adreßbits durchgeführt, anschließend würfeln die noch beteiligten Stationen zwei Bits zufällig aus, und beteiligen sich mit diesen an der Konfliktauflösungsprozedur. Auf diese Weise werden die Stationen differenziert und die Station, die, ggf. nach wiederholter Verwürfelung, den Token erhält, wird eingegliedert. Die andere Station stellt nun fest, daß ihre Adresse bereits vergeben ist, erzeugt eine Fehlermeldung und versucht nicht mehr sich einzugliedern.

Im Bild 12.19 sind die wesentlichen Zustände, in denen sich eine Station an einem Token-Bus-LAN befinden kann und die möglichen Zustandsübergänge dargestellt. Dem Bild ist zu entnehmen, daß das Protokoll recht komplex ist. Für weitere Details wird dem Leser die IEEE 802.4-Spezifikation empfohlen.

Der **Token Ring** wird im IEEE 802.5-Standard spezifiziert. Er wurde vor allem von IBM für die Vernetzung ihrer Rechner konzipiert und weiterentwickelt.

Die physikalische Struktur des Ringes ist im Bild 12.20 dargestellt. Wesentlich ist, daß es sich um eine gerichtete Übertragung handelt und die Stationen aktiv in dem Ring eingebunden sind, d.h. daß sie die Signale regenerieren. Dies hat den Vorteil, daß im Vergleich zu einer passiven Struktur wesentlich größere Entfernungen überbrückt werden können. Auch der Einsatz von Lichtwellenleitern für die Verbindung zwischen den Stationen ist einfach möglich. Nachteil dieser Struktur ist, daß der Ausfall einer Station den Ring unterbricht. Deshalb wird eine Anschlußtechnik verwendet, die es ermöglicht, eine Station im Störungsfall zu umgehen bzw. den Ring kurzzuschließen und somit ihn zu heilen (*bypass technique*).

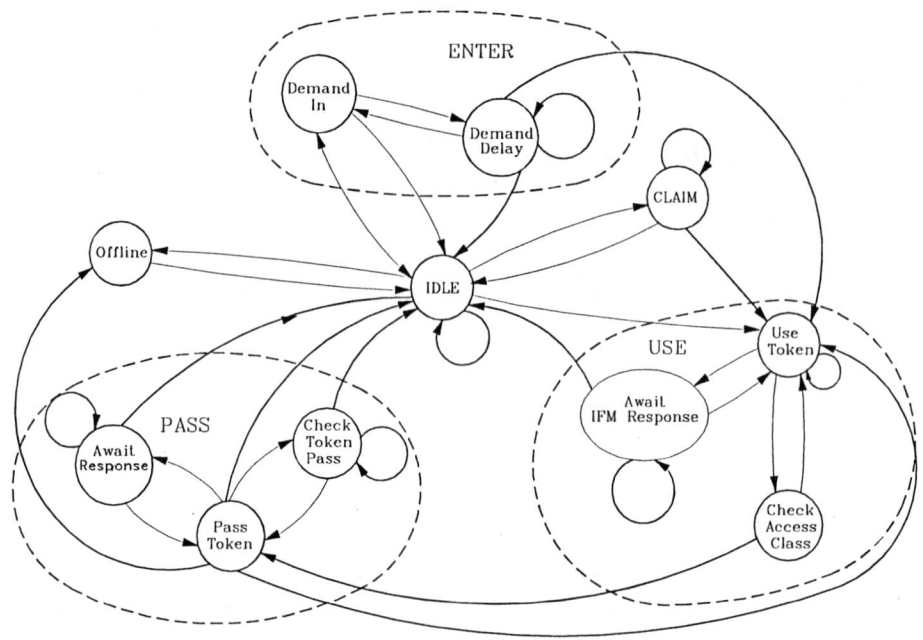

Bild 12.19   Zustandsdiagramm einer Token-Bus-Station nach IEEE 802.4

Als Übertragungsmedium werden verdrillte Doppeladern verwendet. Die Übertragungsgeschwindigkeit beträgt 1,4 und gelegentlich auch 16 Mbit/s. Bei 4 Mbit/s können auf verdrillten, geschirmten Doppeladern bis zu 260 Stationen an einem Ring angeschlossen werden, dessen Gesamtlänge dann etwa 50 km betragen kann.

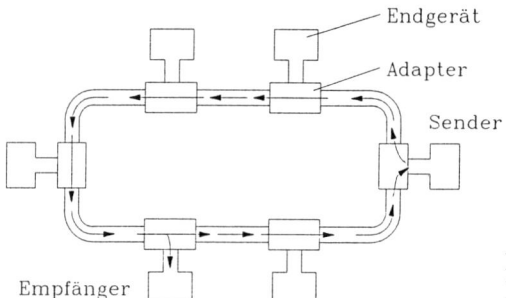

Bild 12.20
Physikalische Struktur des Token Ringes

Typisch für den Token Ring ist, daß die Stationen die Meldungen Bit für Bit erhalten, die einzelnen Bits lesen, ggf. diese verändern und an die nächste Station
weiterreichen. Eine Meldung wandert auf diese Weise vom Sender zum Empfänger
über den ganzen Ring zurück zum Sender, der die Meldung vom Ring entfernt; der
Empfänger kopiert lediglich die an ihn adressierte Meldung. Bei dieser Arbeitsweise
haben die einzelnen Stationen zu einem Zeitpunkt einen unterschiedlichen Informa-
tionsstand. Es ist deshalb nicht möglich, eine gemeinsame Überwachung des Ringes
durchzuführen. Eine ausgewählte Station führt deshalb die Überwachung (*moni-
toring*) durch. Die Stationen sind so ausgelegt, daß jede Station diese Funktion
übernehmen kann. Die überwachende Station verzögert auch den Token-Rahmen
um 24 Bit, so daß die sendende Station auch bei einem sehr kleinen Ring den
vollständigen Token absenden kann, bevor sie ihn wieder empfängt. Wir werden
weitere Funktionen der überwachenden Station im folgenden noch kennenlernen.

Im Bild 12.21 ist das Meldungsformat für den Token Ring nach IEEE 802.5 wiedergegeben. Als Leitungscode wird der Differential Manchester Code, den wir bereits
im Kapitel 8.2 kennenlernten, verwendet. Kennzeichnend für diesen Code ist, daß
in der Bitmitte stets ein Nulldurchgang stattfindet. Ein Sprung am Bitanfang zeigt
eine Null, kein Sprung eine Eins an. Beim Token Ring wird die Verletzung der
Coderegel, daß in der Bitmitte stets ein Übergang stattfindet, verwendet, um zwei
weitere Zeichen zu codieren. Findet kein Sprung am Bitanfang des regelverletzenden
Bits statt, so wird es mit J, andernfalls mit K bezeichnet.

Die Symbole J und K werden nur in den Trennzeichen (Delimiter) verwendet.
Dies ermöglicht, die Trennzeichen im laufenden Bitstrom leicht aufzufinden. Das
Beginn-Trennzeichen (Start Delimiter) besteht in dieser Bezeichnung aus der Folge
JK0JK000.

Der Token besteht aus einem verkürzten Rahmen aus drei Bytes: dem Beginn-
Trennzeichen (*Start Delimiter*), dem Zugangssteuerfeld (*Access Control*) und dem
Ende-Trennzeichen (*End Delimiter*). Das Zugangssteuerfeld (*Access Control*) besteht aus drei Prioritätsbits, dem Token-Bit, dem Monitor-Bit und drei Reservierungsbits. In den Prioritätsbits und Reservierungsbits können jeweils 8 Prioritäten
angegeben werden. Eine Station, die einen Token mit T = 0 erhält (*free token*),
darf Meldungen mit Prioritäten höher oder gleich der in den drei Prioritätsbits ein-
getragenen Priorität senden. Sie verändert das Token-Bit T zu 1 und ergänzt den
Rahmen zu einem vollständigen Informationsrahmen.

Eine Station, die einen Rahmen mit T = 1 erhält (*busy token*) und Meldungen zu
senden hat, überprüft die Reservierungsbits. Ist die hier eingetragene Reservierungs-
priorität niedriger als die der zu sendenden Meldungen, so ändert die Station die
Reservierungsbits auf die höhere Priorität. Wenn die sendende Station einen freien
Token generiert, setzt sie die Prioritätsbits auf den Wert der Reservierungsbits. Somit ermöglicht sie es einer Station mit der hohen reservierten Priorität, den Token
zu nutzen. Die Station, die die Reservierungsbits gesetzt hat, setzt diese wieder herunter, wenn sie ihre Meldungen dieser Priorität abgesetzt hat. Ein neugenerierter
Rahmen enthält das Monitorbit M = 0. Die überwachende Station (*active Monitor*)

(Alle numerischen nichtbezeichneten Werte tragen die Einheit : Byte)

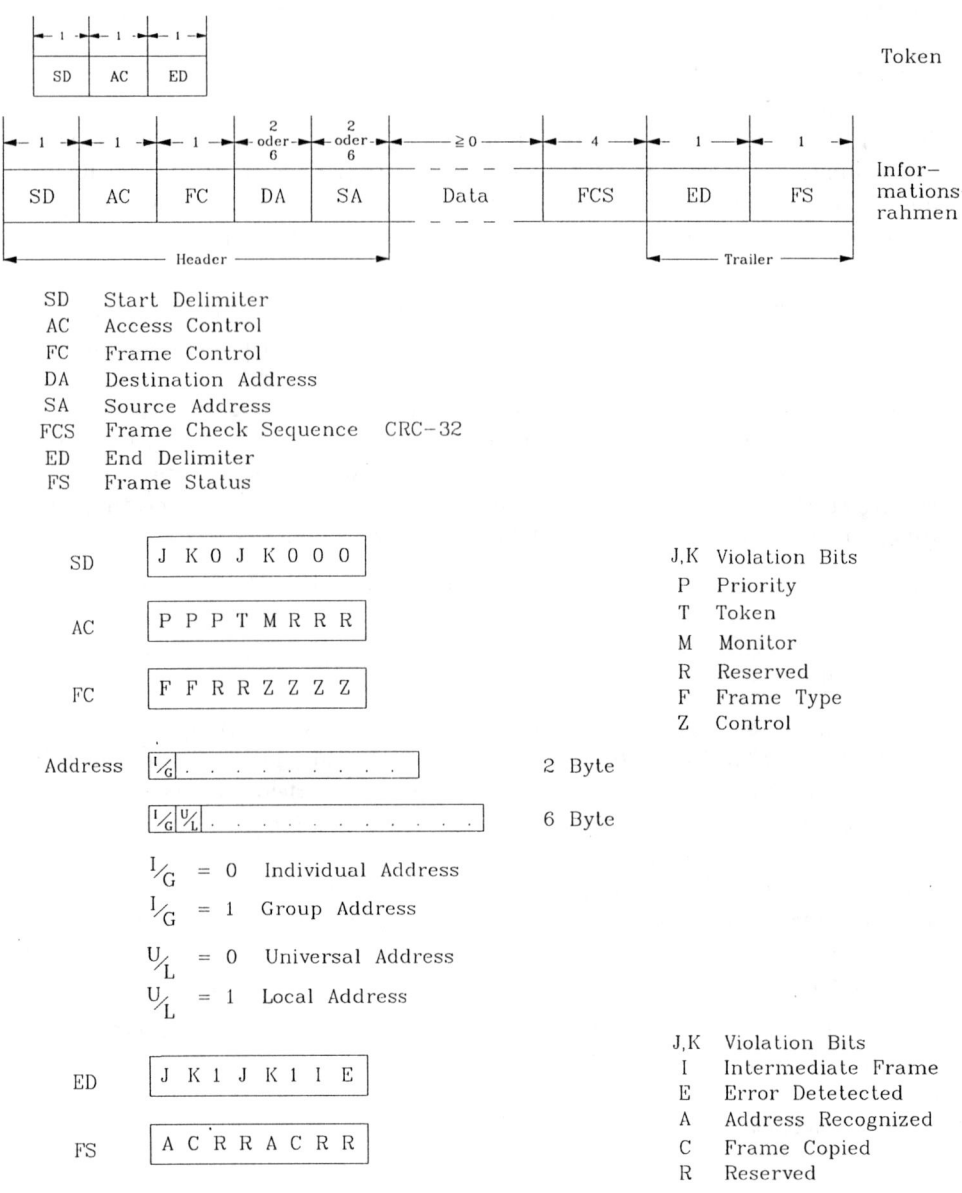

SD   Start Delimiter
AC   Access Control
FC   Frame Control
DA   Destination Address
SA   Source Address
FCS   Frame Check Sequence   CRC-32
ED   End Delimiter
FS   Frame Status

J,K   Violation Bits
P   Priority
T   Token
M   Monitor
R   Reserved
F   Frame Type
Z   Control

I/G = 0   Individual Address
I/G = 1   Group Address
U/L = 0   Universal Address
U/L = 1   Local Address

J,K   Violation Bits
I   Intermediate Frame
E   Error Detetected
A   Address Recognized
C   Frame Copied
R   Reserved

Bild 12.21 Token-Ring-Meldungsformat

setzt stets M = 1. Wenn ein Rahmen mit M = 1 an der überwachenden Station vorbeikommt, nimmt sie den Rahmen vom Ring und generiert einen freien Token. Dies verhindert, daß eine Meldung mehrfach im Ring kreist und ihn blockiert.

Das Rahmensteuerfeld (*Frame Control*) gibt den Rahmentyp an. Die ersten beiden Bits FF geben an, ob es sich um einen Steuerrahmen (FF = 00) handelt. Die weiteren Bits sind für künftige Anwendung reserviert (RR) oder übermitteln Steuerinformation(ZZZZ).

Die Adressierung und die zyklische Fehlerprüfung entsprechen denen beim CSMA/CD-Verfahren nach IEEE 802.3. Die zyklische Fehlerprüfung erstreckt sich von *frame control* bis einschließlich der *frame check sequence*. Dies läßt zu, daß dem Protokoll entsprechend bestimmte Bits von Zwischenstationen verändert werden können, ohne daß FCS einen Fehler anzeigt.

Das Ende-Trennzeichen (*End Delimiter*) zeigt das Ende eines Rahmens an. Das I Bit (Intermediate Frame Bit), wenn auf 0 gesetzt, zeigt, daß es sich um den letzten Rahmen einer logischen Gruppe von mehreren zu übertragenden Rahmen oder um einen Einzelrahmen handelt.

Das E Bit (*Error Detected*) zeigt normalerweise 0 an. Findet eine Station eine Fehlerbedingung im Rahmen (z.B. FCS zeigt einen Fehler an, Codeverletzungen treten außerhalb der Trennzeichen auf, Rahmenlänge ist nicht ganzzahliges Vielfaches eines Bytes), so setzt sie E = 1. Die Sendestation erkennt die Fehleranzeige, wenn der Rahmen zu ihr zurückkommt und kann den Rahmen wiederholen.

Das letzte Byte des Rahmens gibt den Rahmenstatus an (*Frame Status*) und wird somit für besondere Steuerungsaufgaben verwendet. Da das Byte durch FCS nicht geschützt ist, werden die ersten vier Bits in der zweiten Bytehälfte wiederholt und dienen somit zur Fehlererkennung. Das A Bit wird von der Sendestation auf 0 gesetzt. Erkennt eine Station, daß der Rahmen an sie adressiert war, setzt sie A auf 1. Die Sendestation erfährt, daß eine Station, die von ihr adressiert wurde, existiert, sobald der Rahmen mit A = 1 zu ihr zurückkommt. Diese Prozedur kann auch von einer Station verwendet werden, um festzustellen, ob eine andere Station mit ihrer Adresse bereits im Ring existiert. Hierzu braucht sie lediglich eine Meldung an sich selbst zu adressieren. Das C Bit (*Frame Copied*) wird vom Sender auf 0 gesetzt. Sobald die Empfangsstation die an sie gerichtete Meldung kopiert hat, setzt sie C auf 1. Der zurückkehrende Rahmen mit C = 1 (und A = 1) bestätigt dem Sender, daß der Empfänger die Meldung erhalten hat.

Wie wir gesehen haben, spielt die überwachende Station (*active monitor*) im Token Ring eine besondere Rolle. Insbesondere ist sie zuständig für das Erzeugen des Ringtaktes, das Verzögern des Tokens um 24 Bit, das Unterbinden von kreisenden Meldungen im Ring und für das Räumen des Ringes bei undefinierten Zuständen und Erzeugen des neuen Tokens.

In regelmäßigen Abständen sendet die aktive Überwachungsstation die Meldung *Active Monitor Present*, und zeigt damit den anderen Stationen, daß sie aktiv ist. Im

Fehlerfall wird eine *Token Claiming*-Prozedur eingeleitet. Am Ende dieser Prozedur erhält die beteiligte Station mit der höchsten Adresse die Monitorfunktion – die vorherige Monitorstation wird von der Prozedur ausgeschlossen.

Das Eingliedern einer Station wird in mehreren Schritten durchgeführt. Zunächst führt sie bei kurzgeschlossenem Adapter interne Tests durch, dann hört sie den Ring ab, ggf. leitet sie dann die *Token Claiming*-Prozedur ein. Sobald sie einen freien Token erhält, überprüft sie, wie bereits beschrieben, die Eindeutigkeit ihrer Adresse, ggf. koppelt sie sich wieder ab. Falls die Adresse eindeutig ist, erfragt sie die Adresse der Station vor ihr und identifiziert sich gegenüber der Folgestation. Gewöhnlich werden die Adressen der Nachbarn nicht benötigt. Im Fehlerfall einer Station kann die Folgestation die Ausgliederung der Station erwirken. Als letzten Schritt überprüft die Station ihre Kompatibilität mit dem Ring und setzt ggf. die erforderlichen Parameter auf zulässige Werte.

Die Komplexität des Token Ringes ist vergleichbar mit der Komplexität des Token Busses. Während der Bus überwiegend in Fabrikumgebung eingesetzt wird, findet der Ring überwiegend in der Büroumgebung Einsatz.

Beispiel 12.6
Ein Token Ring wird mit 4 Mbit/s betrieben und ist 10 km lang. Die Signallaufzeit beträgt 4,2 μs pro km. Es sind 100 Stationen am Ring angeschaltet. Pro Station wird eine Verzögerung von 1 Bit d.h. 0,25 μs verursacht. Bei 100 Stationen sind dies zusammen 25 μs. Der Monitor fügt eine Verzögerung von 24 Bit d.h. 6 μs hinzu. Die Signallaufzeit beträgt 42 μs. Somit verweilt ein Bit 73 μs im Ring. Die Tokenumlaufzeit beim Ring ohne Verkehr beträgt somit (73 + 6) μs = 79 μs.

Eine Meldung mit 1024 Byte Daten und 6 Byte Adresslänge besteht insgesamt aus
$$(1024 + 21) \ Byte. \ Sie \ verweilt \left(\frac{1045 \times 8}{4} + 73 \right) \mu s \ = \ 2,163 \ ms \ auf \ dem \ Ring.$$

12.4   WANs, MANs, HSLANs

Mit wachsendem Einsatz von Rechnern steigt auch der Bedarf nach ihrer Vernetzung. Viele Leistungen werden vermehrt von einzelnen Rechnern als Server zur Verfügung gestellt. Auch viele Ressourcen wie hochwertige Drucker, Massenspeicher, Datenbanken usw. werden zentral aufgebaut. Als Folge nimmt sowohl die Anzahl der Lokalen Netze als auch ihre Ausdehnung zu.

Wir haben bereits gesehen, daß **Repeater** als Signalregeneratoren eingesetzt werden, um die geographische Ausdehnung eines Lokalen Netzes zu vergrößern. Ihre Aufgabe wird nach der OSI-Modellierung der Schicht 1 zugeordnet. Repeater verlängern lediglich die Reichweite eines Lokalen Netzes; das Segment, das durch den Repeater bedient wird, ist ein inhärenter Teil des Netzes.

Eine Einrichtung, die zwei Lokale Netze unter Einhaltung der Vielfachzugriffsregeln

beider Netze (d.h. auf MAC – Medium Access Control-Basis) miteinander verbindet, wird als Brücke bzw. **Bridge** bezeichnet. Im einfachsten Fall verhält sich eine
Brücke als ein Teilnehmer an beiden Netzen. Tritt eine Meldung in einem Netz für
einen Teilnehmer des zweiten Netzes auf, so übernimmt die Brücke die Meldung und
speist diese entsprechend den MAC-Regeln in das zweite Netz ein. Hierbei werden
ggf. auch Umwandlungen des Rahmenformats vorgenommen. Die Aufgaben einer
Brücke werden nach der OSI-Modellierung der Schicht 2 zugeordnet.

In einer etwas weiter entwickelten Form beobachtet die Brücke die auftretenden
Meldungen in beiden Netzen und lernt daraus, welche Teilnehmer an welchem Netz
angeschlossen sind (*self learning bridge*). Änderungen im Netz werden also von der
Brücke automatisch berücksichtigt – sie verhält sich in diesem Sinne adaptiv.

Werden mehrere Lokale Netze über Brücken miteinander verbunden, so entsteht das
Problem, daß es zwischen zwei Teilnehmern am Netz mehrere Wege geben kann.
Gewöhnlich wird dann ein kürzester Weg verwendet – wobei das Kriterium die
Anzahl der überquerten Netze oder aber auch die erforderliche Übertragungszeit
(die ja vom Verkehr abhängig ist) sein kann.

In einer Variante wird ein Baum (d.h. ein Graph ohne Maschen) über das gesamte
Netz gespannt und die Zweige des Baumes als Routen verwendet (*spanning tree algo-
rithm*). Die Routing-Tabelle wird auf diese Weise eindeutig festgelegt. Meist handelt
es sich beim gewählten Baum um einen in einer definierten Weise optimalen Graphen. Dieses Verfahren wird häufig verwendet, um CSMA/CD-Netze miteinander
zu verbinden.

In einer anderen Variante werden zunächst Probemeldungen (*Explorer*) vom Sender
an den Empfänger gesendet. Diese werden von den Brücken an die angeschlossenen
Netze weitergeleitet, wobei die Brücken die Pakete mit der jeweiligen Brückenken-
nung markieren. Auf diese Weise gelangen mehrere Probemeldungen über verschiedene Wege zum Empfänger und enthalten Information über die jeweils verwendete Route. Vom Empfänger werden die Meldungen an den Sender zurückgeschickt.
Dieser wertet die Information aus, legt die für die Datenmeldungen zu verwendende
Route fest und trägt die Routinginformation in die Paketköpfe der Datenmeldungen
ein. Diese Information wird von den Brücken ausgewertet und die Pakete werden
entsprechend geroutet. Das Verfahren wird als **Source Routing** bezeichnet und
wird für Token-Ring-Netze verwendet.

Um zu kennzeichnen, daß eine Bridge auch Routing-Information (OSI-Schicht 3)
verarbeitet, wird sie gelegentlich als **Brouter** (Bridge-Router), der Routing-Information verarbeitende Teil als **Router**, bezeichnet. Leider werden die Bezeichnungen
in der Literatur nicht einheitlich verwendet.

Häufig werden auch öffentliche Netze verwendet, um Verbindungen von einem Lokalen Netz zum Rechner an einem öffentlichen Netz oder zwischen zwei Lokalen
Netzen herzustellen. Man spricht dann auch von **WANs – Wide Area Networks**.

Einrichtungen, die es ermöglichen, Lokale Netze an andere Netze zu koppeln, werden als **Gateways** bezeichnet – hierbei wird unterstellt, daß die drei untersten Schichten des OSI-Modells (die Bitübertragungs-, die Sicherungs- und die Vermittlungsschicht) angepaßt werden. Typische Beispiele sind Ethernet-X.25- und Token Ring-ISDN-Gateways.

Der technologische Fortschritt, vor allem in der Mikroelektronik und in der Glasfasertechnik, hat dazu geführt, daß schnelle Lokale Netze – **HSLANs** (**H**igh **S**peed **LAN**s) – mit Bitraten von 100 Mbit/s und darüber realisiert werden können. Sie werden eingesetzt, um schnelle Rechner und/oder Lokale Netze zu verbinden. Häufig bilden sie die zweite Hierarchie (**Backbone Network**) in großen privaten Netzen. Wir wollen im folgenden vier HSLANs – FDDI, DQDB, CRMA und ATMR – kennenlernen.

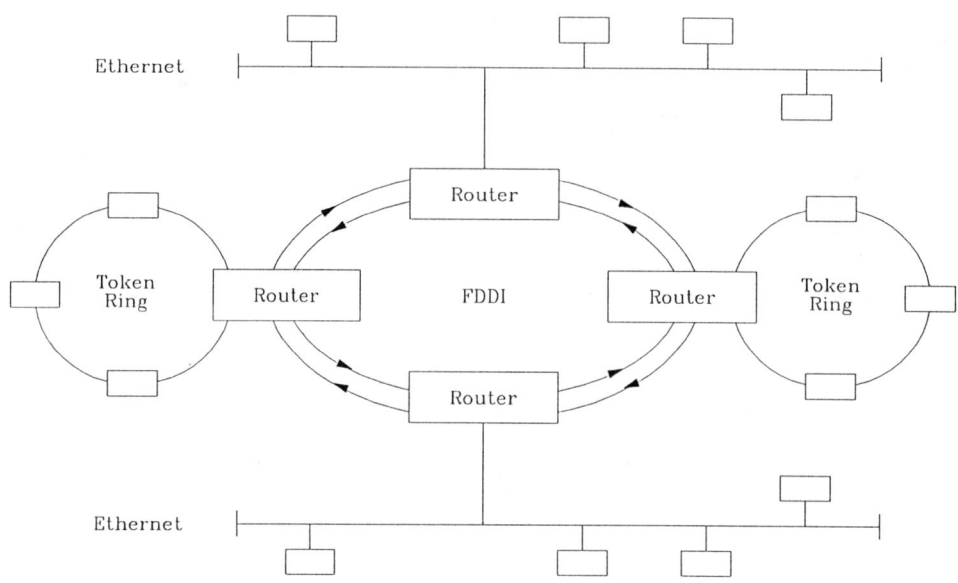

Bild 12.22   FDDI als Backbone Netz

FDDI (**F**iber **D**istributed **D**ata **I**nterface) wurde ursprünglich von ANSI (**A**merican **N**ational **S**tandard **I**nstitute) Task Group X3T9.5 spezifiziert und wurde inzwischen als ISO IS 9314 weltweit genormt. FDDI ist ein HSLAN, das auf dem Token-Ring-Protokoll basiert und auf Glasfaser bei 100 Mbit/s realisiert wird. Es wird häufig zur Kopplung von Ethernet und Token-Ring-LANs verwendet (s. Bild 12.22), eignet sich aber auch für die schnelle Back-End (Mainframe-to-Mainframe)- und Front-End(Workstation-to-Workstation)Kopplung. Die große Ausdehnung (über 100 km) ermöglicht es auch, regionale Netze (**MANs** – **M**etropolitan **A**rea **N**etworks) zu bilden.

Im FDDI sind zwei Arten von Stationen vorgesehen (s. Bild 12.23): zweiseitig angeschlossene Stationen (**DAS** – **D**ual **A**ttached **S**tations) und einseitig angeschlossene

a) Stern   b) Baum

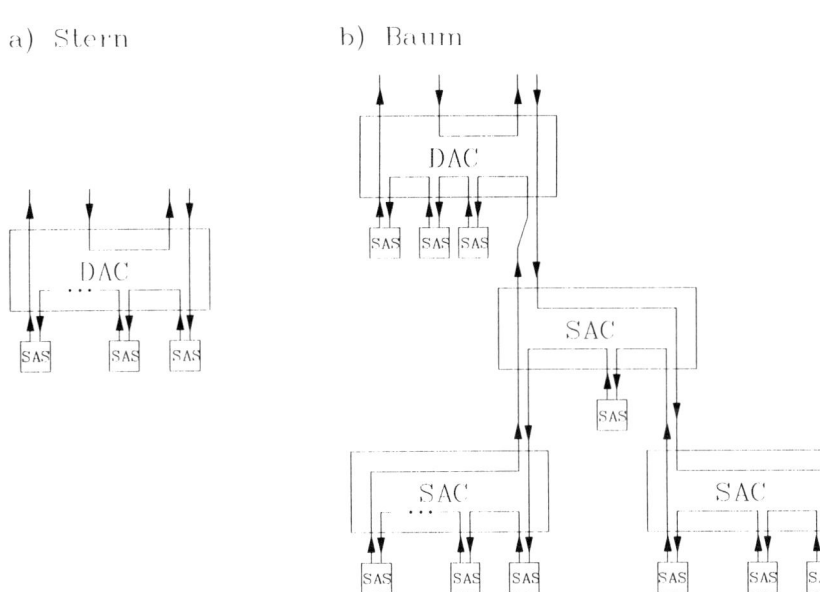

c) Dual Ring

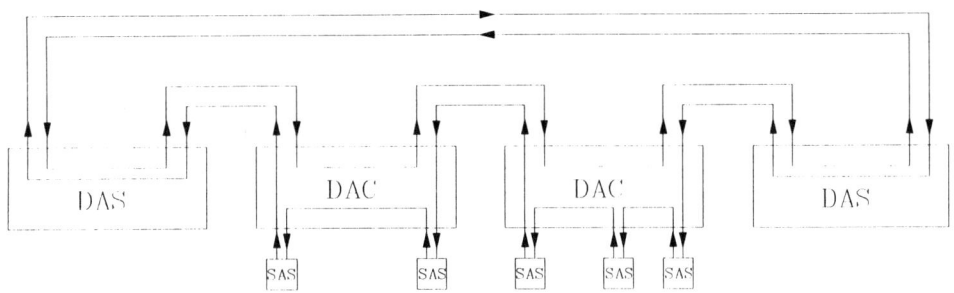

Bild 12.23   FDDI-Stationstypen und mögliche Topologien
DAC: Dual Attached Concentrator
SAC: Single Attached Concentrator
DAS: Dual Attached Station
SAS: Single Attached Station

Stationen (**SAS** – **S**ingle **A**ttached **S**tations). Entsprechend werden auch zwei Arten
von Konzentratoren eingesetzt. Es ist möglich, mit diesen vier Elementen die unterschiedlichsten Strukturen zu realisieren, wobei zur Zeit der Dual Ring die häufigste
Realisierung ist. Der Dual Ring wird so ausgelegt, daß im Störungsfall die Störstelle
durch Kurzschluß ausgeschlossen wird und das Lokale Netz als einfacher Ring weiter
betrieben werden kann (Bild 12.24).

Im Gegensatz zum Token Ring ist beim FDDI die Dauer der Sendeberechtigung

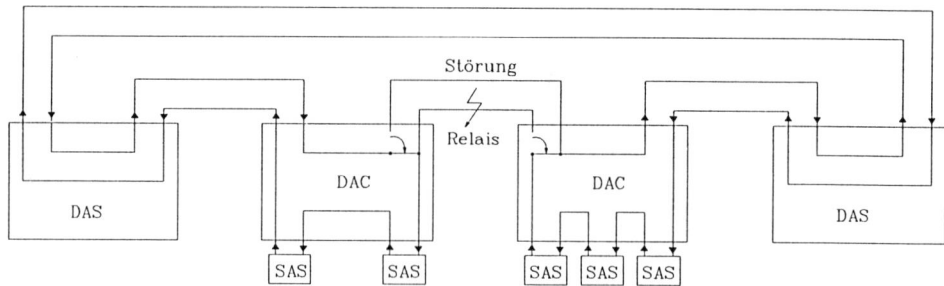

Bild 12.24 Heilung beim Dualen Ring

(**THT** – **T**oken **H**olding **T**ime) lastabhängig. Das Protokoll wird deshalb auch als *timed token rotation protocol* bezeichnet. In der Initialisierungsphase wird die kleinste unter den Stationen gewünschte Zyklusdauer (**TTRT** – **T**arget **T**oken **R**otation **T**ime) festgelegt. Jede Station mißt die aktuelle Zyklusdauer (**TRT** – **T**oken **R**otation **T**ime) und errechnet daraus die Dauer der Sendeberechtigung (THT) wie folgt

$$THT = TTRT - TRT. \tag{12.30}$$

Der Nachrichtenverkehr im Netz wird in zwei Kategorien aufgeteilt – synchron und asynchron[1]. Erhält eine Station einen freien Token, so sendet sie grundsätzlich die vorliegenden zum Synchronverkehr gehörenden Meldungen ab. Die maximale Rahmenlänge beträgt stets 4500 Byte. Liegen auch Meldungen des asynchronen Verkehrs vor, so können sie abgesendet werden, solange die gesamte Sendedauer geringer als die berechnete THT ist. Ist die berechnete THT jedoch ≤ 0, so wird kein asynchroner Verkehr bedient, sondern die Sendeberechtigung weitergegeben. Das Protokoll garantiert auf diese Weise, daß die Verzögerungszeit für synchrone Meldungen unter einem festgelegten Wert bleibt.

Ferner wird beim FDDI mit der Tokenweitergabe nicht gewartet, bis die Meldung beim Sender wieder ankommt. Zwar ist wie beim Token Ring der Sender zuständig für die Abnahme des Rahmens vom Ring nach einem Umlauf, der Token wird jedoch unmittelbar am Ende des Rahmens weitergereicht. Da der Verzug im FDDI gewöhnlich mehrere tausend Bits beträgt, können zu einem festen Zeitpunkt auch mehrere Rahmen auf dem Ring sein, wenn dieser lang genug ist.

Die anderen FDDI-Abläufe, wie Prioritäten beim asynchronen Verkehr, der *Token Claim*-Prozeß, die Ein- und Ausgliederung usw., sind identisch oder ähnlich wie beim Token Ring. Auch eine gemischte Adressierung (2 und 6 Byte) ist möglich.

Die Weiterentwicklung von FDDI, als **FDDI-II** bezeichnet, sieht die Erweiterung für plesiochronen Verkehr vor. Es werden 16 Kanäle von 6,144 Mbit/s (d.h. 3xPCM

---

[1]Die Bezeichnung synchron weist hier lediglich darauf hin, daß eine Echtzeitanforderung erhoben wird. Der Verkehr ist tatsächlich nicht synchron im Sinne der Definition im Abschnitt 9.2.

30 bzw. 4xPCM 24) hierfür vorgesehen – etwa 1 Mbit/s verbleiben dann für das Tokenverfahren. Die Zuordnung des plesiochronen Verkehrs wird über ein dynamisches Reservierungsverfahren vorgenommen; die verbleibende Kapazität ist für das Tokenverfahren verfügbar.

Ein darüber hinausgehender Vorschlag wird als **FFOL – FDDI Follow-on LAN** bezeichnet. FFOL zielt auf die Standardisierung eines neuen HSLANs der 3. Generation im Gbit/s-Bereich ab. Die Arbeiten werden im gleichen Gremium X3T9.5 (ANSI) wie zuvor für FDDI/FDDI-II durchgeführt [ROS 2].

Der **D**istributed **Q**ueue **D**ual **B**us (**DQDB**) wurde von der University of Western Australia und der Australian Telecom Mitte der 80er Jahre als HSLAN unter der Bezeichnung **QPSX** (**Q**ueued **P**acket and **S**ynchronous **E**xchange) konzipiert. Es wurde von der gleichnamigen neugegründeten Firma QPSX in Australien weiterentwickelt, 1987 zur Standardisierung vorgeschlagen und im Juli 1991 als IEEE 802.6 DQDB MAN Standard verabschiedet.

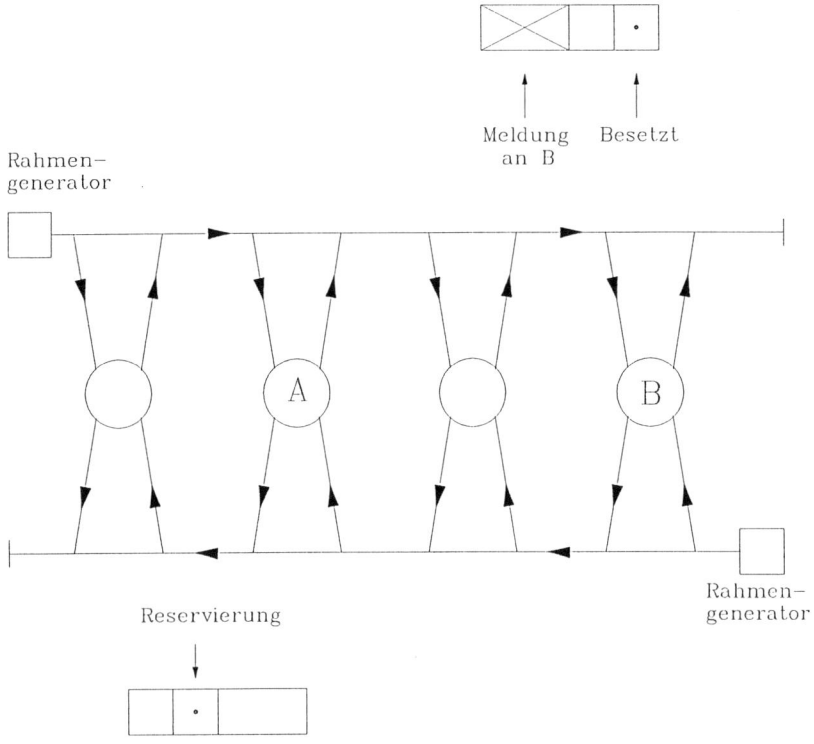

Bild 12.25   DQDB-Busarchitektur

Wie die Bezeichnung DQDB bereits impliziert, handelt es sich um ein System mit einer verteilten Warteschlangenverwaltung, die wir noch kennenlernen werden, und einer dualen Busstruktur. Als HSLAN kann es mit 155 Mbit/s auf Glasfaser betrieben werden und kann sich z.b. über einige 100 km erstrecken. Die Norm sieht unterschiedliche Geschwindigkeiten (34, 140, 155 Mbit/s) und eine Unabhängigkeit vom Übertragungsmedium vor. Die Busse sind gegenläufig ausgelegt (Bild 12.25) und jede angeschlossene Station hat Lese- und Schreibzugriff auf beide Busse. Der Schreibzugriff basiert auf einer logischen ODER-Verknüpfung, die so ausgelegt ist, daß Stationsausfälle den Betrieb nicht stören bzw. Stationen im laufenden Betrieb an- und ausgekoppelt werden können. Jeweils am Kopfende eines Busses erzeugt ein Generator die Rahmen in einem Takt von 125 μs. Die Rahmen sind mit ATM kompatibel – ein DQDB-*Slot* entspricht einer ATM-Zelle (siehe Bild 12.26). Die Rahmengenerierung kann von jeder Station übernommen werden. Wird der duale Bus als Ring ausgelegt (Bild 12.27), so kann deswegen im Störungsfall die Störungsstelle durch Kurzschluß ausgeschlossen und das System weiter betrieben werden.

Um die verteilte Warteschlangenverwaltung kennenzulernen, betrachten wir zunächst ein System, in dem keine Prioritäten vorgesehen sind. Jeder DQDB-*Slot* hat in diesem Fall ein *Busy*-Bit, das anzeigt, ob der *Slot* besetzt oder frei ist und eines, das aufzeigt, ob ein Sendewunsch vorliegt. Hat eine Station A eine Meldung für eine Station B (Bild 12.25), so verwendet sie den Bus in Richtung B zur Übertragung der Meldung. Dieser Bus wird nachfolgend als "eigener Bus" bezeichnet. Zunächst meldet sie ihren Sendewunsch auf dem Bus in der entgegengesetzten Richtung. Hierzu wartet sie, bis ein nichtgesetztes *Request*-Bit auf diesem Bus vorbeikommt und setzt dieses. Die verteilte Warteschlangenverwaltung besteht nun darin, daß jede Station (jeweils für jeden Bus) einen *Request*-Zähler hat. Dieser wird um eins hochgesetzt, wenn ein Sendewunsch (auf dem entgegengesetzten Bus) ankommt und um Eins herabgesetzt, wenn ein freier *Slot* (d.h. *Slot* mit nicht gesetztem *Busy*-Bit) auf dem eigenen Bus vorbeigeht. Der *Request*-Zähler gibt somit an, wieviele Sendewünsche in Abwärtsrichtung an einem Bus noch warten (= angemeldete Sendewünsche – freie *Slots* die zur Verfügung standen). Sobald eine Station eine Meldung abzuschicken hat, kopiert sie den Zählerstand in einen zweiten *Countdown*-Zähler. Nun wird für jeden leeren *Slot*, der auf dem eigenen Bus vorbeigeht auch der *Countdown*-Zähler um Eins herabgesetzt. Wenn der *Countdown*-Zähler den Wert Null erreicht, wird der nächste leere *Slot* als *busy* gekennzeichnet und verwendet, um die Meldung abzusetzen. Der *Request*-Zähler wird während dieser Zeit weitergeführt. Sein Wert dient entsprechend für die nächste Meldung. Die beschriebene Zählerführung weicht geringfügig von der Normung ab, vereinfacht jedoch das Verfahren etwas.

Es ist nicht erforderlich, daß alle *Request*-Zähler eines Busses den gleichen Wert anzeigen – eine relative Zählung an jeder Station genügt um einen geregelten Betrieb zu gewährleisten. Deshalb ist auch eine Ein- und Ausgliederung von Stationen ohne weiteres mit einem beliebigem Initialwert des Zählers möglich.

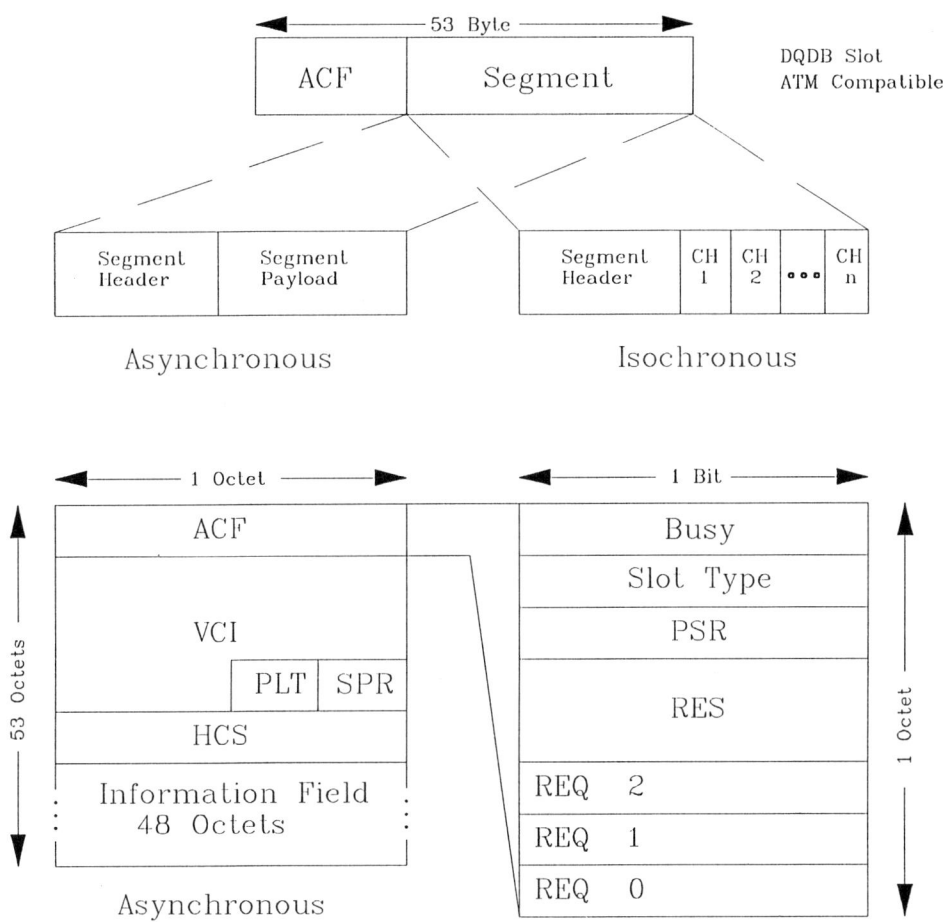

Bild 12.26 DQDB-Rahmenstruktur nach IEEE 802.6
ACF: Access Control Field
CHn: Channel n
HCS: Header Check Sequence
PLT: Pay Load Type
PSR: Previous Slot Received
RES: Reserved
SPR: Segment Priority
VCI: Virtual Channel Identifier
REQ: Request

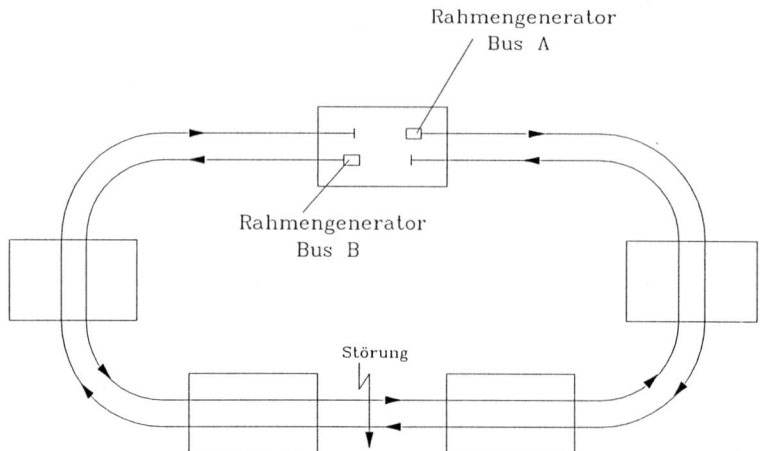

a) Original Konfiguration

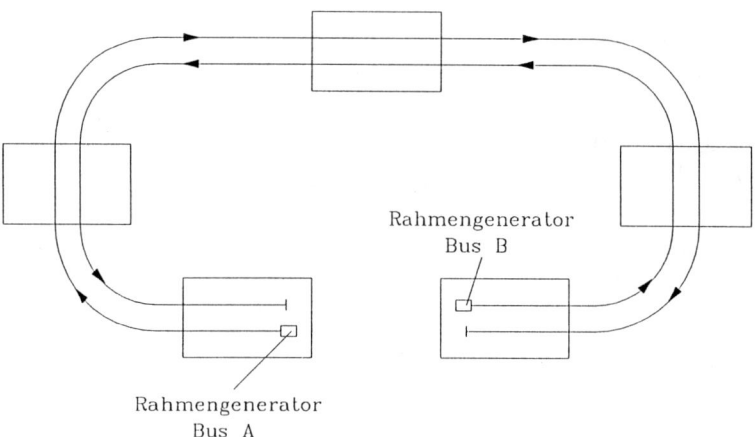

b) Konfiguration nach der Heilung

Bild 12.27 Heilungsvorgang beim geschleiften Dualen Bus
a) Original Konfiguration b) Konfiguration nach Heilung

Das DQDB-Verfahren ist besonders effizient bei hoher Last, denn dann kann praktisch jeder *Slot* besetzt, die Buskapazität somit voll ausgeschöpft werden. Das Protokoll in der bisher betrachteten Form hat den Nachteil, daß es nicht fair ist – d.h. es werden nicht alle Stationen gleich behandelt. Einerseits sind die Stationen in der Busmitte insofern bevorzugt, als sie im Mittel einen geringen Abstand zu anderen Stationen haben als Stationen am Busrand. Andererseits sind Stationen am Busrand insoweit im Vorteil, als sie sich unmittelbar am Rahmengenerator befinden und entsprechend unverhältnismäßig viele leere *Slots* erhalten. Bei entsprechend großer Entfernung und niedriger Belastung überwiegt der erste Einfluß. Um Fairneß zwischen den Stationen zu erzwingen, wird ein sogenannter **Bandwidth Balancing Algorithmus** angewandt. In Abhängigkeit der erfolgreich abgesetzten Meldungen werden die Stationen (durch Erhöhung der *Request-* und *Countdown*-Zähler) jeweils angehalten, freie *Slots* passieren zu lassen.

Die Verwendung von Prioritäten bei DQDB erfordert, daß für jede Prioritätsklasse gesonderte *Request-* und *Countdown*-Zähler geführt werden. Der *Request*-Zähler einer Priorität wird um Eins heraufgesetzt, wenn ein Sendewunsch der gleichen oder höheren Priorität gemeldet wird; er wird beim Passieren eines leeren *Slots* jeweils um Eins herabgesetzt. Auch der *Countdown*-Zähler einer Prioritätsklasse wird um Eins heraufgesetzt, wenn ein Sendewunsch mit höherer Priorität ankommt. Dies ermöglicht, die höher priorisierte Meldung vor der wartenden Meldung der niedrigen Priorität zu bedienen.

Wie bei ATM müssen Nachrichten, die länger als 48 Byte sind, segmentiert werden. Die Struktur der DQDB-*Slots* (Bild 12.26) entspricht der ATM-Zelle, so daß wir die einzelnen Elemente nicht wieder betrachten wollen.

Das DQDB-Protokoll sieht vor, außer den bisher betrachteten asynchronen (Paket-) Verkehr auch plesiochronen Verkehr zu bedienen. Hierzu wird eine Reservierungsstrategie angewandt. Die jeweils mit 125 μs zyklisch auftretenden 8 Bit (d.h. 1 Byte) des Segment Payloads werden zu einem 64 kbit/s Kanal zusammengefaßt und für eine plesiochrone Verbindung verwendet. Die Reservierung wird (wie bei virtuellen Kanälen bei ATM) über VCI gesteuert. Die entsprechenden *Slots* werden vom Rahmengenerator als besetzt gekennzeichnet und stehen dem DQDB-Zugriffsprotokoll nicht zur Verfügung. Nach dem folgenden Beispiel betrachten wir ein weiteres **Reservierungsverfahren** bei einem HSLAN (dem CRMA) im Detail.

Beispiel 12.7

Wir betrachten eine Station eines DQDB-Busses. Die momentanen Zählerstände in einer Station sind in der folgenden Skizze dargelegt:

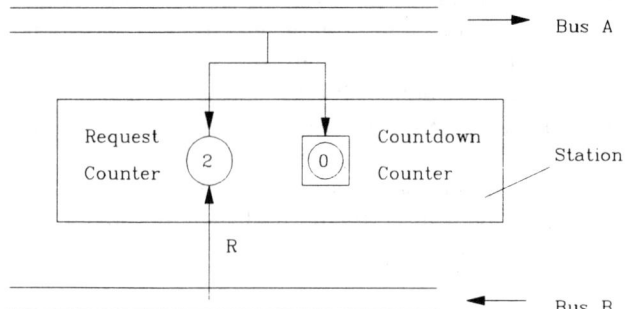

Folgende Meldungen (R = Reserve, B = Busy) kommen in der angegebenen Reihenfolge an den Bussen (A und B) vorbei.

A:	B=0, B:	R=0;	A:	B=0, B:	R=1;
A:	B=0, B:	R=0;	A:	B=1, B:	R=1;
A:	B=1, B:	R=1;	*Eine Meldung zur Übertragung liegt an der Station an.*		
A:	B=0, B:	R=1;	A:	B=1, B:	R=0;
A:	B=0, B:	R=1;	A:	B=0, B:	R=1;
A:	B=1, B:	R=1.			

Wir betrachten die Request- und Countdown-Counter und geben an, wann die Meldung abgeschickt werden kann.

Bus A	Bus B	Request-Counter	Countdown-Counter
		2	*0*
B=0	*R=0*	*1*	*0*
B=0	*R=1*	*1*	*0*
B=0	*R=0*	*0*	*0*
B=1	*R=1*	*1*	*0*
B=1	*R=1*	*2*	*0*
Meldung kommt an		*2* ⟶	*2*
B=0	*R=1*	*2*	*1*
B=1	*R=0*	*2*	*1*
Request wird abgesetzt, R=1			
B=0	*R=1*	*2*	*0*
B=0	*R=1*	*2*	*0*
Meldung wird abgesetzt, B=1			
B=1	*R=1*	*3*	*0*

Das **Cyclic Reservation Multiple Access (CRMA)**-Verfahren wurde im IBM Zürich Research Laboratory in Rüschlikon in der Schweiz entwickelt und 1990 vorgestellt [NAS]. Die zyklische Reservierung ermöglicht, daß ganze Nachrichten ohne Sequenzierung und Reassemblierung übermittelt werden können. Hierdurch werden

Wartezeiten vermieden, die wie bei DQDB dadurch entstehen, daß in den Stationen nur eine Zelle zu einer Zeit behandelt wird. Das Verfahren ist für HSLANs,
die sich über mehrere 100 km erstrecken und im Gbit/s-Bereich betrieben werden,
konzipiert.

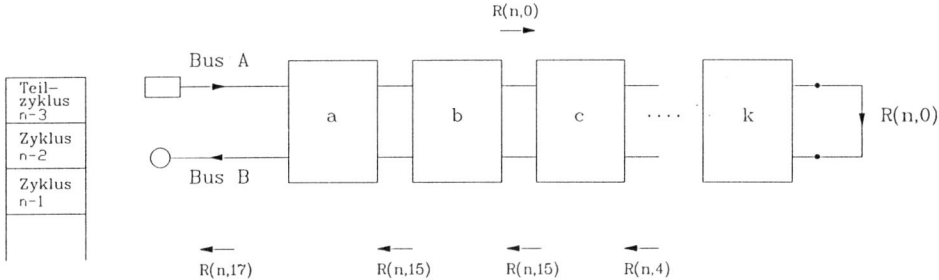

Bild 12.28   Gefalteter Bus mit Reservierungsaufruf
Reservierungen bei k: 4, c: 11, b: 0, a: 2

Es wird, wie bei DQDB, die duale Busstruktur verwendet, die in der vereinfachten
Version an einem Ende als gefalteter Bus ausgeführt werden kann (Bild 12.28). Der
Bitstrom wird in *Slots* fester Länge unterteilt. Diese bestehen aus einem Kopf (**ACF**
– **A**ccess **C**ontrol **F**ield) und einem Segment ähnlich wie bei DQDB (s. Bild 12.29).
Das *Command*-Feld im ACF dient der Signalisierung. Hierüber werden die Reservierungen vorgenommen und bestätigt. Das *Busy*-Bit zeigt an, ob ein *Slot* besetzt
oder frei ist. Die Kopfstation übernimmt zentral die Verwaltung der Warteschlange
der angemeldeten Reservierungen und erzeugt die *Slots* und die Rahmen, die Zyklen
genannt werden und eine variable Länge haben. Sie kennzeichnet den Zyklusbeginn
durch Setzen des *Start*-Zeichens im Kommandofeld und numeriert den Zyklus (Modulo $2^8 - 1$). In bestimmten Abständen sendet sie einen Reservierungsaufruf, der
am Busende zurückgeschleift wird. Dieser enthält die Nummer n des Zyklus, für
den die Reservierung vorgenommen wird und eine Zahl, die angibt, wieviele *Slots*
für den Zyklus reserviert werden.
Wenn eine Station den Reservierungsaufruf auf dem Rückweg erhält, erhöht sie diese Zahl um die Anzahl der *Slots*, die sie benötigt. Die Kopfstation erfährt auf diese
Weise, wieviele Slots für den Zyklus n insgesamt reserviert werden. Sie verwaltet
eine Warteschlange, in der angemeldete Zyklen nach dem FIFO-Prinzip abgefertigt
werden. Hat diese Warteschlange eine kritische Obergrenze (gemessen an der Zahl
der angemeldeten *Slots*) nicht überschritten, so bestätigt die Kopfstation die Reservierung und übernimmt den Zyklus in die Warteschlange. Ist der kritische Wert
erreicht, schickt sie eine *Reject*-Meldung für den Zyklus n; die Stationen erfahren dadurch, daß eine Überlast herrscht und eine Reservierung für sie nicht durchgeführt
wurde. Erhält eine Station in einem Zyklus *Slots*, die nicht als *Busy* gekennzeichnet sind, so darf sie soviele *Slots* belegen, wie sie für den Zyklus angemeldet hat.
Da der Zyklus am Kopfende generiert wird und die Stationen eine feste Reihenfol-

ge haben, erhält auch jede Station mindestens die angemeldete Anzahl von leeren Slots hintereinander weg. Eine größere Nachricht kann also auf mehrere, hintereinander liegende *Slots* einfach aufgeteilt werden. Dies ist ein wesentlicher Vorteil des CRMA-Protokolls.

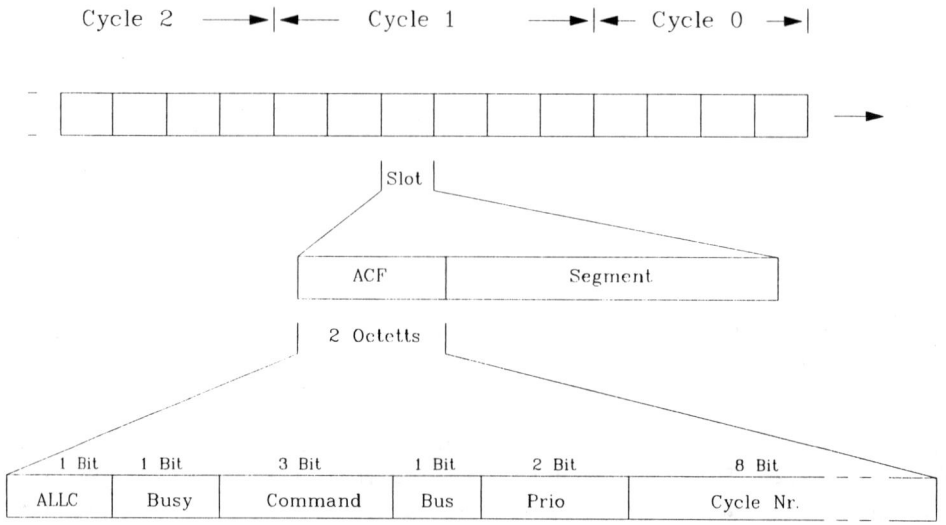

Bild 12.29   CRMA-Rahmenstruktur

ACF   Access Control Field

ALLC   Allocation

Command			
	0 0 0	No Operation	
	0 0 1	Start of Cycle	
	0 1 0	Reservation	
	1 0 0	Confirm	
	1 1 0	unused	
	1 0 1	Reject	
Bus	0	Bus A	
	1	Bus B	

Das Verfahren hat den Nachteil, daß jede Nachricht mindestens die Phase Reservierung und deren Bestätigung einschließlich der Signallaufzeit abwarten muß, bis sie gesendet werden kann. Um Nachrichten mit hohen Echtzeitanforderungen diese Wartezeit zu ersparen, werden auch *Slots* erzeugt, die nicht reserviert wurden. Die reservierten *Slots* werden durch das *Allocation*-Bit 1 (*Reserved*), die nicht reservierten durch 0 (*Gratis*) gekennzeichnet. Die nicht reservierten *Slots* werden stets erzeugt, wenn am Kopfende keine Reservierungen vorliegen. Eine Station, die eine Nachricht in nicht reservierten *Slots* übertragen möchte, versucht die ganze Nachricht in eine Folge von nicht reservierten, freien Slots zu übertragen. Gelingt dies nicht, muß die Nachricht erneut übertragen werden. Hierdurch wird erzielt, daß kein Aufwand für Segmentierung und Reassemblierung erforderlich ist.

Das CRMA-Verfahren ermöglicht leicht, Prioritäten einzuführen. Hierzu werden in der Kopfstation getrennte Warteschlangen für unterschiedliche Prioritäten gebildet. Die reservierten Zellen erhalten entsprechende Prioritätsangaben im ACF; 2 Bits sind hierfür vorgesehen. Am Kopfende werden die Warteschlangen nach den Prioritäten abgearbeitet. Es ist also zulässig, daß *Slots* mit hoher Priorität gegenüber solchen mit niedriger Priorität und niedriger Zyklusnummer vorgezogen werden. Die Realisierung der verdrängenden Prioritätsbehandlung führt dazu, daß Nachrichten einer Priorität durch die einer höheren Priorität unterbrochen werden. Nachdem die höher priorisierte Nachricht abgesendet wurde, wird die verdrängte Nachricht an der unterbrochenen Stelle weiter gesendet. Da beim Empfänger getrennte Speicher für unterschiedliche Prioritäten vorgesehen werden, ist auch in diesem Falle eine Sequenzierung und Reassemblierung nicht erforderlich.

Der Betrieb eines CRMA HSLAN kann über mehrere Parameter optimiert werden. Hierzu gehören die Abstände zwischen den Reservierungsanforderungen, die kritische Warteschlangenlänge am Kopfende (bei dem *Reject*-Meldungen ausgelöst werden), wie häufig nicht reservierte *Slots* erzeugt werden und wie sich die Stationen im Überlastfall verhalten.

Eine Erweiterung des Verfahrens, **CRMA-II** genannt, wurde 1991 vorgestellt [AS]. Es unterstützt vier Topologien: einfacher Ring, dualer Ring, gefalteter Bus und dualer Bus. Eine Station, *Scheduler* genannt, übernimmt die Reservierung der *Slots*. Jede Station kann diese Funktion übernehmen. Die Empfänger löschen die an sie gerichteten Nachrichten und geben die belegten *Slots* wieder frei. Diese werden als nicht reservierte *Slots* (*gratis Slots*) weitergegeben und können durch Folgestationen wiederverwendet werden. Hierdurch wird die Nutzung der verfügbaren Kanalkapazität erheblich gesteigert.

Auf dem HSLAN kann man einerseits zwischen freien (F) und besetzten (B) Slots, andererseits zwischen gratis (G) und reservierten (R) Slots unterscheiden. Man hat die Unterscheidung FG, FR, BG, BR. Der *Scheduler* teilt jeder Station eine bestimmte Anzahl von *Slots* zu. Die Anzahl wird für jede Station individuell nach einer festgelegten Zuteilungsstrategie bestimmt. Verschiedene Zuteilungsstrategien können realisiert werden. Jede Station führt zwei Zähler: *Confirm Counter* c und *Gratis Counter* g. Die einer Station zugeteilte Anzahl von *Slots* wird in c eingetragen. Hat eine Station Nachrichten zu übertragen und ist $c > 0$, so darf sie sowohl gratis als auch reservierte *Slots*, die frei sind, verwenden. Ist $c = 0$, so darf sie nur freie gratis *Slots* verwenden. Bei der Verwendung eines reservierten *Slots* wird FR zu BG gesetzt und c um eins erniedrigt. Bei der Verwendung eines gratis *Slots* wird FG zu BG gesetzt und g wird um Eins erhöht. Hat eine Station keine Nachrichten zu übertragen, so wird FR zu FG gesetzt und c um Eins erniedrigt; dies dient zum

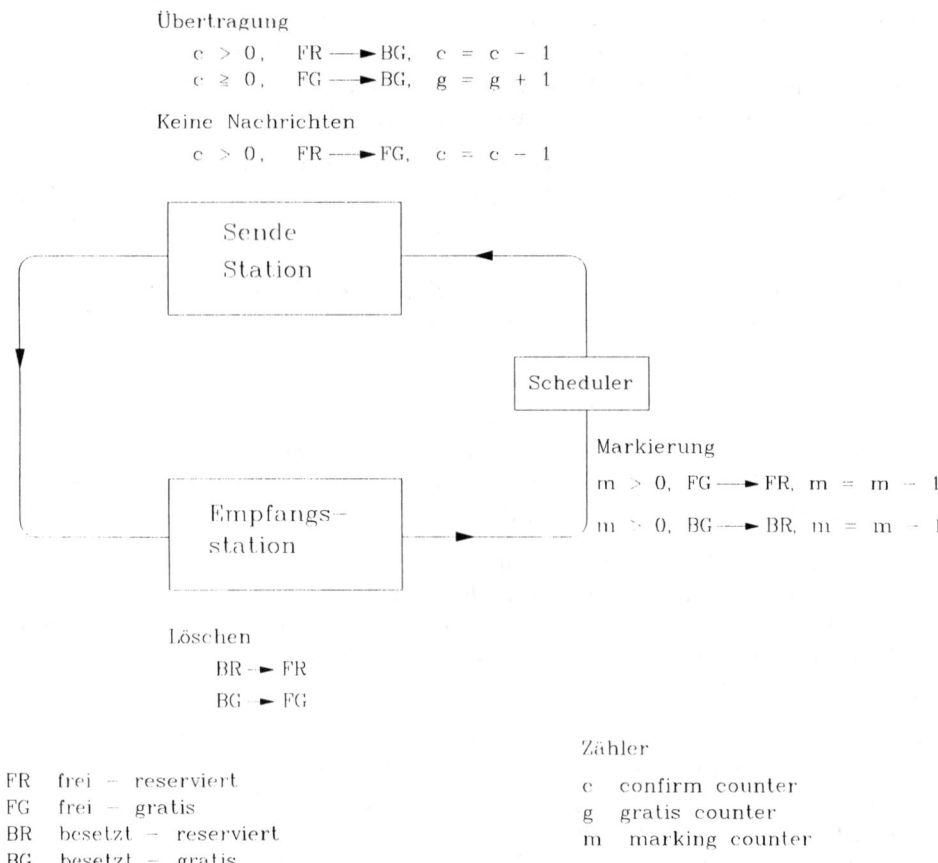

Übertragung

$$c > 0, \quad FR \longrightarrow BG, \quad c = c - 1$$
$$c \geq 0, \quad FG \longrightarrow BG, \quad g = g + 1$$

Keine Nachrichten

$$c > 0, \quad FR \longrightarrow FG, \quad c = c - 1$$

Sende Station

Scheduler

Markierung

$$m > 0, \quad FG \longrightarrow FR, \quad m = m - 1$$
$$m > 0, \quad BG \longrightarrow BR, \quad m = m - 1$$

Empfangs-station

Löschen

$$BR \longrightarrow FR$$
$$BG \longrightarrow FG$$

Zähler

FR	frei – reserviert
FG	frei – gratis
BR	besetzt – reserviert
BG	besetzt – gratis

c   confirm counter
g   gratis counter
m   marking counter

Bild 12.30   CRMA-II-Zugriffsprotokoll

Abbau der zugeteilten *Slots*, die nicht benötigt werden. Beginnt eine Station eine Nachricht zu senden, so sendet sie diese bis zu Ende; gegebenenfalls erzeugt sie neue gratis *Slots* und verzögert die ankommenden besetzten *Slots* entsprechend. Bei nächster Gelegenheit entfernt sie freie *Slots*, um die Verzögerung wieder auszugleichen. Wenn ein Reservierungsaufruf vom *Scheduler* kommt, melden die Stationen die Anzahl der im letzten Zyklus übertragenen und der noch wartenden *Slots* an den *Scheduler*. Der *Scheduler* verwendet diese Werte, um die nächste Reservierung vorzunehmen, d.h. einen neuen c-Wert für die Stationen festzulegen. g wird nach der Übertragung durch die Stationen zu Null gesetzt.

Wie bereits erwähnt, löscht der Empfänger die an ihn gerichtete Nachricht und gibt die besetzten *Slots* wieder frei indem er BR zu FR bzw. BG zu FG setzt. Der *Scheduler* führt einen Zähler (*mark Counter* m) über die noch offenen Reservierungen. Ist $m > 0$ so, setzt der *Scheduler* FG zu FR und BG zu BR und setzt m um Eins

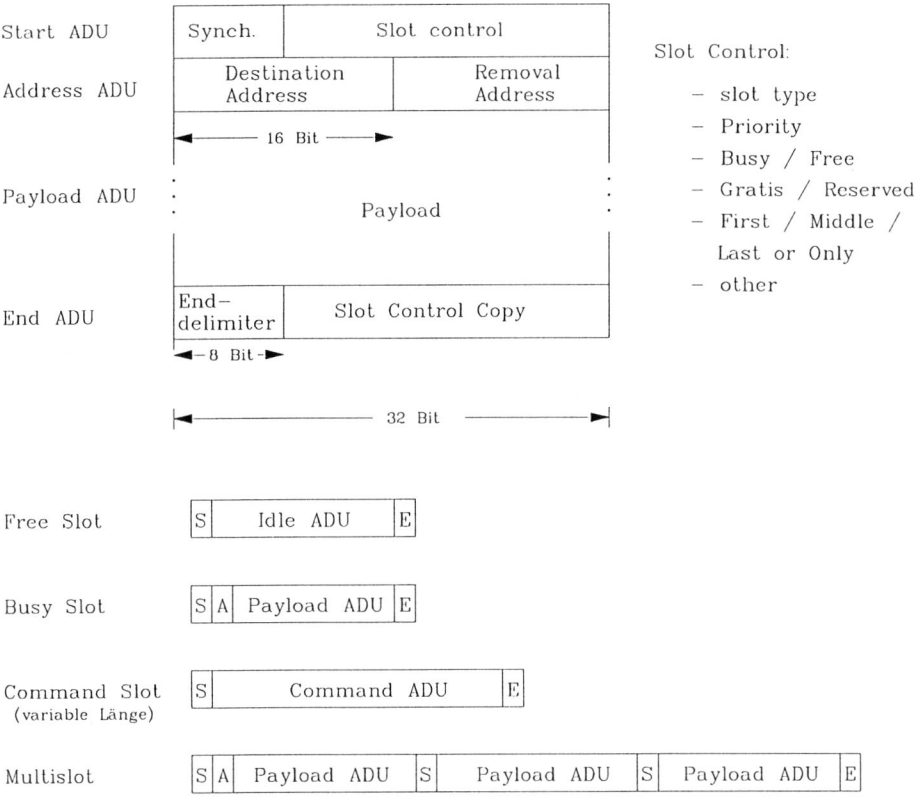

Bild 12.31 CRMA-II-Rahmenstruktur
ADU: Atomic Data Unit
S: Start ADU
E: End ADU
A: Address ADU

herab. Ist $m = 0$, so werden die *Slots* unverändert weiter gereicht. Im Bild 12.30 ist das erläuterte Zugriffsverfahren tabellarisch zusammengefaßt.

Im Bild 12.31 ist die CRMA-II-Rahmenstruktur dargelegt. Die *Slots* werden aus 32-Bit-Einheiten (**ADU** – **A**tomic **D**ata **U**nit) aufgebaut, die stets als Einheit verarbeitet werden. Dies ermöglicht eine schnelle Abfertigung. Die *Start ADU* und *End ADU* bilden ein Paar. *Command Slots* werden verwendet um Signalisierinformationen (Reservierung, Zuteilung, Zählerstände) auszutauschen, sie haben eine variable Länge. Mehrere *Slots* können zusammengesetzt werden, um eine lange Nachricht zu übertragen. In CRMA-II wird auch die Übertragung von ATM-Zellen unterstützt. Hierfür werden 17 (3 (*Start, Address, End*) + 14 *Payload*) ADUs benötigt – die Zellenlänge wird entsprechend festgesetzt.

Beispiel 12.8
Wir betrachten eine Station, die an einem CRMA-Ring angeschlossen ist. Am Zyklusbeginn werden ihr 4 Slots zugeteilt; in der Warteschlange befinden sich 6 Slots zur Übertragung. Folgende Slots kommen an der Station in der gegebenen Reihenfolge vorbei: FR, FG, FG. 3 weitere einzelne Meldungen zum Übertragen kommen an. Weiter geht es mit FG, BR, FR, FR, FR, FR, BR, FG. Es kommen wieder 4 einzelne Meldungen und dann BG. Anschließend kommt ein Request an. Wir wollen uns die Zähler näher ansehen.

Zyklusbeginn, Zugeteilt c=4, Gratis g=0, Warteschlange w=6.

$FR \rightarrow BG$	$c = 3$	$g = 0$	$w = 5$
$FG \rightarrow BG$	$c = 3$	$g = 1$	$w = 4$
$FG \rightarrow BG$	$c = 3$	$g = 2$	$w = 3$
$\longrightarrow$ 3 Meldungen			$w = 6$
$FG \rightarrow BG$	$c = 3$	$g = 3$	$w = 5$
$BR \rightarrow BR$	$c = 3$	$g = 3$	$w = 5$
$FR \rightarrow BG$	$c = 2$	$g = 3$	$w = 4$
$FR \rightarrow BG$	$c = 1$	$g = 3$	$w = 3$
$FR \rightarrow BG$	$c = 0$	$g = 3$	$w = 2$
$FR \rightarrow FR$	$c = 0$	$g = 3$	$w = 2$
$BR \rightarrow BR$	$c = 0$	$g = 3$	$w = 2$
$FG \rightarrow BG$	$c = 0$	$g = 4$	$w = 1$
$\longrightarrow$ 4 Meldungen			$w = 5$
$BG \rightarrow BG$	$c = 0$	$g = 4$	$w = 5$

1 Request $\rightarrow$ Verschickt $g = 4$, $w = 5$; es wird reinitialisiert $g = 0$.

Der Scheduler erhält für die Station $g=4$, $w=5$ und könnte z.B. die Vorgabe haben, daß pro Station und Zyklus ein Durchsatz von 5 vorgesehen ist. 4 gratis Slots wurden allerdings genutzt, so daß sie nur noch einen Slot reserviert. Der nächste Zyklus für die Station beginnt somit mit $c = 1$, $g = 0$ und $w = 5$.

Der **ATM Ring** wurde als HSLAN zur Bildung von ATM Metropolitan Area Networks bei NTT in Japan konzipiert und im Oktober 1990 als Spezifikation zur Normung vorgelegt [JTC]. Das ATM-Zellenformat wird konsequent sowohl für den Medienzugriff als auch für die Übermittlung verwendet. Hierdurch werden Formatumsetzungen vermieden. Wie bei der ATM-Technik, wird sowohl verbindungsorientierte, als auch verbindungslose Datenübermittlung unterstützt. Das ATM-Ring-Zellenformat ist im Bild 12.32 dargestellt. Das ACF wird für den Medienzugriff verwendet. Der RVCI (**R**ing **V**irtual **C**hannel **I**dentifier) zeigt die Zieladresse an und entspricht dem VPI/VCI im ATM-Format. Er besteht aus der Stationsadresse (**AUA** – **A**ccess **U**nit **A**ddress) und der Kanaladresse (**LCA** **L**ogical **C**hannel **A**ddress). Die Adresse Null zeigt eine leere Zelle an. Die restlichen Felder sind identisch mit denen beim ATM-Format. Der Empfänger einer Zelle löscht den Inhalt der Zelle und gibt somit die Zelle wieder frei. Das Monitorbit wird wie beim Token Ring verwendet, um Mehrfachkreisen von Zellen zu unterbinden.

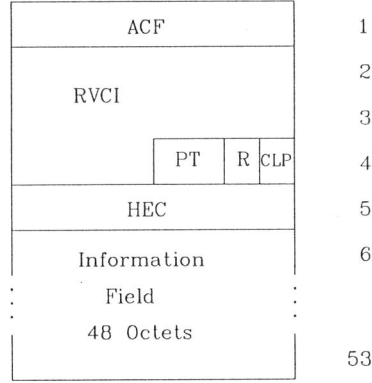

ACF for 3 Priorities

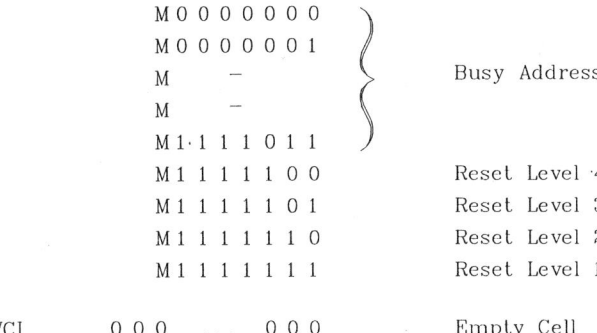

Bild 12.32 ATM-Ring-Zellenformat
ACF: Access Control Field
RVCI: Ring Virtual Channel Identifier
PT: Payload Type
R: Reserved
CLP: Cell Loss Priority
HEC: Header Error Control
M: Monitor Bit

In der Grundversion wird der ATM-Ring als Doppel-Ring ausgeführt; die Ringe werden gegenläufig nach dem gleichen Protokoll betrieben. Wir betrachten deshalb nur einen Ring um das Zugriffsprotokoll kennenzulernen. Dieses basiert auf einem Kredit-Prinzip. Jede Station erhält eine bestimmte Anzahl von Zellen als Guthaben am Anfang eines Zyklus, der durch eine Initialisierungsmeldung ausgelöst wird. Jede Station darf leere Zellen, die bei ihr vorbeikommen, verwenden, bis ihr Guthaben ausgeschöpft ist. Danach geht sie in den Ruhezustand. Das Guthaben wird auch als Fenster (*Window*) bezeichnet. Der Anfangswert für dieses Fenster kann für verschiedene Stationen unterschiedlich sein – je nach dem, wieviel Kapazität sie benötigen bzw. welchen Dienst sie benutzen. Eine Station, die keine Daten zu übertragen hat, ist ebenfalls im Ruhezustand. Sind nun alle Stationen im Ruhezustand, so wird der nächste Zyklus eingeleitet. Das ACF wird verwendet, um den Ruhezustand am Ring zu ermitteln. Jede Station, die nicht in Ruhe ist, überschreibt das ACF aller Zellen (außer *Reset*-Meldungen), die sie passieren, mit ihrer Identität. Erhält eine Station eine Zelle mit ihrer eigenen Identität im ACF zurück, so stellt sie fest, daß keine Station außer ihr aktiv ist (Bild 12.33). Sie veranlaßt die Reinitialisierung (*Reset*) durch Senden einer Adresse im ACF die hierfür reserviert ist. Alle Stationen erhalten diese Meldung, eine nach der anderen und setzen ihr Guthaben wieder auf den Initialwert. Die Station, die den *Reset* ausgelöst hat, erfährt dies als erste und kann weitersenden. Sie nimmt eine *Reset*-Meldung wieder von Bus herunter, wenn diese bei ihr vorbeikommt.

Um im ATM-Ring Prioritäten zu realisieren wird an jeder Station pro Priorität ein Fensterzähler (*Window Counter*) und eine Zeitüberwachung (*Queue Timer*) eingeführt. Der Fensterzähler zeigt das Restguthaben der Station für eine Priorität in Zellen an; die Zeitüberwachung die Restzeit in Zellen bis zur Überschreitung der zulässigen Verzögerung für die Priorität. Ferner wird pro Priorität ein weiterer *Reset* definiert. Hierfür werden entsprechend viele Adressen im AFC reserviert (Bild 12.32). Wir wollen im folgenden drei Prioritäten betrachten, um das Verfahren kennenzulernen. Bei drei Prioritäten hat man pro Station drei Fensterzähler, drei Zeitüberwachungen und vier *Resets* (der *Reset*, den wir zuerst kennenlernten, der gesetzt wird, wenn nur noch eine einzige Station aktiv ist, wird als *Reset* Nr. (höchste Priorität + 1) d.h. in unserem Falle *Reset* 4 bezeichnet). Nach einem *Reset* der Priorität i, den eine Station beobachtet bzw. selbst auslöst, befindet sich der Ring von ihr aus gesehen im Zustand i. Im Zustand 1 dürfen nur Meldungen der Priorität 1, im Zustand 2 die der Priorität 1 und 2, in Zustand 3 und Zustand 4 die aller Prioritäten gesendet werden. Beim Erhalt bzw. Auslösen des *Reset* 4 werden die Fensterzähler der Prioritäten 1,2,3 und *Timer* der Prioritäten 1,2,3 auf ihren Initialwert zurückgesetzt. Beim Erhalt bzw. Auslösen des *Reset* 3 werden die Zähler 1,2 und Timer 1,2 zurückgeschickt. Beim Reset 2 werden Zähler 1 und *Timer* 1 zurückgesetzt. Der Sachverhalt ist im Bild 12.34 tabellarisch zusammengefaßt.

Eine Station, deren *Timer* der Priorität i ausläuft, löst den *Reset* der Priorität i aus. Laufen mehrere *Resets* gleichzeitig aus, wird der Reset der höchsten Priorität verwendet. Der Initialwert eines *Timers* für eine Priorität wird so gewählt, daß er beim verwendeten Dienst bzw. erwarteter Bitrate ausläuft, wenn die maximal

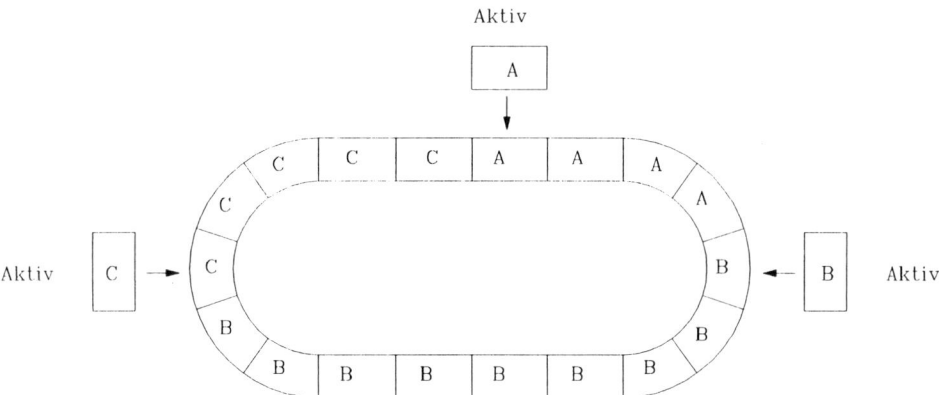

a) Stationen A, B, C aktiv

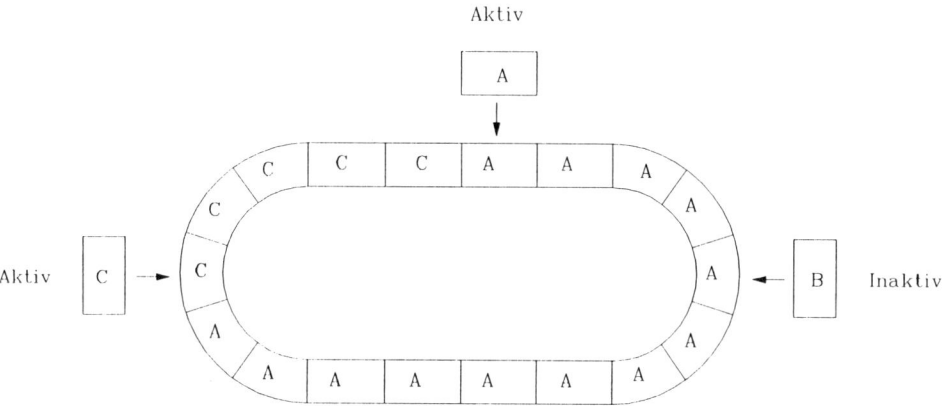

b) Stationen A und C aktiv

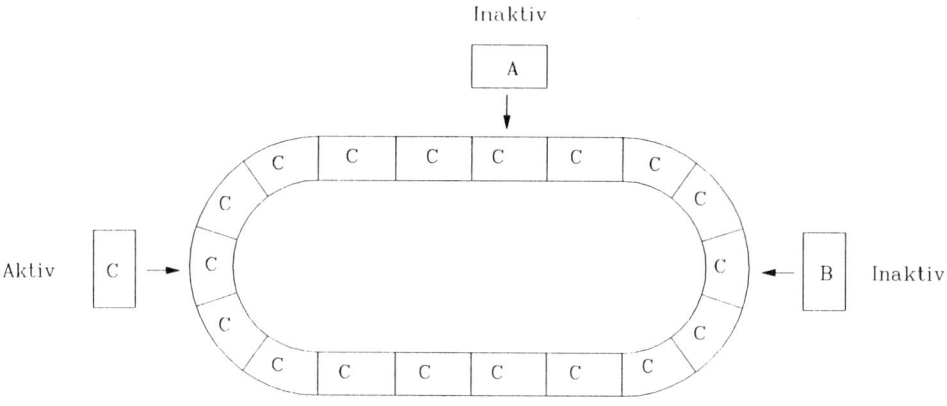

c) Station C nur noch aktiv

Bild 12.33 Feststellung der Aktivität auf dem Ring
C stellt über die Adresse fest, daß nur noch sie aktiv ist.

Im Zustand i dürfen	Meldungen der Priorität k gesendet werden
i = 1	k = 1
i = 2	k = 1, 2
i = 3	k = 1, 2, 3
i = 4	k = 1, 2, 3

Reset	Erwirkt Übergang zum Zustand	Fensterzähler, die neu initialisiert werden	Timer, die neu initialisiert werden
Reset 1	Zustand 1	keine	keine
Reset 2	Zustand 2	Fenster 1	Fenster 1
Reset 3	Zustand 3	Fenster 1 und 2	1 und 2
Reset 4	Zustand 4	Fenster 1, 2 u. 3	1, 2 und 3

Bild 12.34 Zustände und Auswirkungen von Resets beim ATM-Ring

zulässige Verzögerung erreicht wird. Das Auslösen des *Resets* einer Priorität löst Maßnahmen aus, die darauf hinwirken, daß weitere Verzögerungen für diese und höhere Priorität vermieden werden. Bei wartenden Meldungen und Auslaufen des *Timers* einer Priorität wird für diese Meldungen allerdings die maximal zulässige Verzögerung trotzdem überschritten – die Maßnahmen reichen also nicht aus. Deshalb wird in jeder Station ein Schätzwert gebildet, ob die zulässige Verzögerung überschritten wird. Ist für eine Priorität dieser Schätzwert

$$s = \frac{\min (\text{Restguthaben, Wartende Zellen})}{\text{Initial Guthaben} + \text{Sicherheitsfaktor}}$$

$$- \frac{\text{Restzeit im Timer}}{\text{Initialwert Timer}} > 0,$$

so wird bereits der *Reset* für diese Priorität ausgelöst.

Wie bereits erwähnt, sind beim ATM-Ring mehrere Parameter (z.B. Initialwerte), die eingestellt werden und eine Möglichkeit zur Optimierung des HSLAN-Betriebes bieten. Zur Zeit wird das Lastverhalten des ATM-Rings unter verschiedenen Bedingungen untersucht.

Die Entwicklung von HSLANs geht von den deterministischen Tokenverfahren über Reservierungsverfahren hin zu Guthabenverfahren mit Last- und Verzögerungsschätzung. Es ist abzusehen, daß diese Verfahren erfolgreich weiterentwickelt werden.

Beispiel 12.9

Wir betrachten eine Station an einem ATM-Ring mit drei Prioritäten. Die Initialwerte der Fenster und Timer sind W1 = 1, T1 = 3, W2 = 2, T2 = 6, W3 = 3, T3 = 9, S1 = S2 = S3 = 1. Nach einem Reset 4 zum Zeitpunkt T = 0 stehen folgende Zellen in den Warteschlangen: Q1 = 1, Q2 = 2, Q3 = 3. Zum Zeitpunkt T = 3 wird eine weitere Meldung der Priorität 1 erzeugt. Wir betrachten den Ablauf in der folgenden Tabelle.

T=0 Reset 4	Q1=1,	W1=1, T1=3,	$S1=-\frac{1}{2}$;
	Q2=2,	W2=2, T2=6,	$S2=-\frac{1}{3}$;
	Q3=3,	W3=3, T3=9,	$S3=-\frac{1}{4}$;
T=1	Q1=0,	W1=0, T1=2,	$S1=-\frac{2}{3}$;
	Q2=2,	W2=2, T2=5,	$S2=-\frac{1}{6}$;
	Q3=3,	W3=3, T3=8,	$S3=-\frac{5}{36}$;
T=2	Q1=0,	W1=0, T1=1,	$S1=-\frac{1}{3}$;
	Q2=1,	W2=1, T2=4,	$S2=-\frac{1}{3}$;
	Q3=3,	W3=3, T3=7,	$S3=-\frac{1}{36}$;
T=3	$Q1=\binom{0}{+1}$,	W1=0, $\underline{T1=0}$,	S1=0;
	Q2=0,	W2=0, T2=3,	$S2=-\frac{1}{2}$;
	Q3=3,	W3=3, T3=6,	$\underline{S3=\frac{3}{36}>0}$;
T=4 Reset 1	Q1=1,	W1=0, $\underline{T1=0}$,	S1=0;
	Q2=0,	W2=0, T2=2,	$S2=-\frac{1}{3}$;
	Q3=3,	W3=3, T3=5,	$\underline{S3=\frac{7}{36}>0}$;
T=5 Reset 4	Q1=0,	W1=0, T1=2,	$S1=-\frac{2}{3}$;
	Q2=0,	W2=2, T2=5,	$S2=-\frac{5}{6}$;
	Q3=3,	W3=3, T3=8,	$S3=-\frac{5}{36}$;
T=6	Q1=0,	W1=0, T1=1,	$S1=-\frac{1}{3}$;
	Q2=0,	W2=2, T2=4,	$S2=-\frac{4}{6}$;
	Q3=2,	W3=2, T3=7,	$S3=-\frac{10}{36}$;
T=7	Q1=0,	W1=0, $\underline{T1=0}$,	S1=0;
	Q2=0,	W2=2, T2=3,	$S2=-\frac{3}{6}$;
	Q3=1,	W3=1, T3=6,	$S3=-\frac{15}{36}$;
T=8 Reset 1	Q1=0,	W1=0, $\underline{T1=0}$,	S1=0;
	Q2=0,	W2=2, T2=2,	$S2=-\frac{2}{6}$;
	Q3=1,	W3=1, T3=5,	$S3=-\frac{11}{36}$;
Reset 4			

Zum Zeitpunkt T = 3 ist sowohl T1 = 0 als auch S3 > 0. Reset 1, der höhere Priorität hat, wird deshalb ausgelöst. Da jedoch das Fenster W1 = 0 bleibt, wird ein allgemeiner Reset ausgelöst. Die erste Station kann nun ihre Meldung bei T = 5 unmittelbar absetzen. Da am Anfang in der Priorität 2 eine hohe Last vorlag, erleiden die Meldungen der Priorität 3 eine hohe Verzögerung (zwischen T = 6...8).

12.5   Aufgaben zu Kapitel 12

Aufgabe 12.1
Wir betrachten ein sequentielles Poll-System mit 10 Peripheriestationen, die sich jeweils im Abstand von $10, 20, 30, \ldots, 100$ km von der zentralen Einheit entfernt befinden. Die Reaktionszeit der Zentrale sei $t_z = 0, 5$ ms. Die Reaktionszeit t_p der Peripheriestationen sei 1 ms. Die Signallaufzeit sei 10 µs pro km. Wir betrachten den Grenzfall, daß soviel Verkehr vorhanden ist, daß pro Zyklus und Station stets eine Meldung vorliegt.

Die Nutzinformation pro Meldung umfaßt 256 Bit und sei an allen Stationen gleich groß. Es sind pro Meldung jeweils 48 Bit als Steuerinformation erforderlich. Die Übertragungsrate beträgt 64 kbit/s.

(a) Berechnen Sie die Zeit t_{d_0}, die für die Übertragung der Steuerinformation aufgewendet wird.

(b) Berechnen Sie die Zeit t_{n_i}, die für die Übertragung der Nutzinformation verbleibt.

(c) Wieviel ms beträgt die Zyklusdauer t_c?

(d) Berechnen Sie den Durchsatz.

Lösung 12.1

(a) $$t_{d_i} = \frac{48\ bit}{64\ kbit/s} = 0, 75\ ms.$$

(b) $$t_{n1} = \frac{256\ bit}{64\ kbit/s} = 4\ ms$$

Also $t_{n1} = t_{n2} = \ldots = t_{n10} = 4\ ms$.

(c) Da pro Zyklus und Station stets eine Meldung vorliegt, wird die Zyklusdauer mit der Formel

$$t_c = n \cdot t_z + n \cdot t_p + \sum_{i=1}^{n} l_i + 2nt_{d_0} + \sum_{i=1}^{n} t_{n_i}$$

ausgerechnet.

Durch Einsetzen der Werte n, t_z, t_p, t_{d_0} und t_n in die obige Formel erhalten wir

$$t_c = 10 \times 0, 5\ ms + 10 \times 1\ ms + 2 \cdot \frac{10\mu s}{km} \cdot \sum_{i=1}^{10} 10 \cdot i\ km$$

$$+ 2 \times 10 \times 0, 75\ ms + \sum_{i=1}^{10} 4\ ms$$

$$= 5\ ms + 10\ ms + 200 \cdot \frac{10 \times 11}{2} \mu s + 15\ ms + 40\ ms$$

$$= 5\ ms + 10\ ms + 11\ ms + 15\ ms + 40\ ms$$

$$= 81\ ms$$

(d) $$\text{Durchsatz} = \frac{\text{Nutzinformation}}{\text{Zyklusdauer}} = \frac{256\ bit}{0, 081\ s} = 3160 \frac{bit}{s} \quad \text{pro Station}$$

$$\overline{D} = 10 \times 3160 \frac{bit}{s} \cdot \frac{s}{64\ kbit} = 0, 49$$

Aufgabe 12.2
Wir betrachten ein sequentielles Poll-System mit 15 Peripheriestationen, die $15, 30, 45, \ldots,$ 225 km von der zentralen Einheit entfernt sind. Die Reaktionszeit der Zentrale sei $t_z = 0,6~ms$. Die Reaktionszeit t_p der Peripheriestationen sei $1,3~ms$. Die Signallaufzeit sei $100\mu s$ pro km.

Es sind pro Meldung jeweils 48 Bit als Steuerinformation erforderlich. Die Übertragungsrate beträgt 64 kbit/s. Es liegen keine Meldungen vor.

(a) Berechnen Sie die Zeit t_{d_0}.

(b) Wieviel ms beträgt die Zyklusdauer t_{c_0}?

(c) Wenn der Durchsatz pro Peripheriestation 80 bit/s im Mittel beträgt, so fallen pro Zyklus und Station Nutzdaten im Umfang von 80 bit/s $\cdot t_c$ an. Berechnen Sie, welche Zeit für die Übertragung der Nutzdaten bei 64 kbit/s erforderlich ist und rechnen Sie aus, wieviel ms eine Meldung im Mittel an einer Station wartet.

(d) Wir betrachten den Grenzfall, daß soviel Verkehr vorhanden ist, daß pro Zyklus und Station stets eine Meldung vorliegt. Die Nutzinformation umfaßt 256 Bit und sei an allen Stationen gleich groß. Berechnen Sie die Zeit $\mathbf{t}_{n_i}$, die Zyklusdauer $\mathbf{t}_c$ mit t_{d_0} entsprechend Aufgabenteil a), und n, t_z, t_p entsprechend der Aufgabenstellung und den Durchsatz.

(e) Welche Konsequenzen ergeben sich für den Durchsatz?

Lösung 12.2

(a) $t_{d_0} = \dfrac{48~bit}{64~kbit/s} = 0,75~ms.$

(b) Da keine Meldung vorliegt, wird die Zyklusdauer mit der Formel

$$t_{c0} = nt_z + nt_p + \sum_{i=1}^{n} l \cdot i + 2nt_{d_0}$$

ausgerechnet.

Durch Einsetzen der Werte n, t_z, t_p und t_{d_0} in die obige Formel erhalten wir

$$
\begin{aligned}
t_{c0} &= 15 \times 0,6~ms + 15 \times 1,3~ms + \sum_{i=1}^{15} 15 \cdot i \cdot km + 2 \times 15 \times 0,75~ms \\
&= 9~ms + 19,5~ms + 2 \cdot 10\frac{\mu s}{km} \cdot \sum_{i=1}^{15} 15 \cdot i \cdot km + 22,5~ms \\
&= 9~ms + 19,5~ms + 2 \cdot 10 \cdot 15 \frac{15 \times 16}{2} \mu s + 22,5~ms \\
&= 9~ms + 19,5~ms + 36~ms + 22,5~ms = 87~ms.
\end{aligned}
$$

(c) Der Durchsatz ist pro Peripheriestation 80 bit/s im Mittel, so fallen pro Zyklus und Station Nutzdaten im Umfang von 80 bit/s $\cdot t_c$ an.

Die Zeit, die für die Übertragung der Nutzdaten bei 64 kbit/s erforderlich ist, wird durch

$$\frac{80 \ bit}{s} \cdot \frac{t_c \ s}{64 \ kbit} = 1,25 \cdot 10^{-3} t_c$$

erhalten. Aus der Gleichung (12.2) erhalten wir den Mittelwert $E\{\mathbf{t}_c\} = t_{c_0} + n \cdot 1,25 \cdot 10^{-3} \cdot E\{\mathbf{t}_c\}$, setzen wir $n = 15$, so erhalten wir weiter

$$0,98125 \cdot E\{\mathbf{t}_c\} = 87 \ ms \Rightarrow E\{\mathbf{t}_c\} = 88,66 \ ms.$$

Somit wartet eine Meldung im Mittel

$$\frac{1}{2} \cdot E\{\mathbf{t}_c\} = 44,33 \ ms$$

an einer Station.

(d) $\qquad \mathbf{t}_{n1} = \dfrac{256 \ bit}{64 \ kbit/s} = 4 \ ms.$

Also $\mathbf{t}_{n1} = \mathbf{t}_{n2} = \ldots = \mathbf{t}_{n15} = 4 \ ms$. Da pro Zyklus und Station stets eine Meldung vorliegt, wird die Zyklusdauer mit der Formel

$$\mathbf{t}_c = n \cdot t_z + n \cdot t_p + \sum_{i=1}^{n} l \cdot i + 2nt_{d_0} + \sum_{i=1}^{n} \mathbf{t}_{ni}$$

ausgerechnet.

Durch Einsetzen der Werte n, t_z, t_p, t_{d_0} und $\mathbf{t}_n$ in die obige Formel erhalten wir:

$$\mathbf{t}_c = 15 \times 0,6 \ ms + 15 \times 1,3 \ ms + \sum_{i=1}^{15} 15 \cdot i \cdot km + 2 \times 15 \times 0,75 \ ms +$$

$$+ \sum_{i=1}^{15} 4 \cdot ims$$

$$= q \ ms + 19,5 \ ms + 2 \cdot 10 \frac{\mu s}{km} 15 \cdot i \cdot km + 22,5 \ ms + \sum_{i=1}^{15} 4 \cdot ims$$

$$= q \ ms + 19,5 \ ms + 2 \cdot 10 \cdot 15 \frac{15 \times 16}{2} \mu s + 22,5 \mu s + 4 \cdot 15 \mu s$$

$$= q \ ms + 19,5 \ ms + 36 \ ms + 22,5 \ ms + 60 \ ms$$

$$= 147 \ ms.$$

$$\text{Durchsatz} = \frac{\text{Nutzinformation}}{\text{Zyklusdauer}} = \frac{256 \ bit}{0,147 \ s} = 1741,49 \frac{bit}{s}.$$

(e) Je mehr Stationen vorhanden sind, desto größer wird die Zyklusdauer $\mathbf{t}_c$ und desto geringer wird der Durchsatz.

Aufgabe 12.3

(a) Wir betrachten zunächst die Grundversion (pure Aloha) des Aloha Systems, mit den folgenden Daten:

    i. Die Übertragungsrate beträgt 64 kbit/s.

    ii. Die Paketlänge umfaßt 96 Zeichen (d.h. 1 Bildschirmzeile und Steuerinformation).

Berechnen Sie für 100, 1000, 10000 Terminals mit 2 Paketen pro Minute pro Terminal die Ankunftsrate λ und den Durchsatz $\overline{D}$. Wieviel Sekunden beträgt die Übertragung pro Paket?

(b) Führen Sie die entsprechenden Berechnungen mit denselben Daten wie unter a) für das getaktete Aloha System durch.

Lösung 12.3

(a) Für 100 Terminals erhalten wir folgende Ankunftsrate λ

$$\lambda = 100 \times 2 \times \frac{1}{60} Pakete/s$$

$$\lambda = \frac{10}{3} Pakete/s.$$

Die Paketlänge umfaßt 96 Zeichen $= 96 \times 8$ bit $= 768$ bit Übertragungszeit pro Paket $= \frac{768\ Bit}{64\ kbit} s = 12 \cdot 10^{-3} s$

$$\lambda P \tau = \frac{10}{3} \cdot 12 \cdot 10^{-3} = 40 \cdot 10^{-3}$$

$$\begin{aligned}
\overline{D} &= \lambda P \tau \cdot e^{-2\lambda P \tau} \\
&= 0,04 \cdot e^{-0,08} = 0,0369 \\
&= 3,69\%.
\end{aligned}$$

Für 1.000 Terminals erhalten wir:

$$\lambda = 1000 \times 2 \times \frac{1}{60} Pakete/s$$

$$\lambda = \frac{100}{3} Pakete/s$$

$$\lambda P \tau = \frac{100}{3} \cdot 12 \cdot 10^{-3} = 400 \cdot 10^{-3}$$

$$\begin{aligned}
\overline{D} &= \lambda P \tau \cdot e^{-2\lambda P \tau} = 400 \\
&= 0,4 \cdot e^{-0,8} = 0,1797 \\
&= 17,97\%.
\end{aligned}$$

Für 10.000 Terminals erhalten wir:

$$\lambda = 10000 \times 2 \times \frac{1}{60} Pakete/s$$

$$\lambda = \frac{1000}{3} Pakete/s$$

$$\lambda P \tau = \frac{1000}{3} \cdot 12 \cdot 10^{-3} = 4000 \cdot 10^{-3}$$

$$\begin{aligned}
\overline{D} &= \lambda P \tau \cdot e^{-2\lambda P \tau} = 4000 \cdot 10^{-3} \cdot e^{-2 \cdot 4000 \cdot 10^{-3}} \\
&= 4 \cdot e^{-8} = 0,4 \cdot 0,0003354 = 0,0013418 \\
&= 0,13\%.
\end{aligned}$$

(b) Die Ankunftsrate λ für 100 Terminals ist wie bisher

$$\lambda = \frac{10}{3} \, Pakete/s$$

und

$$\lambda P\tau = 40 \cdot 10^{-3}$$

und

$$
\begin{aligned}
\overline{D} &= \lambda P\tau \cdot e^{-\lambda P\tau} = 40 \cdot 10^{-3} \cdot e^{-40 \cdot 10^{-3}} \\
&= 0,04 \cdot e^{-0,04} = 0,04 \cdot 0,9607 = 0,0384 \\
&= 3,84\%.
\end{aligned}
$$

Für 1000 Terminals erhalten wir wieder:

$$\lambda = \frac{100}{3} \, Pakete/s$$

und

$$\lambda P\tau = 400 \cdot 10^{-3}$$

und

$$
\begin{aligned}
\overline{D} &= \lambda P\tau e^{-\lambda P\tau} = 400 \cdot 10^{-3} \cdot e^{-400 \cdot 10^{-3}} = 0,4 \cdot e^{-0,4} \\
&= 0,4 \cdot 0,67032 = 0,268 \\
&= 26,8\%.
\end{aligned}
$$

Für 10.000 Terminals erhalten wir:

$$\lambda = \frac{1000}{3} \, Pakete/s$$

$$\lambda P\tau = 4000 \cdot 10^{-3}$$

$$
\begin{aligned}
\overline{D} &= \lambda P\tau \cdot e^{-\lambda P\tau} \\
&= 4 \cdot e^{-4} = 0,0732 \\
&= 7,32\%.
\end{aligned}
$$

Aufgabe 12.4
Codieren Sie den freien Token beim Token Ring unter Verwendung des Differential Manchester Codes.

| J K 0 J K 0 0 | 1 1 1 0 0 0 0 0 | J K 1 J K 1 0 0 |

Lösung 12.4
Die Codierregel lautet
- 0   Sprung am Anfang, Sprung in der Mitte
- 1   Kein Sprung am Anfang, Sprung in der Mitte
- J   Kein Sprung am Anfang, kein Sprung in der Mitte
- K   Sprung am Anfang, kein Sprung in der Mitte

Somit erhält man

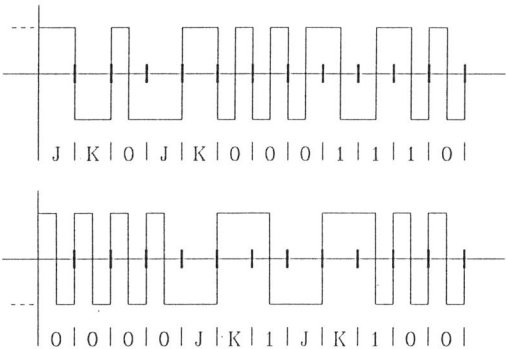

| J | K | 0 | J | K | 0 | 0 | 0 | 1 | 1 | 1 | 1 | 0 |

| 0 | 0 | 0 | 0 | J | K | 1 | J | K | 1 | 0 | 0 |

Aufgabe 12.5

In der Norm für die physikalische Schicht des FDDI sind u.a. folgende Werte festgelegt:

- max. Faserlänge: 200 km

- max. Anzahl von Stationen: 1000

- max. Abstand zwischen 2 Stationen: 2 km.

Berechnen Sie unter der Annahme einer Ausbreitungszeit von 5 $\mu s/km$

(a) die Ausdehnung eines Rahmens max. Länge auf dem Ring,

(b) die Ausdehnung eines Tokens minimaler Länge (11 Byte) auf dem Ring,

(c) die max. Laufzeit zwischen 2 Stationen.

(d) Ein typisches FDDI-Szenario besteht aus einem Doppelring mit 100 km Ringlänge und 500 angeschalteten Stationen. Berechnen Sie die Tokenumlaufzeit ohne Last unter der Voraussetzung, daß die Verzögerung je Station 600 ns beträgt.

(e) Die *Target Token Rotation Time* TTRT in einem FDDI-Ring betrage 100 ms. Bei der Ankunft des Tokens an einer Station mißt die Station die *Token Rotation Time* TRT zu 40 ms. Wieviele Bytes asynchronen Verkehrs darf die Station senden, wenn sie mit Rahmen maximaler Länge arbeitet und der letzte Rahmen immer vollständig gesendet werden darf?

Lösung 12.5

(a) Die maximale Rahmenlänge im FDDI beträgt 4500 Byte.

$$l_{max} = \frac{4500 \cdot 8}{100 \; Mbit/s \cdot 5 \; \mu s/km} = 72 \; km$$

(b) Die minimale Länge eines Tokens beträgt 11 Byte.

$$l_{min} = \frac{11 \cdot 8}{100 \; Mbit/s} \cdot \frac{1}{5 \; \mu s/km} = 176 \; m$$

(c) Die maximale Laufzeit zwischen 2 Stationen beträgt

$$T_{max} = 2\ km \cdot 5\ \mu s/km = 10\ \mu s$$

(d) Min. Tokenumlaufzeit = Zeit für das Aussenden eines Tokens + Verzögerungszeit der Stationen + Umlaufzeit

$$T_{u,min} = \frac{11 \cdot 8}{100 Mbit/s} + 500 \cdot 600 ns + 100 km \cdot 5 \mu s/km = 800,88\ \mu s$$

(e) Die Token Holding Time beträgt:

$$THT = TTRT - TRT = 100\ ms - 40\ ms = 60\ ms$$

In dieser Zeit können $100\ Mbit/s \cdot 60\ ms = 6 \cdot 10^6$ Bit Informationen übertragen werden, bzw. $\frac{6 \cdot 10^6}{4500 \cdot 8} = 166,7$ Rahmen.

Da der letzte Rahmen ganz übertragen wird, dürfen 167 Rahmen bzw. 751.500 Byte gesendet werden.

Aufgabe 12.6
Gegeben sei eine Station eines DQDB-Busses mit 2 Prioritätsklassen für asychronen Verkehr. Priorität 0, die niedrigere Priorität, arbeitet mit dem Requestcounter RCO, dem Countdowncounter CCO und dem Requestbit REQ0 des ACF-Feldes. Priorität 1, die höhere Priorität, arbeitet entsprechend mit RC1, CC1 und REQ1.
Die momentanen Zählerstände sind in der folgenden Skizze dargelegt:

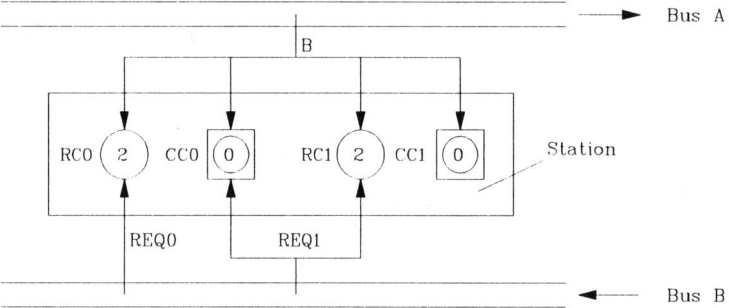

Wie in Beispiel 12.7 sei Bus A der Bus in Senderichtung. Folgende Slots mit den Informationen B (B = Busy) , REQ0 und REQ1 im ACF kommen in der angegebenen Reihenfolge an den Bussen (A und B) vorbei:

A: B=0, B: REQ0=0 REQ1=0; A: B=1, B: REQ0=0 REQ1=1;
A: B=0, B: REQ0=1 REQ1=0; Meldung der Priorität 1 kommt an;
A: B=1, B: REQ0=1 REQ1=0; A: B=0, B: REQ0=0 REQ1=1;
A: B=0, B: REQ0=0 REQ1=1; A: B=1, B: REQ0=0 REQ1=0;
Meldung der Priorität 0 kommt an; A: B=0, B: REQ0=0 REQ1=0;

A: B=0, B: REQ0=1 REQ1=0; A: B=0, B: REQ0=1 REQ1=1;
A: B=0, B: REQ0=1 REQ1=0; A: B=0, B: REQ0=0 REQ1=0;

Vervollständigen Sie wie in Beispiel 12.7 die Zählerstände im folgenden Schema und geben Sie darin an, wann die beiden Meldungen, die an der Station als Sendewunsch ankommen, abgeschickt werden können:

Bus A:	Bus B:	RC0	RC1	CC0	CC1
		2	2	0	0
B=0	REQ0=0 REQ1=0				
⋮	⋮	⋮	⋮	⋮	⋮

Lösung 12.6

Bus A:	Bus B:	RC0	RC1		CC0	CC1
		2	2		0	0
B=0	REQ0=0 REQ1=0	1	1		0	0
B=1	REQ0=0 REQ1=1	2	2		0	0
B=0	REQ0=1 REQ1=0	2	1		0	0
Meldung der Priorität 1 kommt an		2	1	$\longrightarrow$	0	1
B=1	REQ0=1 REQ1=0	3	1		0	1
Request 1 wird abgesetzt, REQ1=1						
B=0	REQ0=0 REQ1=1	3	1		0	0
B=0	REQ0=0 REQ1=1	3	1		0	0
Meldung der Prio. 1 wird abgesetzt						
B=1	REQ0=0 REQ1=0	3	1		0	0
Meldung der Priorität 0 kommt an		3	1	$\longrightarrow$	3	0
B=0	REQ0=0 REQ1=0	2	0		2	0
Request 0 wird abgesetzt, REQ1=1						
B=0	REQ0=1 REQ1=0	2	0		1	0
B=0	REQ0=1 REQ1=1	3	0		1	0
B=0	REQ0=1 REQ1=0	3	0		0	0
B=0	REQ0=0 REQ1=0	2	0		0	0
Meldung der Prio. 0 wird abgesetzt						

Aufgabe 12.7

(a) Sowohl der ATM-Ring als auch CRMA-II können auf der Basis einer Doppelring-Struktur, in der beide Ringe in gegenläufiger Senderichtung betrieben werden, arbeiten. Beide Protokolle ermöglichen es, nach dem Empfang eines Slots diesen für die nachfolgenden Stationen wieder freizugeben (sog. *Slot Reuse*). Zum Senden einer Nachricht wird jeweils der Ring gewählt, auf dem der kürzere Weg zur Zielstation erreicht wird (*Shortest Path Routing*).
Wie oft kann ein Slot in dieser Anordnung während eines Ringumlaufs im Mittel wiederverwendet werden, wenn man annimmt, daß die Stationen auf dem Ring gleichverteilt an alle anderen Stationen senden?
Wie groß ist dann die theoretisch maximal verfügbare Kanalkapazität einer solchen Anordnung?

(b) Was ist der wesentliche Unterschied zwischen der Übertragung ganzer Nachrichten im CRMA-II und im ATM-Ring?

Welcher prinzipielle Unterschied beim Zugriff auf die im Ring kreisenden Slots im CRMA-II bzw. im ATM-Ring ermöglicht dieses unterschiedliche Übertragungsverhalten?

(c) Wie groß ist der zusätzliche Overhead beim Transport von ATM-Zellen in beiden Verfahren?

Lösung 12.7

(a) Die Slots eines gegenläufigen Doppelrings mit *Slot Reuse* können im Mittel viermal in einem Umlauf wiederverwendet werden: Bei gleichverteilt sendenden Stationen auf dem Ring ist die maximale Entfernung zwischen zwei Stationen in beiden Richtungen jeweils eine halbe Ringlänge. Die mittlere Entfernung zwischen 2 Stationen beträgt also ein Viertel der Ringlänge, so daß die Slots im Mittel viermal in einen Umlauf freigegeben werden.

Durch die auf beiden Ringen jeweils im Mittel 4fach wiederverwendbaren Slots beträgt die theoretische Kanalkapazität auf beiden Ringen zusammen insgesamt das 8fache der nominellen Übertragungsgeschwindigkeit.

(b) Beim CRMA-II kann eine Nachricht, nachdem ihre Übertragung begonnen wurde, in jedem Fall zu Ende gesendet werden, während im ATM-Ring eine Station von einer Nachricht nur so viele Zellen senden darf, bis ihr zuvor festgelegtes Guthaben erschöpft ist.

Im CRMA-II werden die gegebenenfalls zur Übertragung einer Nachricht nötigen zusätzlichen *gratis slots* von der Station selbst erzeugt, während die ankommenden besetzten Slots verzögert werden. Die Verallgemeinerung eines solchen Verfahrens wird auch *Buffer Insertion*-Verfahren genannt, da ein zusätzlicher Puffer in den Datenstrom eingefügt wird.

Beim ATM-Ring beruht der Medienzugriff auf dem *Slotted Ring*-Prinzip: Auf dem Ring kreisen Slots in festen Abständen; im ATM-Ring handelt es sich hierbei um die ATM-Ring-Zellen. Auf diese Zellen dürfen die Stationen nur solange zugreifen, bis ihr zuvor festgelegtes Guthaben erschöpft ist.

(c) Beim CRMA-II sind zur Übertragung einer 53 Byte langen ATM-Zelle 17 ADUs, also 68 Byte notwendig, der zusätzliche Overhead beträgt demnach 28,3 Prozent.

Im ATM-Ring entsprechen die Zellen genau dem ATM-Zellenformat, es ist demnach zumindest in bezug auf den Transport der Daten kein zusätzlicher Overhead erforderlich.

13 X.21, X.25, SS Nr. 7

Alle Kommunikationsvorgänge basieren auf Kommunikationsprotokollen. Im Kapitel 13 wollen wir einige von CCITT empfohlene Protokolle kennenlernen. Das X.21-Protokoll für die synchrone Datenübermittlung wird im Datex-L-Netz verwendet; das X.25-Protokoll bildet die Basis für die Datenpaketvermittlung im Datex-P-Netz. Das Signalisiersystem Nr. 7 wird für die Zeichengabe zwischen Vermittlungsstellen verwendet. Der Austausch von Signalisierinformationen zwischen Vermittlungseinrichtungen entspricht einer Datenübermittlung – das SS Nr. 7-Protokoll ist deshalb dem X.25-Protokoll verwandt. Aus diesem Grunde behandeln wir es an dieser Stelle. Die volle Tragweite des Protokolls wird im Zusammenhang mit dem nächsten Kapitel, in dem das ISDN-Protokoll behandelt wird, deutlich.

13.1 Die X.21-Empfehlung

Die **X.21-Empfehlung**, die von CCITT bereits 1976 verabschiedet wurde, beschreibt, wie eine Datenendeinrichtung (DEE) des Benutzers über die Datenübertragungseinrichtung (DÜE) des Betreibers eine synchrone Datenverbindung unter Verwendung der Zeichengabe auf- und abbaut. Die Verbindung führt natürlich über das Netz des Betreibers zum B-Teilnehmer. Die in der Empfehlung beschriebenen prozeduralen Abläufe werden durch zahlreiche Normen wie X.26, X.27 (elektrische Eigenschaften), X.20, X.21bis (asynchrone Verbindung, Anpassung an Modemübertragung) usw. ergänzt. Da somit sowohl logische als auch physikalische Signale und Abläufe an dem Referenzpunkt (zwischen der DEE und DÜE) spezifiziert werden, spricht man auch von der X.21-Schnittstelle. Im Bild 13.1 sind die verwendeten Signale dargestellt.

Wie wir bereits im Abschnitt 2.2 gesehen haben, unterscheidet man bei der verbindungsorientierten Datenübermittlung wie bei X.21 drei aufeinanderfolgende Phasen: die Verbindungsaufbauphase, die Verbindungsphase (Datenübertragungsphase) und die Verbindungsabbauphase. In der jeweiligen Phase kann die Schnittstelle verschiedene Zustände annehmen. In der Empfehlung sind alle Zustände (ca. 25), Zustandsübergänge sowie Testzustände und -abläufe beschrieben. In Tabelle 13.1

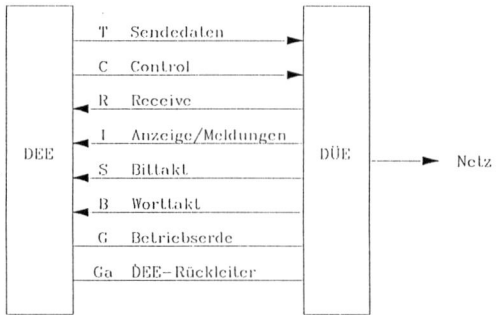

Bild 13.1
Signale an der X.21-Schnittstelle
T: Transmit, C: Control, R: Receive,
I: Indicate, S: Synchronisation,
B: Byte Synchronisation, G: Ground,
Ga: Ground (DTE common return),
DEE: Datenendeinrichtung,
DÜE: Datenübertragungseinrichtung

ist ein typischer Ablauf in neun wesentlichen Schritten skizziert.

Im Ruhezustand (Zustand 1, Tabelle 13.1) sind alle vier Signale T, C, R und I auf Dauer-1 gesetzt. Wir folgen der üblichen Bezeichnung und nennen Dauer-1 (bzw. Dauer-0) bei C und I „Aus" (bzw. „Ein"). Die Verbindungsanforderung (Zustand 2) wird von der DEE durch Setzen von T auf 0 und Einschalten von C angezeigt. Die DÜE antwortet innerhalb von 3 Sekunden mit der Wahlaufforderung (Zustand 3) durch R. Diese besteht aus einer Folge von +-Zeichen des Internationalen Alphabets **IA Nr. 5** (Zeichen 2/11, CCITT/T.50, Bild 6.2) unbestimmter Länge, eingebettet in mindestens je zwei Synchronisationszeichen des IA Nr. 5 (Zeichen 1/6, CCITT/T.50). Die DEE muß ihrerseits nun innerhalb von 5 Sekunden mit dem Senden der Wählzeichen (bestehend aus IA Nr. 5-Zeichen, getrennt durch mindestens zwei Syn-Zeichen) beginnen (Zustand 4). Es sei hier darauf hingewiesen, daß die im Beispiel betrachteten Schritte sich überlappen können, bzw. es können auch Wartezeiten entstehen. Es ergeben sich entsprechend weitere Zustände, die hier nicht betrachtet werden sollen. Im nächsten Zustand wird der Verbindungsaufbau durch den Wartezustand der DEE (T = 1, C = Ein) und den Bereitzustand der DÜE (R = 1, I = Aus) angezeigt (Zustand 5); die Empfangsbereitschaft des B-Teilnehmers wird als nächstes durch das Einschalten von I durch die DÜE angezeigt (Zustand 6). Nun beginnt die Datenübertragungsphase (gekennzeichnet durch C = Ein, I = Ein); in dieser Phase (Zustand 7) stehen T und R für die Übertragung von Nutzdaten transparent zur Verfügung. Die Verbindungsabbauphase wird in unserem Beispiel durch das Setzen von T = 0, C = Aus von der DEE eingeleitet (Zustand 8) und durch das Setzen von R = 0 und I = Aus von der DÜE bestätigt (Zustand 9). Anschließend kehren sowohl die DEE als auch die DÜE in den Ruhezustand zurück (Zustand 1). Zur Einhaltung von zeitlichen Anforderungen an das Protokoll werden mehrere *Timer* (Zeitüberwachungen) eingesetzt.

	Zustand	DEE sendet		DÜE sendet	
		T	C	R	I
1.	DEE, DÜE unbelegt, bereit	1	Aus	1	Aus
2.	Verbindungsanforderung	0	Ein		
3.	Wahlaufforderung			Syn Syn + . . + Syn Syn	
4.	Wählzeichen	Syn Syn IA5 Syn Syn . . IA5 Syn Syn			
5.	Verbindung im Aufbau	1	Ein	1	Aus
6.	B-Tln empfangsbereit			1	Ein
7.	Datenübertragung	Daten	Ein	Daten	Ein
8.	Auslöseanforderung	0	Aus		
9.	Auslösebestätigung			0	Aus
1.	DEE, DÜE unbelegt, bereit	1	Aus	1	Aus

Tabelle 13.1   Ein typischer X.21-Verbindungsablauf

Das X.21-Protokoll wurde bereits vor der Entwicklung des OSI-Modells spezifiziert und regelt, wie wir gesehen haben, den kompletten verbindungsorientierten synchronen Datenaustausch. Es wird jedoch auch häufig lediglich als Schicht 1-Protokoll, d.h. für die Bitübertragung auf einem physikalischen Medium zwischen zwei benachbarten Systemen, eingesetzt.

Beispiel 13.1 *Signale bei X.21*
Wir betrachten zwei Datenendeinrichtungen, die nach dem X.21-Protokoll Daten
austauschen. Die Signale T, C, R, I werden dann wie im folgenden Bild skizziert
umgesetzt:

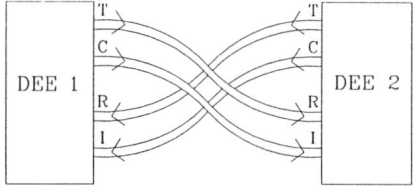

13.2 Transparenz, Sicherung und Quittierung

In diesem Abschnitt wollen wir einige Grundprozeduren als Einführung für die in
späteren Abschnitten behandelten Protokolle kennenlernen. Im Abschnitt 8.1 haben
wir bereits die Transparenz eines Codes definiert. Analog hierzu sprechen wir von
der **Transparenz eines Netzes**, wenn das Netz es erlaubt, jede beliebige Kombi-
nation von Bits, Symbolen oder Wörtern zu übertragen. Man spricht dann auch von
Bit-, Symbol- oder Wort-Transparenz. Wir haben bei der Betrachtung der Multiplexbildung häufig Rahmenkennungsworte verwendet, um Wort- und Rahmensynchronisation abzuleiten (s. Abschnitt 9.2 und 9.3). Das Synchronwort tritt hierbei
im laufenden Bitstrom immer wieder periodisch auf. Durch das Mehrfachsuchen
des Synchronwortes wird die Wahrscheinlichkeit einer Verwechselung mit Nutzdaten herabgesetzt (Beispiel 9.2). Es wird dadurch möglich, die Zeitschlitze mit den
Nutzdaten jeweils wiederzufinden, und diese können als transparente Kanäle genutzt werden.

Hat man sporadisch auftretende Daten, so verwendet man auch oft ein Rahmenkennungswort (**Flag**), um den Beginn einer Meldung zu kennzeichnen. Manchmal
werden Flags auch zum Auffüllen eines Kanals verwendet, wenn keine Daten zur
Übertragung vorliegen. In vielen Datenübertragungsprotokollen wird das Flag bestehend aus der binären Zeichenfolge 01111110 verwendet. Um nun die Transparenz
zu gewährleisten, wird das als **Zero Insertion** bekannte Verfahren eingesetzt. Stets,
wenn in dem zu übertragenden Datenstrom fünf Einsen hintereinander auftreten,
fügt der Sender eine Null hinzu. Hierdurch wird vermieden, daß das Flag im übertragenen Nutzdatenstrom auftritt. Der Empfänger nimmt stets eine Null, die nach
fünf Einsen auftritt, wieder heraus.

Beispiel 13.2 *Zero Insertion*

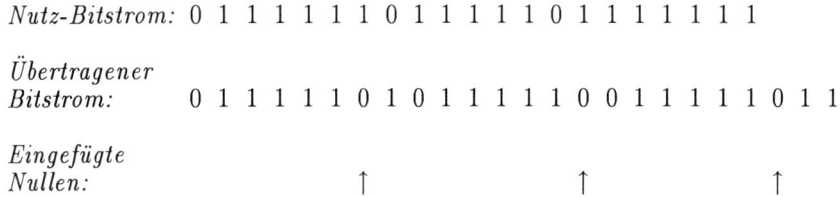

Nutz-Bitstrom: 0 1 1 1 1 1 1 0 1 1 1 1 1 0 1 1 1 1 1 1 1

Übertragener Bitstrom: 0 1 1 1 1 1 0 1 0 1 1 1 1 1 0 0 1 1 1 1 1 0 1 1

Eingefügte Nullen:

Bei der Kanalcodierung (im Kapitel 7) lernten wir verschiedene Möglichkeiten, eine Fehlererkennung oder eine Fehlerkorrektur durchzuführen, kennen. Unser Bestreben dort war es, die Wahrscheinlichkeit möglichst herabzudrücken, daß Fehler nicht erkannt oder nicht korrigiert werden. Im Einzelfall kann es jedoch vorkommen, daß die Sicherungsmaßnahmen nicht greifen und Fehler unerkannt bleiben, so z.B. wenn bei linearen Codes durch Fehler ein Codewort in ein anderes Codewort umgewandelt wird. Es ist in der Praxis durchaus üblich, weitere, die Kanalcodierung ergänzende Sicherungsmaßnahmen einzusetzen, um die Fehlerwahrscheinlichkeit weiter zu verringern.

Die **Plausibilitätsprüfung** ist eine solche Maßnahme, die in Kommunikationsanlagen häufig angewandt wird. Bei vermittlungstechnischen Abläufen wird z.B. überprüft, ob eine Meldung, die von einem Teilnehmer kommt, mit dem Zustand, in dem sich der Teilnehmer befindet, kompatibel ist. Falls dies nicht der Fall ist, wird entweder die Meldung ignoriert oder eine Fehlerprozedur eingeleitet. Solche Plausibilitätstabellen, die alle zulässigen Meldungen für einzelne Teilnehmerzustände angeben, werden in Vermittlungsanlagen häufig verwendet.

Die **Quittierung** (**ARQ - automatic repeat request**) ist eine weitere Maßnahme, die bei Datenübermittlungsprotokollen angewendet wird. Man unterscheidet zwischen drei Quittierungsarten. Bei der **positiven Quittierung** bestätigt der Empfänger eine richtig empfangene Nachricht, indem er eine Meldung (die Quittung **ACK** - *acknowledge*) an den Sender schickt. Hierbei wird angenommen, daß die Nachricht richtig empfangen wird, wenn die Sicherungsverfahren (z.B. Paritätsprüfung, CRC oder Plausibilitätsprüfung) keinen Fehler erkennen. Erhält der Sender innerhalb einer gewissen Zeit (**time out** genannt) keine Quittung (ACK), so wiederholt er die Nachricht. Bei der **negativen Quittierung** fordert der Empfänger eine als falsch erkannte Nachricht vom Sender durch eine Meldung (NAK - *negative acknowledge*) wieder an. Bei der **positiv-negativ-Quittierung** wird jede empfangene Nachricht mit ACK oder NAK quittiert.

Wir wollen nun einige Quittierungsverfahren näher ansehen und fangen mit dem einfachsten Verfahren, dem **Stop-and-Wait ARQ**-Verfahren an. Hierbei schickt die Sendestation A eine Nachricht ab und wartet bis sie eine positive oder negative Quittierung vom Empfänger B erhält (Bild 13.2).

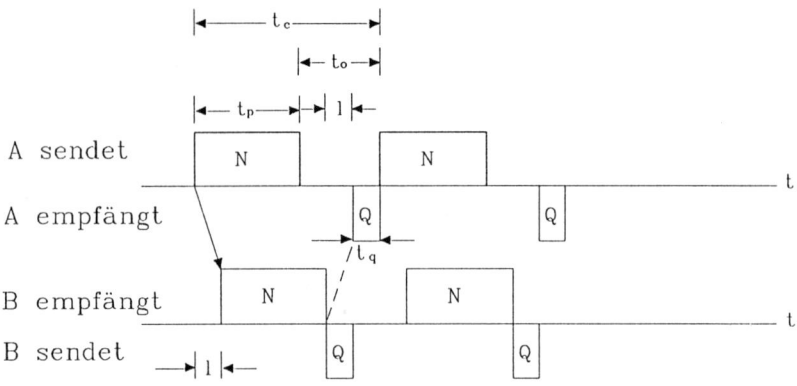

Bild 13.2 Stop-and-Wait ARQ-Verfahren für die Quittierung
N: Nachricht der Dauer t_p
Q: positive oder negative Quittung der Dauer t_q
l: Signallaufzeit (in eine Richtung)
t_o: time out
t_c: Zyklusdauer

Nun kann es aber vorkommen, daß die Nachricht oder die Quittung verloren geht. Der Sender würde in diesem Fall im Wartezustand verharren, ohne je wieder eine Nachricht senden zu dürfen. Es wird deshalb vereinbart, daß nach einer Zeit t_0 (**time out** genannt) der Sender die letzte Nachricht wiederholt. Wir nehmen nun vereinfachend an, daß der Sender A stets Nachrichten gleicher Länge (d.h. der s Dauer t_p) zur Übertragung vorliegen hat, die Quittung die Dauer t_q aufweist und die Signallaufzeit (in einer Richtung) l beträgt. Die Reaktionszeit des Senders und Empfängers sollen vernachlässigbar, alternativ je zur Hälfte in l enthalten sein. Ferner werde t_0 (die Wartezeit *time out* für A) so gewählt, daß

$$t_0 = t_c - t_p \tag{13.1}$$

ist, wobei t_c die Zykluszeit (Zeit zwischen zwei Nachrichten) ist. Für t_c gilt

$$t_c = t_p + 2l + t_q. \tag{13.2}$$

q sei die Wahrscheinlichkeit, daß die Nachricht N oder Quittung Q verfälscht (und als solche erkannt) wird oder nicht ankommt.

Wir betrachten nun den Erwartungswert der Wiederholungen $\mathbf{n}$ einer Nachricht $E\{\mathbf{n}\}$ und erhalten

$$E\{\mathbf{n}\} = 0 \cdot P\{0\} + 1 \cdot P\{1\} + \ldots + i \cdot P\{i\} + \ldots, \tag{13.3}$$

wobei $P\{i\}$ die Wahrscheinlichkeit ist, daß eine Nachricht genau i-mal wiederholt wird.

Es gilt somit

$$
\begin{aligned}
P\{0\} &= (1-q) \\
P\{1\} &= q \cdot (1-q) \\
P\{2\} &= q^2 \cdot (1-q) \\
&\vdots \\
P\{i\} &= q^i \cdot (1-q).
\end{aligned}
\tag{13.4}
$$

Somit haben wir

$$
E\{\mathbf{n}\} = (1-q) \cdot \sum_{q=1}^{\infty} i \cdot q^i.
$$

Wegen

$$
\sum_{q=1}^{\infty} i \cdot q^i = \frac{q}{(1-q)^2}
$$

haben wir schließlich

$$
E\{\mathbf{n}\} = \frac{q}{1-q}.
\tag{13.5}
$$

Es sei $\mathbf{t}$ die Zeit, die erforderlich ist, eine Nachricht erfolgreich abzusenden; im Mittel benötigt man pro Nachricht die Zeit

$$
\begin{aligned}
E\{\mathbf{t}\} &= t_c + t_c \cdot E\{\mathbf{n}\} \\
E\{\mathbf{t}\} &= t_c + \frac{q}{1-q} t_c = \frac{1}{1-q} \cdot t_c.
\end{aligned}
\tag{13.6}
$$

Beispiel 13.3 *Stop-and-Wait ARQ*
Die Nachricht N beim Stop-and-Wait ARQ-Verfahren besteht aus 256 Byte Nutzinformation und 6 Byte Steuerinformation. Die Quittungen ACK und NAK bestehen jeweils aus 6 Byte. Die Einwegsignallaufzeit beträgt 10 ms, und die Stationen haben je eine Reaktionszeit von 1 ms. Die Übertragungsgeschwindigkeit sei 64 kbit/s. Die Sendestation habe stets Nachrichten zu übertragen.

Es gilt somit:

$$
\begin{aligned}
t_p &= \frac{(256+6) \times 8\ Bit}{64\ kbit/s} = 32,75\ ms \\
t_q &= \frac{48\ Bit}{64\ kbit/s} = 0,75\ ms \\
l &= 10\ ms + \frac{1}{2} ms + \frac{1}{2} ms = 11\ ms.
\end{aligned}
$$

Aus Gl.(13.2) erhalten wir

$$
t_c = 32,75\ ms + 22\ ms + 0,75\ ms = 55,5\ ms.
$$

Beim idealen Kanal ist q = 0 und aus Gl.(13.6)

$$E\{\mathbf{t}\} = t_c = 55,5 \; ms.$$

Der Durchsatz in diesem Fall ist

$$D = \frac{256 \times 8 \; Bit}{55,5 \; ms} = 36,9 \; kbit/s,$$

oder genormt auf 64 *kbit/s*

$$\overline{D} = 0,5766.$$

Bei einem realen Kanal mit $q = 2 \cdot 10^{-2}$ *(dies entspricht etwa einer Bitfehlerrate von* 10^{-5}*) erhalten wir*

$$E\{\mathbf{t}\} = \frac{t_c}{1 - 2 \cdot 10^{-2}} = 1,0204 \; t_c = 56,63 \; ms$$

und

$$D = 36,2 \; kbit/s,$$

oder

$$\overline{D} = 0,565.$$

Für $q = 0,5$ *erhalten wir entsprechend*

$$E\{\mathbf{t}\} = 111 \; ms,$$

$$D = 18,45 \; kbit/s$$

oder

$$\overline{D} = 0,288.$$

Wenn für die Datenübertragung je Richtung ein Kanal zur Verfügung steht, ist das Stop-and-Wait ARQ-Verfahren besonders ungünstig, denn es verursacht erhebliche Wartezeiten. Es ist dann üblich, mehrere Nachrichten abzusenden, ohne auf die Quittierung der einzelnen Nachrichten zu warten. Die einzelnen Nachrichten werden nun durchnumeriert, und der Empfänger bestätigt je nach Verfahren die richtig oder falsch empfangenen Nachrichten. Da auch Quittungen verloren gehen und Nachrichten wiederholt werden können, ist es erforderlich, auch die Quittungen durchzunumerieren. Da für die Durchzählung nicht beliebig lange Bitfolgen verwendet werden können, bedient man sich der zyklischen Zählung (**Sequenzierung**), auch **Modulo** m**-Zählung** genannt. Häufig wird $m = 8$ oder $m = 256$ gewählt. Im ersten Fall zählt man also von 0 bis 7 durch und fängt dann wieder bei 0 an, so daß hierfür bei Binärzählung 3 Bit ausreichen. Für Modulo 256 sind 8 Bit erforderlich. Wird nun nur positive Quittierung verwendet, so wird erforderlich, daß ein Kriterium festgelegt wird, wann die nicht quittierte Nachricht wiederholt wird. Hierzu kann eine maximale Wartezeit (*time out*) verwendet werden. Üblich ist es auch festzulegen, wieviele Nachrichten maximal abgesendet werden dürfen, bevor eine nicht quittierte Nachricht wiederholt werden muß. Man nennt dies die **Fenstergröße** n (**window size**). Diese muß kleiner als m sein ($n < m$), um die Zählung eindeutig zur Identifizierung der Nachrichten verwenden zu können.

Beispiel 13.4 *Zählung und Fenstergröße*

Gegeben sei ein Go-back-n-Verfahren mit Modulo 4-Zählung. Wählt man nun auch die Fenstergröße zu $n = 4$, so kann dies dazu führen, daß die Wiederholung einer Nachricht für eine neue Nachricht gehalten wird. Bei der Modulo 4-Zählung und Fenstergröße 4 sendet der Sender die Nachrichten 0, 1, 2, 3 ab. Der Empfänger quittiert die Nachricht Null, die Quittung geht jedoch verloren. Der Sender wiederholt deshalb die Nachricht 0. Der Empfänger hält jedoch die wiederholte Nachricht 0 für eine neue Nachricht und merkt dies nicht, wenn nicht andere Prüfungsmechanismen (z.B. Plausibilitätsprüfung) greifen.

Im Bild 13.3a) ist ein typischer Ablauf für ein **Go-back-n-Verfahren** mit der Fenstergröße $n = 4$ wiedergegeben. Die gesendeten Nachrichten werden Modulo 8 durchgezählt. Man bezeichnet diese vom Sender in der Nachricht mitgesendete Zahl S als die **Sendenummer** (*send number*). Die Quittungen enthalten eine Zahl R, **Empfangsnummer** (*receive number*) genannt. Diese gibt an, welche Nachricht als nächstes erwartet wird. Dies bedeutet, daß alle Nachrichten bis $R - 1$ vom Empfänger als richtig empfangen eingestuft wurden. Hat der Sender die mit der Quittung gesendete Zahl R richtig empfangen, so darf er weitere Nachrichten bis zur Nummer

$$R + n - 1$$

senden, bevor er die Nachricht mit der Sendenummer $= R$ wiederholen muß.

Im Bild 13.3 haben wir vereinfacht dargestellt, daß Nachrichten von A gesendet und von B quittiert werden. Häufig haben wir eine symmetrische Duplexübertragung und die Quittungen werden in den Nutzdatenstrom eingebettet und kommen sporadisch. In der Grundversion des *Go-back-n*-Verfahrens werden die falsch empfangenen Nachrichten vom Empfänger verworfen, während die richtig empfangenen Nachrichten quittiert werden, soweit dies dem Empfänger möglich ist. Im Bild 13.3b) ist der Fall dargestellt, daß das Fenster (n=4) ausgeschöpft wird, keine Quittung vorliegt und deshalb eine Wiederholung durch den Sender eingeleitet wird. Das Fehlen der Quittung kann an einer Überlastung des Empfängers liegen (dient hier also als Flußsteuerung, indem es A zum Wiederholen zwingt) oder daran, daß der Empfänger die Meldung verfälscht erhielt und sie verwarf; es kann allerdings auch sein, daß die Quittung schlicht verloren ging. Durch die Wiederholung der Nachrichten entstehen auch beim Go-back-n-Verfahren Wartezeiten.

Um eine unnötige Vergeudung der Zeit und somit der Übertragungskapazität zu unterbinden, kann nun vereinbart werden, daß der Empfänger, wenn er einen Fehler feststellt, dies dem Sender mitteilt und die Wiederholung ab der nächsten erwarteten Meldung einleitet. Man unterscheidet dabei zwischen Fehlern, die über die Sequenzierung festgestellt werden, und Fehlern, die über die zyklische Codierung erkannt werden.

a)

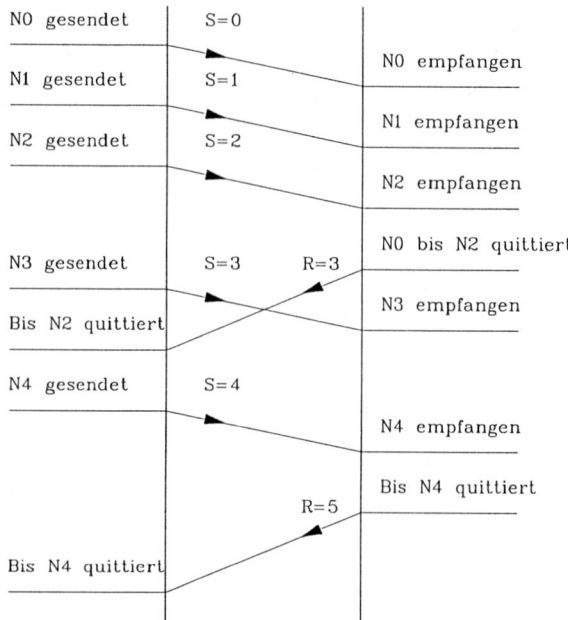

b)

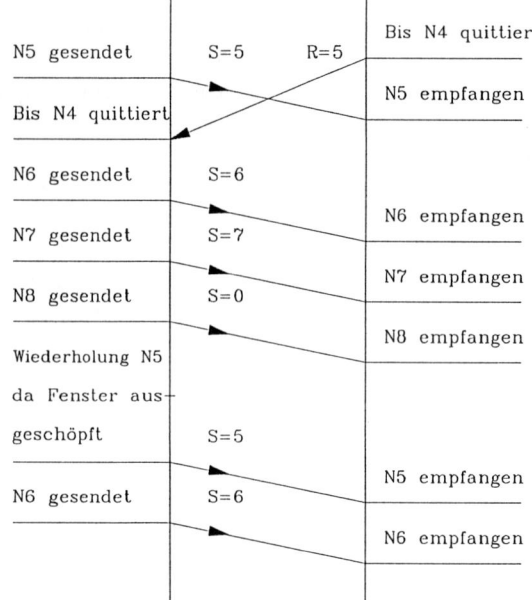

Bild 13.3
Go-back-n-Verfahren
a) Fehlerfreier Fall
b) Wiederholung beim ausgeschöpften Fenster (n=4)

Beispiel 13.5   *Unerwartete Quittung beim Go-back-n-Verfahren*
In folgender Skizze ist der Fall dargestellt, daß der Sender das Fenster (n=4)
ausschöpft und deshalb die Sendung ab N5 wiederholt.

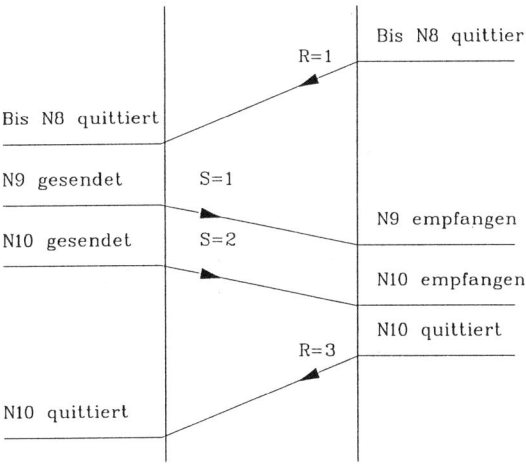

Der Empfänger, der bisher überlastet war und die korrekt empfangenen Meldungen
bisher nicht quittieren konnte, holt dies nach. Der weitere Verlauf könnte sich damit
wie folgt darstellen:

Beispiel 13.6 *Go-back-n-Verfahren mit Fehlerbehandlung*
*Im folgenden betrachten wir den Fall, daß der Empfänger Blöcke mit CRC-Fehler
verwirft und Sequenzfehler dem Sender anzeigt. Der Sender wiederholt daraufhin ab
der fehlerhaften Meldung.*

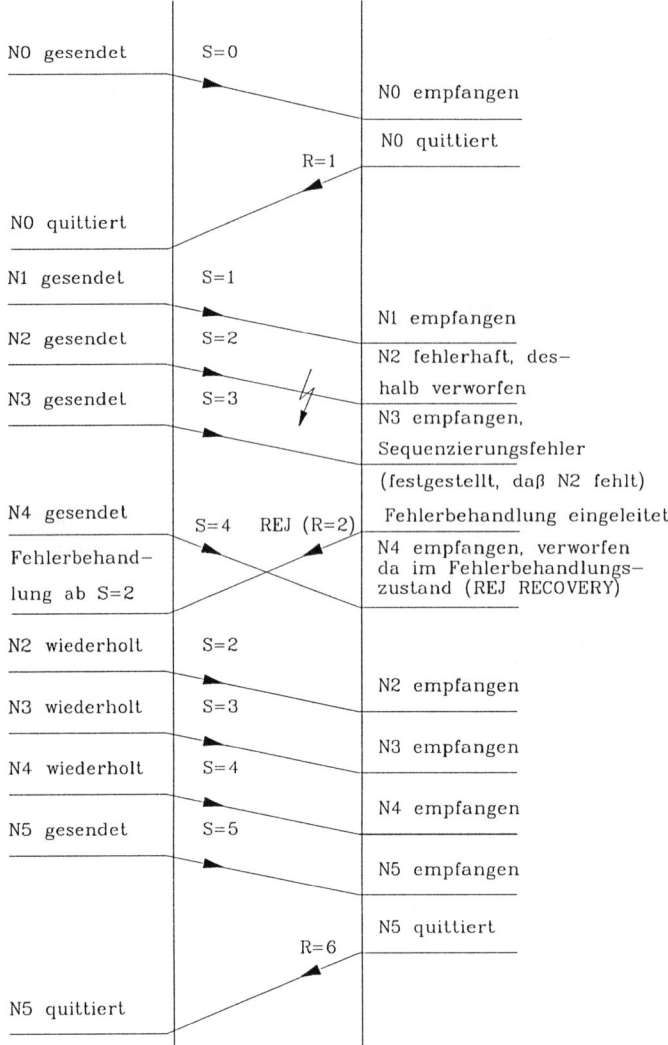

Bei der **selektiven Wiederholung (selective repeat ARQ-Verfahren)** werden
die Nachrichten auch durchnumeriert und nur die falsch angekommenen Nachrichten
vom Empfänger gezielt wieder angefordert. Es ist nun ein höherer Verarbeitungs-
aufwand erforderlich, dafür kann in der Regel ein besserer Durchsatz erzielt werden,
da unnötige Wiederholungen vermieden werden.

13.3 Die HDLC-Prozedur

In den frühen siebziger Jahren entwickelte IBM ein bitorientiertes Protokoll, **SDLC** (**S**ynchronous **D**ata **L**ink **C**ontrol) genannt, für seine SNA-Netze (siehe Abschnitt 2.1). 1976 wurde eine modifizierte Version des Protokolls, **HDLC** (**H**igh Level **D**ata **L**ink **C**ontrol) genannt, als ISO-Norm verabschiedet. Im gleichen Jahr adaptierte CCITT die Prozedur zu **LAP** (**L**ink **A**ccess **P**rotocol) für den Einsatz in Paketdatennetzen als Teil (Schicht 2) des X.25-Protokolls. 1980 wurde das Protokoll von CCITT zu **LAPB** (**L**ink **A**ccess **P**rotocol in **B**alanced Mode) erweitert.

Im normalen Betriebsmodus (**Normal Response Mode**) wird die HDLC-Prozedur unsymmetrisch betrieben (*Unbalanced Mode*) d.h. die Stationen sind nicht gleichberechtigt. Der Sendebetrieb kann nur von der Leitstation veranlaßt werden. Die Folgestationen reagieren nur auf Anforderung der Leitstation (siehe Abschnitt 12.1, *Sequential Polling*). Das Protokoll ermöglicht sowohl eine Verbindung (als *Single Link Protocol*) als auch mehrere Verbindungen (als *Multiple Link Protocol*) über eine Schnittstelle zu unterhalten.

Im folgenden wollen wir die HDLC-Prozedur im wesentlichen in der LAPB-Version näher ansehen. Das LAPB-Protokoll ist ein Duplex-Protokoll, d.h. es ermöglicht, Steuersignale und Daten in beiden Richtungen zwischen gleichberechtigten Stationen auszutauschen. Die Steuerung wird von beiden an der Verbindung beteiligten Systemen symmetrisch wahrgenommen, deshalb die Bezeichnung *Balanced Mode*. Da ferner die Steuersignale von beiden Seiten sporadisch kommen können, wird auch vom **Asynchronous Balanced Mode** gesprochen.

Bild 13.4 zeigt, wie Bitströme zwischen Stationen, die die HDLC-Prozedur verwenden, formatiert werden. Durch Verwendung von *Flags* (Blockbegrenzer die aus der Bitfolge 01111110 bestehen) werden Rahmen gebildet, die jeweils die auszutauschenden Nutz- und/oder Steuerinformationen enthalten.

Das im Abschnitt 13.2 erläuterte *Zero Insertion* Verfahren wird verwendet, um die Bittransparenz zu gewährleisten. Die gegebenenfalls zwischen den Rahmen entstehenden Wartezeiten werden durch die Wiederholung von *Flags* oder durch Senden der Dauer-1-Folge überbrückt. Verschickt der Sender anstatt des Ende-*Flags* die Folge 01111111, so wird der vorangegangene Rahmen vom Empfänger verworfen (*Abort Frame*). Um die Effizienz des Protokolls bei hoher Belastung zu erhöhen, ist es gestattet, das Ende-*Flag* eines Rahmens als das Anfangs-*Flag* des nächsten Rahmens zu verwenden (d.h. das Senden eines *Flags* zu sparen).

Man unterscheidet zwischen Rahmen, die nur Steuerinformationen enthalten (siehe Bild 13.4) und eine feste Länge haben (*Control Frames*) und Rahmen, die auch Nutzinformationen (genauer Schicht 3 Meldungen) enthalten und eine variable Länge aufweisen (*Information Frames*).

Die variable Länge kommt dadurch zustande, daß es erlaubt ist, Nutzinformationen beliebiger Länge (eine maximal zulässige Länge für die Nutzinformationen – z.B. 1024 Byte – wird vorab vereinbart) zu versenden. Wegen der Eigenschaft der

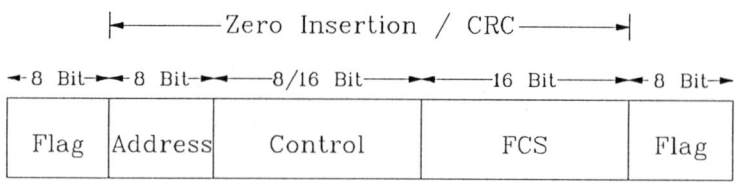

Control Frame

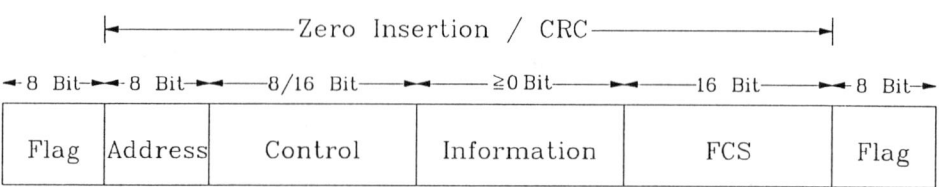

Information Frame

Bild 13.4 Rahmenformat der HDLC-Meldungen
CRC: Cyclic Redundancy Check
FCS: Frame Check Sequence

variablen Länge kann die Nutzinformation praktisch an jeder Stelle beginnen und
dann Bit für Bit übertragen werden, deshalb bezeichnet man das Protokoll auch als
bitsynchron.

Dem 8 Bit *Flag* folgt eine 8 Bit Adresse. Es wird zwischen der Adresse des Daten-
endgerätes (**DTE D**ata **T**erminal **E**quipment) und der Adresse der Datenübertragungseinrichtung (**DCE D**ata **C**ircuit **T**erminating **E**quipment) unterschieden.
Ferner ermöglicht die Adresse, zwischen Befehlen und Meldungen/Antworten (siehe unten) zu unterscheiden. Befehle enthalten die Adresse des Empfängers, während
in Meldungen die Adresse des Absenders angegeben wird.

Das Steuerfeld *Control Field* (siehe Bild 13.5) besteht in der Regel (bei Modulo 8
Zählung) aus 8 Bit und im erweiterten Modus (bei Modulo 128 Zählung) aus 16
Bit. Man unterscheidet zwischen Meldungen mit Nutzinformationen (*Information
Frames*, charakterisiert durch 0 am Anfang des Steuerfeldes) und reinen Steuer-
meldungen. Diese werden wiederum unterteilt in Meldungen für die Flußkontrolle
(*Supervisory Frames* mit 10 am Anfang) und nichtnummerierte Steuersignale (*Un-
numbered Frames* mit 11 am Anfang).

Im übrigen werden *Supervisory Frames* auch nicht durchnumeriert; lediglich die
Meldungen mit Nutzinformation (*Information Frames*) werden durchnumeriert und
quittiert wie beim *Go-back-n*-Verfahren. *Supervisory Frames* werden allerdings zur
Quittierung mitverwendet. Die Felder N(S) dienen der Durchzählung der gesendeten
Nachrichten, die Felder N(R) der Quittierung der empfangenen Nachrichten. Durch
N(R) wird eine empfangene Meldung mit der Nummer N(S) = N(R)-1 quittiert.

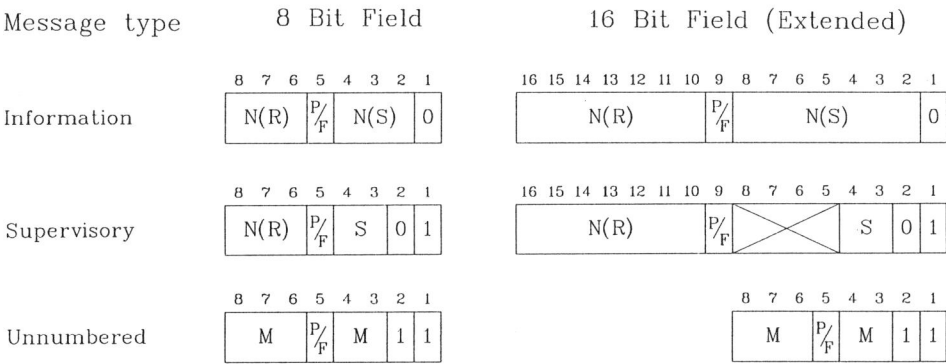

Bild 13.5 HDLC-Format der Steuermeldung (*Control Field*)
N(S): Send Sequence Count
N(R): Receive Sequence Count
P/F: Poll/Final Bit
S: Supervisory Function Bit
M: Modifier Function Bit

Die zu verwendende Fenstergröße muß vor der Verbindungsaufnahme fest vereinbart werden. Das in jeder Meldung als P/F (*Poll/Final*) bezeichnete Bit dient im *Normal Response Mode* dazu eine Richtungsumkehr einzuleiten; im *Asynchronous Balanced Mode* erzwingt das gesetzte P/F in einem Befehl eine Antwort der Gegenseite.

Im Bild 13.6 sind die wesentlichen Steuermeldungen und ihre Codierung angegeben. Ferner ist gekennzeichnet, ob es sich bei der Meldung um einen Befehl (*Command*), eine Meldung/Antwort (*Response*) oder beides handeln kann. Wir wollen kurz die Bedeutung einiger Meldungen ansehen:

RR   RECEIVE READY
      RR zeigt die Empfangsbereitschaft der sendenden Seite an, mit gesetztem P/F-Bit (=1) kann RR als Befehl zur Abfrage des Status der Gegenseite verwendet werden.

RNR   RECEIVE NOT READY
      RNR zeigt an, daß von der sendenden Seite vorübergehend keine *Information Frames* empfangen werden können. Die erneute Empfangsbereitschaft kann durch Senden des RR angezeigt werden.

REJ   REJECT
      REJ fordert eine Wiederholung von *Information Frames* ab N(R) auf.

SNRM SET NORMAL RESPONSE MODE
      Mit SNRM wird die Gegenseite aufgefordert, nach der NRM- Betriebsweise zu arbeiten (siehe Anfang dieses Abschnittes). Alle Zähler werden initialisiert.

Anwendung	Format	Befehle	Meldungen	Codierung 876 5 4 3 2 1
Unquittierte und quittierte Informations– übermittlung	Supervisory	RR (Receive Ready)	RR (Receive Ready)	N(R) P/F 0 0 0 1
		RNR (Receive Not Ready)	RNR (Receive Not Ready)	N(R) P/F 0 1 0 1
		REJ (Reject)	REJ (Reject)	N(R) P/F 1 0 0 1
		SRES (Selective Reject)		N(R) P/F 1 1 0 1
	Unnumbered	SNRM (Set Normal Res– ponse Mode		1 0 0 P 0 0 1 1
		SABM (Set Asynchronous Balanced Mode		0 0 1 P 1 1 1 1
		SABME (Set Asynchronous Balanced Mode Extended)		0 1 1 P 1 1 1 1
		DISC (Disconnect)		0 1 0 P 0 0 1 1
		UI(Unnumbered information)	UI(Unnumbered information)	0 0 0 P/F 0 0 1 1
			UA (Unnumbered Acknowledgement)	0 1 1 F 0 0 1 1
			FRMR (Frame Reject)	1 0 0 F 0 1 1 1
			DM (Disconnect Mode)	0 0 0 F 1 1 1 1
Verbindungs– steuerung		XID (Exchange Identification)	XID (Exchange Identification)	0 1 0 P/F 1 1 1 1

Bild 13.6 HDLC-Format – Beispiel zur Codierung der Steuerfelder

SABM   SET ASYNCHRONOUS BALANCED MODE
          Mit SABM wird die Gegenseite aufgefordert, nach der ABM- Betriebs-
          weise zu arbeiten (siehe Anfang dieses Abschnittes). Alle Zähler werden
          initialisiert.

SABME   SET ASYNCHRONOUS BALANCED MODE EXTENDED
          Wie SABM, im erweiterten Modus, d.h. mit Modulo 128 Zählung.

DISC   DISCONNECT
          DISC hebt den Betriebszustand, der zuletzt aufgenommen wurde, wie-
          der auf. Es wird ein Wartezustand eingenommen, bei dem keine *Infor-
          mation Frames* gesendet oder empfangen werden.

UA   UNNUMBERED ACKNOWLEDGE
          Mit UA bestätigt die sendende Station den Empfang und die
          Ausführung einer UI (*Unnumbered Information*) Meldung.

FRMR   FRAME REJECT
          Mit der FRMR-Meldung wird eine empfangene Meldung zurückgewie-
          sen. Die FRMR-Meldung enthält ein Datenfeld, welches das Steuer-
          feld des zurückgewiesenen Befehls und den Grund der Zurückweisung
          beinhaltet. Typische Gründe für die Auslösung von FRMR können
          sein: undefinierte Steuermeldung, zu langes Informationsfeld, ungülti-
          ges N(R).

Dem Steuerfeld folgen die Nutzdaten, falls es sich um *Information Frames* handelt.
Ein 16-Bit Feld für die zyklische Redundanzprüfung (**CRC** - **C**yclic **R**edundancy
Check) schließt den Rahmen ab. Für die Prüfung wird das von CCITT empfohlene
Generatorpolynom $x^{16} + x^{12} + x^5 + 1$ verwendet (vergleiche Abschnitt 7.3 und 7.4).

Beispiel 13.7   *Abläufe bei HDLC*
*In den folgenden Skizzen sehen wir einige typische Abläufe in der Schicht 2 bei
folgender Konfiguration:*

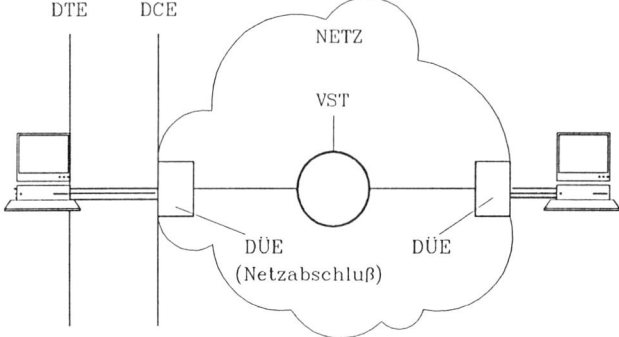

a) LAPB Verbindungsaufbau

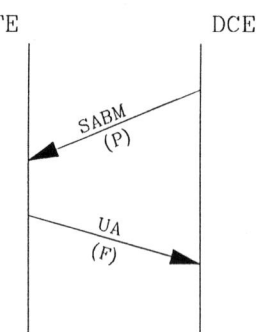

b) Datentransfer DTE ➔ DCE

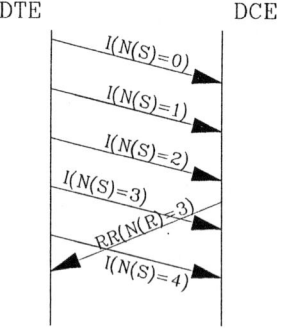

c) Poll nach Zeitablauf

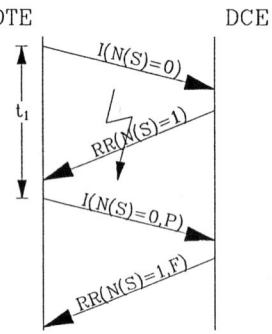

d) Verbindungsabbau

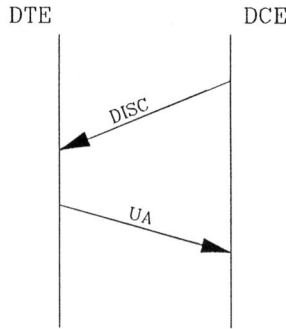

e) Flußregelung mit RR

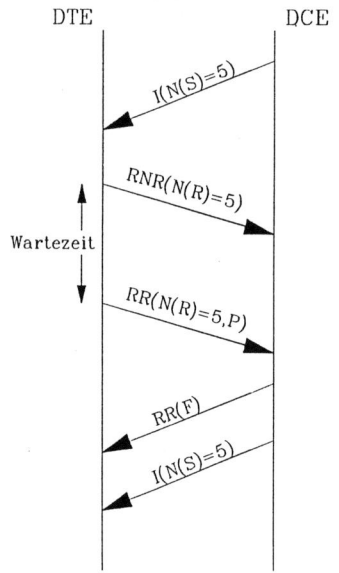

f) FRMR mit Reinitialisierung

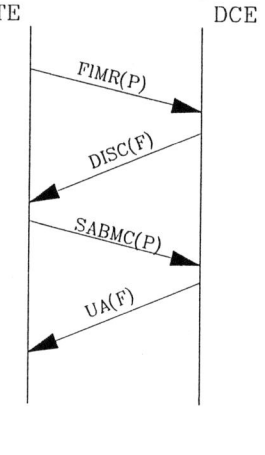

a)

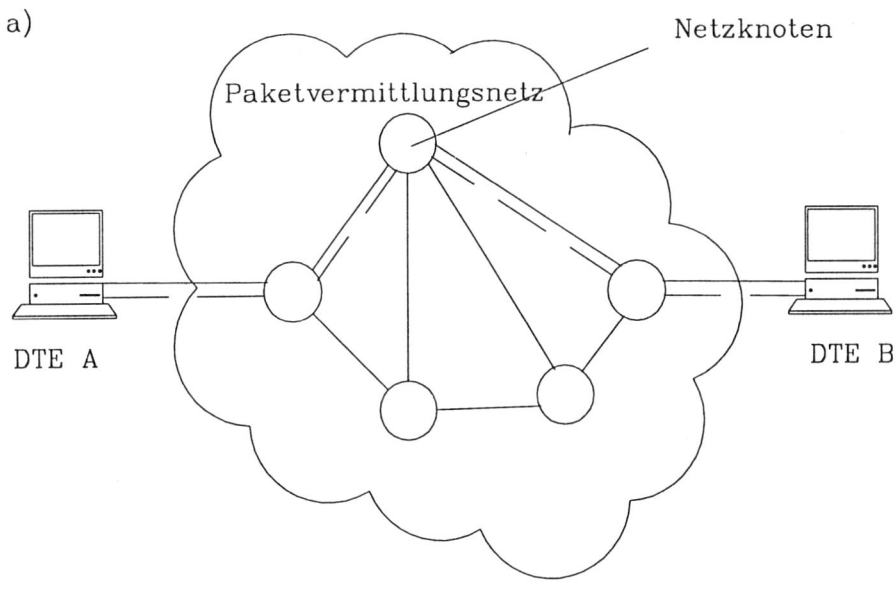

b)

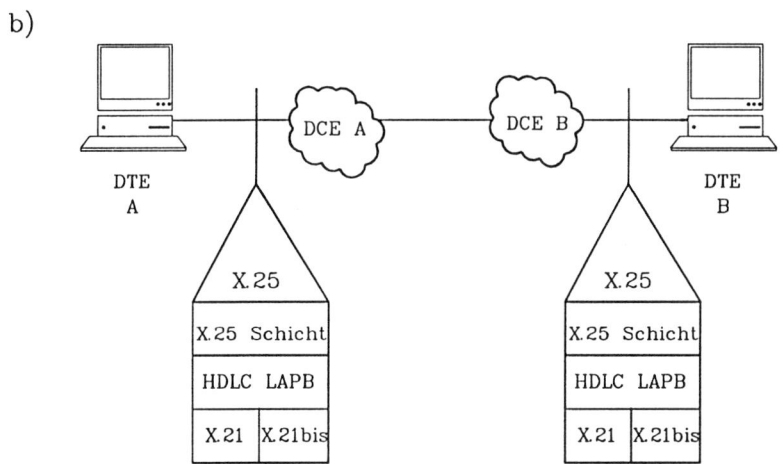

Bild 13.7 Paketvermittlung nach X.25
a) Eine virtuelle Verbindung
b) Die X.25-Empfehlung

13.4   Das X.25-Protokoll

Die CCITT Empfehlung X.25 spezifiziert die ersten drei Schichten des ISO-Modells
für die Datenpaketübermittlung. Wie bereits erwähnt, wird das X.21-Protokoll, alternativ X.21bis-Protokoll (V.24/RS 232 für den Anschluß mit Modem über das
Fernsprechnetz) für die Schicht 1 empfohlen. Hierüber wird die Schicht 2 unter
Verwendung des HDLC-LAPB-Protokolls aufgebaut. Im folgenden wollen wir uns
den Kern der X.25-Empfehlung – die Behandlung der Schicht 3 – näher ansehen.
Es handelt sich dabei um den Aufbau von virtuellen Verbindungen zwischen zwei
Endgeräten über das Paketvermittlungsnetz, den Austausch von Daten über die-
se Verbindungen und die Wartung und Verwaltung der Verbindungen. Die X.25-
Empfehlung beschreibt im wesentlichen das Verhalten an der DTE/DCE-Schnittstelle
(siehe Bild 13.7).

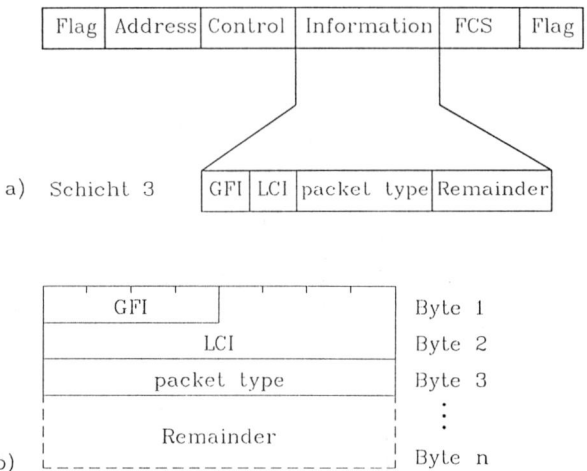

Bild 13.8   Struktur der Schicht-3-Meldungen
a) Einbettung der Schicht-3-Meldungen in der Schicht 2
b) Format der Schicht-3-Meldungen
GFI: General Format Identifier, Formatangabe
LCI: Logical Channel Identifier, Adresse der virtuellen Verbindungen
packet type: Meldungstyp; *Remainder*: Rest der Meldung

Im Bild 13.8 ist das Rahmenformat der X.25-Schicht-3-Meldungen und deren Einbettung in die Schicht 2 dargestellt. Die ersten vier Bit des Rahmens, **GFI** (*General
Format Identifier*) genannt, werden verwendet, um das Grundformat für das Paket, so z.B. ob die Modulo-8- oder Modulo-128-Zählung verwendet wird, festzulegen.
Das GFI wird auch verwendet, um zwischen Nutz- und Steuerpaketen zu unterschei-

den (s. CCITT X.29) und eine explizite Bestätigung bestimmter Pakete (*Delivery Confirmation*) vorzunehmen. Die nächsten 12 Bit (**LCI** L*ogical* C*hannel* I*dentifier*) dienen der Adressierung der logischen Verbindung (*Logical Channel*); hierbei wird zwischen einer Bündeladresse (*Logical Channel Group Number*, die ersten vier Bit) und einer Verbindungsadresse (*Logical Channel Number*, 8 weitere Bit) unterschieden.

Der Adresse folgt ein Byte, das den **Pakettyp** (*packet type*) kennzeichnet. Je nach Pakettyp folgen dann ggf. weitere Elemente, die als Rest (*Remainder*) bezeichnet werden. Im Bild 13.9 sind einige Pakettypen mit deren Codierung und Bezeichnung angegeben.

Die Schicht-3-Pakettypen werden in Meldungen für Verbindungsaufbau und -abbau, Datenübertragung, Flußkontrolle und weitere Meldungen unterteilt. Die Bedeutungen sind ähnlich wie bei Schicht-2-Meldungen. Wir wollen uns nun einige Abläufe näher ansehen.

Im Bild 13.10a) ist der Ablauf beim Aufbau einer virtuellen Verbindung (*Virtual Circuit*) skizziert. Die Datenendeinrichtung A (DTE A) sendet die Meldung *Call Request* an seine Datenübermittlungseinrichtung (DCE A). Innerhalb des Paketvermittlungsnetzes wird diese Meldung (als *call* angedeutet) bis zur DCE B geleitet und von dort aus als *Incoming call* an DTE B weitergegeben. Bei Annahme des Rufes wird die Meldung *Call Accepted* von DTE B zu DCE B, weiter durch das Netz als *Accept* zu DCE A und von dort zu DTE A als *Call Connect* weitergeleitet. Man beachte, daß die LCN (*Logical Channel Number*) lediglich lokale Bedeutung haben und deshalb auf beiden Seiten unterschiedlich sein können (im Beispiel 6 und 2).

Im Bild 13.10b) ist die Meldung *Call Request* bzw. *Incoming Call* genauer aufgeschlüsselt. Der aus 2 Byte bestehende Kopf (*Header*) und der aus einem Byte bestehende Pakettyp müssen stets angegeben werden. Im GFI wird übrigens angezeigt, daß es sich um das lange Adressenformat handelt. Das vierte Byte gibt die Längen der anrufenden und der angerufenen DTE Adressen an; hierfür sind je 4 Bit vorgesehen, also maximal die Länge 15 angebbar – die maximale Adressenlänge beträgt somit 15 Dezimalziffern.

Pakettyp		Byte 3 Bit Nr.							
DCE → DTE	DTE → DCE	8	7	6	5	4	3	2	1

Verbindungsauf– und Abbau

DCE → DTE	DTE → DCE	8	7	6	5	4	3	2	1
Incoming Call	Call Request	0	0	0	0	1	0	1	1
Call Connected	Call Accepted	0	0	0	0	1	1	1	1
Clear Indication	Clear Request	0	0	0	1	0	0	1	1
DCE Clear Confirm	DTE Clear Confirm	0	0	0	1	0	1	1	1

Datenübertragung

DCE → DTE	DTE → DCE	8	7	6	5	4	3	2	1
DCE Data	DTE Data	x	x	x	x	x	x	x	0
DCE Interrupt	DTE Interrupt	0	0	1	0	0	0	1	1
DCE Interrupt Confirm	DTE Interrupt Confirm	0	0	1	0	0	1	1	1

Flußkontrolle

DCE → DTE	DTE → DCE	8	7	6	5	4	3	2	1
DCE RR (Modulo 8)	DTE RR (Modulo 8)	x	x	x	0	0	0	0	1
DCE RR (Modulo 128)	DTE RR (Modulo 128)	0	0	0	0	0	0	0	1
DCE RNR (Modulo 8)	DTE RNR (Modulo 8)	x	x	x	0	0	1	0	1
DCE RNR (Modulo 128)	DTE RNR (Modulo 128)	0	0	0	0	0	1	0	1
	DTE RET (Modulo 8)	x	x	x	0	1	0	0	1
	DTE RET (Modulo 128)	0	0	0	0	1	0	0	1

Weitere Meldungen

DCE → DTE	DTE → DCE	8	7	6	5	4	3	2	1
Reset Indication	Reset Request	0	0	0	1	1	0	1	1
DCE Reset Confirm	DTE Reset Confirm	0	0	0	1	1	1	1	1
	Registration Request	1	1	1	1	0	0	1	1
Registration Confirm		1	1	1	1	1	0	1	1

Bild 13.9 Einige Pakettypen und deren Codierung

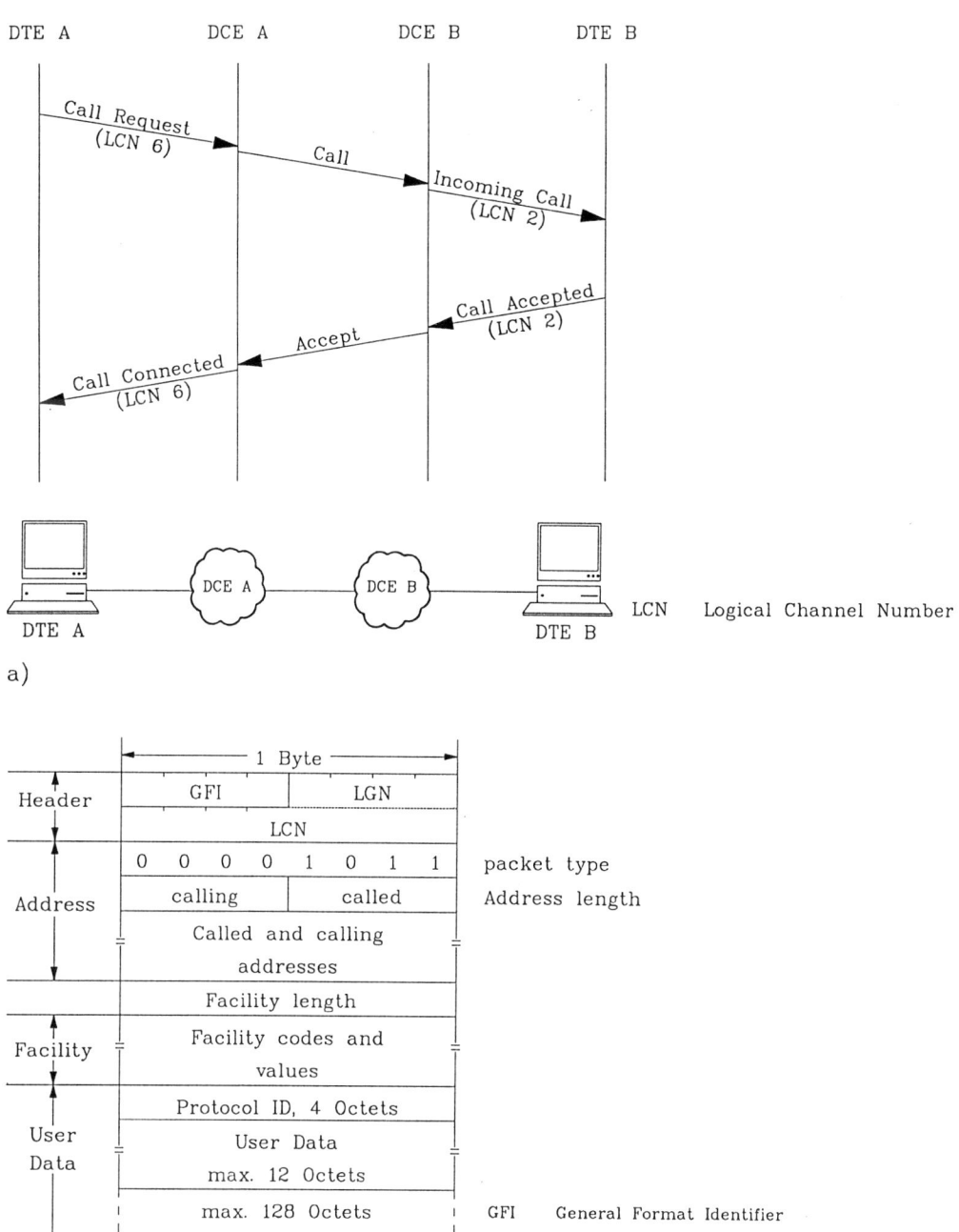

Bild 13.10 Aufbau einer virtuellen Verbindung
a) Ablauf des Verbindungsaufbaus
b) Aufbau der Meldungen *Call Request* und *Incoming Call* (Long Address Format)

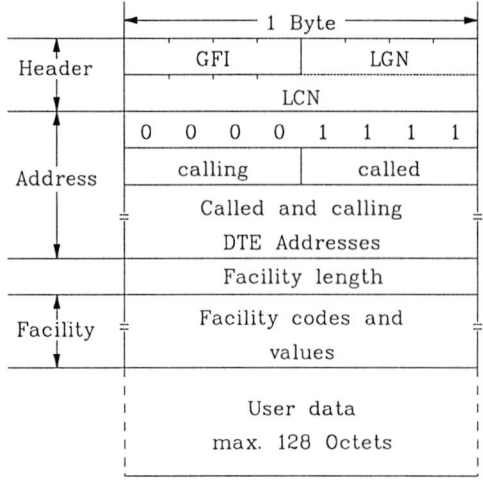

c)

Bild 13.10   Aufbau einer virtuellen Verbindung
c) Aufbau der Meldung *Call Accepted* und *Call Connected* (Long Address Format)

Im Adressenfeld wird dann die Adresse (je 4 Bit pro Dezimalziffer) binär angegeben. Bei einer ungeraden Anzahl von Ziffern im Adreßfeld wird das letzte halbe
Oktett mit Nullen aufgefüllt. Die Angabe der Adressenlänge (4. Byte) ist stets zwingend vorgeschrieben. Während in der Meldung *Incoming Call* beide Adressen (des
Gerufenen und des Rufenden) zwingend vorgeschrieben sind, ist in der Meldung
Call Request nur die Adresse des angerufenen Teilnehmers zwingend vorgeschrieben
– die Adresse des rufenden Teilnehmers wird gegebenenfalls von seiner Vermitt-
lungseinrichtung weitergeleitet. Das erste Byte nach der Adresse gibt die Länge der
nächsten Nachricht an; diese betrifft die gewünschten Leistungsmerkmale, die wiederum ausgehandelt werden können. Die Angabe der Länge dieser *Facility*-Meldung
ist zwingend, die Meldung selbst optional. Typische Leistungsmerkmale, die ausgehandelt werden, sind z.B. Paketlänge, Fenstergröße, Gebührenübernahme und
die beschleunigte Übermittlung von Datenpaketen. Das Datenpaket am Schluß der
Meldung (*User Data*) beträgt maximal 16 Oktette. Es gibt die Möglichkeit, unter
Verwendung eines Leistungsmerkmales (*Fast Select* genannt) das Feld optional bis
zu 128 Byte zu erweitern. Dies ist besonders günstig, wenn kurze Meldungen (Te-
lemetriedaten oder *Point of Sales* Daten) übermittelt werden sollen, denn es wird
damit möglich, kurze Nutzdatenblöcke bis 128 Byte mit Steuermeldungen direkt zu
übermitteln.

Im Bild 13.10c) ist die Meldung *Call Accepted* bzw. *Call Connected* genauer aufgeschlüsselt. Die Bedeutung der einzelnen Elemente der Meldung sind denen der
ausführlich besprochenen Meldung *Call Request* identisch.

Nach dem erfolgreichen Aufbau der virtuellen Verbindung können nun Datenpakete und weitere Steuerpakete, die die virtuelle Verbindung betreffen, übermittelt werden. Die Adressen der Endeinrichtungen werden nicht mehr in den Paketen angegeben, die logische Adresse mit jeweils lokaler Bedeutung reicht nun aus.

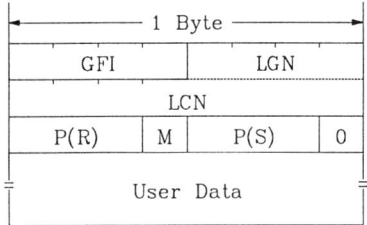

a) DATA Meldung

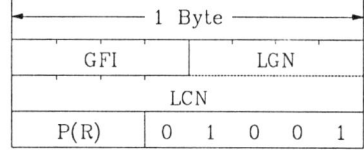

b) RR Meldung (Receive Ready)

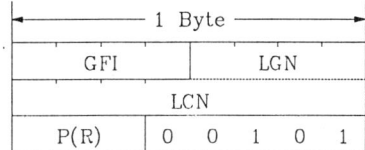

c) RNR Meldung (Receive Not Ready)

d) REJ Meldung (Reject)

Bild 13.11   Einige Meldungsformate (Modulo-8-Zählung)

Im Bild 13.11a)-d) sind die Meldungen DATA, RR, RNR und REJ für Modulo-8-Zählung genauer angegeben. Die Meldungen DATA (genauer DCE DATA, DTE DATA) werden verwendet, um Daten zwischen den Endgeräten (DTE A und DTE B) auszutauschen. Wie bei den *Information*-Meldungen der Schicht 2 werden die DATA-Meldungen der Schicht 3 durchnumeriert. Hierzu dient das Feld $P(S)$ (*Packet Sent*), das aus 3 Bit besteht (Bild 13.11a)). Das Feld $P(R)$ (*Packet Received*) dient der Quittierung der empfangenen Pakete. Die Fenstergröße kann maximal zu 7 gewählt werden, der voreingestellte Wert (*Default Value*) ist 2. Das mit M gekennzeichnete Bit (*More Data*) zeigt an, ob noch weitere, zu der Nachricht gehörende Pakete folgen. Die Meldungen RR, RNR und REJ werden wie bei der Schicht 2 verwendet.

Die Quittierung der Schicht-2-Meldungen *Information* und der Schicht-3-Meldungen *Data* sind voneinander unabhängig. In der Schicht 3 besteht die Möglichkeit, durch Setzen eines Bits im GFI-Feld die Quittierung vom nächsten Knoten im Netz oder vom fernen Endgerät durchführen zu lassen. Durch die Quittierung vom nächsten Knoten kann ein höherer Durchsatz erreicht werden, die Datenpakete müssen jedoch zeitweise im Netz gespeichert werden. In der Schicht 3 wird für jede aufgebaute virtuelle Verbindung die Zählung (und somit der Quittierungsmechanismus) gesondert durchgeführt.

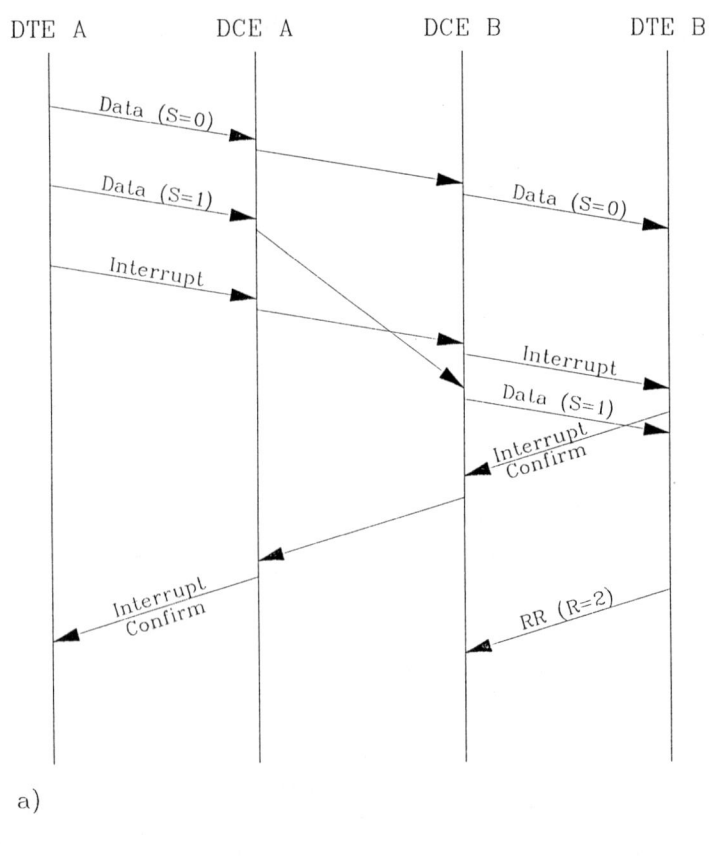

a)

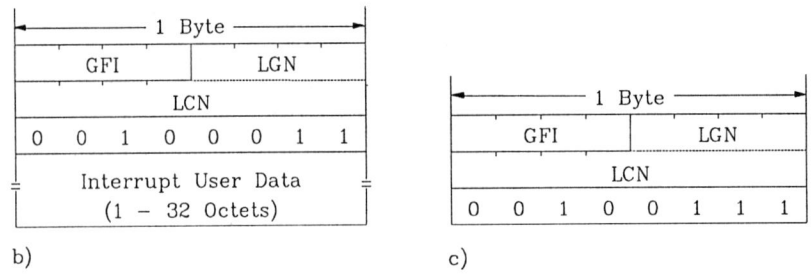

b)   c)

Bild 13.12 Die bevorzugte Datenabfertigung (*Expedited Data*)
a) Ein typischer Ablauf der bevorzugten Abfertigung
b) Aufbau einer *Interrupt* Meldung
c) Aufbau einer *Interrupt Confirm* Meldung

Das X.25-Protokoll sieht vor, einzelne Pakete bevorzugt abzufertigen (*Expedited Data*). Dies wird mit der *Interrupt*-Meldung vorgenommen. *Interrupt*-Meldungen unterliegen nicht der Zählung, werden bevorzugt behandelt und können hierdurch andere Meldungen überholen. Sie werden durch *Interrupt Confirmation* unmittelbar von fernen Endgeräten quittiert. Bild 13.12 zeigt den Aufbau der Meldungen und einen typischen Ablauf der bevorzugten Abfertigung.

Der Verbindungsabbau einer virtuellen Verbindung kann von einem Endgerät oder vom Netz vorgenommen werden. Beide Abläufe und der Aufbau der Meldungen sind im Bild 13.13 gezeigt.

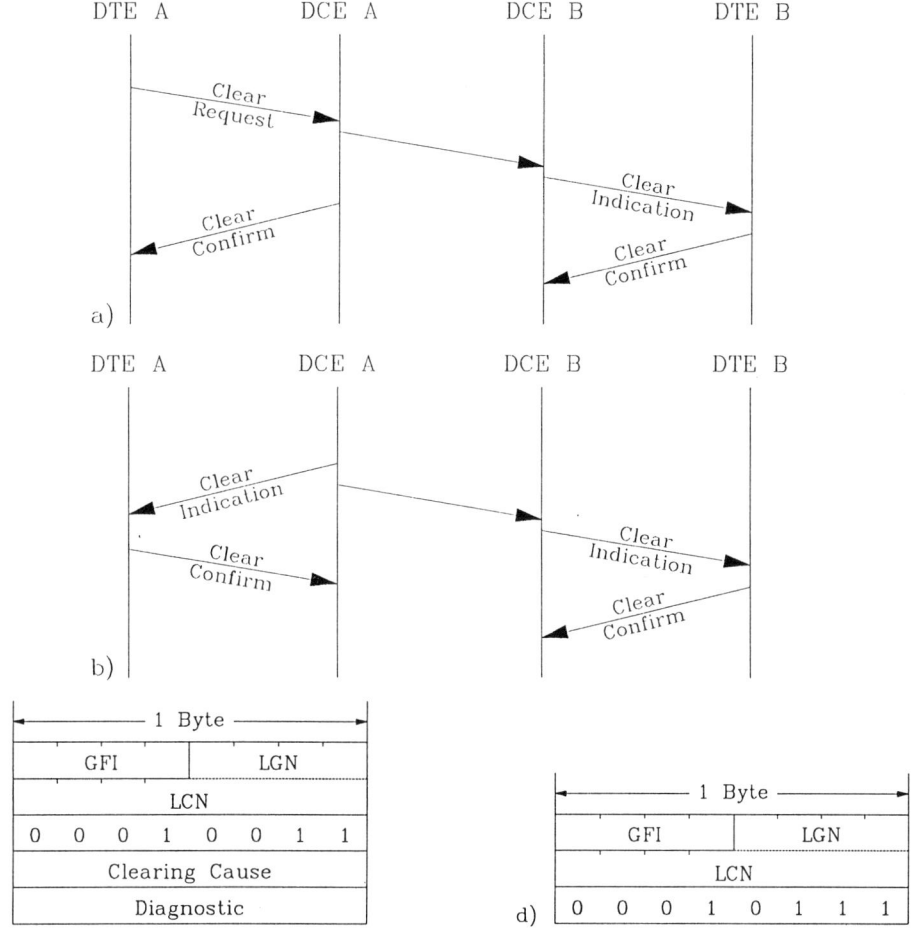

Bild 13.13 Abbau einer virtuellen Verbindung
a) Abbau der virtuellen Verbindung durch den A-Teilnehmer
b) Abbau der virtuellen Verbindung durch das Netz
c) Aufbau der Meldung *Clear Request* und *Clear Indication* (Basisformat)
d) Aufbau der Meldung *Clear Confirm* (Basisformat)

13.5   Das Signalisierungssystem Nr. 7

Bei unseren bisherigen Betrachtungen haben wir gesehen, daß beim Kommuni-
kationsvorgang auch Steuerinformationen erzeugt und ausgetauscht werden. Man
bezeichnet dies als **Signalisierung** oder **Zeichengabe**. Sie dient dem Auf- und
Abbau von Nachrichtenverbindungen, der Steuerung von Nachrichtenpaketen und
der Aktivierung und Deaktivierung von unterschiedlichsten Dienstmerkmalen und
Betriebsfunktionen. Man unterscheidet zwischen der Signalisierung

- zwischen dem Endgerät und der Vermittlungsstelle, an der es angeschaltet ist
  (**Teilnehmer-Signalisierung**),

- zwischen Vermittlungsstellen (**Netz-Signalisierung**) und

- zwischen den Endgeräten (**Ende-zu-Ende-Signalisierung**).

Wird der Nutzkanal für die Signalisierung mitverwendet, so wird die Signalisierung
als **Im-Band** (*In Band*), sonst als **Außerband** (*Out Band*) bezeichnet. Wird für
die Signalisierung ein gesonderter Kanal verwendet, so wird dieser als **Signalisierkanal** bezeichnet. Dieser kann für einzelne Nutzkanäle individuell oder für mehrere
Nutzkanäle gemeinsam ausgelegt sein. Im letzteren Fall spricht man von einem **zentralen Signalisierkanal**.

Beim Signalisierungssystem Nr. 7 (SS Nr.7) handelt es sich um ein Signalisiersystem
für die zentrale Zeichengabe zwischen Vermittlungsstellen, deren Entwicklung bei
CCITT bereits 1973-76 vorangetrieben wurde; die ersten Empfehlungen wurden
1980 verabschiedet. Die Entwicklung des SS Nr.7 verlief parallel zu ISO-Aktivitäten
zur Normung des OSI-Modells (siehe Abschnitt 2.1); das Protokoll weist deshalb
lediglich Grundmerkmale des OSI-Modells auf (Bild 13.14).

Die beiden ersten Ebenen des SS Nr.7 stimmen mit den beiden ersten Schichten des
OSI-Modells funktionsmäßig überein. Die dritte Ebene enthält die Grundfunktion
der Schicht 3 – im wesentlichen sind es die Vermittlungsfunktion für die Zeichengabe und das Netzmanagement. Die ersten drei Ebenen bilden die Transportfunk-
tionen für die Zeichengabe (**MTP** – **M**essage **T**ransfer **P**art). Hierauf setzen die
diensteabhängigen Anwendungteile (*User Parts*) auf – so z.B. für Fernsprechen,
Daten und ISDN. Diese enthalten alle Signale und Prozeduren, die für die Zeichengabe zwischen den Vermittlungsknoten für die einzelnen Dienste (Fernsprechen,
Daten usw.) erforderlich sind. Der **SCCP** (*Signalling Connection Control Part*)
ergänzt den MTP, um die OSI-Schicht-3-Funktionen zu komplettieren. Der so ent-
standene **NSP** (*Network Services Part*) ermöglicht den darauf aufgebauten Anwendungen (*Application Parts*), beliebige Informationen verbindungsorientiert oder ver-
bindungslos auszutauschen. Erwähnt seien die Anwendungen für Betrieb und Wartung (*Operations and Maintenance*) und die Ende-zu-Ende Signalisierung/**TCAP**
(**T**ransaction **C**apability **A**pplication **P**art). TCAP ermöglicht es, nicht nutzkanal-
gebundene Anwendungen, wie Chipkartenauthentifikation und -buchung, zu realisieren. TCAP wird auch für die GSM-Mobilfunk-Signalisierung (*Mobile User Part*)

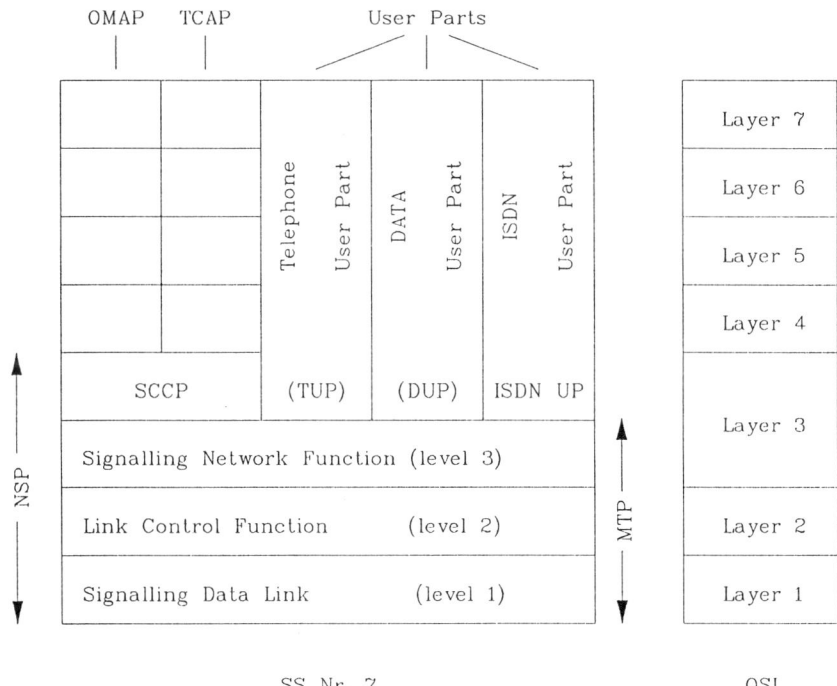

Bild 13.14 SS Nr.7 und OSI-Modell
MTP: Massage Transfer Part
NSP: Network Services Part
SCCP: Signalling Connection Control Part
OMAP: Operational and Maintenance Application Part
TCAP: Transaction Capability Application Part

verwendet. Im folgenden wollen wir den Transportteil (MTP) des Protokolls und beispielhaft die ISDN-Anwendung (ISDN-UP) näher ansehen.

Für die Bitübertragung (Ebene 1) im SS Nr.7 werden gewöhnlich 64 kbit/s Strecken, die über digitale Koppelfelder zugänglich sind, verwendet. Bei PCM-30-Systemen wird der 16. Zeitschlitz als transparenter Kanal für SS Nr.7 genutzt.

Die hierauf aufsetzende Schicht 2 ist dem HDLC-Protokoll sehr ähnlich. Die Rahmenstruktur der Meldungen ist im Bild 13.15 dargelegt. Man unterscheidet zwischen Meldungen, die Schicht-3-Informationen enthalten, (**MSU - M**essage **S**ignal **U**nit), Meldungen, die den Status der Schicht 2 anzeigen (**LSSU - L**ink **S**tatus **S**ignal **U**nit) und Füllmeldungen (**FISU - F**ill **In S**ignal **U**nit). Die FISU wird zum Überbrücken von Wartezeiten und ggf. zum Quittieren verwendet. Der Rahmen beginnt und endet jeweils mit dem üblichen **Flag** (Codierung 01111110). Um die Bittransparenz zu gewährleisten, wird das *Zero Insertion* Verfahren (Siehe Abschnitt 13.2) angewandt. Da es sich bei SS Nr.7 stets um Punkt-zu-Punkt Verbindungen handelt, ist eine Adressierung in der Schicht 2 nicht erforderlich.

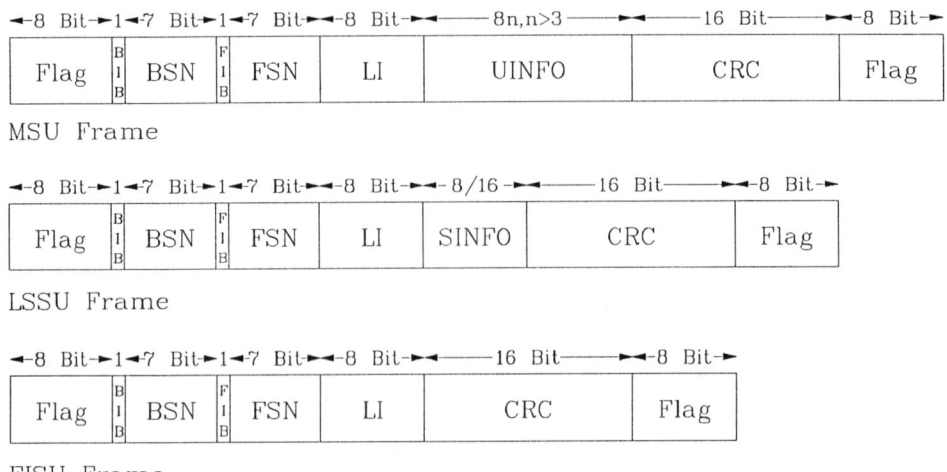

MSU Frame

LSSU Frame

FISU Frame

Bild 13.15 Rahmenstruktur der SS Nr.7 Meldungen
BIB: Backward Indication Bit; BSN: Backward Sequence Number
CRC: Cyclic Redundancy Check; FIB: Forward Indication Bit
FISU: Fill In Signal Unit; FSN: Forward Sequence Number
LI: Length Indicator; LSSU: Link Status Signal Unit
MSU: Message Signal Unit; UINFO: User Info (Layer 3)
SINFO: Status Info (Layer 7)

Unmittelbar nach dem **Flag** folgen zwei Oktette, die für die Sequenzierung und Flußkontrolle verwendet werden. Es wird Modulo-128 gezählt, so daß 7 Bit für die Sequenzierung erforderlich sind. Die **FSN** (*Forward Sequence Number*) wird für die Sequenzierung der gesendeten Meldungen verwendet und entspricht der Sendefolgenummer $N(S)$ beim HDLC-Verfahren. Es werden nur Meldungen, die eine Schicht-3-Nachricht enthalten (d.h. nur MSUs), gezählt. Bei den anderen Meldungen wird die alte Sequenznummer lediglich wiederholt. Das **FIB** (*Forward Indication Bit*) zeigt an, ob es sich um eine neue Meldung oder eine Wiederholung handelt. Im Falle der Wiederholung wird das Bit invertiert, unterscheidet sich also hierin gegenüber der vorherigen Meldung. Die **BSN** (*Backward Sequence Number*) wird zur Quittierung der Meldungen verwendet und gibt die Nummer der letzten richtig erhaltenen Meldung an. Das **BIB** (*Backward Indication Bit*) kann für eine explizite positive oder negative Quittierung (ACK/NAK) verwendet werden. Die positive Quittierung wird durch Beibehalten des BIB der letzten Meldung, die negative Quittierung durch Invertieren des BIB der letzten Meldung angezeigt. Für die Fehlerkorrektur sind zwei Verfahren vorgesehen. In der Grundversion wird das BIB für die negative Quittierung verwendet. Bei Empfang einer negativen Quittierung wiederholt der Sender alle Meldungen, die nach der letzten, durch BSN bestätigten Meldung liegen. Wenn keine neuen Meldungen mehr vorliegen, wiederholt der Sender alle nicht quittierten Meldungen. Die zweite als **PCR** (**P***reventive* **C***yclic* **R***etransmission*) bezeichnete Version wird hauptsächlich auf Strecken mit langen Signallaufzeiten (z.B. Satelliten-Strecken) eingesetzt. In dieser Version wird nur die positive Quittierung verwendet. Nicht quittierte Meldungen werden zyklisch wiederholt, bis sie quittiert werden.

Im Bild 13.16 sind Beispiele zur Quittierung in der Basis-Version skizziert, dabei wird die Übermittlung und Zählung der MSU nur in einer Richtung gezeigt; die gleichzeitige Abwicklung in der anderen Richtung verläuft entsprechend.

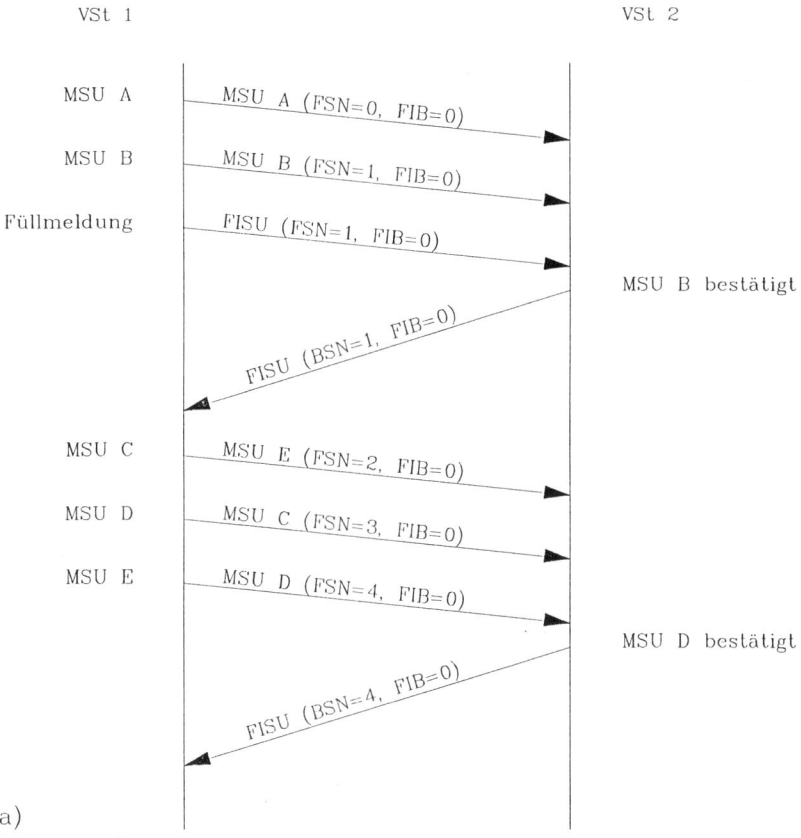

Bild 13.16 Beispiele zur Quittierung in der Basisversion bei SS Nr.7
a) Fehlerfreie Übertragung

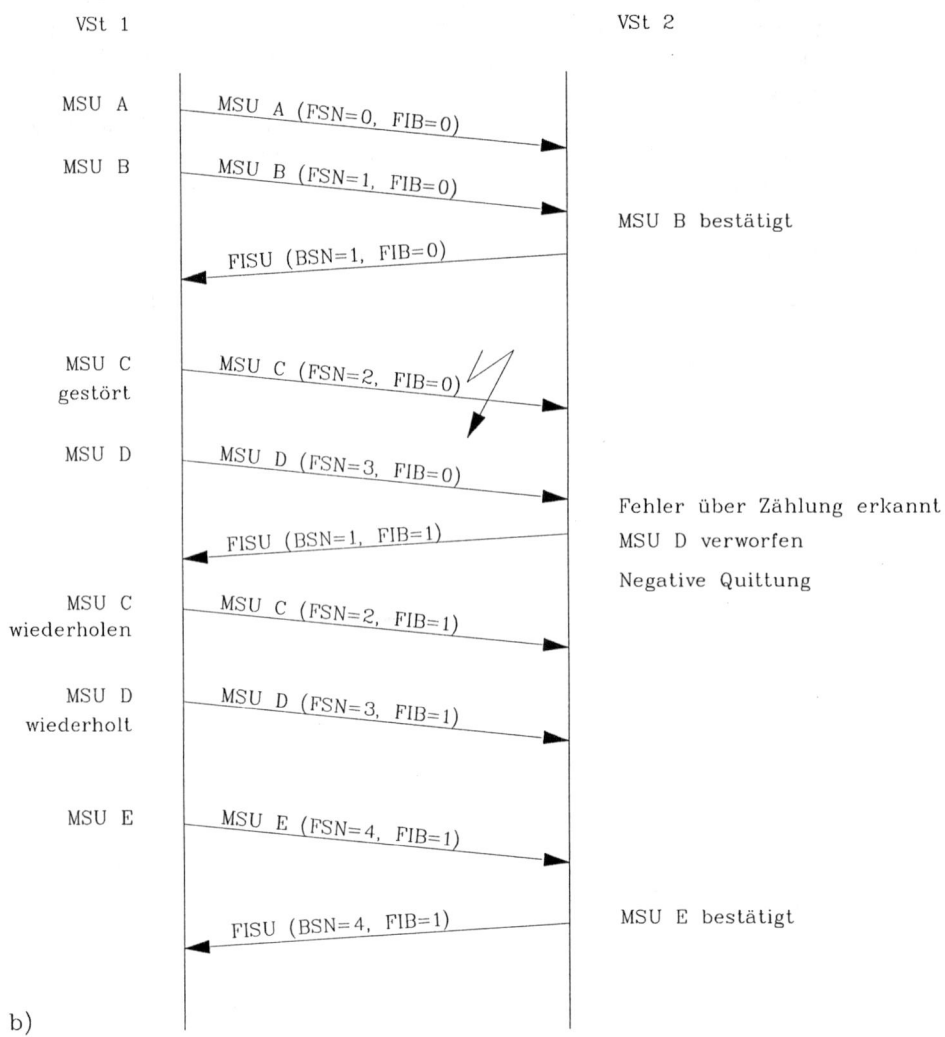

b)

Bild 13.16 Beispiele zur Quittierung in der Basisversion bei SS Nr.7
b) Fehlerbehaftete Übertragung und Korrektur

Das 4. Byte des Rahmens, *Length Indicator* (LI), gibt die Länge des nachfolgenden Informationsfeldes an. Die ersten beiden Bit werden als Reserve gehalten, so daß LI aus 6 Bit besteht und die Zahlen 0 bis 63 anzeigen kann. Ist LI = 0, so handelt es sich um Füllzeichen (FISU) ohne Informationsfeld. Ist LI = 1 oder 2, so handelt es sich um Zustandsmeldungen (LSSU). Bei LI = 3...63 handelt es sich um Schicht-3-Meldungen (MSU). Falls eine Zeichengabenachricht länger als 62 Byte ist, wird LI = 63 gesetzt. Die maximale Länge des Informationsfeldes ist auf 272 Byte begrenzt.

Wie beim HDLC-Protokoll schließt ein 16 Bit CRC-Feld den Rahmen ab. Es wird das CCITT-Generatorpolynom $x^{16} + x^{12} + x^5 + 1$ verwendet.

Der Ebene 3 des SS Nr.7 kommen zwei Aufgaben zu: die Zeichengabenachrichtenbehandlung (*Signalling Message Handling*) und das Zeichengabenetzmanagement (*Signalling Network Management*). Zur Zeichengabebehandlung gehören die Unterscheidung der Nachrichten (*Message Discrimination*), deren Verteilung auf die jeweilige Anwendung (*Message Distribution*) und die Lenkung der Nachricht durch das Zeichengabenetz (*Message Routing*). Zum Netzmanagement gehören die Aufgaben des Strecken-, Wege- und Verkehrsmanagements, so. z.B. die Inbetriebnahme von Zeichengabestrecken oder deren Ersatzschaltung.

Beispiel 13.8   *Routing im SS Nr.7*

In einem paketvermittelnden Netz tritt die Aufgabe auf, an jedem Netzknoten den günstigsten Weg für die Übermittlung der Pakete eines jeden Zielknotens zu bestimmen. Gewöhnlich werden an den Netzknoten Routing-Tabellen angelegt, aus denen hervorgeht, an welchen Nachbarknoten die Pakete für den jeweiligen Zielknoten abzugeben sind. Solche Tabellen können statisch angelegt sein oder sich aber auch dynamisch an die Verhältnisse im Netz anpassen. Im SS Nr.7 werden in den Routing-Tabellen jeweils die kürzesten Wege eingetragen (Shortest Path Routing). In der foldenden Skizze ist ein Kommunikationsnetz mit 6 Knoten dargestellt. Die Kantengewichtungen geben die jeweiligen Längen der Strecken an. In der Praxis kann statt der Länge irgendeine zu optimierende Zielfunktion (bestehend aus Länge, Kosten, Kapazität usw.) angegeben werden.

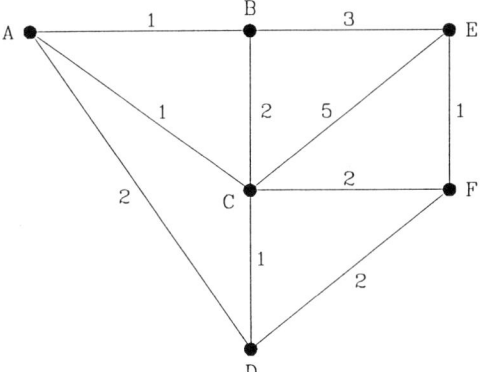

Versuchen Sie für das Netz die kürzesten Wege zu jedem Knoten vom Knoten A aus zu bestimmen. Sie werden feststellen, daß manchmal mehrere Wege gleichwertig sind. In diesem Fall bevorzugen Sie einen Knoten der im Alphabet vor einem entsprechenden anderen Knoten liegt (d.h. A vor B, B vor C). Das Verfahren wird als SP-Routing with Selection bezeichnet.

Folgende Skizze zeigt die nunmehr eindeutig bestimmten, kürzesten Wege (Baum kürzester Wege) für den Knoten A.

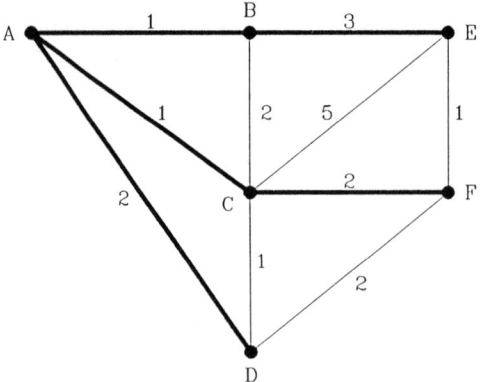

Ein Paket zum Knoten E wird nun vom Knoten A an den Knoten B weitergereicht. Um beim Ausfall von Strecken im Netz die Kommunikation aufrecht zu erhalten, enthalten Routing-Tabellen mehrere Einträge, die Ersatzwege angeben. Man berücksichtigt dabei den Ausfall der vom Knoten unmittelbar ausgehenden Strecken und bestimmt dann wiederum die kürzesten Strecken um den ersten Ersatz zu finden. Für den Knoten A werden die drei Strecken AB, AC und AD berücksichtigt und man erhält folgende, kürzeste Ersatzbäume:

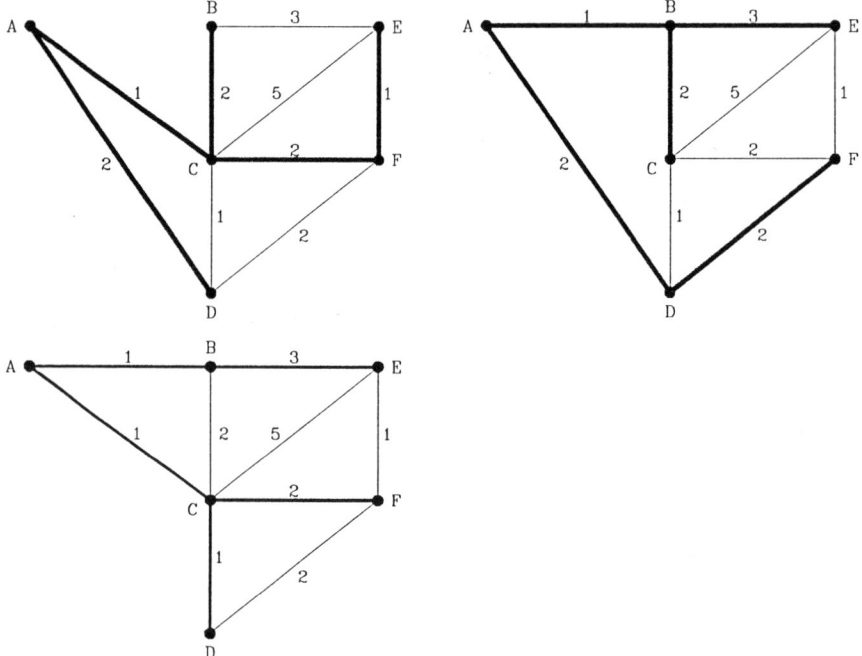

Ein Paket zum Knoten E wird nun vom Knoten A beim Ausfall von AB an den Knoten C weitergeleitet.

Beispiel 13.9   *Anforderungen an Routing-Verfahren*
Wir betrachten im folgenden einige Nachteile von SP-Routing und einige Anforderungen die an Routing-Tabellen gestellt werden.

Beim SP-Routing wird die Last im Netz ungleichmäßig verteilt. Eine gleichmäßige Last kann durch Berücksichtigung prozentualer Angaben für die verschiedenen Wege in einer Routing-Tabelle erzielt werden. Zwar gibt SP-Routing mit alternativen Wegen einen gewissen Schutz vor Streckenausfällen, man kann jedoch auch Routing-Tabellen mit minimaler Ausfallwahrscheinlichkeit angeben.

Bei Verwendung von Ersatzwegen in Routing-Tabellen entsteht das Problem, daß Nachrichten im Netz kreisen können (d.h. an einem Knoten wieder ankommen). Es müssen deshalb besondere Maßnahmen ergriffen werden um ein Kreisen zu vermeiden.

Es wird an Routing-Tabellen gewöhnlich die Auforderung gestellt, daß sie bidirektional sind, d.h. auch beim Ausfall von Strecken muß ein Weg von B nach A existieren, wenn der umgekehrte Weg von A nach B vorhanden ist.

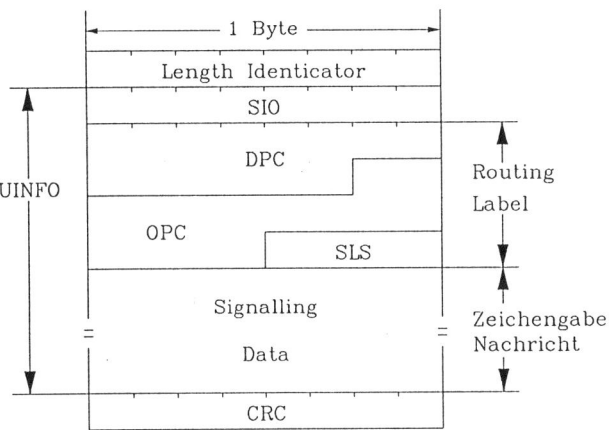

Bild 13.17   Allgemeine Struktur der Ebene-3-Nachricht einer Message Signal Unit
DPC: Destination Point Code, Zieladresse
OPC: Origanation Point Code, Ursprungsadresse
SIO: Service Identification Octet, Anwendungskennung
SLS: Signalling Link Selection
CRC: Cyclic Redundancy Check

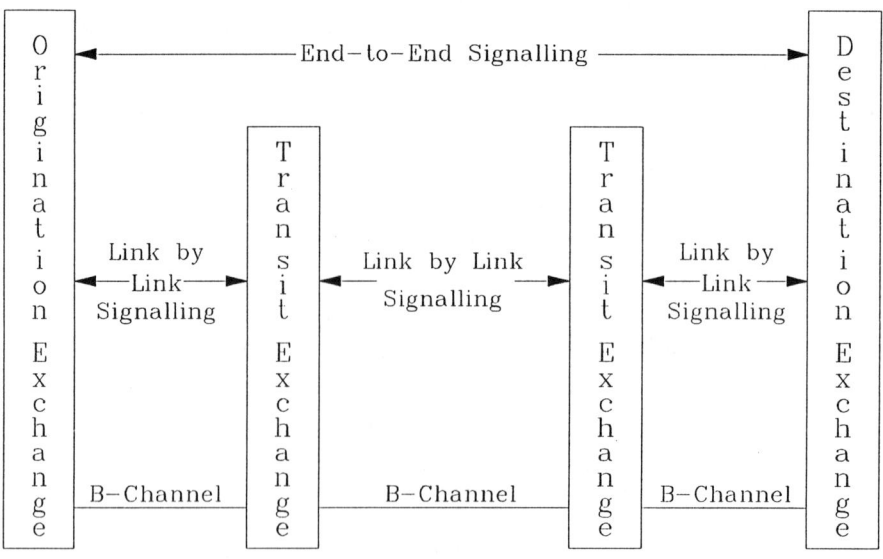

Bild 13.18 Ende-zu-Ende- und Streckensignalisierung

Im Bild 13.17 ist die allgemeine Struktur der Ebene-3-Nachricht einer **M**essage **S**ignal **U**nit (MSU) angegeben. Das **SIO** (**S**ervice **I**nformation **O**ctet) ist die Anwendungskennung. Sie kennzeichnet den Urheber bzw. Empfänger der Zeichengabenachricht und ermöglicht die Unterscheidungen

- es handelt sich um eine nationale oder internationale Zeichengabenachricht

- es handelt sich um eine Netzmanagementnachricht (der Ebene 3) oder

- es handelt sich um eine Zeichengabenachricht einer bestimmten Anwendung, z.B. ISDN UP oder TUP usw.

Die Adresse ist in einem Standardkopf (*Label*) angegeben. Diese besteht aus der Zeichenadresse der Zeichengabenachricht (**DPC** – **D**estination **P**oint **C**ode), der Ursprungsadresse der Zeichengabenachricht (**OPC** – **O**rigination **P**oint **C**ode) und aus 4 Bit für die Zeichengabestreckenauswahl (**SLS** – **S**ignalling **L**ink **S**election). Die 14 Bit langen Adressen ermöglichen es, alle nationalen und internationalen Vermittlungsstellen der öffentlichen Netze zu kennzeichnen.

Bei den Zeichengabeverbindungen (Bild 13.18) unterscheidet man zwischen den Quellen und Senken der Nachrichten (*Signalling End Points*) und den Transferstellen (*Signalling Transfer Points*). Die 4 Bit der SLS ermöglichen es, verschiedene Zeichengabewege festzulegen und somit eine Lastverteilung im Zeichengabenetz vorzunehmen (Bild 13.19). Im ISDN wird ein weiteres Byte (**CIC** – **C**ircuit **I**dentification **C**ode) für die Angabe des Nutzkanals verwendet. Die CIC zusammen

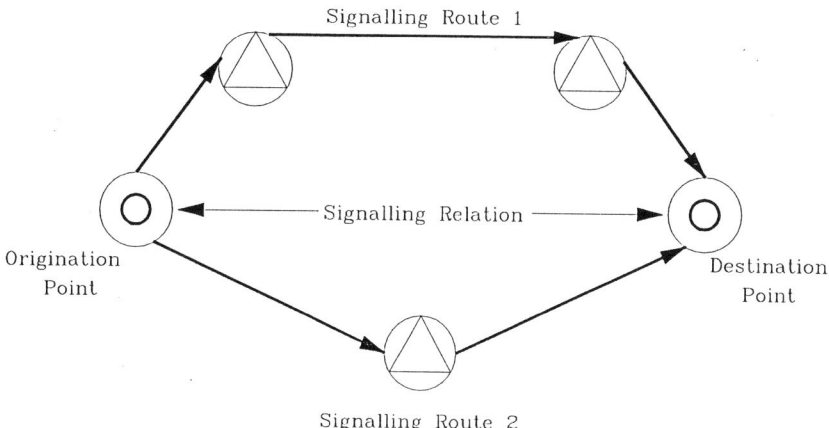

Bild 13.19   Wegeauswahl im Zeichengabenetz
○: End Point, △: Transfer Point

mit OPC und DPC kennzeichnet eindeutig, für welchen Nutzkanal eine Zeichengabenachricht bestimmt ist.

Wir wollen uns nun den ISDN-Anwenderteil beispielhaft ansehen. In der ursprünglichen Version, die 1984 von CCITT verabschiedet wurde, setzte er direkt auf
dem MTP auf. Die entsprechende nationale Spezifikation der DBP (1TR7) war
etwas umfangreicher, legte viel mehr Details fest und sah für die Ende-zu-Ende-
Signalisierung einen gesonderten Transportteil (**TF** – **T**ransport **F**unction) vor. In
der neuen CCITT-92-Version, die auch für Euro-ISDN verwendet wird, wird diese
Funktion über **SCCP** (**S**ignalling **C**onnection **C**ontrol **P**art, s. Bild 13.14 und die
Erläuterung dazu) wahrgenommen (s. Bild 13.20).

ISDN	ISDN	ISDN
UP	UP	UP
CCITT	DBP	DBP
1984	1TR7	1992
	TF	SCCP
MTP		

Bild 13.20
Der Aufbau des ISDN UP in verschiedenen Varianten

Die einzelnen, im ISDN UP festgelegten Zeichengabenachrichten, sind sehr umfangreich. Wir wollen uns diese lediglich an Hand von zwei Beispielen ansehen. Zunächst
sehen wir uns den Nachrichtenaustausch für den einfachen Verbindungsauf- und abbau im ISDN zwischen zwei Vermittlungsstellen an und anschließend den Aufbau
einer Ende-zu-Ende-Zeichengabeverbindung unter Verwendung des SCCP.

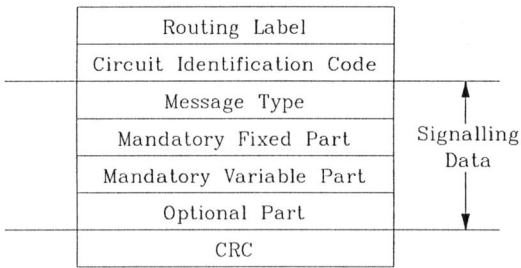

Bild 13.21
Die allgemeine Struktur der ISDN UP
Zeichengabenachricht

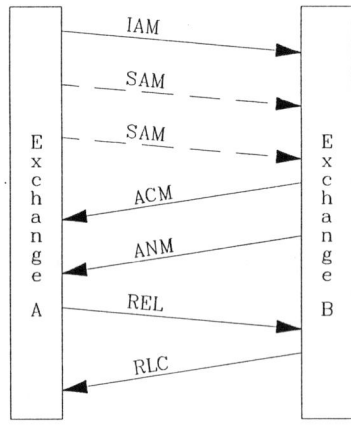

Bild 13.22
Austausch von Zeichengabemeldungen für den
einfachen Verbindungsaufbau und -abbau

Bild 13.21 zeigt die allgemeine Struktur der Zeichengabenachricht des ISDN UP, die typisch für alle Anwenderteile ist. Sie besteht aus der Bezeichnung der Nachricht (*Message Type*), dem für jede Nachricht festgelegten, zwingend vorgeschriebenem Teil (*Mandatory Part*) und einem optionalen Teil (*Optional Part*). Der zwingend vorgeschriebene Teil ist wiederum unterteilt in einen Teil fester und einen Teil variabler Länge. Derzeit sind über dreißig Nachrichten (*Message Types*) im ISDN UP festgelegt.

Im Bild 13.22 ist der Nachrichtenaustausch zwischen zwei Vermittlungsstellen für den einfachen Verbindungsaufbau und -abbau skizziert. Die Nachricht **IAM** (**I***nitial* **A***ddress* **M***essage*) ist die erste Nachricht, die beim Verbindungsaufbau gesendet wird. Sie dient zur Belegung eines Nutzkanals. Im zwingend vorgeschriebenen Teil fester Länge werden Angaben über das Zeichengabeformat, Verbindungsart, Übertragungsgeschwindigkeit usw. gemacht. Als zwingend vorgeschriebener Teil variabler Länge wird die Rufnummer des B-Teilnehmers angegeben. Es folgen dann optionale Angaben. Zur Zeit sind für die Meldung IAM über zwanzig solcher optionaler Nachrichteninhalte vorgesehen, so z.B. Rufnummer des A-Teilnehmers, Angabe über Rufumleitung, Nummer des Teilnehmers, zu dem der Ruf umgeleitet wird, ursprüngliche Rufnummer, Angabe daß es sich um eine geschlossene Benutzergruppe handelt,

Diensteparameter, Kompatibilitätsangaben usw. Es wird deutlich, daß der optionale Teil im wesentlichen zur Realisierung verschiedener Leistungsmerkmale verwendet wird. Falls die Rufnummer des B-Teilnehmers in der IAM-Meldung nicht vollständig vorlag (dies ist bei Einzelzifferwahl im Gegensatz zu Blockwahl möglich), folgt die Meldung **SAM** (**S***ubsequent* **A***ddress* **M***essage*) mit weiteren Wahlziffern. Die Meldung **ACM** (**A***ddress* **C***omplete* **M***essage*) zeigt an, daß der gerufene Teilnehmeranschluß frei ist und bei ihm gerufen wird. Die Meldung **ANM** (**An***swer* **M***essage*) zeigt an, daß der gerufene Teilnehmer die Verbindung angenommen hat und löst die Gebührenerfassung aus. Die **REL** Meldung (*Release*) kann von beiden Seiten gesendet werden. Sie leitet den Verbindungsabbau des Nutzkanals ein. Die **RLC** **R***elease* **C***omplete*) bestätigt den Verbindungsabbau. Beim erfolglosen Versuch des Verbindungsaufbaus werden REL und RLC zum Anzeigen des Besetztfalles und Bestätigen des Verbindungsabbaus verwendet. Weitere wichtige Meldungen sind:

- FAR - *Facility Request*, um Dienstmerkmale anzufordern

- FAA - *Facility Accepted*, um Dienstmerkmale zu bestätigen und

- FRJ - *Facility Reject*, um Dienstmerkmale abzuweisen.

Wir werden die Realisierung einiger Dienstmerkmale im ISDN im nächsten Kapitel kennenlernen.

Im Bild 13.23 ist der Aufbau einer Ende-zu-Ende-Zeichengabeverbindung unter Verwendung des SCCP dargestellt. Grundidee dabei ist, daß, nach dem abschnittsweisen Aufbau der Verbindung durch den ISDN UP, die Verbindung direkt, d.h. ohne Mitwirkung des ISDN UP in den Transit-Vermittlungsstellen, verwendet wird.

Der ISDN UP der Ursprungsvermittlungsstelle erfragt zunächst die Daten für die **CR-Meldung** (**C***onnection* **R***equest*) vom SCCP ab (Schritt 1 und 2 im Bild 13.23). Die Ende-zu-Ende-Zeichengabeverbindung wird nun durch Senden der Nachricht CR als Parameter der Meldung IAM oder FAR (die wir bereits kennengelernt haben) angefordert (Schritt 3 im Bild 13.23). Diese Nachricht wird abschnittsweise von Vermittlungsstelle zu Vermittlungsstelle bis zur Zielvermittlungsstelle weitergeleitet (Schritt 4). Hier übergibt der ISDN UP die Meldung CR an den SCCP (Schritt 5), der die Meldung verarbeitet und den ISDN UP über die Verbindungsaufforderung informiert (Schritt 6). Die Bestätigung des ISDN UP (Schritt 7) leitet nun der SCCP als **CC** (**C***onnect* **C***onfirm*) direkt (d.h. über den MTP) an den SCCP der Ursprungsvermittlungsstelle (Schritt 8). Dieser informiert wiederum seinen ISDN UP. Somit steht nun die Ende-zu-Ende-Verbindung. Die über ihr laufenden Meldungen werden nun in den Transitvermittlungsstellen ohne jegliche Bearbeitung im ISDN UP weitergeleitet. Der Verbindungsabbau erfolgt ähnlich.

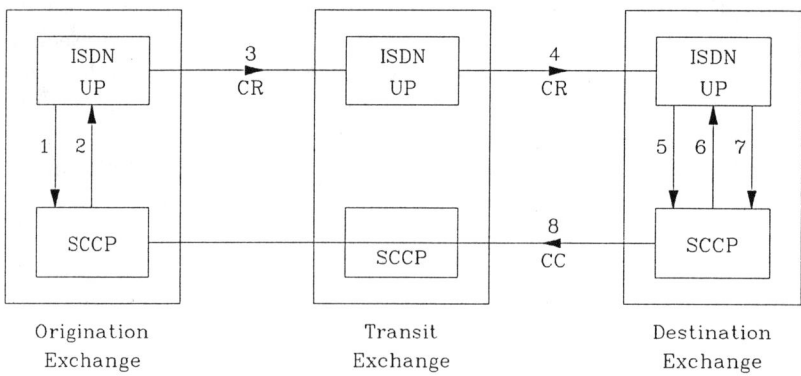

Bild 13.23 Aufbau einer Ende-zu-Ende-Zeichengabeverbindung unter Verwendung des SCCP

Beispiel 13.10 *Blindbelegungszeiten*
Man kann davon ausgehen, daß in herkömmlichen Fernsprechnetzen etwa 18% aller Belegungszeiten Blindzeiten in dem Sinne sind, daß Verbindungsabschnitte belegt werden, ohne daß hierfür Gebühren eingenommen werden. Grob werden diese Zeiten zu je einem Drittel benötigt für die Wahl (Inband), für die Freiprüfung und Durchschaltung der Verbindung und für den Ruf beim Teilnehmer. Durch konsequente Verwendung moderner Signalisierverfahren (insbesondere SS Nr. 7 und D-Kanal Signalisierung im ISDN) können die Blindzeiten wesentlich vermindert werden. Maßnahmen, die getroffen werden können, sind:

- *Automatische Wahl (Kurzwahl vom Endgerät, Blockwahl statt Einzel-Ziffernwahl im Netz),*

- *Freiprüfung (Indirektwahl mit konjugierter Durchwahl fürs Gesamtnetz + Freiprüfung beim Teilnehmer),*

- *Durchschaltung nach dem Abheben beim Teilnehmer.*

Die ersten beiden Maßnahmen werden heute bereits häufig getroffen und dürften die Blindzeit auf unter 8% reduzieren.

Beispiel 13.11 *Belastung der Steuerungen durch neue Dienste*
Durch den Einsatz von Kurzwahl und SS Nr. 7 wird der Verbindungsaufbau für nationale Verbindungen unter 1 Sekunde und internationale Verbindungen unter 2 Sekunden (mit 99% Wahrscheinlichkeit ohne Berücksichtigung der Satellitenstrecken) gedrückt. Die mittlere Verbindungsdauer von 100 Sekunden für Fernsprechverbindungen dürfte bei neuen Diensten im ISDN (ISDN-Fax, ISDN-Filetransfer, ISDN-Btx, Telemetrie im ISDN) unter 10 Sekunden liegen. Dieser Wert scheint hoch genug, wenn man berücksichtigt, daß in 10 Sekunden bei 64 kbit/s netto etwa 50 KByte (beispielsweise bei etwa 2 KByte pro Seite etwa 25 Seiten) übertragen werden

können. Zur Zeit ist die Anzahl solcher Anwendungen im ISDN noch klein, länger-fristig kann jedoch davon ausgegangen werden, daß sie erheblich steigt. Nimmt man an, daß die Anzahl soweit ansteigt, daß die Hälfte der Verbindungen von den neuen Diensten verursacht werden, so sinkt die mittlere Verbindungsdauer auf 55 Sekun-den. Da aber doppelt soviele Verbindungen aufgebaut werden, steigt die Belastung der Steuerung im Verhältnis überproportional auf rund das Vierfache!

13.6 Aufgaben zu Kapitel 13

Aufgabe 13.1
Eine Datenendeinrichtung DEE soll eine Schicht-3-Verbindung nach dem X.25-Protokoll zu einer zweiten Station mit folgenden auszuhandelnden Leistungsmerkmalen für beide Richtungen aufbauen:

Durchsatzklasse: 4800 bit/s
Paketgröße: 256 Byte
Fenstergröße: 4

Vereinfacht sollen für die DEE's Adressen mit 4 Dezimalstellen angenommen werden; die Adresse der gerufenen DEE sei 1234; die der rufenden DEE 5678. Die Übertragung soll unter Verwendung von mit 4 bit binär codierten Dezimalstellen (BCD-Code) der Adressen und Modulo-8-Zählung ohne Ende-zu-Ende-Quittierung erfolgen. Das GFI-Feld hierfür lautet 0001.

(a) Stellen Sie die Schicht-3-Meldung CALL REQUEST für die Anforderung die-ser Verbindung in der Form nach Bild 13.10b) binär codiert dar. Darin soll die rufende DEE auch ihre eigene Adresse angeben. Nehmen Sie außerdem an, daß die virtuelle Verbindung zur DÜE durch die logische Gruppennummer 0 und die logische Kanalnummer 255 gegeben sei. Das optionale User Data Feld soll nicht benutzt werden. Die hier benötigten Leistungsmerkmale werden im Facility Feld durch einen Facility Code und weitere Parameter folgendermaßen angegeben:

Durchsatzklasse:

	8	7	6	5	4	3	2	1
Facility Code	0	0	0	0	0	0	1	0
Durchsatzklasse	X	X	X	X	X	X	X	X

In den Bits 8 bis 5 wird die Durchsatzklasse für die Übertragung von der ge-rufenen DEE aus, in den Bits 4 bis 1 für die Richtung von der rufenden DEE aus binär codiert angegeben. Es können folgende Klassen angegeben werden:

$$
\begin{array}{rcl}
3 & - & 75 \ \text{bit/s} \\
4 & - & 150 \ \text{bit/s} \\
5 & - & 300 \ \text{bit/s} \\
6 & - & 600 \ \text{bit/s} \\
7 & - & 1200 \ \text{bit/s} \\
8 & - & 2400 \ \text{bit/s} \\
9 & - & 4800 \ \text{bit/s} \\
10 & - & 9600 \ \text{bit/s} \\
11 & - & 19200 \ \text{bit/s} \\
12 & - & 48000 \ \text{bit/s} \\
13 & - & 64000 \ \text{bit/s} \\
\end{array}
$$

Paketgröße:

	8	7	6	5	4	3	2	1
Facility Code	0	1	0	0	0	0	1	0
	0	0	0	0	X	X	X	X
	0	0	0	0	X	X	X	X

In den Bits 4 bis 1 des 1. Oktetts der Parameter wird die Paketgröße für die Übertragung von der gerufenen DEE aus angegeben, in den entsprechenden Bits des zweiten Oktetts für die Übertragung von der rufenden DEE aus. Die Paketgröße wird binär codiert als Logarithmus zur Basis 2 der Paketgröße in Bytes angegeben. Erlaubt sind Werte von 4 bis 12, entsprechend 16 bis 4096 Bytes.

Fenstergröße:

	8	7	6	5	4	3	2	1
Facility Code	0	1	0	0	0	0	1	1
	0	X	X	X	X	X	X	X
	0	X	X	X	X	X	X	X

In den Bits 7 bis 1 des 1. Oktetts der Parameter wird die Fenstergröße für die Übertragung von der gerufenen DEE aus, in den Bits 7 bis 1 des zweiten Oktetts für die Richtung von der rufenden DEE aus binär angegeben. Der Wert 0 ist nicht erlaubt.

(b) Die Nachricht soll in einem Schicht-2-Informationsrahmen übertragen werden. Die Schicht-2-Adresse der rufenden DEE sei A (00000011), die der nächsten DÜE sei B (00000001). Stellen Sie den vollständigen Schicht-2-Rahmen mit der CALL REQUEST Meldung in der Form gemäß Bild 13.4 dar. Setzen Sie dabei als FCS die Folge (1000001110010111), die mit Hilfe eines Rechners ermittelt wurde, ein. Beachten Sie folgende Annahmen bei der Erstellung des Steuerfeldes: Die letzte ausgesandte Schicht-2-Meldung hatte die Sendefolgenummer $N(S)=3$. Mit der Übertragung des I-Rahmens soll gleichzeitig der Empfang einer Nachricht der DÜE mit der Sendefolgenummer 6 quittiert werden. Das Poll Bit soll gesetzt werden. Beachten Sie zudem folgende Konvention für die Übertragungsreihenfolge der Bits in Schicht-2-Rahmen:

1	8	1	8	1	8	16		1	1	8
Flag		Adresse		Steuerfeld		Info	FCS			Flag

Die Bits des Info-Feldes werden in der Reihenfolge übertragen, wie sie von höheren Schichten übergeben werden. Bei Meldungen der Schicht 3 des X.25 findet eine byteweise Übertragung, jeweils mit dem niederwertigstem Bit beginnend, statt. Das 1.Byte enthält das GFI Feld.

(c) Kennzeichnen Sie in dem zu b) erstellten Schicht-2-Rahmen die Stellen, nach denen eine 0 eingefügt werden muß, um nach dem Zero-Insertion-Verfahren Transparenz zu erzielen, durch Pfeile.

Lösung 13.1

(a) Schicht-3-Meldung CALL REQUEST

8	7	6	5	4	3	2	1	
0	0	0	1	0	0	0	0	GFI, Gruppennummer 0
1	1	1	1	1	1	1	1	Kanalnummer 255
0	0	0	0	1	0	1	1	Pakettyp (Vgl. Bild 13.9)
0	1	0	0	0	1	0	0	Adresslängen
0	0	0	1	0	0	1	0	gerufene Adresse 1234
0	0	1	1	0	1	0	0	
0	1	0	1	0	1	1	0	rufende Adresse 5678
0	1	1	1	1	0	0	0	
0	0	0	0	1	0	0	0	Facility length 8
0	0	0	0	0	0	1	0	Durchsatzklasse (Facility Code)
1	0	0	1	1	0	0	1	9 - 4800 bit/s
0	1	0	0	0	0	1	0	Paketgröße (Facility Code)
0	0	0	0	1	0	0	0	je 2^8 Bytes = 256 Bytes
0	0	0	0	1	0	0	0	
0	1	0	0	0	0	1	1	Fenstergröße (Facility Code)
0	0	0	0	0	1	0	0	4 (von der gerufenen DEE)
0	0	0	0	0	1	0	0	4 (von der rufenden DEE)

(b) Schicht-2-Rahmen

Flag	Adresse	N(S)	P/F	N(R)	Info	
01111110	10000000	0 001	1	111	00001000	11111 111

↑ (unter Info-Bereich) ↑

11 010000	00100010	01001000			00101100	01101010

↑

00011110	00010000	01000000			10011001	01000010

00010000	00010000	11000010			00100000	00100000

FCS	Flag
1000011110111011	01111110

Schicht-3-Meldungen werden im Informationsrahmen von Schicht-2-Rahmen eingebettet. Im Adreßfeld muß die Adresse der DÜE angegeben werden, weil I-Rahmen als Befehle verwendet werden. Die Null im LSB des Control-Feldes kennzeichnet den I-Rahmen. Mit N(R) = 7 werden empfangene Nachrichten bis einschließlich N(S) = 6 quittiert. Mit N(S) = 4 wird die eigene Sendefolgenummer angegeben.

(c) Siehe Pfeile in b)

Aufgabe 13.2

(a) Wir betrachten die zyklische Codierung einer Nachricht m unter Verwendung des Generatorpolynoms

$$g(x) = g_0 + g_1 x + \dots + g_{k-1} x^{k-1} + x^k.$$

Das der Nachricht m entsprechende Polynom $m(x)$ sei vom Grad l. Das Codewort $v(x)$ wird so bestimmt, daß es folgende Form hat:

bzw. $v(x) = m(x) \cdot x^k + CRC$.

Da $v(x)$ ein Codewort ist, ist es durch $g(x)$ teilbar (s. Gl. 7.26). Wir können also schreiben

$$\frac{m(x) \cdot x^k}{g(x)} = Q(x) + \frac{R(x)}{g(x)}$$

wobei $R(x)$ den Rest bei der Teilung von $m(x) \cdot x^k$ durch $g(x)$ darstellt; dann ist $R(x) = CRC$.

Berechnen Sie für $g(x) = 1 + x^2 + x^3$ und $m = (1001)$ das CRC und $v(x)$.

(b) Für die Berechnung des Restes R (bzw. des CRC) werden häufig Schieberegister eingesetzt. Die Skizze zeigt eine mögliche Schaltung für die Restbildung bei Division durch

$$g(x) = g_0 + g_1 x + \dots + g_{n-1} x^{n-1} + x^n$$

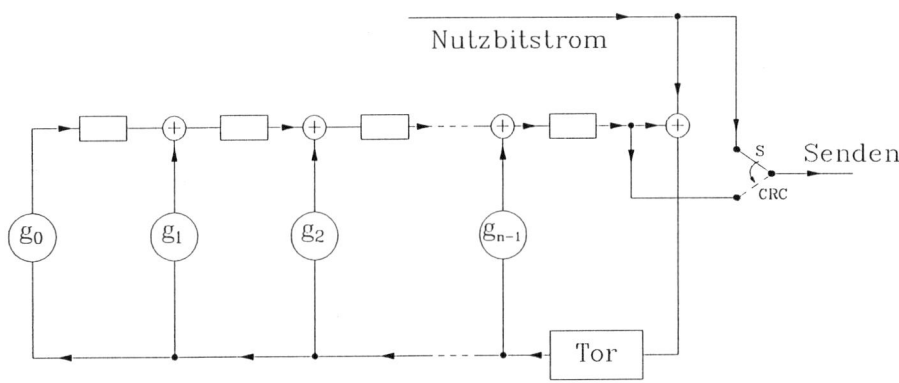

Der Nutzbitstrom wird zunächst direkt übertragen und gleichzeitig zur Berechnung des CRC an die Schaltung gegeben; das Tor ist durchgeschaltet. Am Ende des Nutzbitstroms wird der Speicherinhalt auf die Leitung gegeben in dem der Schalter umgelegt, das Tor gesperrt und das Register auf die Leitung geleert wird.

Geben Sie die Schaltung für $g(x) = 1 + x^2 + x^3$, sowie die Speicherinhalte und den Ausgangsbitstrom (einschließlich CRC) für den Nutzbitstrom $m = (1001)$ an. Nehmen Sie dabei an, daß die Speicher am Anfang mit Null geladen sind.

(c) Häufig werden die Speicher am Anfang mit Einsen geladen. Dies entspricht einer Addition einer k Bit langen Folge von Einsen zum Nutzbitstrom, was ja gleich ist zur Inversion der ersten k Bits der Eingangsfolge. Auf der Leitung wird in der Regel der Nutzbitstrom mit $CRC = \overline{R}$ anstatt $CRC = R$ gesendet, d.h. es wird das Einerkomplement von R genommen. Insgesamt bedeutet dies, daß alle Codewörter um einen Vektor K verschoben werden, was die Abstände zwischen den Codewörtern und damit die Fehlerschutzeigenschaften des Codes nicht verändert.
Der konstante Vektor K hat folgende Form:

1 1 1 1	0 0 0 0 0	1 1 1 1
$\blacktriangleleft$ k $\blacktriangleright$	$\blacktriangleleft$ l-k $\blacktriangleright$	$\blacktriangleleft$ k $\blacktriangleright$

Berechnen Sie

$$\frac{m(x) \cdot x^k + x^l \cdot \sum_{i=0}^{k-1} x^i}{g(x)}$$

für $g(x) = 1 + x^2 + x^3$ und $m = (1001)$ und daraus $\overline{R}$. Wie lautet die Folge, die gesendet wird?

Lösung 13.2

(a) $m(x) = x^3 + 1,\ k = 3$
$x^k \cdot m(x) = (x^3 + 1) \cdot x^3 = x^6 + x^3$

Wir dividieren $x^k \cdot m(x)$ durch $g(x)$ und erhalten

$$
\begin{array}{l}
x^6 + x^3 \ :\ x^3 + x^2 + 1 = x^3 + x^2 + x + 1 \\
\underline{x^6 + x^5 + x^3} \\
\quad x^5 \\
\quad \underline{x^5 + x^4 + x^2} \\
\qquad x^4 + x^2 \\
\qquad \underline{x^4 + x^3 + x} \\
\qquad\quad x^3 + x^2 + x \\
\qquad\quad \underline{x^3 + x^2 + 1} \\
\qquad\qquad x + 1
\end{array}
$$

$$
\frac{x^k m(x)}{g(x)} = x^3 + x^2 + x + 1 + \frac{x+1}{x^3 + x^2 + 1}
$$

d.h. $R = x + 1$ bzw. $CRC = [011]$.

Somit ist $v = [1001 : 011]$
bzw. $v(x) = x^6 + x^3 + x + 1$

(b) Für $g(x) = 1 + x^2 + x^3$ erhalten wir die Schaltung

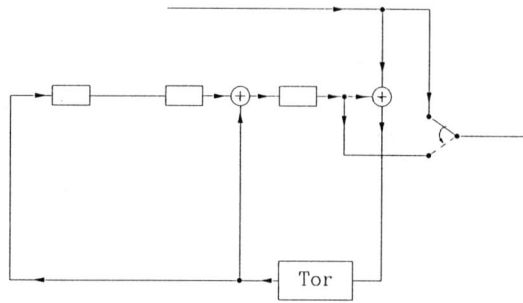

Die einzelnen Schritte sind wie folgt:

Schritt	Eingang	Tor	Speicher	Ausgang
			000	
1	1	offen	101	1
2	0	offen	111	0
3	0	offen	110	0
4	1	offen	110	1
5		gesperrt	011	0
6		gesperrt	001	1
7		gesperrt	000	1

(Ausgangsbitstrom $= (1001 : 011)$)

(c) $x^l \cdot \sum_{i=0}^{k-1} x^i = x^4 \cdot (x^2 + x + 1) = x^6 + x^5 + x^4$

Wir dividieren dies durch $g(x)$ und erhalten

$$
\begin{array}{l}
x^6 + x^5 + x^4 \;:\; x^3 + x^2 + 1 = x^3 + x \\
\underline{x^6 + x^5 + x^3} \\
\quad\; x^4 + x^3 \\
\quad\; \underline{x^4 + x^3 + x} \\
\qquad\qquad\; x
\end{array}
$$

d.h. $\quad \dfrac{x^l \cdot \sum\limits_{i=0}^{k-1} x^i}{g(x)} = x^3 + x + \dfrac{x}{x^3 + x^2 + 1}$

Somit haben wir unter Verwendung des Ergebnisses von a)

$$
\begin{aligned}
\frac{x^k \cdot m(x) + x^l \sum\limits_{i=0}^{k-1} x^i}{g(x)} &= x^3 + x^2 + x + 1 + \frac{x+1}{x^3 + x^2 + 1} + \\
&\quad + x^3 + x + \frac{x}{x^3 + x^2 + 1} \\
&= x^2 + 1 + \frac{1}{x^3 + x^2 + 1}
\end{aligned}
$$

d.h. $R = (001)$ und $\overline{R} = (110) = CRC$

Gesendet wird somit $\qquad S = (1001 : 110)$.

Aufgabe 13.3

Wir betrachten die Blocksicherung nach CRC beim HDLC-LAPB-Protokoll, das in X.25-Datenübertragungsnetzen verwendet wird. Dort wird die Frame Check Sequence FCS folgendermaßen berechnet:

Als Generatorpolynom des zyklischen Codes wird $g(x) = x^{16} + x^{12} + x^5 + 1$ verwendet. Die FCS wird gleich dem Einerkomplement $\overline{R}(x)$ des Divisionsrestes $R(x)$ der folgenden Division gesetzt:

$$
\frac{x^{16}\, m(x) + x^l\, L(x)}{g(x)} = Q(x) + \frac{R(x)}{g(x)}
$$

Dabei ist $m(x)$ das Polynom, das die zu sichernde Information (Adreßfeld, Steuerfeld und ggf. Informationsfeld des HDLC-Rahmens) beschreibt, l die Länge der zu sichernden Information in Bit und

$$
L(x) = \sum_{i=0}^{15} x^i.
$$

Die CRC-Blocksicherung wird vor dem Zero-Insertion-Verfahren durchgeführt.

- (a) Bestimmen Sie $m(x)$ und l für die Nachricht SABM mit gesetztem Poll-Bit und der Adresse A (00000011) unter Beachtung der in Aufgabe 13.1 dargestellten Anordnung der Bits in Schicht-2-Rahmen.

- (b) Berechnen Sie für diese Nachricht die Frame Check Sequence FCS.

- (c) Zeichnen Sie den vollständigen HDLC-Rahmen dieser Nachricht und markieren Sie die Stellen, an denen nach dem Zero-Insertion-Verfahren eine Null eingefügt werden muß.

- (d) Auf der Empfangsseite wird die empfangene Folge $v(x)$ mit x^{16} multipliziert, zu $x^{l+16} \cdot L(x)$ addiert und dann durch $g(x)$ dividiert. Man erhält so

$$\frac{x^{16}\, v(x) + x^{l+16}\, L(x)}{g(x)} = Q_r(x) + \frac{R_r(x)}{g(x)}.$$

Zeigen Sie, daß der $R_r(x)$ entsprechende Rest unabhängig von der gesendeten Nachricht der konstante Rest der Division $(x^{16}L(x)) : g(x)$ ist, wenn die Übertragung fehlerfrei war.

Lösung 13.3

- (a) Zu sichernde Information:

Adresse	Steuerfeld
11000000	11111100

Daraus erhält man

$$\begin{aligned}
m(x) &= x^{15} + x^{14} + x^7 + x^6 + x^5 + x^4 + x^3 + x^2 \\
l &= 16
\end{aligned}$$

- (b) Damit erhält man:

$$\begin{aligned}
x^{16}m(x) + x^l \sum_{i=0}^{15} x^i &= x^{16}\left(m(x) + \sum_{i=0}^{15} x^i \right) \\
&= x^{16}(x^{15} + x^{14} + x^7 + x^6 + x^5 + x^4 + x^3 + x^2 + \\
&\quad + x^{15} + x^{14} + x^{13} + x^{12} + x^{11} + x^{10} + x^9 + x^8 + x^7 + \\
&\quad + x^6 + x^5 + x^4 + x^3 + x^2 + x^1 + 1) \\
&= x^{16}\left(x^{13} + x^{12} + x^{11} + x^{10} + x^9 + x^8 + x^1 + 1 \right) \\
&= x^{29} + x^{28} + x^{27} + x^{26} + x^{25} + x^{24} + x^{17} + x^{16}
\end{aligned}$$

Die Division durch g(x) liefert:

$$\begin{array}{l}
(x^{29}+x^{28}+x^{27}+x^{26}+x^{25}+x^{24}+x^{17}+x^{16}):(x^{16}+x^{12}+x^{5}+1) = z\\
\underline{x^{29}\quad+x^{25}\quad+x^{18}+x^{13}}\\
\qquad x^{28}+x^{27}+x^{26}\quad+x^{24}+x^{18}+x^{17}+x^{16}\quad+x^{13}\\
\qquad \underline{x^{28}\quad+x^{24}\quad+x^{17}+x^{12}}\\
\qquad\qquad x^{27}+x^{26}\quad+x^{18}+x^{16}+x^{13}+x^{12}\\
\qquad\qquad \underline{x^{27}\quad+x^{23}\quad+x^{16}\quad+x^{11}}\\
\qquad\qquad\qquad x^{26}+x^{23}+x^{18}\quad+x^{13}+x^{12}\quad+x^{11}\\
\qquad\qquad\qquad \underline{x^{26}+x^{22}\quad+x^{15}\quad+x^{10}}\\
\qquad\qquad\qquad\quad x^{23}+x^{22}+x^{18}+x^{15}\quad+x^{13}\quad+x^{12}+x^{11}+x^{10}\\
\qquad\qquad\qquad\quad \underline{x^{23}\quad+x^{19}\quad+x^{12}+x^{7}}\\
\qquad\qquad\qquad\qquad x^{22}+x^{19}+x^{18}\quad+x^{15}\quad+x^{13}+x^{11}+x^{10}+x^{7}\\
\qquad\qquad\qquad\qquad \underline{x^{22}\quad+x^{18}+x^{11}\quad+x^{6}}\\
\qquad\qquad\qquad\qquad\quad x^{19}\quad+x^{15}\quad+x^{13}\quad+x^{10}+x^{7}\quad+x^{6}\\
\qquad\qquad\qquad\qquad\quad \underline{x^{19}\quad+x^{15}\quad+x^{8}\quad+x^{3}}\\
\qquad\qquad\qquad\qquad\qquad\qquad\quad x^{13}\quad+x^{10}+x^{8}\quad+x^{7}\quad+x^{6}+x^{3}
\end{array}$$

mit dem Ergebnis
$z = x^{13}+x^{12}+x^{11}+x^{10}+x^{7}+x^{6}+x^{3}$ und dem Divisionsrest
$r(x) = x^{13}+x^{10}+x^{8}+x^{7}+x^{6}+x^{3}$, bzw. $\overline{FCS}$ = 0010010111001000.

Durch Inversion erhält man FCS = 1101101000110111.

(c) Der vollständige HDLC Rahmen der Meldung SABM mit der Adresse A und
P = 1 lautet:

Flag	Adresse	Steuerfeld	FCS	Flag
01111110	11000000	11111100	1101101000110111	01111110

$\uparrow$

0 bei Zero-Insertion

(d) Beim richtigen Empfang ist

$$v(x) = m(x)\cdot x^{16} + FCS \quad \text{mit} \quad FCS = L(x) + R(x)$$

d.h. $v(x) = m(x)\cdot x^{16} + L(x) + R(x)$

$$\begin{aligned}
x^{16}\cdot v(x) + x^{l+16}\cdot L(x) &= x^{16}\cdot(m(x)\cdot x^{16}+L(x)+R(x))+x^{l+16}\cdot L(x)\\
&= x^{16}\cdot(m(x)\cdot x^{16}+x^{l}\cdot L(x)+R(x))+x^{16}\cdot L(x)
\end{aligned}$$

Somit ist

$$\frac{x^{16} \cdot v(x) + x^{l+16} \cdot L(x)}{g(x)} = \frac{x^{16} \cdot (m(x) \cdot x^{16} + x^{l} \cdot L(x) + R(x)) + x^{16} \cdot L(x)}{g(x)}$$

$$= x^{16} \cdot Q(x) + \frac{x^{16} \cdot L(x)}{g(x)}$$

$$= Q_r(x) + \frac{R_r(x)}{g(x)}$$

d.h. $R_r(x)$ entspricht dem Rest der Division $\dfrac{x^{16} \, L(x)}{g(x)}$. Nach entsprechender Rechnung ergibt sich:

$$R_r(x) = x^{12} + x^{11} + x^{10} + x^{8} + x^{3} + x^{2} + x + 1$$

bzw. $R_r = (0001110100001111)$

14 ISDN – Das diensteintegrierende Kommunikationsnetz

In vorangegangenen Kapiteln haben wir viele einzelne Aspekte der digitalen Übertragungs- und Vermittlungstechnik kennengelernt. Im vorliegenden Kapitel wird nun an Hand des ISDN – das gelegentlich als das Universalnetz bezeichnet wird – die Gesamtkonzeption eines modernen digitalen Netzes vorgestellt. Zunächst wird das ISDN-Referenzmodell eingeführt. Es werden dann die einzelnen Funktionen des ISDN nach dem OSI-Modell, die Bitübertragung, die Sicherung und die Vermittlung, behandelt. Es folgen einige allgemeine Ausführungen zu Eigenschaften von ISDN und Dienstmerkmalen im ISDN, wobei auch die Realisierung des Paketvermittlungsdienstes im ISDN aufgezeigt wird. Das Kapitel schließt mit einer kurzen Darstellung des intelligenten Netzes (**IN** – *Intelligent Network*) und einem Ausblick auf ein personenbezogenes Netz (**PCN** – *Personal Communication Network*).

14.1 Das ISDN-Referenzmodell

Wir haben bereits im Abschnitt 1.6 die Ansätze zur Digitalisierung der Netze und Integration der Dienste kennengelernt. Das auf diesen Ansätzen basierende Konzept des **ISDN** (*Integrated Services Digital Network*) wurde erstmals 1984 als CCITT-Empfehlungen der I-Serie verabschiedet. Es folgten zahlreiche nationale Empfehlungen (so z.B. 1TR6 der DBP), europäische Empfehlungen der **ETSI** (*European Telecommunication Standards Institute*) und überarbeitete CCITT-Empfehlungen (1988 und 1992). Allein die CCITT-Empfehlungen von 1992 haben einen Umfang von mehreren tausend Seiten; die Grundstruktur dieser Empfehlungen ist im Bild 14.1 dargelegt. Basis des ISDN bildet das digitalisierte Fernsprechnetz; die Verbindungen im ISDN werden durchgehend digital geführt. Endgeräte werden über die beiden standardisierten Benutzer-Netz-Schnittstellen

- S_o am **Basisanschluß** (**BA** – *Basic Access*) mit 144 kbit/s und

- S_m am **Primärmultiplexanschluß** (**PRA** – *Primary Rate Access*) mit 1984 kbit/s angeschlossen. Im B-ISDN (Breitband-ISDN) sind weitere Anschlüsse mit 150 Mbit/s und 600 Mbit/s vorgesehen. Jeder Anschluß ist über eine Rufnummer, unabhängig von der Anzahl und Art der angeschlossenen Endgeräte, erreichbar. Geeignete Geräte werden nach einer Kompatibilitätsprüfung ausgewählt; einzelne Geräte können durch die Wahl einer weiteren Ziffer angesprochen werden.

I.100   General ISDN Concept
          Structure of Recommendations
          Terminology, General Methods

I.200   Service Aspects of ISDN
          Principles
          Bearer Services, Teleservices

I.300   Network Aspects
          Functional Principles
          Reference Model, Numbering, Addressing
          Routing, Performance

I.400   ISDN User–Network Interface
          Configurations, Structures and Capabilities
          Basic, Primary and Higher Rate Interfaces
          Layer 1, Layer 2, Layer 3 Specifications
          Support of Data Terminals
          Multiplexing

I.500   Internetwork Interfaces

I.600   Maintenance Principles

Bild 14.1   Struktur der CCITT* ISDN-Empfehlungen
(* inzwischen ITU-T)

Am **Basisanschluß (BA – B**astc **A**ccess) sind zwei Kanäle mit je 64 kbit/s (**B-Kanäle**) und ein Kanal mit 16 kbit/s (**D-Kanal**) verfügbar. Alle drei Kanäle sind als Vollduplex-Kanäle ausgelegt. Die B-Kanäle stehen für Nutzinformationen (d.h. für die Abwicklung der Sprach-, Text- und Datendienste) zur Verfügung. Der D-Kanal steht in erster Linie für die Signalisierung zur Verfügung. Er ist für die Übermittlung paketierter Signalisiernachrichten ausgelegt und kann auch für Nutzsignale mit niedrigem Datenaufkommen (wie Telemetrie, Alarm- und Steuersignale) verwendet werden. Im Bild 14.2 ist eine typische Ausführung des Basisanschlusses dargestellt. Am Netzabschluß NT endet die Zuständigkeit des Netzbetreibers. Hier beginnt auch die vieradrige, busmäßig ausgelegte Haus- bzw. Büroverdrahtung (S-Bus). An diesem Bus können bis zu 8 Endgeräte an einheitlichen Steckdosen angeschaltet werden.

Am **Primärmultiplexanschluß** (**PRA** *Primary Rate Access*) sind 30 B-Kanäle und ein D-Kanal verfügbar. Alle sind als Vollduplex-Kanäle mit 64 kbit/s ausgelegt. Die B-Kanäle sind wiederum als Nutzkanäle, der D-Kanal als Signalisierkanal konzipiert. Das Protokoll des D-Kanals für den Primärmultiplexanschluß ist im wesentlichen identisch mit dem Protokoll des Basisanschlusses. Er dient hier als zentraler Zeichengabekanal für 30 Nutzkanäle (anstatt für 2 wie beim Basisanschluß). Beim Primärmultiplexanschluß handelt es sich vom Prinzip her um eine 2 Mbit/s PCM-30-Strecke, in der der 16. Zeitschlitz für die D-Kanal Signalisierung verwendet wird. Er wird ausschließlich als vierdrähtige Punkt-zu-Punkt-Verbindung ausgelegt und zur Zeit hauptsächlich für die Anschaltung von Nebenstellenanlagen eingesetzt.

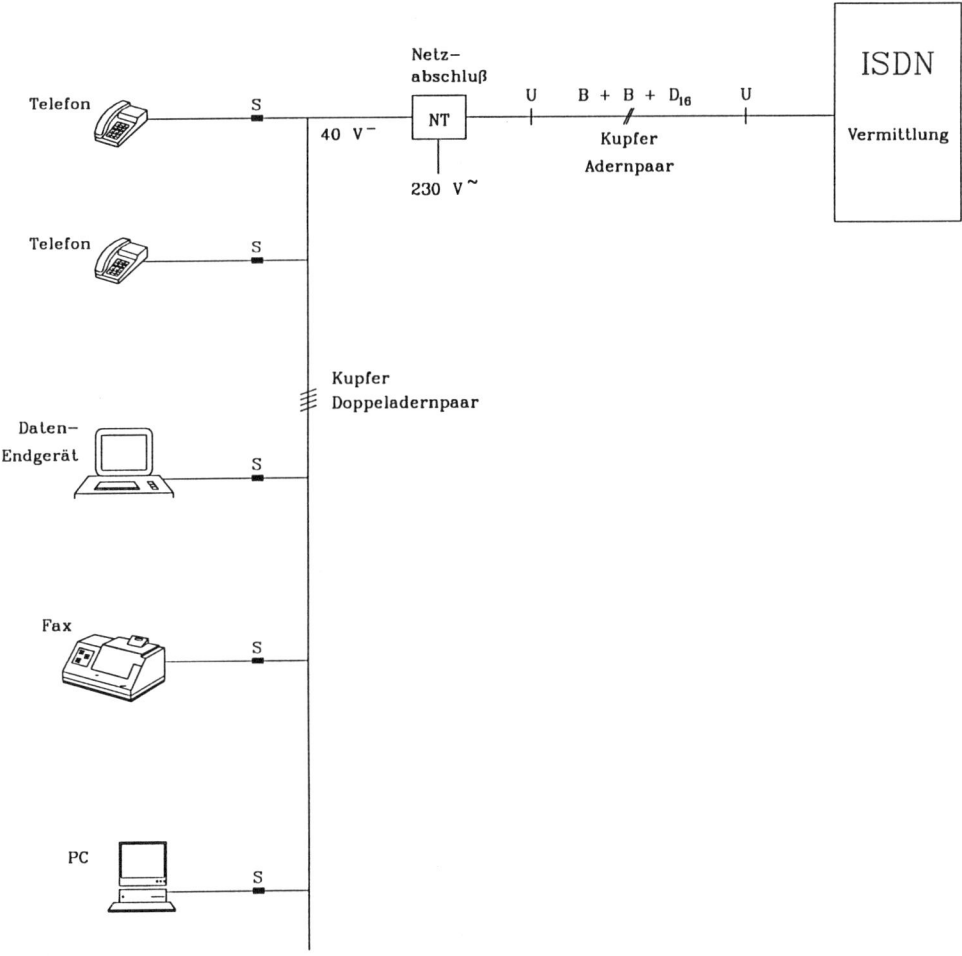

Bild 14.2 Beispiel für die Auslegung des Basisanschlusses, (NT: Network Termination)

Im Bild 14.3 ist das CCITT ISDN-Referenzmodell für den Teilnehmeranschlußbereich wiedergegeben. Wie bei der ISO-Modellierung werden hier verschiedene logische Funktionsgruppen zusammengefaßt und durch Referenzpunkte getrennt. Referenzpunkte, an denen logische und physikalische Eigenschaften spezifiziert sind, bilden Schnittstellen.

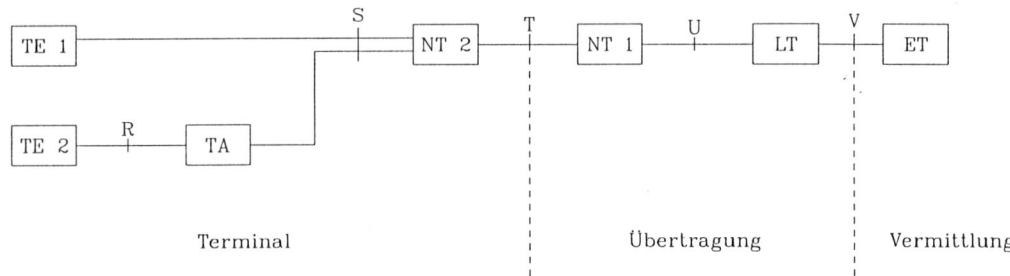

Bild 14.3   ISDN-Referenzkonfiguration

TE1: ISDN-Endeinrichtung (Terminal Equipment)
TE2: herkömmliche Endeinrichtung
TA: Anpassungseinheit (Terminaladapter)
NT1, NT2: Netzabschluß (Network Termination)
LT: Leitungsabschluß (Line Termination)
ET: Vermittlungsabschluß (Exchange Termination)
R, S, T, U, V: Referenzpunkte

ISDN-Endeinrichtungen (**TE** – **T**erminal **E**quipment) können direkt an die genannten Netzschnittstellen (S_o für den Basisanschluß bzw. S_m für den Primärmultiplexanschluß) angeschlossen werden. Sie sind so ausgelegt, daß sie die entsprechende Schnittstelle zum Netz bedienen und die Protokolle sowohl zum Netz als auch zum Kommunikationspartner hin behandeln können. Ferner sind in ihnen zahlreiche Wartungsfunktionen, die vom Netz aus bedient werden, implementiert (so z.B. das Schließen von Testschleifen, um einzelne Kanäle zu überprüfen).

Herkömmliche Endeinrichtungen (mit X.- und V.-Schnittstellen) können über Anpassungseinheiten (**TA** – **T**erminal **A**dapter) an das ISDN angeschlossen werden. Zwar können sie für die Abwicklung herkömmlicher Dienste über ISDN verwendet werden – ISDN-typische Eigenschaften können durch sie jedoch kaum genutzt werden. Terminal Adaptoren dienen also lediglich der Erhaltung der Kompatibilität für herkömmliche Endeinrichtungen.

Im **Netzabschluß** (**NT** – **N**etwork **T**ermination) sind zwei Funktionen vereinigt. Einerseits sind es die übertragungstechnischen Funktionen (NT 1) wie Leitungscodierung, Leitungsabschluß, Synchronisation, Schicht-1-Multiplexbildung, Stromversorgung, Schicht 1 Wartung usw. Andererseits sind es die vermittlungstechnischen Funktionen (NT 2) wie Behandlung der Schicht-2- und Schicht-3-Protokolle, Multiplexbildung auf Schicht 2 und Schicht 3, Verkehrskonzentration, Schicht-2- und Schicht-3-Wartungsfunktionen usw. Häufig werden die vermittlungstechnischen Funktionen nicht im Netzabschluß realisiert; die Referenzpunkte T und S fallen dann zusammen. Der Netzabschluß befindet sich beim Teilnehmer und wird über eine Leitung (Referenzpunkt U) mit der Vermittlungsstelle verbunden. Auf der Vermittlungsseite sind die übertragungstechnischen Funktionen entsprechend den NT-1-Funktionen im **Leitungsabschluß** (**LT** – **L***ine* **T***ermination*) zusammengefaßt. Die vermittlungstechnischen Funktionen sind im **Vermittlungsabschluß** (**ET** – **E***xchange* **T***ermination*) zusammengefaßt.

14.2 Die Bitübertragungsschicht

Im folgenden betrachten wir die Bitübertragungsschicht des Basisanschlusses und zwar sowohl auf der S-Schnittstelle (Hausverkabelung ab NT) als auch auf der U-Schnittstelle (zwischen NT und Vermittlungsstelle, siehe Bild 14.2)

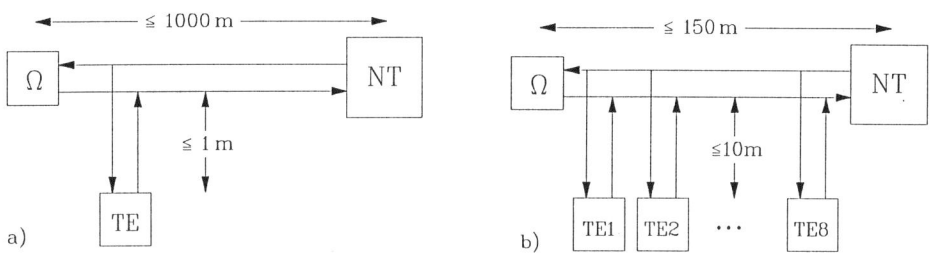

Bild 14.4 Die Auslegung der Hausverkabelung im ISDN
a) Punkt-zu-Punkt-Konfiguration
b) Punkt-zu-Mehrpunkt-Konfiguration (passive Busstruktur)

14.2.1 Die S-Schnittstelle

Für die Hausverkabelung werden gewöhnlich ungeschirmte, bündelverseilte Kupferkabel mit 0.6 mm Aderdurchmesser verwendet. Die Installation wird entweder als Punkt-zu-Punkt-Konfiguration für ein Endgerät oder Punkt-zu-Mehrpunkt-Konfiguration (passiver Bus) für mehrere Endgeräte (maximal 8) ausgelegt und reflektionsfrei abgeschlossen (siehe Bild 14.4). Die Reichweite der Punkt-zu-Punkt-Konfiguration ist durch die Kabeldämpfung begrenzt und kann bis zu 1000 Meter erreichen. Die Reichweite der Buskonfiguration ist durch die Umlaufverzögerung (vom weitest entfernten Endgerät bis zum NT) begrenzt und liegt meist unter 150

Meter. Da alle Endgeräte bitsynchron senden, können Laufzeitunterschiede zu Bitverfälschungen führen. Eine direkte Kommunikation der Endgeräte untereinander über den Bus ist unabhängig von der Vermittlungsstelle (ggf. Vermittlungsfunktion im NT) nicht möglich.

Die S-Schnittstelle ist international genormt und stellt den angeschlossenen Endgeräten die beiden B-Kanäle mit 64 kbit/s und den D-Kanal mit 16 kbit/s für die Übermittlung der Nutz- bzw. Signalisierdaten zur Verfügung. Für die Bereitstellung dieser 144 kbit/s wird auf der Übertragungsstrecke eine Bitrate von 192 kbit/s erforderlich. Eine Bitfehlerrate besser als 10^{-5} wird zugesichert. Da für jede Übertragungsrichtung eine Doppelader zur Verfügung steht, ist eine einfache Übermittlung des anliegenden Bitstromes mit einem ternären Leitungscode möglich. Es wird der AMI-Code (siehe Abschnitt 8.3) mit einer einfachen Modifikation verwendet. Sie besteht darin, daß eine logische 1 in eine physikalische 0 und eine logische 0 alternierend in eine physikalische +1 bzw. -1 umgesetzt wird. Diese Modifikation bewirkt, daß im Ruhezustand, wenn eine logische Null anliegt auf der Leitung physikalisch eine alternierende ±1 Folge gesendet wird – damit bleibt der Bittakt auf der Leitung erhalten. Die Signalamplitude beträgt 750 mV (Null-Spitze).

Beispiel 14.1   *Modifizierte AMI-Codierung*

Bitfolge   1   0   1   0   0   1   0   0   1   0   1

Modifizierter

AMI–Code

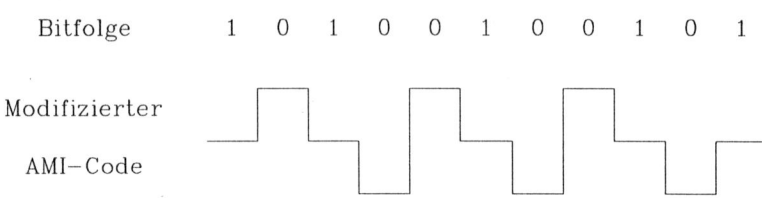

Im Bild 14.5 ist die Rahmenstruktur der Schicht 1 an der S-Schnittstelle dargelegt. Der Rahmen besteht aus 48 Bit, die in 250 μs übertragen werden. Der Rahmen in Richtung Endgerät zu NT weist einen Versatz von 2 Bit gegenüber dem Rahmen in Richtung NT zum Endgerät auf.

a)

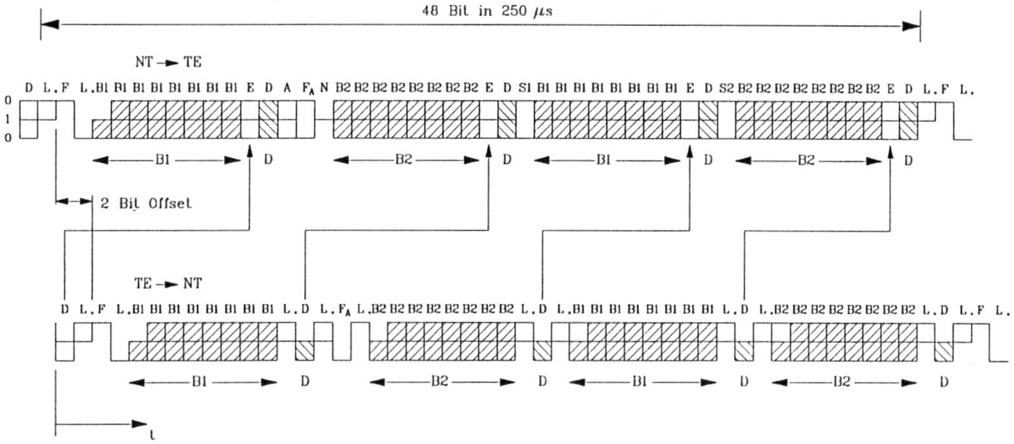

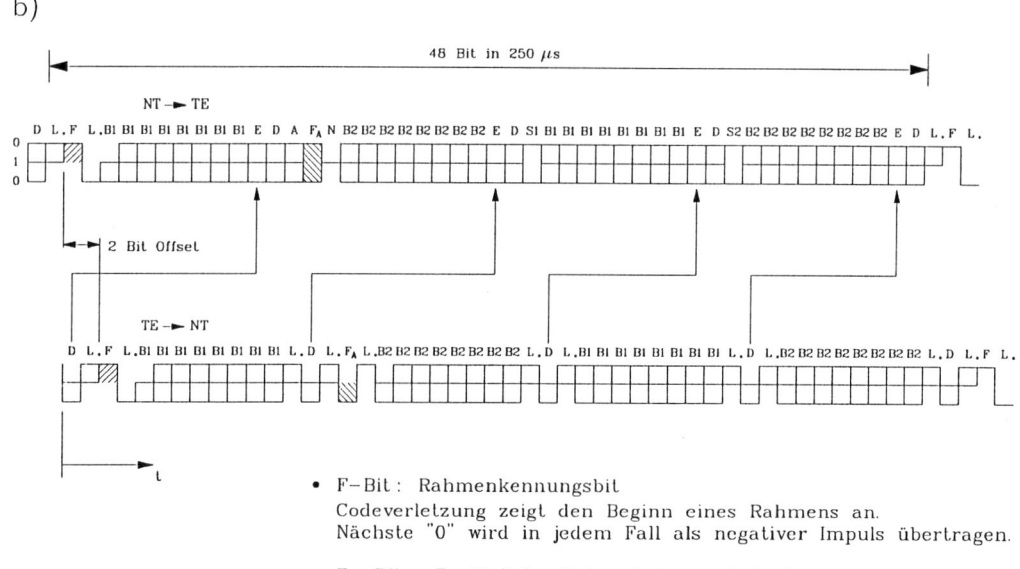

- In beiden Richtungen
  - 2×8 Bit B_1 – Kanal = 64 kbit/s
  - 2×8 Bit B_2 – Kanal = 64 kbit/s
  - 4 Bit D – Kanal = 16 kbit/s

- 2 Bit Rahmenversatz (Verzögerung im TE)

b)

- F–Bit : Rahmenkennungsbit
  Codeverletzung zeigt den Beginn eines Rahmens an.
  Nächste "0" wird in jedem Fall als negativer Impuls übertragen.

- F_A –Bit : Zusätzliche Codeverletzung sichert
  Rahmenkennung ab.

- N–Bit festgelegt auf "1".

- S–Bit werden zur Zeit von der DBP nicht verwendet.

Bild 14.5   Rahmenstruktur der Schicht 1 an der S-Schnittstelle
a) Die Lage der B- und D-Kanäle
b) Die Rahmensynchronisation

c)

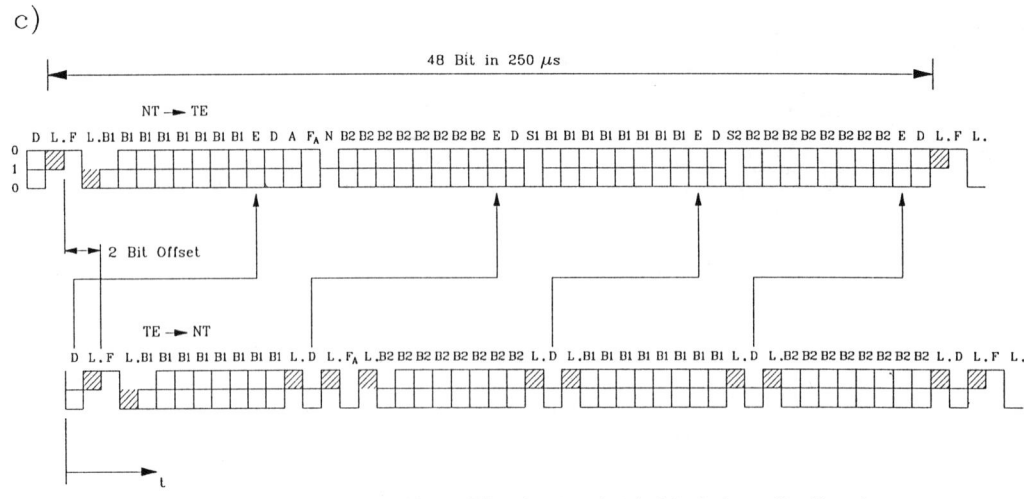

- NT ⟶ TE   ein Ausgleichsbit L für alle Kanäle

- TE ⟶ NT   ein Ausgleichsbit L je Kanal
  TE's belegen nur Teile des Rahmens.

d)

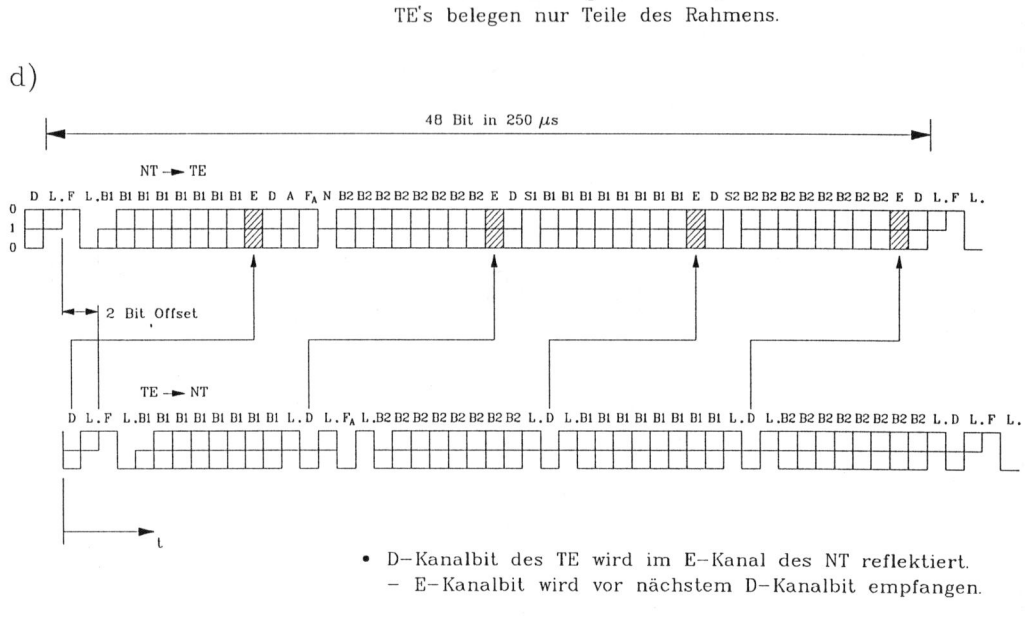

- D–Kanalbit des TE wird im E–Kanal des NT reflektiert.
  – E–Kanalbit wird vor nächstem D–Kanalbit empfangen.

- A–Bit kennzeichnet Abschluß der Aktivierungsprozedur
  – nur NT ⟶ TE

Bild 14.5   Rahmenstruktur der Schicht 1 an der S-Schnittstelle
c) Die Sicherstellung der Gleichstromfreiheit
d) Der D-Echokanal und das Aktivierungsbit

Die Lage der beiden B-Kanäle und des D-Kanals ist aus Bild 14.5a) ersichtlich. Pro Rahmen liegen zwei 8-Bit Wörter pro B-Kanal an. Dies entspricht der PCM Abtastrate von 8 kHz mit 8-Bit Quantisierung (= 64 kbit/s).

Die Synchronisation wird nach dem *Master-Slave*-Prinzip abgewickelt – die Vermittlungsstelle gibt den Takt an. Die Bitsynchronisation beim Endgerät wird über den modifizierten AMI-Code abgeleitet. Die Rahmensynchronisation wird durch das Herbeiführen einer Codeverletzung erzielt. Das Rahmenbit F wird so gesetzt, daß die AMI-Coderegel, daß ± 1 stets alternieren, verletzt wird (Bild 14.5b). Eine weitere Codeverletzung wird durch die Codierung der ersten logischen Null, die dem ersten L-Bit des Rahmens folgt, erzeugt. Diese wird spätestens durch das Setzen des F_A-Bits erwirkt. Diese weitere Codeverletzung sichert die Rahmensynchronisation ab; sie dient auch dazu, die laufende digitale Summe RDS, die durch die erste Codeverletzung erhöht wurde, wieder herabzusetzen. Die F_A-, N- und M-Bits können auch zur Überrahmenbildung verwendet werden – in den Netzen der europäischen Verwaltungen wird dies in der Regel nicht vorgenommen.

Beispiel 14.2 *Codeverletzung zur Synchronisierung*
Im folgenden betrachten wir zwei Beispiele, um die Codeverletzung durch ein Bit des Nutzkanals B bzw. durch das Zusatzbit F_A kennenzulernen.

1. Codeverletzung durch ein B-Bit:

Ein Rahmen endet mit der AMI Folge $0-0+-+0$. Das F-Bit + ergibt die Codeverletzung am Rahmenanfang, das darauffolgende L-Bit − sorgt für die Gleichstromfreiheit. Die vorliegende binäre Nutzfolge 11010100 wird als $00-0+0-+$ codiert, um die zweite Codeverletzung bei der ersten 0 zu ergeben.

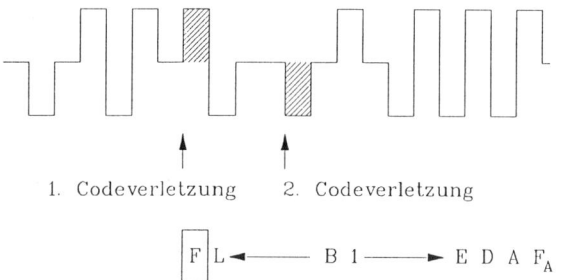

1. Codeverletzung   2. Codeverletzung

F L ◄——— B 1 ———► E D A F_A

2. Codeverletzung durch F_A-Bit:

Ein Rahmen endet mit $0-0+000$. Das F-Bit + ergibt wieder die Codeverletzung am Rahmenanfang, das L-Bit − sorgt für die Gleichstromfreiheit. Die vorliegende Nutzbitfolge besteht aus einer Einsfolge; auch die E, D und A-Bits sind Eins. Die zusätzliche Codeverletzung wird in diesem Fall durch F_A erzeugt.

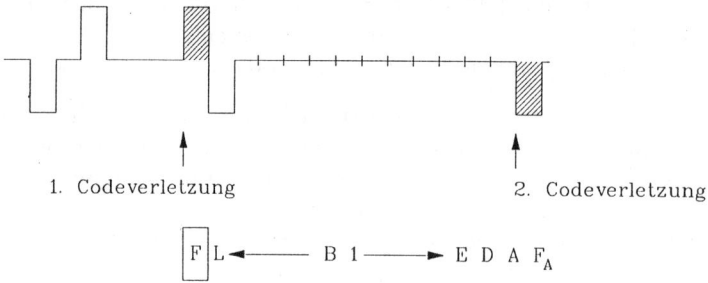

Wir haben bei der Leitungscodierung (Abschnitt 8.1) gesehen, daß eine Gleich-stromfreiheit des laufenden Bitstromes gewünscht ist. Dies wird durch das Setzen des L-Bits, so daß die laufende digitale Summe RDS Null wird, erreicht. In Rich-tung NT zu TE wird ein L-Bit zum Ausgleich des F-Bits und ein weiteres L-Bit zum Ausgleich des restlichen Rahmens erforderlich. Da die unterschiedlichen Kanäle in Richtung TE zu NT von unterschiedlichen Endeinrichtungen (TEs) genutzt werden können, ist ein Gleichstromausgleich pro Kanal erforderlich. Die L-Bits werden von den jeweiligen Engeräten gesetzt. Die gleichstromfreien Teile des Rahmens sind im Bild 14.5 durch Punkte (·) angedeutet.

Beispiel 14.3 *Gleichstromfreiheit durch Ausgleichbits*

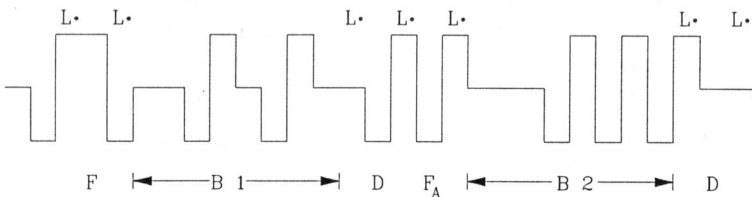

RDS   0 1 0 0 0 -1 0 0 -1 0 0 0 -1 0 -1 0 0 0 0 -1 0 -1 0 -1 0 0 0

Besteht kein Kommunikationsbedarf, so wird der Basisanschluß in den Ruhezustand (*Power Down Mode*) versetzt. In diesem Zustand werden keine Signale auf den Lei-tungen gesendet. Alle Schaltungen, bis auf die Schaltungen, die zur Erkennung von Wecksignalen erforderlich sind, werden abgeschaltet. Besteht der Wunsch seitens eines Endgerätes eine Verbindung aufzubauen, so wird ein Dauersignal bestehend aus + − 000000 gesendet. Die Weckschaltung auf der Vermittlungsseite erkennt das Signal und aktiviert alle Schaltungen. Nun beginnt die Vermittlungsseite, den kompletten Rahmen zu senden. Die Kanäle B, D, E und A werden dabei auf logi-sche Null gesetzt. Durch den ankommenden Rahmen werden alle angeschlossenen Endgeräte aktiviert und leiten die Synchronisation ein. Beim Erreichen der Synchro-nisation senden sie den kompletten Rahmen (mit transparenten B- und D-Kanälen) um zwei Bit versetzt an die Vermittlung. Die Vermittlung quittiert durch Setzen des Aktivierungsbits A auf 1 und schaltet die B- und D-Kanäle transparent durch.

Im E-Kanal wird der bei der Vermittlung ankommende D-Kanal gespiegelt. Den Grund hierfür werden wir gleich besprechen.

Besteht auf der Vermittlungsseite der Wunsch, eine Verbindung aufzubauen, so wird mit dem Senden des Rahmens von der Vermittlungsseite her begonnen. Der weitere Verlauf ist wie oben besprochen. Die Deaktivierung des Basisanschlusses wird von der Vermittlungsseite eingeleitet, wenn alle Schicht-2-Verbindungen abgebaut sind und eine bestimmte Schutzzeit ohne Aktivitäten abläuft. Die Vermittlungsseite schaltet dann den Rahmen ab und geht in den Ruhestand. Die Endgeräte folgen ihr entsprechend. Die Aktivierungs- und Deaktivierungsprozeduren sind im Bild 14.6 dargestellt.

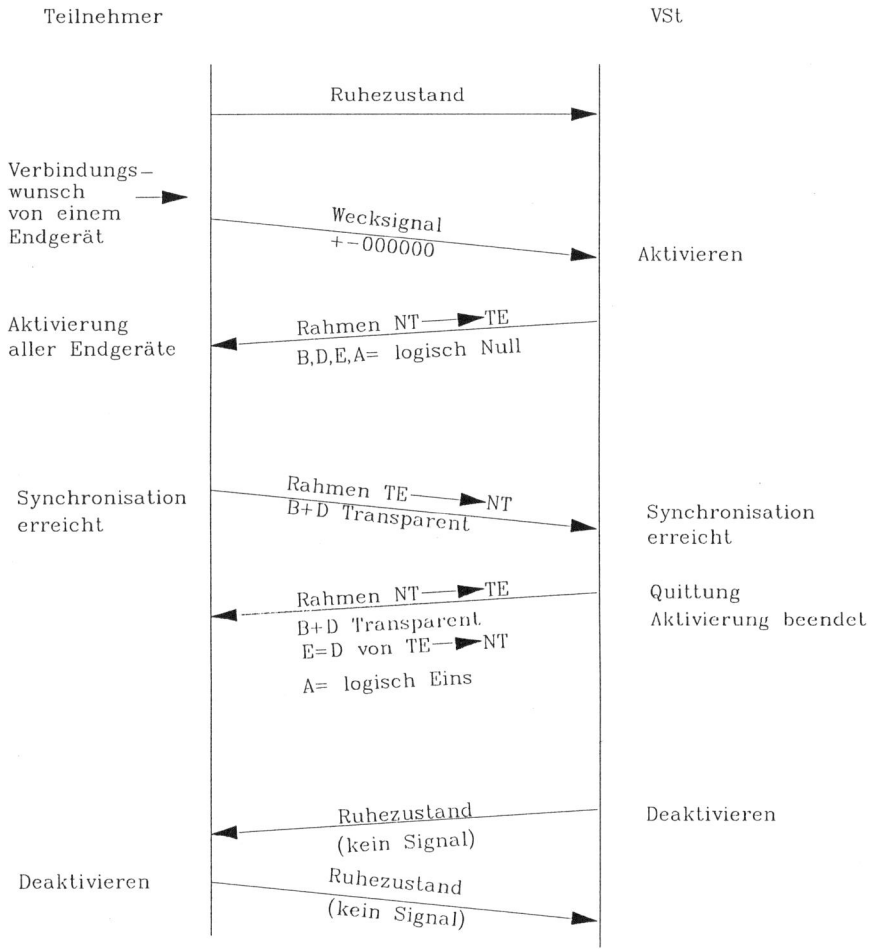

Bild 14.6 Aktivierungs- und Deaktivierungsprozedur

Wie wir bereits gesehen haben, können mehrere Endgeräte an einem Basisanschluß angeschlossen sein. Für die Übertragung der Nutz- bzw. Signalisierungsnachrichten stehen ihnen die beiden B-Kanäle und der D-Kanal zur Verfügung. Die B-Kanäle werden von der Vermittlung verwaltet (in der Schicht 3) und nach Bedarf den Endgeräten für Verbindungen zugeteilt. Demgegenüber wird der **Zugriff auf den D-Kanal** auf der Bitebene (d.h. in der Schicht 1) unter Verwendung eines CSMA/CR-Verfahrens mit Adressenpriorität zur Kollisionsauflösung (siehe Abschnitt 12.2) geregelt. Für die Zuteilung des D-Kanals wird ferner eine **Prioritätsregelung** angewandt. Man unterscheidet zwischen zwei Prioritätsklassen – die Signalisierungsinformationen gehören zur Prioritätsklasse 1, die restlichen Informationen, wie z. B. paketierte Nutzdaten im D-Kanal, fallen in die Prioritätsklasse 2. Bevor ein Endgerät eine Meldung im D-Kanal absetzen kann, muß festgestellt werden, ob der Kanal (in Richtung TE $\rightarrow$ NT) frei ist. Da jedoch die Endgeräte nicht ausgerüstet sind, den Bitstrom in dieser Richtung abzuhören, wird der D-Kanal am NT in den E-Kanal (**Echo-Kanal**) gespiegelt und der E-Kanal dann am Endgerät abgehört. Für Meldungen in der Prioritätsklasse 1 wird der Kanal als frei angesehen, wenn 8 Bits hintereinander als frei erkannt werden (d.h. auf logisch Eins stehen). In der Prioritätsklasse 2 wird der Kanal als frei angesehen, wenn 10 Bits hintereinander als frei angesehen werden. Tritt nun trotzdem eine Kollision auf, so setzen sich physikalische Impulse (im D-Kanal in Richtung TE $\rightarrow$ NT ist dies stets eine -1) durch. Die Meldung mit der niedrigsten Adresse setzt sich auf diese Weise durch. Betrachtet man Bild 14.5d), so sieht man, daß dem Endgerät, dessen D-Kanal-Bit überschrieben wird, die Zeit, die für die Übertragung von 2 Bit erforderlich ist (zwischen dem E und dem nächsten D-Bit), verbleibt, um sich vom Sendevorgang zurückzuziehen. Dies entspricht genau dem 2-Bit Versatz zwischen den beiden Rahmen. Das bisher beschriebene Verfahren hat den Nachteil, daß innerhalb einer Prioritätsklasse immer Meldungen mit niedriger Adresse bevorzugt werden. Um hier einen Ausgleich zu erzielen, wird eine **Fairneß-Strategie** angewandt. Diese besteht darin, daß nach einer erfolgreichen Übertragung einer Meldung der Prioritätsklasse 1 der Schwellwert (d.h. die Anzahl der freien Bits, die das erfolgreiche Endgerät abwarten muß) von 8 auf 9 erhöht wird. Entsprechend wird der Schwellwert für die Prioritätsklasse 2 von 10 auf 11 erhöht. Zählt ein Endgerät die höhere Anzahl von freien Bits (auch ohne daß eine Meldung vorlag), so wird der Schwellwert wieder herabgesetzt.

Beispiel 14.4 *Kollisionauflösung beim Zugriff auf den D-Kanal*
Drei Teilnehmer beginnen gleichzeitig auf dem D-Kanal zu senden. Sie haben jeweils folgende physikalische Folgen zu übertragen:

TE1:   –   0   0   –   –
TE2:   –   0   –   –   –
TE3:   –   0   –   0   –

Die Skizze zeigt das Summensignal im E-Kanal und das Verhalten der Teilnehmer entsprechend dem D-Kanal-Zugangsprotokoll.

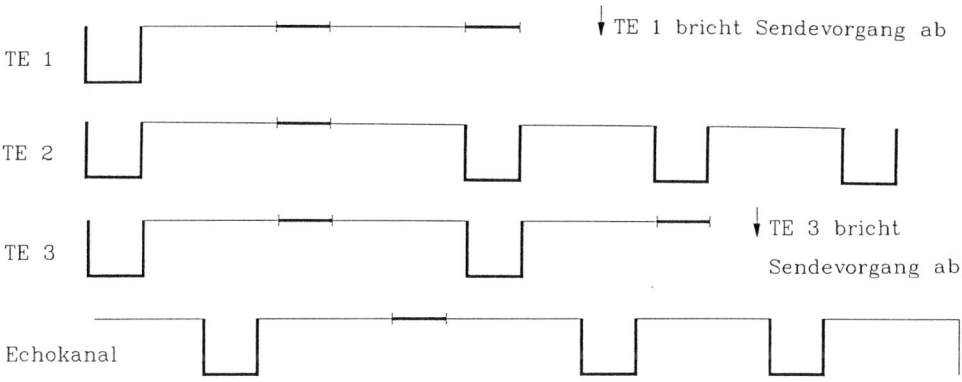

Im Bild 14.7 ist die Schaltung für die Stromversorgung des S-Busses, wie sie von der DBP-Telekom eingesetzt wird, dargestellt. Es handelt sich um eine Phantomschaltung, bei der die Speiseleistung über die gleichen vier Adern übertragen wird, über die auch die Übertragung der Daten erfolgt. Die Sende- bzw. Empfangsdaten werden durch Übertrager ein- bzw. ausgekoppelt. Man unterscheidet zwischen dem Normalbetrieb und dem Notbetrieb. Im Normalbetrieb wird der S-Bus vom lokalen 230 V~ Netzteil des NT gespeist. Die maximale Speiseleistung beträgt 4 Watt bei 40 V (+5%, -15%) Speisespannung. Alle angeschlossenen Fernsprechgeräte werden hierüber versorgt; andere Endgeräte (Faxgeräte, PCs, usw.) werden wie üblich lokal gespeist. Im Aktivzustand stehen den Fernsprechgeräten jeweils maximal 900 mW zur Verfügung. Es können also 4 Fernsprechgeräte gleichzeitig versorgt werden; 400 mW verbleiben dann als Verlustleistung auf der Schnittstelle. Im Ruhezustand (*Power Down Mode*) dürfen insgesamt maximal 100 mW verbraucht werden. Bei einer Störung der lokalen Speisung des NT erfolgt die Umschaltung auf den Notbetrieb; die Versorgung erfolgt nun über die Vermittlungsstelle. Die Endgeräte erkennen den Notbetrieb an der Umpolung der Speisespannung. Mindestens ein Fernsprechapparat ist notspeiseberechtigt. Im aktiven Zustand steht einem notgespeisten Fernsprechapparat 400 mW, im passivem Zustand 25 mW zur Verfügung.

Beispiel 14.5 *Leistungsverbrauch*
Die Digitaltechnik hat den Nachteil, daß Sie einen erheblichen Stromverbrauch aufweist. Das ISDN D-Kanal-Protokoll ist diesbezüglich auch nicht sparsam ausgelegt, wie eine Überschlagsrechnung belegt.

Wir nehmen an, daß im Durschnitt an einem S-Bus 2 Fernsprechapparate, ein Faxgerät und zwei PCs angeschlossen werden. Die Fernsprechapparate werden von der S-Schnittstelle, die anderen Geräte lokal gespeist. Entsprechend dem D-Kanal-Protokoll schalten sich alle Endgeräte ein, wenn ein Gerät aktiv ist (d.h. eine Verbindung unterhält). Nehmen wir nun an, daß, wenn der S-Bus aktiv ist, im Schnitt

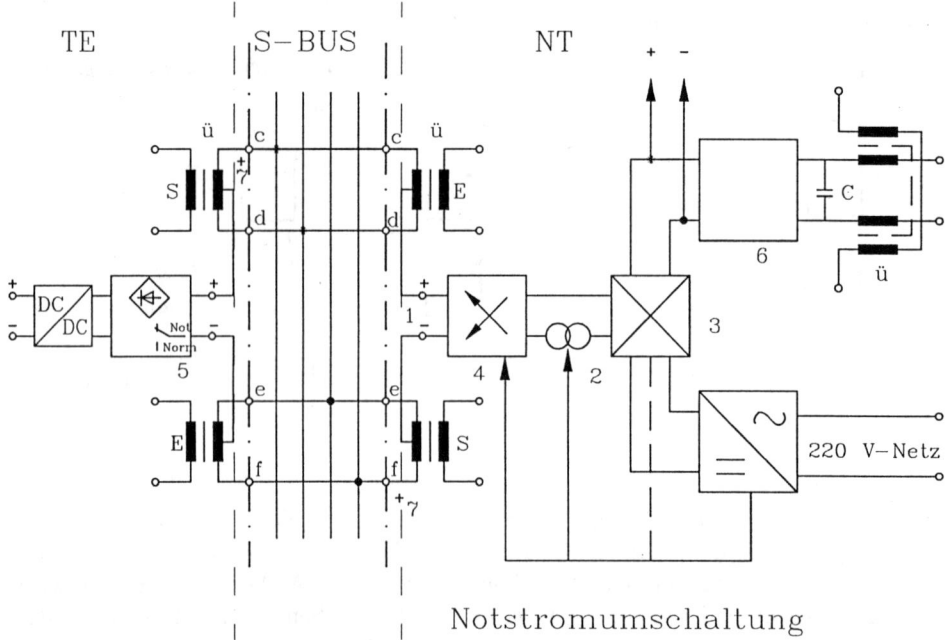

Notstromumschaltung

Bild 14.7 Stromversorgung des S-Busses im Netz der DBP-Telekom
1: Polarität im Normalbetrieb (Speisung)
2: Strombegrenzung bei Überlast am S-Bus
3: Stromversorgungskopplung
4: Polaritätsumschalter für Notstromversorgung
5: Umschaltung für Not- und Normal-TE
6: Stromversorgung über die VSt
7: Polarität des positiven Impulses

die restlichen 3,8 Geräte sich lediglich aufsynchronisieren (und 140 mW pro Apparat hierfür verbrauchen), so sieht die Bilanz wie folgt aus:

Verbrauch 1,2 aktive Geräte á 300 mW	=	*360 mW*
Verbrauch der 3,8 aufgeschalteten Geräte á 140mW	=	*532 mW*
Summe	=	*892 mW*

Der Anteil von 532 mW d.h. ca. 60% der gesamten Leistung wird lediglich zum Aufschalten der Geräte, die nicht benutzt werden, aufgebraucht!

Im Ruhezustand wird pro angeschlossenem Gerät der Leistungsverbrauch von ca. 20 mW (für die Aktivierungsschaltung) angenommen. Für fünf Geräte zusammen sind dies ca. 100 mW.

14.2.2 Die U-Schnittstelle

Wie bereits erwähnt, basiert das ISDN-Konzept auf der Digitalisierung des vorhandenen Fernsprechnetzes. Die Investitionen im Teilnehmeranschlußnetz sind sehr hoch und es gilt diese weiterhin zu nutzen. Nun herrschen in den verschiedenen Ländern sehr unterschiedliche Verhältnisse im Teilnehmeranschlußbereich; so werden unterschiedliche Anschlußlängen, Aderdurchmesser und Kabelzerstückelungen verwendet. Sogar die Anschlußleistungen im öffentlichen und privaten Bereich in einem Land unterscheiden sich in dieser Hinsicht erheblich. Dies führt dazu, daß eine internationale Standardisierung der U-Schnittstelle, d.h. der Schnittstelle auf der Anschlußleitung, schwierig ist und zahlreiche nationale Varianten zum Einsatz kommen.

Bei den Anschlußleitungen handelt es sich um herkömmliche zweidrahtige Kupferkabel. Dies bedeutet, daß in NT und LT eine 2-Draht-4-Draht-Umwandlung (Richtungstrennung) vorgenommen werden muß. Hierzu werden die in Abschnitt 9.4 besprochenen beiden Verfahren, **Zeitgetrenntlage** und **Echokompensation**, verwendet.

Das **Zeitgetrenntlageverfahren** ist kostengünstig, für Punkt-zu-Punkt-Verbindungen und Leitungslängen bis 2 km besonders gut geeignet. Es wird deshalb überwiegend im privaten Bereich für den Anschluß von Nebenstellen angewandt. Die Hersteller der Telekommunikationsanlagen in der BRD haben sich auf eine Spezifikation (U_{po}-Schnittstelle des ZVEI, Zentralverband der Elektrotechnischen Industrie e.V.) geeinigt. Nach dieser Spezifikation werden pro Datenpaket (*Burst*) 36 Nutzbits, 1 Synchronisierbit und 1 Bit für Meldefunktionen gebildet (siehe Beispiel 9.5). Die Nutzbits bestehen aus 2 x (2 x 8 Bit für B-Kanäle + 2 Bit für D-Kanal). Die Nutzbitrate von 144 kbit/s wird unter Verwendung des AMI-Codes (siehe Abschnitt 8.3) mit einer Amplitude von 2 Volt (Null-Spitze) mit einer Schrittgeschwindigkeit von 384 kbit/s auf der Anschlußleitung übertragen.

Das **Echokompensationsverfahren** ermöglicht größere Reichweiten (bis 8 km) und wird deshalb im öffentlichen Netz bevorzugt eingesetzt. Das von der DBP-Telekom spezifizierte Verfahren (U_{ko}-Schnittstelle) verwendet den MMS43-Code (siehe Abschnitt 8.3) mit einer Amplitude von 2 Volt (Null-Spitze). Die Nutzbitrate von 144 kbit/s wird durch die Codierung auf 120 kBaud herabgesetzt. International (vor allem in den USA) wird der 2B1Q-Code, der keine Redundanz enthält und die Schrittgeschwindigkeit auf 80 kBaud weiter herabsetzt, bevorzugt. Im Bild 14.8 ist die Rahmenstruktur der Daten auf der U_{ko}-Schnittstelle dargestellt. Die verwürfelten Nutzdaten (B+B+D-Kanäle) werden in vier Gruppen (T_1, T_2, T_3, T_4) zu je 27 ternären Schritten zusammengefaßt (Bild 14.8a)). Zu diesen 108 ternären Schritten kommen ein Synchronwort (11 Schritte) und ein Meldewort (1 Schritt) hinzu, um den Rahmen aus 120 Schritten zu bilden. Dieser wird in 1 ms übertragen. Als Synchronwort wird das Signal + + + − − − + − − + − (SW1 VST → NT) bzw. − + − − + − − − + + + (SW2 NT → VST), das einer **Barkerfolge** der Länge 11 mit einer charakteristischen Autokorrelationsfunktion (siehe Bild 14.9) entspricht, verwendet.

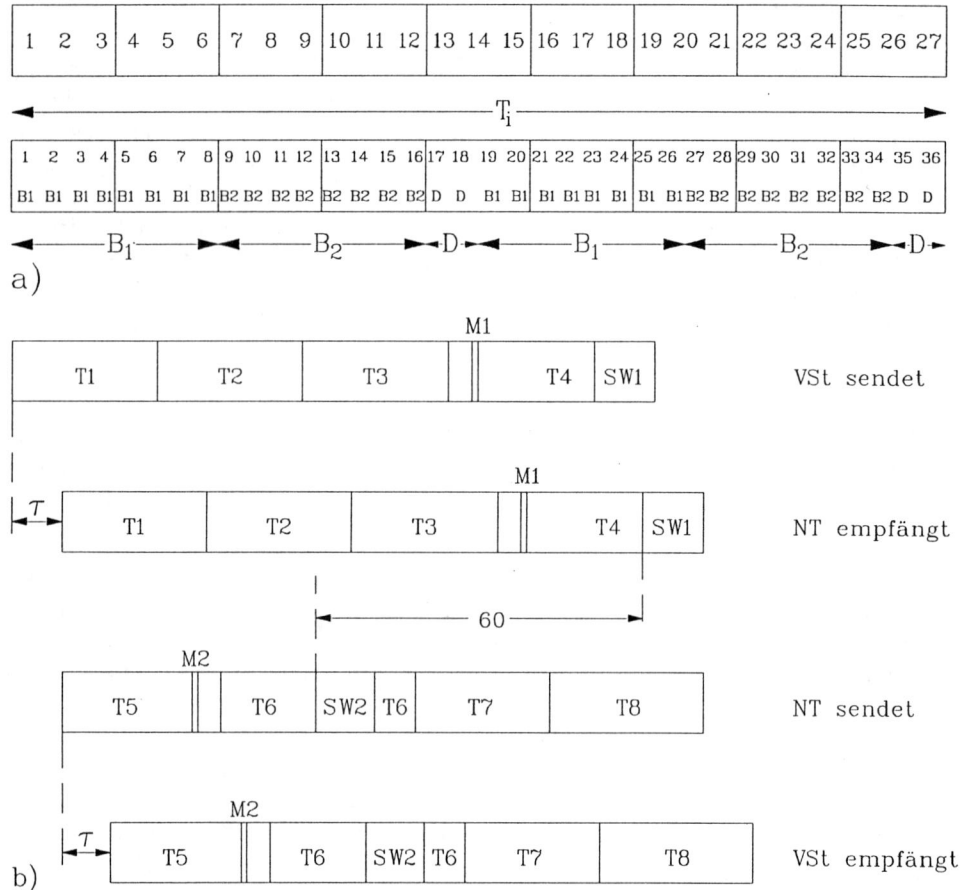

Bild 14.8 Die Rahmenstruktur der Schicht 1 an der U_{K0}-Schnittstelle
a) Bilden der ternären Gruppen T_i aus den Nutzdaten
b) Rahmen aus den ternären Gruppen, Meldewort und Synchronwort

Entsprechend der S-Schnittstelle wird auch die U_{ko}-Schnittstelle aktiviert und de-
aktiviert. Das Wecksignal besteht aus einer Impulsfolge aus acht positiven und acht
negativen Impulsen ($++++++++--------$) in 2,133 ms, die 16mal wiederholt werden; es wird mit dem gleichen Signal von der geweckten Seite quittiert.
Die Abläufe bei der Aktivierung und Deaktivierung sind denen der S-Schnittstelle
ähnlich. Die gesamte Aktivierung der U_{ko}-Schnittstelle wird in der Regel binnen
170 ms abgeschlossen.

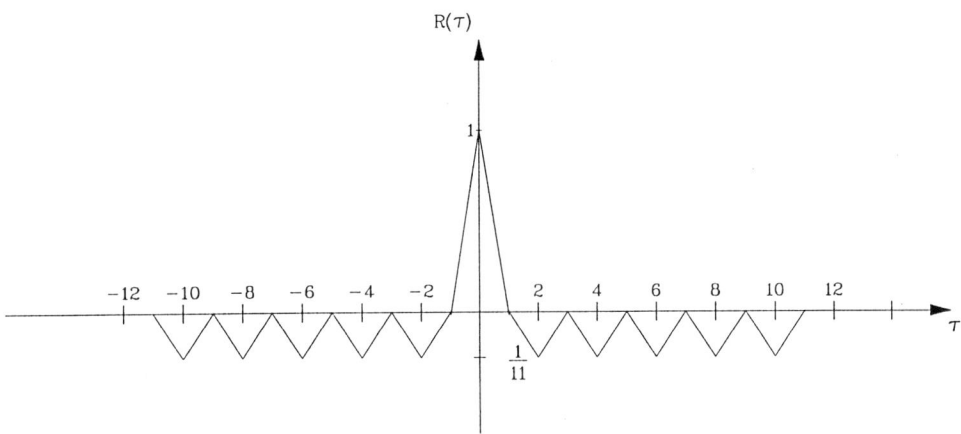

Bild 14.9   Die Autokorrelationsfunktion der Barker-Folge $+ + + - - - + - - + -$

14.3   Die Sicherungsschicht

Die Schicht 1 des Basisanschlusses (bestehend aus den S- und U-Schnittstellen) bietet zwischen der Vermittlungsstelle und den Endgeräten drei transparente physikalische Kanäle 2 B + D_{16} (der Subindex wird verwendet, um anzudeuten, daß es sich um einen D-Kanal mit 16 kbit/s handelt). Entsprechend bietet die Schicht 1 des Primärmultiplexanschlusses die transparenten, physikalischen Kanäle 30B + D_{64} (hier handelt es sich um einen D-Kanal mit 64 kbit/s). Auf beiden Kanälen D_{16} und D_{64} wird das gleiche Schicht-2-Protokoll **LAPD** (**L**ink **A**ccess **P**rocedure on the **D**-*Channel*) verwendet, allerdings mit geringfügig anderen Protokollparametern (wie z.B. Fenstergröße). Die Aufgabe dieses Schicht-2-Protokolls ist es, gesicherte Informationsübermittlung für die Schicht 3 zu gewährleisten; das Protokoll ist deshalb im wesentlichen identisch mit der HDLC-Prozedur. Es unterstützt Mehrgerätekonfigurationen am Teilnehmeranschluß und auch die Bildung von mehreren Schicht-3-Verbindungen auf einer Schicht-2-Verbindung (Multiplexbildung in der Schicht 2). Das Protokoll ermöglicht, sowohl quittierte als auch unquittierte Nachrichten zu übermitteln und eine Flußregelung vorzunehmen. Für den Einsatz des Protokolls wird ein duplexer, transparenter Kanal mit einer beliebigen Übertragungsrate benötigt. Im Bild 14.10 sind die beiden Formate der verwendeten Rahmen in der Schicht 2 dargestellt. Wir wollen diese im folgenden näher ansehen.

Wie bei der HDLC-Prozedur, handelt es sich beim LAPD um ein bitorientiertes Protokoll. Der Rahmenbeginn wird durch ein Flag (01111110) angezeigt. Um die Bittransparenz zu gewährleisten wird das *zero insertion* Verfahren angewandt (siehe Abschnitt 13.2). Stehen keine Daten zur Übertragung an, so werden im Gegensatz zur HDLC-Prozedur keine Flags, sondern eine Folge von logischen 1 (d.h. physikalische 0) übertragen. Dies erfordert das unter Abschnitt 14.2.1 erläuterte Zugriffs-

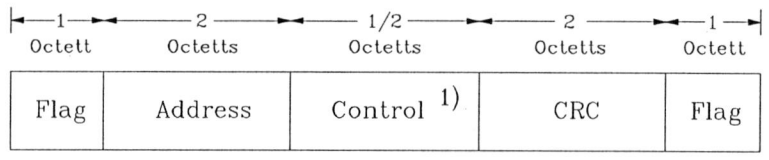

Control Frame

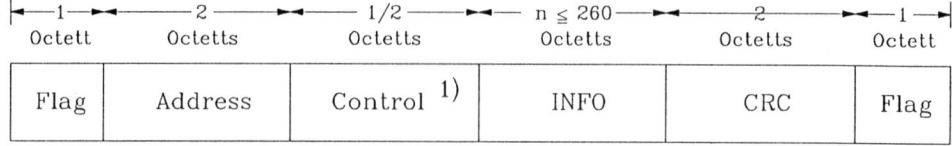

Information Frame

1) Für unquittierte Nachrichtenübertragung 1 Oktett im
   Mehrfachrahmenmodus:
   2 Oktette für Rahmen mit Folgenummern
   1 Oktett für Rahmen ohne Folgenummern

Bild 14.10   Rahmenstruktur der LAPD-Meldungen

verfahren. Die Schicht-2-Adresse besteht aus 2 Bytes (siehe Bild 14.11). Das erste
Byte enthält den **SAPI**(*Service Access Point Identifier*)Wert, das zweite Byte den
TEI(*Terminal Endpoint Identifier*)Wert. Durch diese beiden Werte ist ein Verbin-
dungsendpunkt der Schicht 2 eindeutig festgelegt (siehe Abschnitt 2.2).

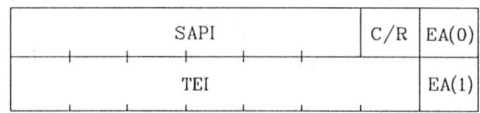

Bild 14.11   Aufbau der LAPD-Adresse
EA: Address Field Extension
C/R: Command/Response
SAPI: Service Access Point Identifier
TEI: Terminal Endpoint Identifier

Das **SAPI**-Feld besteht aus 6 Bit, so daß 64 Werte möglich sind. Bisher sind folgende vier Werte von CCITT festgelegt:

SAPI = 0   Signalisierinformation
SAPI = 1   Paketübermittlung im ISDN nach I.451
SAPI = 16   Paketübermittlung im ISDN nach X.25
SAPI = 63   Managementfunktionen, Gruppen SAPI (*Broadcast*)

Durch den niedrigsten SAPI-Wert werden die Signalisierinformationen beim D-Kanal Zugriff priorisiert. Die beiden Paketübermittlungsmethoden (mit SAPI = 1 und 16) werden wir im nächsten Abschnitt kennenlernen. Meldungen mit SAPI = 63 sind Wartungs- und Verwaltungsmeldungen für alle. Die übrigen SAPI-Werte sind für künftige Anwendungen reserviert, wobei die SAPI-Werte 32 bis 47 national verwendet werden können.

Über das **C/R**-Bit (**C**ommand/**R**esponse) wird gekennzeichnet, ob ein Endgerät oder die Vermittlung den Nachrichtenaustausch initiiert hat und ob es sich um einen Befehl (*Command*) oder Antwort auf den Befehl (*Response*) handelt. Die Werte werden wie folgt codiert:

Kommando   VST → Endgerät   C/R = 1
            Endgerät → VST   C/R = 0
Antwort   VST → Endgerät   C/R = 0
            Endgerät → VST   C/R = 1

Das **EA**-Bit (**E**xtended **A**ddress) gibt an, ob die Adresse beendet ist. EA=0 zeigt an, daß ein weiteres Adressbyte folgt; EA=1 zeigt das letzte Byte der Adresse an.

Im zweiten Byte des Adressfeldes ist der aus 7 Bits bestehende **TEI**(**T**erminal **E**ndpoint **I**dentifier)Wert enthalten. Über diesen Wert wird jeder logischen Schicht-2-Verbindung eine eindeutige Adresse zugeteilt. Die TEI-Werte werden von der Vermittlung verwaltet. In einzelnen Endgeräten können TEI-Werte voreingestellt werden, bedürfen jedoch der Bestätigung durch die Vermittlung. Die Werte 0-63 werden für solche voreingestellten Adressen verwendet, während die Vermittlung auf Anfrage Werte ab 64 bis 126 vergibt. Der Wert 127 ist als Gruppen-TEI für das Rundsenden (*Broadcast*) – also für alle – bestimmt.

Im Bild 14.12 ist ein Beispiel angegeben, welches die Schicht-2-Adressierung demonstriert. Am Basisanschluß sind zwei Endgeräte angeschlossen. Endgerät 1 hat zwei SAPIs (0 und 16, SAPI 63 ist nicht dargestellt), ist also paketübermittlungsfähig (nach X.25 im ISDN) und zwei TEIs (72 und 127). Insgesamt bedient die Schicht 2 des Endgerätes 1 die vier Verbindungsendpunkte (SAPI 0, TEI 72), (SAPI 0, TEI 127), (SAPI 16, TEI 72) und (SAPI 16, TEI 127). Das Endgerät 2 hat ein SAPI (0) und drei TEIs (66, 67 und 127). Die Schicht 2 des Endgerätes bedient die drei Endpunkte (SAPI 0, TEI 66), (SAPI 0, TEI 67) und (SAPI 0, TEI 127). Entsprechend sind in der Schicht 2 der Vermittlung unter SAPI 0 vier und SAPI 16 zwei Endpunkte zu bedienen.

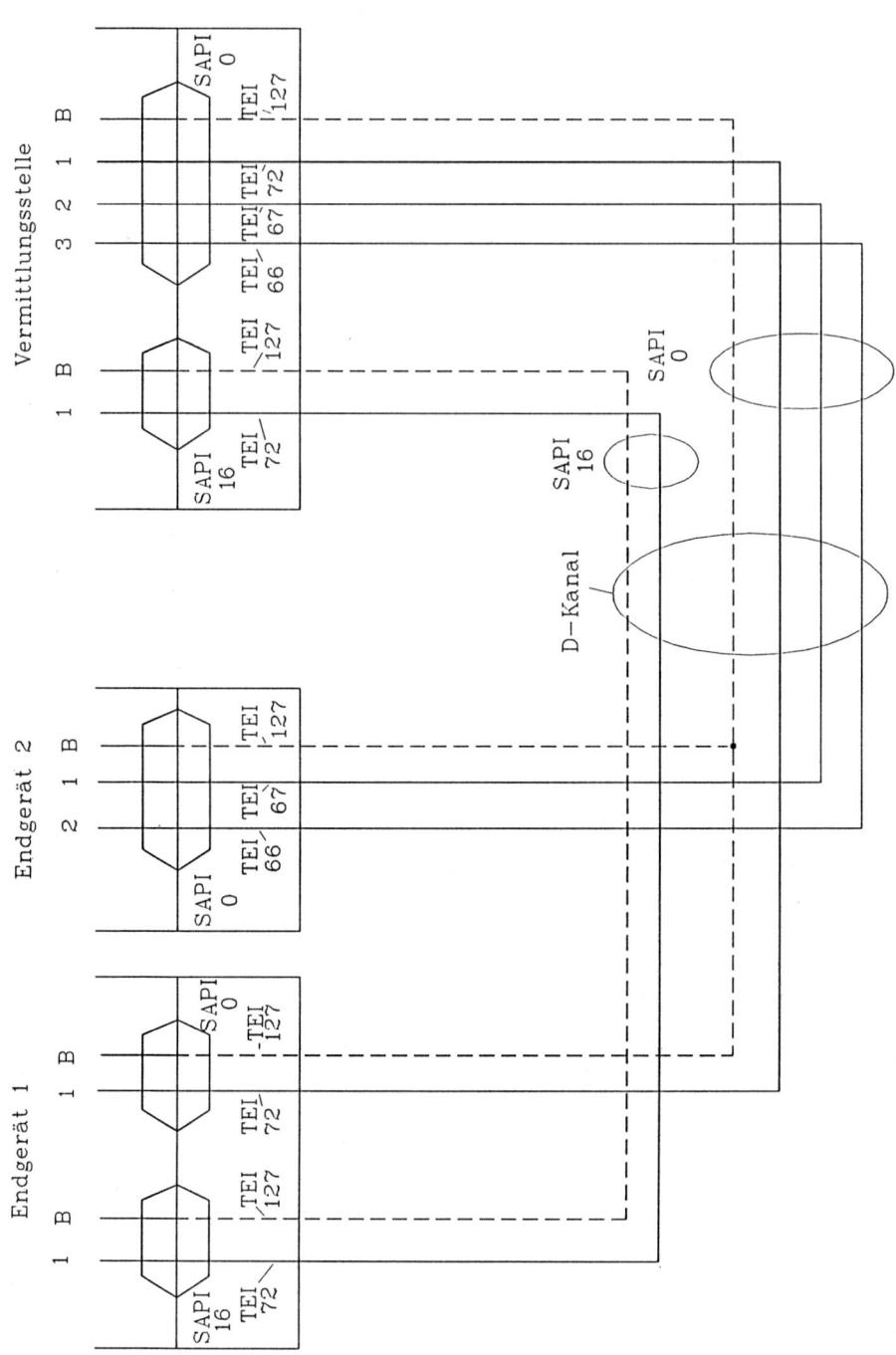

Bild 14.12 Beispiel zur Adressierung
SAPI: Service Access Point Identifier
TEI: Terminal Endpoint Identifier
B: Broadcast Channel

Im LAPD sind drei Typen von Rahmen definiert:

- numerierte Informationsrahmen (*I-Frames*)

- Steuer- und Überwachungsrahmen (*S-Frames*)

- unnumerierte Rahmen (*U-Frames*)

Die Codierungen des Steuerfeldes der Rahmen sind in Bild 14.13 wiedergegeben. Die Befehle und Meldungen und deren Codierung entsprechen denen der HDLC-Prozedur, so daß wir diese im einzelnen nicht mehr ansprechen wollen.

Anwendung	Format	Befehle	Meldungen	8 7 6	5	4 3 2	1
					Codierung		
Unquittierte und quittierte Informations-übermittlung	Informations-übermittlung	I (Information)			N(S)		0
					N(R)		P
	Supervisory	RR (Receive Ready)	RR (Receive Ready)	0 0 0	0	0 0 0	1
					N(R)		P/F
		RNR (Receive Not Ready)	RNR (Receive Not Ready)	0 0 0	0	0 1 0	1
					N(R)		P/F
		REJ (Reject)	REJ (Reject)	0 0 0	0	1 0 0	1
					N(R)		P/F
	Unnumbered	SABME (Set Asynchronous Balanced Mode Extended)		0 1 1	P	1 1 1	1
			DM (Disconnected Mode)	0 0 0	F	1 1 1	1
		UI (Unnumbered Information)		0 0 0	P	0 0 1	1
		DISC (Disconnect)		0 1 0	P	0 0 1	1
			UA (Unnumbered Acknowledgement)	0 1 1	F	0 0 1	1
			FRMR (Frame Reject)	1 0 0	F	0 1 1	1
Verbindungs-steuerung		XID (Exchange Identification)	XID (Exchange Identification)	1 0 1	P/F	1 1 1	1

Bild 14.13 Die Codierung des Steuerfeldes im LAPD

Wie bei der HDLC-Prozedur ist eine quittierte oder eine nichtquittierte Nachrichtenübertragung möglich. Bei der unquittierten Nachrichtenübertragung werden weder Fehlerkorrekturmaßnahmen noch eine Flußsteuerung vorgenommen. Der Fenstermechanismus für die Flußkontrolle bei quittierter Nachrichtenübermittlung ist identisch mit dem der HDLC-Prozedur. Die Zählung wird Modulo 128 vorgenommen. Die Fenstergröße wird je nach Art der Verbindung unterschiedlich eingestellt. Für die Signalisierung am Basisanschluß wird die Fenstergröße 1, für die Signalisierung am Primärmultiplexanschluß die Fenstergröße 7 verwendet. Für die Übermittlung von paketierten Nutzdaten im D-Kanal des Basisanschlusses wird die Fenstergröße 3, für die Übermittlung der paketierten Nutzdaten im D-Kanal des Primärmultiplexanschlusses die Fenstergröße 7 verwendet. Wie wir bereits bei der HDLC-Prozedur kennengelernt haben, wird für jede Schicht-2-Verbindung eine eigene Flußsteuerung durchgeführt. Hierfür werden an beiden Enden der Verbindung entsprechende Zählungen vorgenommen. Das Informationsfeld darf aus maximal 260 Bytes bestehen und enthält die Schicht-3-Informationen, die wir im nächsten Abschnitt kennenlernen werden.

Die letzten beiden Byte des Rahmens werden zur Durchführung der CRC-Prüfung verwendet. Hierfür wird wie bei der HDLC-Prozedur das Generatorpolynom $g(x) = x^{16} + x^{12} + x^5 + 1$ verwendet.

Die Abläufe beim Verbindungsaufbau, Datenübermittlung und Verbindungsabbau entsprechen denen der HDLC-Prozedur. Wir wollen diese deshalb hier nicht mehr ansehen. Im Bild 14.14 sind zwei Prozeduren, die mit der TEI-Verwaltung in der Vermittlung zusammenhängen, dargelegt. Beim Bild 14.14a) handelt es sich um eine TEI-Zuweisungsprozedur; das Endgerät fordert einen bestimmten TEI-Wert an und bekommt diesen von der Vermittlung bestätigt. Beim Bild 14.14b) überprüft die Vermittlung einen TEI-Wert, das Endgerät mit diesem TEI-Wert meldet sich. Da nur ein Endgerät sich meldet, wird der Wert als gültig angesehen und bleibt in Betrieb. Bei mehreren Antworten wäre der Wert als ungültig, bei keiner Antwort als nicht vergeben angesehen.

14.4   Die Vermittlungschicht

Die Einbettung der Schicht-3-Nachrichten im Schicht-2-Rahmen (*Information Frame*) haben wir bereits im vorigen Abschnitt (Bild 14.10) kennengelernt – dort wurden diese Meldungen als INFO bezeichnet. Die allgemeine Struktur dieser Nachrichten ist in Bild 14.15 dargestellt.

Jede Schicht-3-Nachricht enthält die drei Komponenten:

- Protokoll Diskriminator (*Protocol discriminator*)

- Referenznummer (*Call Reference*)

- Nachrichtentyp (*Message Type*)

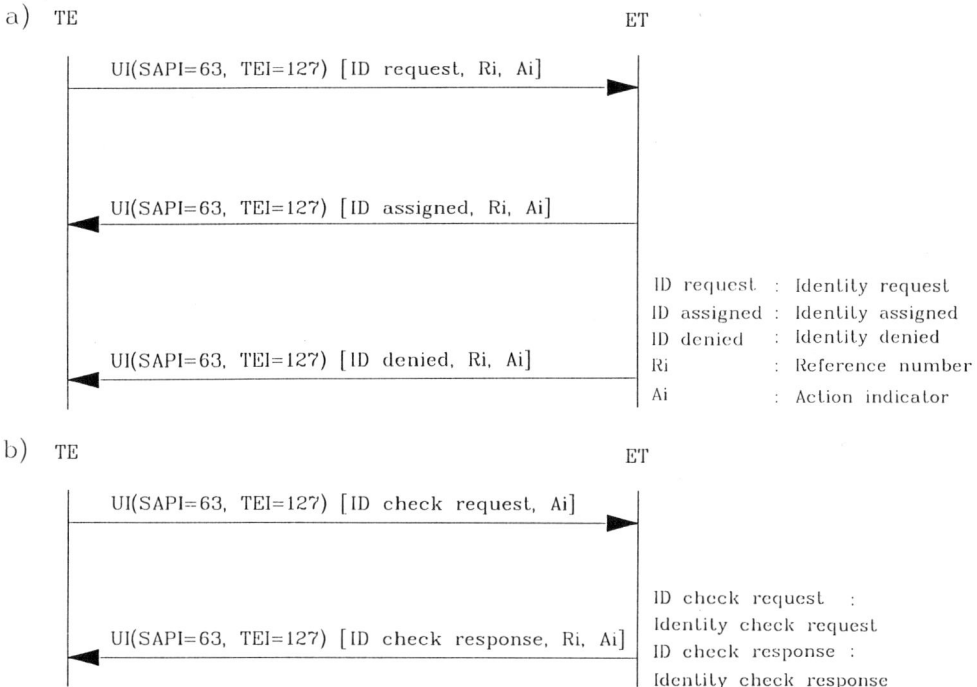

Bild 14.14 TEI-Verwaltungsprozeduren
a) TEI-Zuweisungsprozedur
b) TEI-Prüfprozedur

Hinzu kommen weitere Nachrichtenelemente (*Information Elements*). Diese können je nach Nachrichtentyp zwingend vorgeschrieben (*Mandatory*) oder wählbar (*Optional*) sein.

Der **Protokolldiskriminator** kennzeichnet das angewandte Schicht-3-Protokoll. Für die Zeichengabe nach dem CCITT-Protokoll (I.451) ist die Codierung 0000 1000 festgelegt; für nationale Protokolle (z.B. 1TR6 der DBP-Telekom) werden die Codierungen 0100 0001 und 0100 0000 verwendet.

Dem Protokolldiskriminator folgt die Angabe der Länge der **Referenznummer**. Die maximale Länge der Referenznummer beträgt zur Zeit 1 Byte für den Basisanschluß und 2 Byte für den Primärmultiplexanschluß. Die Referenznummer wird verwendet, um den Ruf an der Benutzer-Netzschnittstelle zu identifizieren. Sie hat lediglich lokale Bedeutung (d.h. keine unmittelbare Ende-zu-Ende-Relevanz) und ermöglicht die eindeutige Zuordnung einer Schicht-3-Nachricht zu einem Ruf. Sie zeigt ferner an, ob die Meldung von dem Rufenden oder von dem Gerufenen gesendet wird.

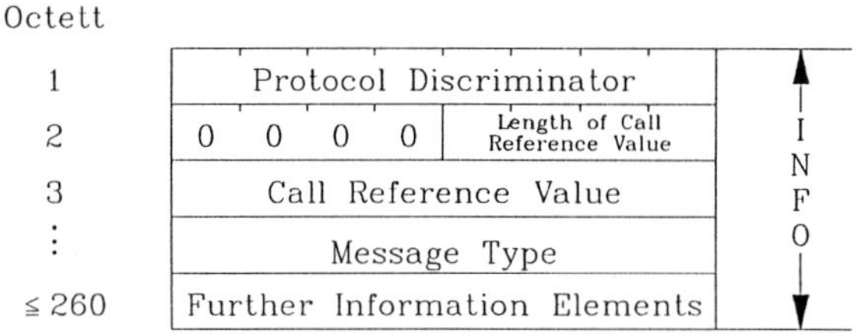

Octett

Bild 14.15   Aufbau der Schicht-3-Meldungen

Die im ISDN in der Schicht 3 verwendeten Nachrichten sind sehr umfangreich; viele der Nachrichten ähneln oder sind gar identisch mit denen der X.25 und SS Nr.7 Protokolle. Die wesentlichen **Nachrichtentypen** sind im Bild 14.16 zusammengestellt. Man unterteilt diese in:

- Nachrichten für den Verbindungsauf- und -abbau,

- Nachrichten während der Datentransferphase und

- verschiedene andere Nachrichten.

Wir wollen die Nachrichtentypen nicht im einzelnen besprechen, sondern werden einige im Zusammenhang mit Protokollabläufen näher kennenlernen.

Dem Nachrichtentyp folgen nun gegebenfalls weitere **Nachrichtenelemente** . Diese sind entweder ein Byte oder mehrere Byte lang. Die verwendeten Formate sind in Bild 14.17 dargelegt, die wesentlichen verwendeten Nachrichtenelemente in Bild 14.18 zusammengestellt. Dem Nachrichtenelement Shift kommt eine besondere Bedeutung zu. Es dient dazu, den Codesatz für die nachfolgenden Elemente umzuschalten. Hierdurch wird die Anzahl der möglichen Nachrichtenelemente erheblich erweitert. Zur Zeit sind vier verschiedene Codesätze definiert: international standardisierte, national standardisierte, lokale und herstellerspezifische Nachrichtenelemente.

Wir sehen uns nun exemplarisch die Nachricht *SETUP*, mit der der Aufbau einer Schicht-3-Verbindung eingeleitet wird, an (Bild 14.19). Die Nachricht beginnt mit dem Protokolldiskriminator und der Referenznummer des Rufers. Es folgen die Codierungen für den Nachrichtentyp *SET UP* (000 00101) und für das zwingend vorgeschriebene Element *Bearer Capability* (000 00100). In Richtung Netz zum Benutzer ist ferner die Angabe des zu verwendenden B-Kanals zwingend erforderlich. Die weiteren Nachrichtenelemente wie *Origination Address, Destination Address, User-User-Infos* usw. sind optional. Das Element *Bearer Capability* ist beispielhaft in Bild 14.19b) dargestellt, die Codierung des Inhalts dieser Meldung im Bild 14.19c) angegeben.

Nachrichten für den Verbindungsauf– und abbau

		8	7	6	5	4	3	2	1
SETUP	Setup	0	0	0	0	0	1	0	1
SETUP ACK	Setup Acknowledge	0	0	0	0	1	1	0	1
CALL PROC	Call Proceeding	0	0	0	0	0	0	1	0
ALERT	Alerting	0	0	0	0	0	0	0	1
CONN	Connect	0	0	0	0	0	1	1	1
CONN ACK	Connect Acknowledge	0	0	0	0	1	1	1	1
DISC	Disconnect	0	1	0	0	0	1	0	1
REL	Release	0	1	0	0	1	1	0	1
REL COM	Release Complete	0	1	0	1	1	0	1	0

Nachrichten während der Datentransferphase

		8	7	6	5	4	3	2	1
USER INFO	User Information	0	0	1	0	0	0	0	0
SUSP	Suspend	0	0	1	0	0	1	0	1
SUSP ACK	Suspend Acknowledge	0	0	1	0	1	1	0	1
SUSP RES	Suspend Reject	0	0	1	0	0	0	0	1
RES	Resume	0	0	1	0	0	1	1	0
RES ACK	Resume Acknowledge	0	0	1	0	1	1	1	0
RES REJ	Resume Reject	0	0	1	0	0	0	1	0

Verschiedene weitere Nachrichten

		8	7	6	5	4	3	2	1
FAC	Facility	0	1	1	0	0	0	1	0
STATUS	Status	0	1	1	1	1	1	0	1
INFO	Information	0	1	1	1	1	0	1	1

Bild 14.16   Einige Nachrichtentypen

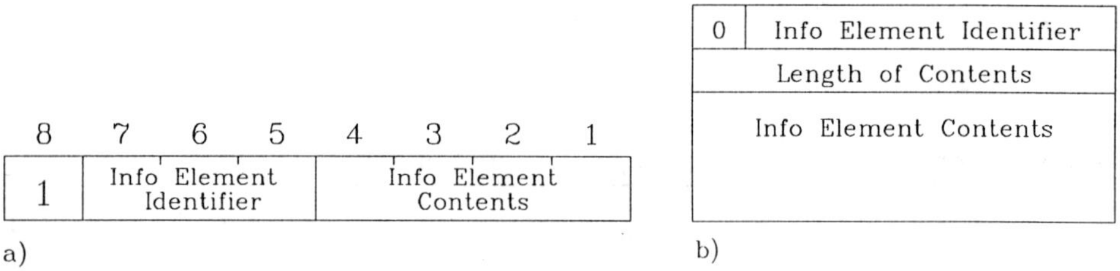

0	Info Element Identifier
Length of Contents	
Info Element Contents	

8	7	6	5	4	3	2	1
1	Info Element Identifier			Info Element Contents			

a)   b)

Bild 14.17 Format der Nachrichtenelemente
a) Einbyte Nachrichtenelement
b) Mehrbyte Nachrichtenelement

Einbyte−Nachrichtenelemente	Mehrbyte−Nachrichtenelemente
Shift	Bearer Capability
More Data	Cause
Congestion Level	Connected Address
	Call Identity
	Call State
	Channel Identification
	Terminal Capabilities
	Display
	Keypad
	Keypad Echo
	Signal
	Switchhook
	Origination Address
	Destination Address
	Redirection Address
	Transit Network Selection
	Low Layer Compability
	High Layer Compability
	User−User Information
	CCITT−Standardized Facilities
	Network−Specific Facilities

Bild 14.18 Einige Nachrichtenelemente

a)

Nachrichtenelement	Benutzer→Netz	Netz→Benutzer	Länge
Protocol discriminator	M	M	1
Call reference	M	M	1−?
Message type	M	M	1
Bearer capability	M	M	4−?
Channel identification	O	M	3−?
CCITT−standardized facilities	O	O	3−?
Network specific facilities	O	O	3−?
Display	−	O	3−?
Keypad	O	−	3−?
Signal	O	O	3−?
Switchhook	O	O	3
Origination Address	O	O	4−?
Destination Address	O	O	4−?
Redirection Address	−	O	4−?
Transit network selection	O	−	3−?
Low layer compability	O	O	4−?
High layer compability	O	O	3−?
User−user information	O	O	3−30(130)

b)

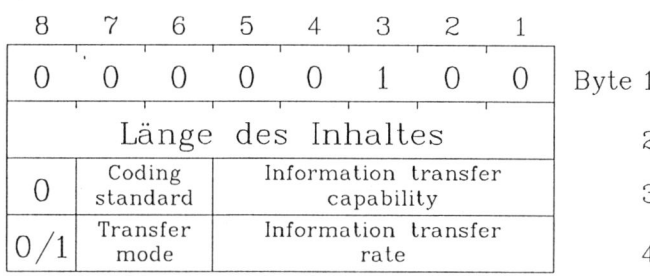

8	7	6	5	4	3	2	1	
0	0	0	0	0	1	0	0	Byte 1

Länge des Inhaltes	2
0	Coding standard	Information transfer capability	3
0/1	Transfer mode	Information transfer rate	4

Bild 14.19 Beispiel zum Aufbau der Nachricht *SETUP*
a) Inhalt der Nachricht *SETUP*, M: Mandatory, O: Optional
b) Beispiel für das Nachrichtenelement *Bearer Capability*

c)

Coding Standard	
0 0	CCITT Standard
0 1	Other Intern. Standard
1 0	National Standard
1 1	Network Standard
Information Transfer Capability	
0 0 0 0 0	Speech
0 1 0 0 0	Unrestricted Digital Information
0 1 0 0 1	Restricted Digital Information
1 0 0 0 0	3,1 kHz Audio
1 0 0 0 1	7 kHz Audio
1 1 0 0 0	Video
Transfer Mode	
0 0	Circuit Mode
1 0	Packet Mode
Information Transfer Rate	Circuit Switched
0 0 0 0 0	Reserved For Packet Mode
1 0 0 0 1	64 kBit/s B
1 0 0 1 1	384 kBit/s H_0
1 0 1 0 1	1536 kBit/s H_{11}
1 0 1 1 1	1920 kBit/s H_{12}

Bild 14.19   Beispiel zum Aufbau der Nachricht *SETUP*
c) Codierung der Inhalte des Nachrichtenelements *Bearer Capability*

Wir wollen nun den kompletten Verbindungsaufbau und -abbau für eine Durchschalteverbindung im ISDN ansehen. Im Bild 14.20 sind die Abläufe zwischen den beiden Endgeräten TE-A und TE-B über die Vermittlung ET beispielhaft dargestellt. Die Kommunikation zwischen den beiden Vermittlungen ET-A und ET-B über das Netz wird mit Hilfe des SS Nr.7 durchgeführt – dieses ist im Bild zur Vereinfachung nicht dargestellt. Um das Zusammenspiel zwischen den Schichten aufzuzeigen, sind die Primärmeldungen zwischen Schicht 2 (S2) und Schicht 3 (S3) aufgezeigt.

Die Schicht 3 des A-Teilnehmers leitet den Verbindungsaufbau durch Senden der Nachricht *SETUP* ein. Daraufhin wird zunächst von der Schicht 2 des A-Teilnehmers

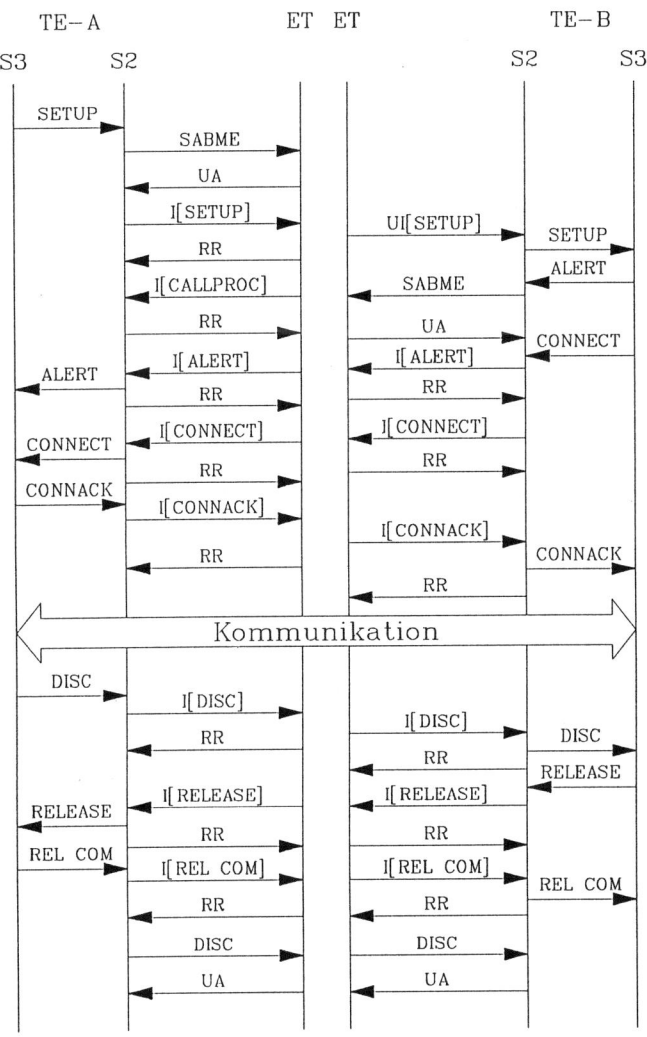

Bild 14.20 Verbindungsaufbau und -abbau für eine Durchschalteverbindung

TE-A: A-Teilnehmer (Terminal A)
TE-B: B-Teilnehmer (Terminal B)
ET: Vermittlung (Exchange Terminal)
S2: Schicht 2
S3: Schicht 3

eine Schicht-2-Verbindung durch Senden der Nachricht *SABME* aufgebaut und durch UA von der Vermittlung quittiert. Über diese Schicht-2-Verbindung wird nun eine Schicht-2-Meldung *I* (Info) an die Vermittlung gesendet und durch *RR* quittiert. Die Meldung *I* enthält die Schicht-3-Meldung *SETUP* mit den für den Verbindungsaufbau erforderlichen Parametern. Bei Blockwahl sind alle Adressinformationen im *SETUP* als Nachrichtenelemente enthalten. Bei Einzelzifferwahl können die Adressinformationen durch weitere Info-Nachrichten nachgereicht werden. Handelt es sich nun um zwei verschiedene Vermittlungen, an denen die A- und B-Teilnehmer angeschlossen sind, so werden die relevanten Informationen zwischen den Vermittlungen über das Signalisiernetz ausgetauscht und die Transitverbindungen entsprechend aufgebaut. Die Schicht-3-Meldung *CALL PROC* teilt dem Endgerät A mit, daß die Wählinformationen vollständig sind und die Wahlaufforderung weiterbearbeitet wird; ferner wird dem Endgerät mitgeteilt, welcher B-Kanal für die Verbindung belegt wird. Die Vermittlung des B-Teilnehmers leitet den Verbindungsaufbau ihrerseits mit der Schicht-2-Nachricht *UI*, in der die Schicht-3-Meldung *SETUP* eingebettet ist ein. Diese enthält nun die relevanten Adress-, Kompatibilitäts- und Berechtigungsangaben, die für die Auswahl von Endgeräten, die gerufen werden, erforderlich ist. Die *SABME*-Meldung initiiert die Zähler für die Schicht-2-Verbindung, während die *ALERT*-Meldung (Schicht 3) anzeigt, daß beim B-Teilnehmer Endgeräte in der Lage sind, den Ruf anzunehmen und gerufen werden. Die Annahme des Rufes wird durch die *CONNECT*-Meldung (Schicht 3) angezeigt und mit *CONNACK* quittiert. Die Verbindung ist nun für die Datenübermittlung transparent geschaltet. Der Verbindungsabbau kann von beiden Seiten angestoßen werden. In unserem Beispiel wird er vom A-Teilnehmer durch Senden der Meldung *DISC* (Schicht 3) eingeleitet, durch *RELEASE* (Schicht 3) abgebaut; mit *RELEASE COM* (Schicht 3) wird der Abbau quittiert. Die jeweiligen Schicht-2-Meldungen *I*, die diese Nachrichten enthalten, werden ihrerseits durch *RR* quittiert. Die Schicht-2-Verbindungen werden anschließend durch die *DISC*(Schicht 2)-Meldung abgebaut und durch *UA* quittiert.

Im Bild 14.21 ist die Struktur der **ISDN-Adresse** dargelegt. Die **ISDN-Rufnummer** mit maximal 15 Dezimalziffern besteht wie im Fernsprechnetz aus der Länderkennung, der Ortsnetzkennung und der Teilnehmernummer. Die Subadresse mit maximal 40 Dezimalziffern wird von der Vermittlung transparent vom rufenden zum gerufenen Teilnehmer übertragen. Eine ISDN-Rufnummer adressiert eine oder mehrere Schnittstellen an einem Referenzpunkt T oder S. Die ISDN-Subadresse dient der genauen Adressierung von Subkomponenten, so z.B. einem bestimmten Endgerät, einem bestimmten Dienst eines multifunktionalen Endgerätes usw. Bei einer Punkt-zu-Punkt-Verbindung ist ein Endgerät durch die ISDN-Rufnummer direkt wählbar. Bei einer Mehrgerätekonfiguration wird die Endgeräteauswahl entweder mit Hilfe der Subadresse oder durch die Kompatibilitätsinformation in der Nachricht *SETUP* vorgenommen. Im Netz der DBP-Telekom wird beim Verwenden des 1TR6-Protokolls einem S_o-Bus eine ISDN-Rufnummer zugeteilt, der S_o-Bus wird durch die Ziffern bis zu der Dekadenstelle identifiziert. Die Ziffer 0 der Einerstelle kennzeichnet den *Global Call* (d.h. alle Endgeräte eines Dienstes werden gerufen).

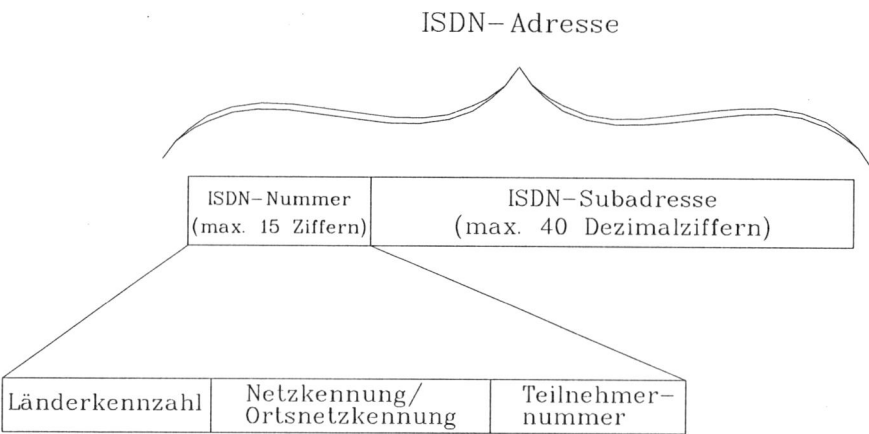

Bild 14.21 Die Struktur der ISDN-Adresse

Die anderen Ziffern der Einerstelle werden zur Endgeräteauswahl am S_o-Bus verwendet (Direktruf).

14.5 Einige allgemeine Aspekte

ISDN zeichnet sich durch folgende Eigenschaften aus:

- Voll digitale Nutzkanäle hoher Bitrate (64 kbit/s) bis zum Teilnehmer.

- Ein starker, vom Nutzkanal unabhängiger Signalisierkanal (16 kbit/s) bis zum Teilnehmer.

- Eine geringe Bitfehlerrate (10^{-5} im Nutzkanal, 10^{-11} für die Signalisierung).

- Schneller Verbindungsaufbau (< 2 Sekunden).

- Eine einheitliche Steckdose für alle Endgeräte.

- Eine einheitliche Rufnummer.

- Umstecken eines Endgerätes am Bus während der Diensteabwicklung ist möglich.

- Ein Dienstwechsel auf einer aufgebauten Verbindung ist möglich.

- Eine homogene Diensteabwicklung (einheitliche Prozeduren, einheitliche Benutzeroberflächen) wird möglich.

- Im Besetztfall kann der Signalisierkanal verwendet werden, um den Verbindungswunsch anzuzeigen (s. Anklopfen unten).

Beispiel 14.6 *Mächtigkeit des D-Kanals*
Die Wahlempfänger werden so ausgelegt, daß die Rufnummern mit einer Geschwindigkeit von bis zu 10 Zeichen pro Sekunde eingegeben werden dürfen. Dies entspricht etwa 600 Zeichen pro Minute – eine Grenze, die auch Spitzen-Schreibkräfte selten erreichen dürften. Verwendet man eine 4 Bit Codierung, so entspricht dies 40 bit/s. Im Verhältnis zum Signalisierkanal mit 16 kbit/s im ISDN sind dies nur 2,5 Promille.

Eine Signalisiernachricht im ISDN hat häufig eine Länge von 268 Byte. Die Übertragung dieser Nachricht mit 16 kbit/s dauert 0,134 Sekunden. Im Vergleich zur Modemübertragung mit 2,4 kbit/s ist dies fast sieben Mal schneller.

Herkömmliche **Dienste** wie Fernsprechen, Btx, Fax, Dateldienste usw. werden im ISDN entweder direkt realisiert oder über Terminaladaptoren (TA, siehe Abschnitt 14.1) zugänglich gemacht. Häufig können wegen Wahrung der Kompatibilität die Vorteile des ISDN nicht genutzt werden; es wird also die gleiche Dienstgüte wie bei den bestehenden Diensten angeboten, gelegentlich sogar eine Verschlechterung in Kauf genommen. Bestehen solche Kompatibilitätseinschränkungen nicht, so können diese Dienste mit einer erhöhten Dienstgüte angeboten werden. Die Verbesserung bezieht sich dann auf eine höhere Übermittlungsgeschwindigkeit, eine bessere Signalauflösung oder verbesserte Leistungsmerkmale. Zu den weiteren Diensten, die im ISDN realisiert werden, gehören Bildfernsprechen, Still- und Bewegtbildübertragung, Filetransfer über Adapterkarten für Rechner, Diensteumsetzungen und andere Mehrwertdienste.

Dienste werden dem ISO-Modell (siehe Kapitel 2) entsprechend in **Übermittlungsdienste** (*Bearer Services*), auch Transportdienste genannt, und **Teledienste** (*Teleservices*), auch Standarddienste genannt (siehe Kapitel 1.1), unterteilt. Übermittlungsdienste enthalten Funktionen der Schicht 1 bis 3 des OSI-Referenzmodells; bei Telediensten sind Funktionen aller Schichten 1 bis 7 des OSI-Modells spezifiziert. Typische Teledienste, die wir bereits kennengelernt haben, sind Fernsprechen, Telefax, Btx usw. Im Bild 14.22 ist die Realisierung dieser Dienste in einem Transportnetz anschaulich dargestellt.

Obwohl im ISDN auch Teledienste angeboten werden, ist ISDN im Grunde ein ausgeprägtes Transportnetz. Die Übermittlungsdienste im ISDN werden künftig erheblich an Bedeutung zunehmen. Diese bestehen aus leitungsvermittelten Diensten (*Circuit Switched Services*), auch Durchschaltedienste genannt, und paketvermittelten Diensten (*Packet Switched Services*). Bei den **leitungsvermittelten Diensten im ISDN** wird die für den Verbindungsaufbau und -abbau sowie die Aktivierung der Leistungsmerkmale erforderliche Signalisierung im D-Kanal ausgeführt, während die Nutzdaten über den B-Kanal übertragen werden. Der B-Kanal wird transparent durchgeschaltet; es werden lediglich Funktionen der Schicht 1 des OSI-Modells ausgeführt. Die Abläufe für den Verbindungsaufbau und -abbau bei der leitungsvermittelnden Datenübermittlung haben wir bereits im vorangegangenen Abschnitt kennengelernt.

a)

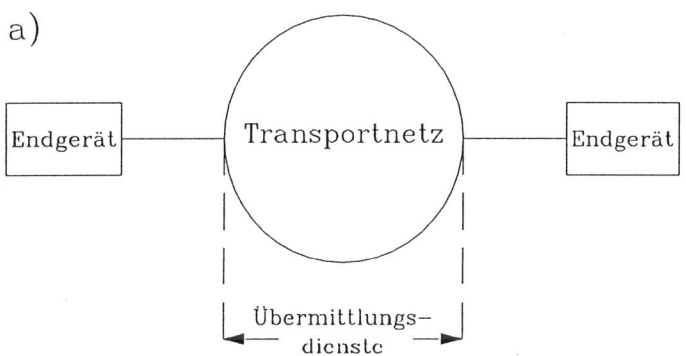

b)

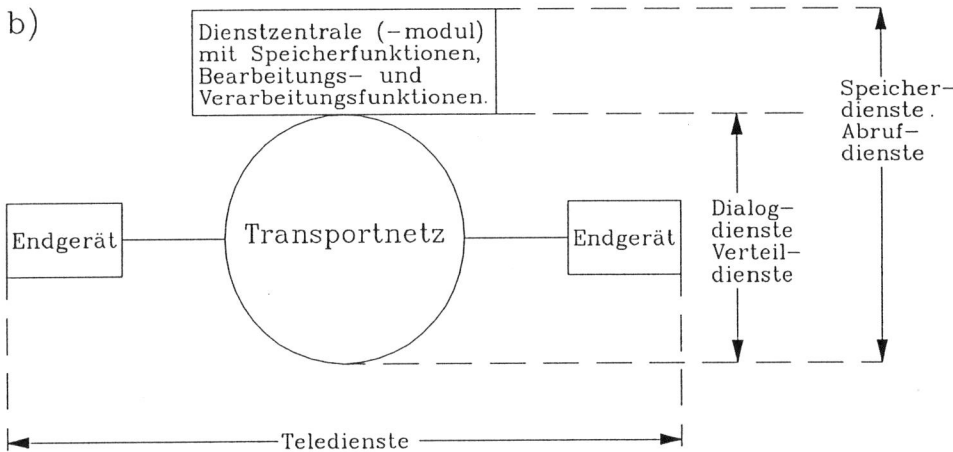

Bild 14.22 Anschauliche Darstellung der Realisierung von Diensten in einem Kommunikationsnetz
a) Übermittlungsdienste, b) Teledienste

Beispiel 14.7 *Übertragungszeiten im ISDN und LAN*
Beim folgenden Vergleich gehen wir davon aus, daß im ISDN für Nutzdatenüber-
tragung 64 kbit/s und im LAN 10 Mbit/s zur Verfügung stehen. Tatsächlich ist
es so, daß die Kapazität eines LANs dem Teilnehmer voll zur Verfügung steht,
allerdings erst, wenn er an der Reihe ist. Insofern ist der Vergleich zugunsten von
LANs verfälscht. Nun haben Untersuchungen gezeigt, daß heute installierte LANs
selten eine Spitzenauslastung von 4 % oder darüber erreichen, was wiederum den
Vergleich rechtfertigt.

Eine 160 KByte Diskette wird im ISDN in 20 Sekunden, im LAN in 0,1 Sekunden übertragen. Bereits hier erreicht man die Grenze, die ein geduldiger Anwender setzen dürfte.

Die Übertragung einer 70 MByte Harddisk erfordert im ISDN 2,5 Stunden Übermittlungsdauer, im LAN ist es gerade 1 Minute!

Bei der Echtzeitübermittlung, so z.B. Sprache, zeigt sich der Vorteil der Durchschaltevermittlung. In LANs entsteht in der Regel eine Verzögerung von einigen 100 ms, während diese im ISDN lediglich im μs-Bereich anfällt. Natürlich steht im LAN auch die gesamte Kapazität nicht längere Zeit zur Verfügung.

Für die Realisierung der **paketvermittelten Dienste im ISDN** gibt es zahlreiche Möglichkeiten. Zunächst stellt sich die Frage, ob über ISDN lediglich ein Zugang zu paketvermittelten Netzen angeboten wird, oder ob die Paketvermittlung im ISDN integriert zur Verfügung steht (siehe Bild 14.23). Im ersten Fall wird eine virtuelle Verbindung zwischen zwei am ISDN angeschlossenen Endgeräten über einen im Paketvermittlungsnetz befindlichen Knoten geführt. Im zweiten Fall sind die Assemblierung – Deassemblierung (*Packethandling*) und alle Paketvermittlungsfunktionen im ISDN integriert. Hier bieten sich wiederum eine dezentrale Lösung mit Paketvermittlungsfunktionen in jeder ISDN-Vermittlung und eine zentrale Lösung mit wenigen solchen Paketvermittlungsknoten an. In den meisten Ländern (so auch im Netz der DBP Telekom) wird zunächst die Übergangslösung realisiert und längerfristig die dezentrale, integrierte Lösung angestrebt.

Unabhängig davon, ob die Übergangslösung oder die integrierte Lösung für die Paketvermittlung im ISDN gewählt wird, besteht die Möglichkeit, für die Übermittlung der Nutzdatenpakete zwischen den drei Kanälen, die zum Teilnehmer führen, zu wählen. Zunächst muß entschieden werden, ob der D- oder ein B-Kanal für die Nutzdatenübermittlung verwendet wird. Fällt die Entscheidung für einen B-Kanal, so muß entschieden werden, ob ein B-Kanal neu belegt wird oder ein für Datenpaketübermittlung bereits genutzter B-Kanal mitverwendet werden kann. Die Auswahl zwischen der Paketübermittlung im B- oder D-Kanal hängt vom angeschlossenen Endgerät (bzw. dem entsprechenden Terminaladapter) ab. Da eine ISDN-Vermittlung nicht über die Information, welche Terminaladaptoren an einem S-Bus angeschlossen sind, verfügt, muß sie beim ankommenden Ruf alle Möglichkeiten anbieten und die gewünschte dann umsetzen. Hierfür wird eine von CCITT empfohlene sogenannte *Call Offering Procedure* angewendet. Beim abgehenden Ruf entscheidet das rufende Endgerät darüber, ob ein B- oder D-Kanal verwendet wird.

Für die Signalisierung bei der Paketvermittlung im ISDN gibt es wiederum zwei Lösungen. Die als Lösung in zwei Schritten (*Two Step Solution*) bekannte Variante verwendet zunächst die Signalisierung im D-Kanal, um die Strecke im ISDN aufzubauen und anschließend die X.25-Signalisierung, um die virtuelle Verbindung aufzubauen. Diese Variante ist für die vorher besprochene Übergangslösung zwingend erforderlich. Bei der Lösung in einem Schritt (*One Step Solution*) wird auch der

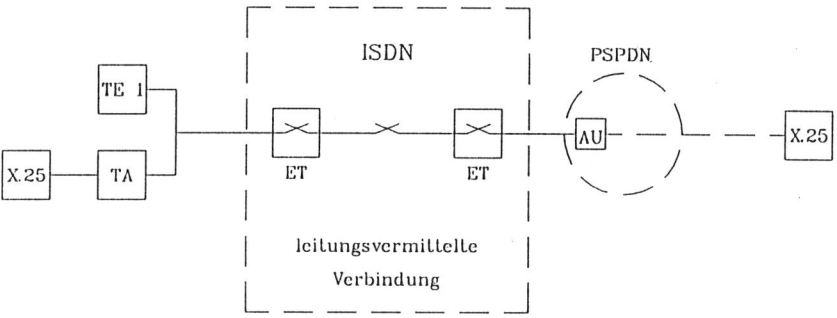

a) Netzübergangslösung

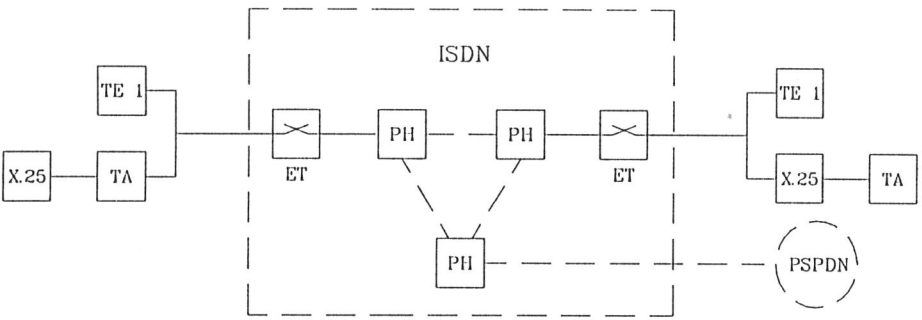

b) Integrierte Lösung

Bild 14.23 Möglichkeiten für die Realisierung der Paketvermittlung im ISDN
a) Netzübergangslösung
b) Integrierte Lösung

TA: Terminal Adapter
ET: Exchange Termination
PH: Packet Handler
PSPDN: Packet-switched Public Data Network
TE1: ISDN-Terminal (packet mode)
X.25: X.25-Terminal
AU: Access Unit

Aufbau der virtuellen Verbindung durch die D-Kanal-Signalisierung erwirkt. Diese Variante ist nur im Falle der vorher besprochenen integrierten Lösung realisierbar.

Im Bild 14.24 ist der Ablauf beim Aufbau einer ersten virtuellen Verbindung im B-Kanal entsprechend der Zweischrittlösung beispielhaft dargestellt. Beim Aufbau der Schicht-2-Verbindung wird SAPI s=0 für die Paketvermittlung im B-Kanal angegeben. Die Schicht-3-Meldung *SETUP* belegt den B-Kanal. Nachdem der B-Kanal transparent geschaltet ist, wird mit der üblichen X.25-Signalisierung im

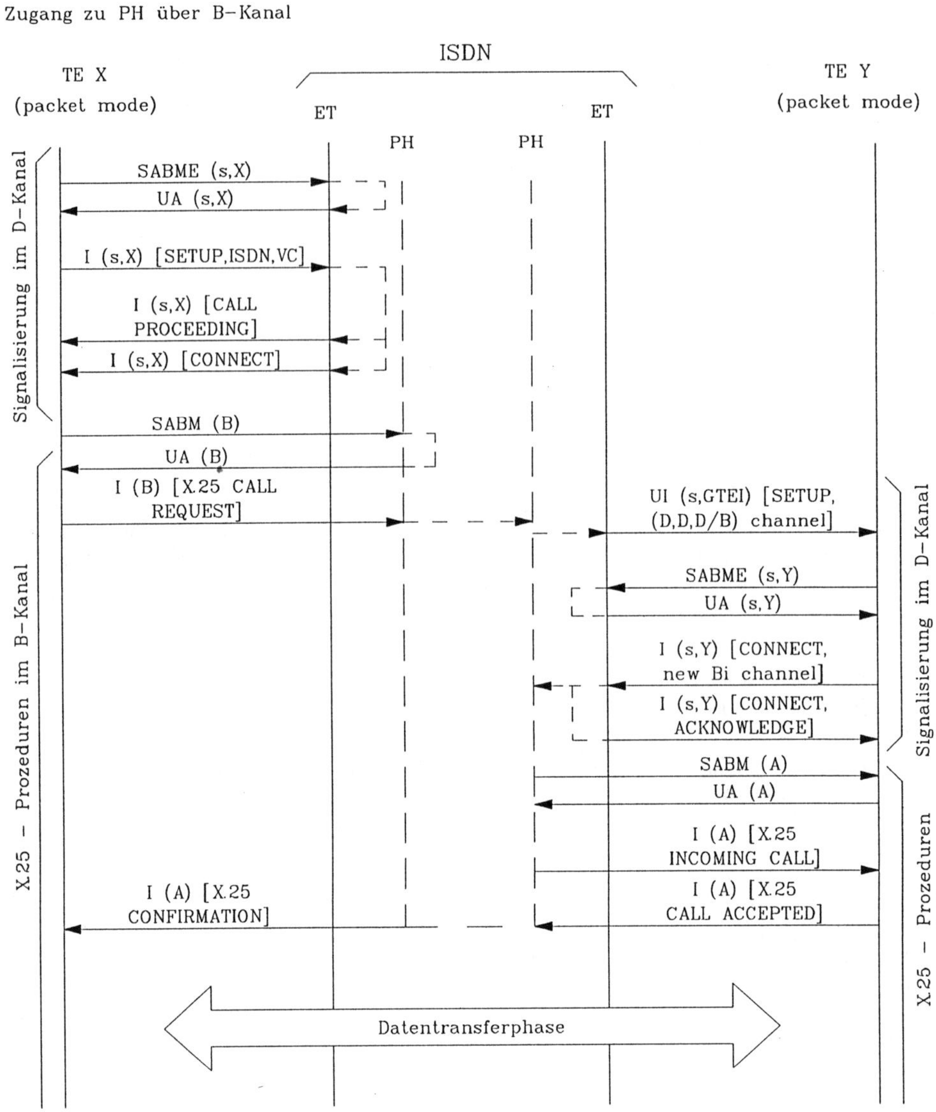

Zugang zu PH über B-Kanal

ISDN

Bild 14.24 Aufbau einer ersten virtuellen Verbindung über den B-Kanal
(Zweischrittlösung)

TE X: Teilnehmer mit TEI = X
TE Y: Teilnehmer mit TEI = Y
ET: Vermittlung (Exchange Terminal)
PH: Paketassemblierer/-deassemblierer (Packet Handler)

B-Kanal fortgefahren. Auf der gerufenen Seite wird wiederum über die D-Kanal-Signalisierung ein B-Kanal aufgebaut. An dieser Stelle wird die *Call Offering Procedure* eingeleitet, um die Auswahl eines Kanals zu ermöglichen. Nach dem Durchschalten des neuen B-Kanals wird die X.25-Signalisierung in diesem Kanal fortgesetzt. Die Datentransferphase entspricht der X.25-Prozedur. Der anschließende Verbindungsaufbau verläuft wiederum in zwei Schritten – zunächst wird die X.25-Verbindung abgebaut und anschließend erst nach dem Abbau der letzten X.25-Verbindung wird auch der B-Kanal abgebaut.

Im Bild 14.25 ist der Ablauf beim Aufbau einer virtuellen Verbindung über den D-Kanal entsprechend der Zweischrittlösung beispielhaft dargestellt. Zunächst wird eine Schicht-2-Verbindung mit SAPI p=16 aufgebaut, soweit diese nicht bereits existiert. Unter Verwendung der Schicht-2-Meldung *I* wird nun der X.25-Verbindungsaufbau eingeleitet. Auf der gerufenen Seite wird zunächst über *UI* mit SAPI s=0 und *Global TEI* die *Call Offer Procedure* eingeleitet. Die Wahl des D-Kanals leitet den Abbau der Signalisierverbindung (mit SAPI s=0) und den Aufbau der Verbindung für X.25-Signalisierung (mit SAPI p=16) ein. Die restlichen Abläufe sind nach der bisherigen Abhandlung leicht nachvollziehbar.

Wir haben bereits im Abschnitt 10.4 die Ansätze, die zu einer schnellen Paketvermittlung führen, kennengelernt. Die CCITT-Empfehlungen sehen eine solche schnelle Paketvermittlungstechnik im ISDN in der integrierten Version mit der Einschrittlösung vor. Charakteristika dieser als **New Packet Mode** (neuer Paketvermittlungsmodus) bezeichneten Technik sind:

- Die Signalisierung (auch für den Auf- und Abbau einer virtuellen Verbindung) wird ausschließlich im D-Kanal (bzw. SS Nr.7) vorgenommen.

- Die Signalisierung für den Auf- und Abbau der Verbindungen in D- bzw. B-Kanälen und der virtuellen Verbindungen wird in einem Schritt vorgenommen (Ein-Phasenwahl bzw. Einschrittlösung).

- Alle für die Übermittlung der Pakete erforderlichen Funktionen werden in die Schicht 2 verlagert. Es findet also eine Übermittlung der Schicht-2-Rahmen im Netz statt (*Frame Relay* bzw. *Frame Switching*).

- Das Multiplexen und das Vermitteln von virtuellen Verbindungen wird entsprechend in der Schicht 2 vorgenommen. Hierfür wird anstelle von TEI und SAPI ein **DLCI** (**D**ata **L**ink **C**onnection **I**dentifer), welcher der logischen Kanalnummer in X.25 entspricht, verwendet (siehe Bild 14.26).

Zugang zu PH über D–Kanal

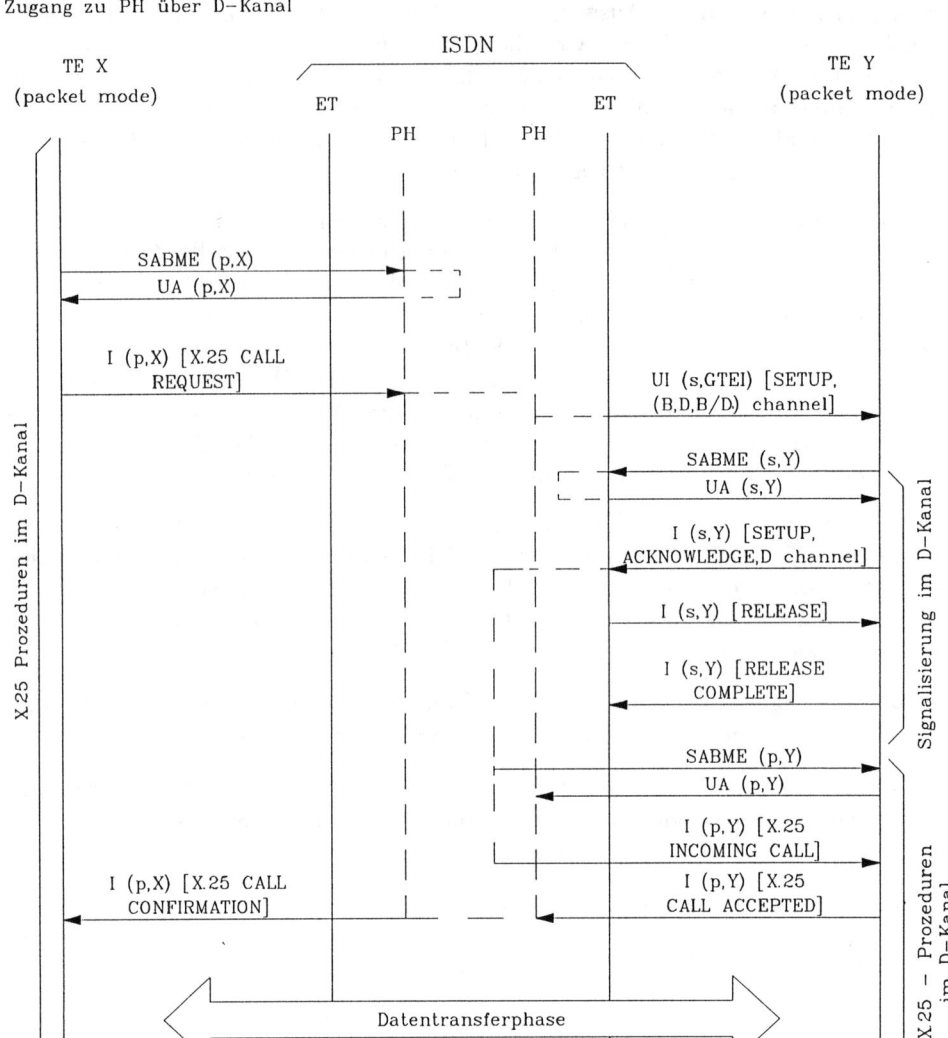

Bild 14.25   Aufbau einer virtuellen Verbindung im D-Kanal (Zweischrittlösung)

TE X: Teilnehmer mit TEI = X
TE Y: Teilnehmer mit TEI = Y
ET: Vermittlung (Exchange Terminal)
PH: Paketassemblierer/-deassemblierer (Packet Handler)

- Es werden zwei Rahmenübermittlungsdienste (*Frame Mode Bearer Services*) angeboten: *Frame Relaying Bearer Service* und *Frame Switching Bearer Service*. Der wesentliche Unterschied zwischen den beiden Übermittlungsverfahren liegt im Quittierungsmechanismus für die Datenübermittlung. Beim *Frame Relaying* werden die Sicherung und eine eventuelle Wiederholung der Rahmen den Endeinrichtungen überlassen. Beim *Frame Switching* wird die Datenübermittlung abschnittsweise durch die ISDN-Vermittlungsstellen gesichert und quittiert; eine Flußkontrolle wird vorgenommen.

- Es werden Maßnahmen zur Überlastabwehr getroffen. Rahmen, die bei Überlast verworfen werden dürfen, können markiert werden.

8	7	6	5	4	3	2	1
DLCI						C/R	EA(0)
DLCI				FECN	BECN	DE	EA(1)

Bild 14.26   Adreßfeld des Rahmens bei Frame Relaying Bearer Service
DLCI: Data Link Connection Identifier
EA: Extended Address
C/R: Command/Response
FECN: Forward Explicit Congestion Notification
BECN: Backward Explicit Congestion Notification
DE: Discard Eligibility

Beispiel 14.8   *Bildübertragung in verschiedenen Netzen*
Ein Super-VGA-Bild besteht aus 800 · 600 Pixeln und 256 Farben und ergibt (bei 8-Bit-Codierung) ein Datenvolumen von 3,84 Mbit pro Bild. Im folgenden sind die Übertragungszeiten in verschiedenen Netzen zusammengestellt.

ISDN	*1 B-Kanal*	*64 kbit/s*	*1 Bild/min*
	2 B-Kanäle	*128 kbit/s*	*2 Bilder/min*
	30 B-Kanäle	*1,92 Mbit/s*	*30 Bilder/min*
CSMA/CD		*10 Mbit/s*	*2,6 Bilder/s*
Token Ring		*16 Mbit/s*	*4,2 Bilder/s*
FDDI		*100 Mbit/s*	*26 Bilder/s*
DQDB		*140 Mbit/s*	*36 Bilder/s*
CRMA-II		*1,25 Gbit/s*	*5 Kanäle à 65 Bilder/s*

Die Übertragungszeiten können durch Datenkompression (Redundanzreduktion) herabgesetzt werden. Bei Studioübertragungen stellt man hohe Anforderungen an die Qualität und verlangt eine verlustfreie Kompression. Man erreicht eine verlustfreie Kompression bis zu etwa 1 : 10. Erlaubt man einen geringen Datenverlust, so sind Werte zwischen 1 : 10 bis 1 : 50 erreichbar – wobei die höhere Kompression lediglich bei kleinen Bildschirmen (Videofilme) akzeptabel ist. Auf diese Weise wird Bildtelefonie im ISDN möglich.

Wir wenden uns nun den allgemeinen **Leistungsmerkmalen** zu, die im ISDN typischerweise angeboten werden. Im folgenden sind einige dieser Leistungsmerkmale aufgezählt und kurz kommentiert:

Anklopfen: Bei einem besetzten Anschluß wird ein ankommender Ruf durch Anklopfen (Ton) und ggf. Einblenden der Nummer des Anrufers angezeigt.

Anrufliste: Alle Anrufe, die ankommen und nicht bedient werden, werden beim Gerufenen in eine Liste mit der Nummer des Anrufers und der Uhrzeit eingetragen. Dieses Leistungsmerkmal ist aus Datenschutzgründen umstritten.

Anrufumleitung: Der ankommende Ruf wird an eine vom Gerufenen vorher eingegebene bzw. aktivierte Rufnummer weitergeleitet. Es gibt verschiedene Varianten dieses Leistungsmerkmales, so z.b. die Weiterleitung auch der Rufnummer des Anrufers, die Mitteilung an den Rufenden, daß sein Anruf umgeleitet wird oder eine zeitgesteuerte Anrufumleitung.

Anrufweiterleitung: Der ankommende Ruf wird im Besetztfall ggf. bei keiner Anwort (zeitgesteuert) an eine andere (festgeschaltete oder eingebbare) Rufnummer weitergeleitet.

Anzeige der Rufnummer des Anrufers beim Angerufenen: Das Leistungsmerkmal wird erst durch die D-Kanal und SS Nr.7 Signalisierung möglich. Im Euro-ISDN gibt es für den Rufenden die Möglichkeit, die Anzeige wahlweise zu unterbinden.

Gebührenanzeige: Dieses Leistungsmerkmal wird herkömmlich über Zählerimpulse, im ISDN über die Signalisierung realisiert.

Gebührenübernahme durch den Angerufenen: Dieses Leistungsmerkmal ist in vielen Varianten möglich, so z.B. komplette Übernahme der Gebühr, Berechnung von Ortsgebühr, wahlweise Übernahme der Gebühr. Die Realisierung wird durch die Signalisierung möglich.

Konferenzschaltung: Dieses Leistungsmerkmal ermöglicht es, ein Telefongespräch zwischen drei oder mehr Teilnehmern (als Konferenz) zu führen. Es erfordert eine gewisse Gesprächsdisziplin, vor allem, wenn mehrere Partner beteiligt sind. Die Realisierung des Leistungsmerkmales erfordert eine gesonderte Schaltung in der Vermittlung, da digitale, nichtlinear codierte Signale nicht einfach superponiert werden können.

Kurzwahl: Häufig benutzte Rufnummern können eingegeben werden und werden durch Knopfdruck angewählt. Die Realisierung wird durch Speicher im Endgerät, gelegentlich auch in der Vermittlung vorgenommen.

Makeln: Ein bestehendes Gespräch wird per Knopfdruck kurzfristig unterbrochen, um ein weiteres Gespräch (Rückfrage) zu führen. Anschließend wird das Gespräch wieder aufgenommen.

Notizblock: Dieses Leistungsmerkmal ermöglicht das Vermerken von Rufnummern. Die Realisierung wird durch Speicher im Endgerät, gelegentlich auch in der Vermittlung vorgenommen.

Rückruf: Ist ein Anschluß besetzt, so kann der Rufende den automatischen Rückruf einleiten. Beim Freiwerden des Anschlußes wird zunächst er und dann der zuvor Gerufene angerufen. Die Realisierung des Leistungsmerkmales erfordert eine schnelle Signalisierung und eine flexible Vermittlungssteuerung.

Sperren: Ein Endgerät oder Anschluß wird für Auslandswahl, Fernwahl oder Externverkehr gesperrt. Das Sperren wird durch eine Berechtigungsprüfung in der Vermittlung wirksam.

Wahlwiederholung: Die letztgewählte Rufnummer wird vermerkt und durch Knopfdruck wieder angewählt. Die Realisierung wird durch einen Speicher im Endgerät, gelegentlich auch in der Vermittlung vorgenommen.

Ein Netz, in dem solche komplexen Leistungsmerkmale angeboten werden, kann als ein **Intelligentes Netz** (**IN** – *Intelligent Network*) angesehen werden. Seit den Arbeiten 1986–88 bei Bell, IBM und Siemens auf diesem Gebiet verbindet man eine bestimmte Systemarchitektur mit dem Begriff des Intelligenten Netzes.

Im Bild 14.27a) sind zunächst die Funktionen für die Abwicklung der Basisdienste in einem Kommunikationsnetz wie ISDN in der IN-Terminologie dargestellt. Die Orts- bzw. Endvermittlungsstelle wird als CCAP (*Call Control Access Point* d.h. Punkt, an dem die Basisdienste zugänglich sind) und die Transitvermittlungen als CCP (*Call Control Point* d.h. Verbindungssteuerungspunkt) bezeichnet. Im Bild 14.27b) sind nun die Komponenten des IN und deren Einbettung im Kommunikationsnetz dargestellt. Die SSPs (*Service Switching Points*) können an beliebigen Vermittlungsstellen angebracht werden. Es handelt sich dabei um ein Software-Modul (*Service Switching Function*), das die Vermittlungsfunktion ergänzt. Ihre wesentliche Aufgabe besteht darin, beim Verbindungswunsch zu erkennen, daß es sich um ein IN-Dienstewunsch handelt, daraufhin über SS Nr.7 mit dem SCP (*Service Control Point* – Dienstesteuerungspunkt) zu kommunizieren und die entsprechenden vermittlungstechnischen Funktionen einzuleiten. Die Kommunikation wird in Echtzeit durchgeführt, die einzelnen kurzen Meldungen werden im Millisekundenbereich abgewickelt. Der SCP liefert dem SSP die für die Weiterverarbeitung des IN-Wunsches erforderlichen Daten und Steuerinformationen; der SSP kann somit die unterschiedlichsten IN-Dienste vermitteln. Die eigentlichen Steuerprozeduren für die Abwicklung der unterschiedlichen Dienste liegen im SCP. In einem IN können mehrere SCP vorhanden sein. Da sie jeweils mehrere Vermittlungsstellen bedienen, erleichtern sie die Einführung von neuen Diensten im IN. Der Betrieb und die Wartung des IN werden vom SMP (*Service Management Point*) wahrgenommen. Hier befinden sich die Dienstedatenbanken und es wird das Sammeln und Auswerten der Verkehrs-, Gebühren- und Statistikdaten vorgenommen. Im IP (*Intelligent Peripheral*) sind Zusatzfunktionen verfügbar, die in den Vermittlungsstellen nicht vorhanden sind, für die Abwicklung der IN-Dienste aber benötigt werden; dies wären

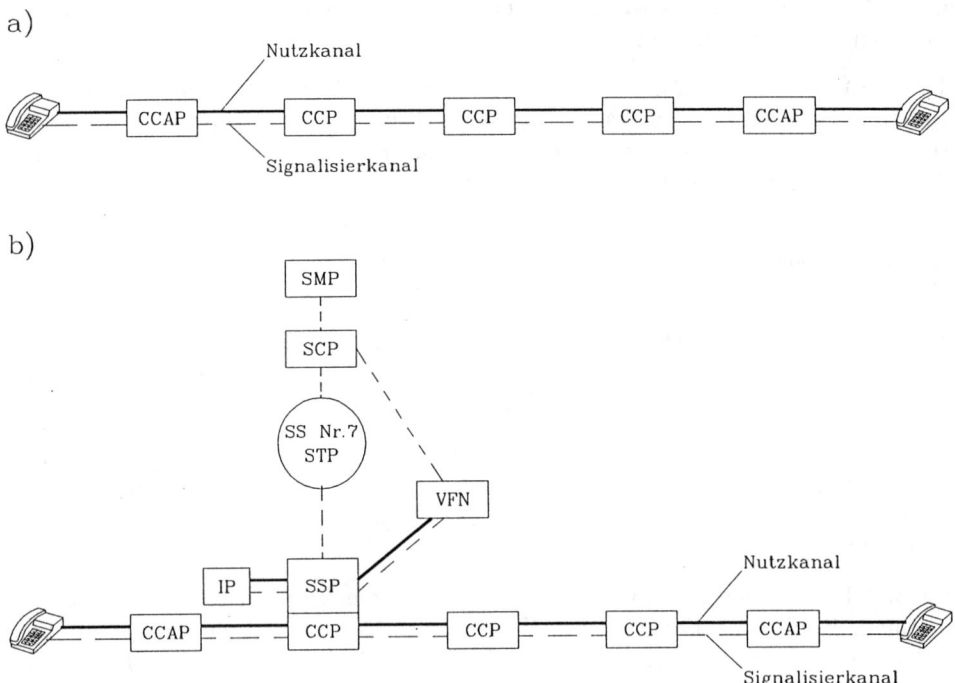

Bild 14.27   Zur Architektur des Intelligenten Netzes
a) Funktionen des Kommunikationsnetzes für Basisdienste
b) Funktionen des Intelligenten Netzes

CCAP: Call Control Access Point
CCP: Call Control Point
SSP: Service Switching Point
SCP: Service Control Point
SMP: Service Management Point
IP: Intelligent Peripheral
VFN: Vendor Feature Node
STP: Signalling Transfer Point (des SS Nr.7)

z.B. Spracherkennungs- und -ausgabesysteme oder Frequenzwahlauswertung. Beim VFN (**V**endor **F**eature **N**ode), auch SPN (**S**ervice **P**rovider **N**ode) genannt, handelt es sich um SCP-ähnliche Einrichtungen, die es auch anderen Anbietern (außer dem Netzbetreiber) ermöglichen, Mehrwertdienste zu realisieren und im IN anzubieten.

Typische IN-Dienste, die zur Zeit realisiert werden, sind:

Free Phone, Service 130, Service 800
Bei diesen Diensten handelt es sich darum, daß der Dienstteilnehmer im gesamten (Landes-) Netz unter einer Rufnummer, die mit 0-130 (BRD) bzw. 1-800 (USA) beginnt, erreicht werden kann. Die Gebühren für den Anruf übernimmt der Angerufene. Die SSP erkennt, daß es sich um einen IN-Dienst handelt und übergibt die 130er Rufnummer an den SCP, der dann dem SSP die relevanten Rufdaten zur Verfügung stellt. Die Gebührendaten werden anschließend dem SMP übermittelt. Verschiedene Leistungsmerkmale für diesen Dienst sind möglich, so z.B. ursprungsabhängige Zielansteuerung, zeitabhängige Zielansteuerung, kennungsabhängige Zielansteuerung, Feinselektierung durch Bedienerführung (mit Hilfe der IP), Standard- oder vom Dienstteilnehmer eingebbare Ansagen für den Anrufer, Wartebetrieb. Typische Anwendungen des Dienstes sind Informations-, Beratungs-, Bestell-, Buchungs-, Reservierungs- und Kundenbetreuungsservice.

Landesweite, einheitliche Rufnummer, Service 180
Der Dienst ist dem Service 130 sehr ähnlich – der wesentliche Unterschied besteht darin, daß die Gebühren vom Anrufenden getragen werden. Typische Anwendungen sind Informations- und Bereitschaftsdienste (Wettervorhersage, Ärztebereitschaft).

Telefondienst, Privater Informationsdienst, Audiotex, Service 190
Der Dienst ist dem Service 180 sehr ähnlich – der wesentliche Unterschied besteht darin, daß die Informationen gebührenpflichtig sind. Die Informationen werden häufig unter Benutzerführung in Dialogform angeboten. Der Dienst kann als Sprach-, aber auch als Textdienst realisiert sein.

Televotum
Bei diesem Dienst können (z.B. in Fernsehsendungen) Abstimmungen per Telefon vorgenommen werden. Eine Televotumverbindung braucht beim SSP nicht durchgeschaltet, sondern lediglich gezählt und das Ergebnis dem Dienstteilnehmer mitgeteilt zu werden. Eine Alternative besteht darin, daß jeder 100. Anruf zum Dienstteilnehmer geleitet wird und dieser die Zählung in dieser Stufung selbst vornimmt. Der Dienst führt zur Vermeidung von Überlast bzw. besseren Nutzung der Ressourcen. Eine Gebührenübernahme durch den Dienstteilnehmer ist möglich.

Eine Weiterentwicklung des Intelligenten Netzes in ein personenbezogenes Netz (**PCN** – *Personal Communications Network*) zeichnet sich (insbesondere bei digitalen, zellularen Mobilfunknetzen wie z.B. GSM 1800) bereits ab. In einem PCN-Netz wird die Rufnummer nicht endgerätebezogen, sondern personenbezogen verwaltet. Der Teilnehmer erhält eine Chipkarte und eine PIN (*Personal Identification Number*) als Berechtigung. Damit kann er an beliebigen, dafür geeigneten Endgeräten die angebotenen Dienste in Anspruch nehmen. Die Abrechnung erfolgt personenbezogen. Umgekehrt werden die an ihn gerichteten Anrufe an das Gerät (oder Geräte), an dem er sich befindet, weitergeleitet.

Die Realisierung dieses Dienstes erfordert außer einer schnellen Signalisierung eine verteilte Datenbank. Im SCP, der für den Bereich, in dem der Teilnehmer angemeldet ist, zuständig ist, wird ein Datensatz (*Local Register*) für ihn angelegt. In einem SCP, in dessen Bereich sich ein Teilnehmer befindet bzw. sich das erste Mal meldet, wird ein weiterer Datensatz (*Visitor's Location Register*) angelegt. Die beiden SCP tauschen die erforderlichen Daten über SS Nr.7 aus, so daß die Berechtigungsprüfungen bei der besuchten SCP und die Anrufweiterleitung und Abrechnungen bei der Heimat-SCP vorgenommen werden können. Es wird davon ausgegangen, daß die Idee des PCN sich bis zu Jahrtausendwende auch im drahtgebundenen Netzen durchsetzen wird.

14.6   Aufgaben zu Kapitel 14

Aufgabe 14.1
Berechnen Sie die Autokorrelationsfunktionen der verschiedenen Synchronworte, die bei PCM 30 (Rahmenkennung), PCM 120 (Rahmenkennung), Token Ring (*Starting Frame Delimiter*), HDLC (*Flag*) und im ISDN (U_{K0}) verwendet werden. Welches ist das sicherste Synchronwort? Begründen Sie dies. Warum wird beim Token Ring für die Synchronisierung der *Startdelimiter* mitverwendet?

Lösung 14.1
Die einzelnen Synchronworte sind:

PCM30 (RK)	0	0	1	1	0	1	1			
PCM120 (RK)	1	1	1	1	0	1	0	0	0	0
Token Ring (SFD)	1	0	1	0	1	0	1	1		
HDLC (Flag)	0	1	1	1	1	1	0			
ISDN (Barker)	+	+	+	−	−	−	+	−	−	+	−

Für die Berechnung der Autokorrelationsfunktion betrachten wir jeweils den Erwartungswert

$$E\{s(t) \cdot s(t + \tau)\}$$

zu diskreten Zeitpunkten $\tau = 0, 1, 2, \ldots$ usw.. Dazwischen verläuft die Autokorrelationsfunktion linear.

Um die Berechnungsschritte zu verdeutlichen, skizzieren wir für PCM 30 (RK) die Funktionen $s(t)$ und $s(t + \tau)$ für $\tau = 0, 1, \ldots, 5$ untereinander. Den Wert der Autokorrelationsfunktion erhalten wir, in dem wir, Ergodizität voraussetzend, das Integral

$$R(\tau) = \lim_{T \to \infty} \frac{1}{2T} \int_{-T}^{+T} s(t)\, s(t + \tau)\, dt$$

bilden (vgl. Kapitel 3).
Das Integral kann für diskrete τ durch das Abzählen der Flächendeckung zwischen $s(t)$ und $s(t + \tau)$ direkt ermittelt werden. Anschließend normieren wir $R(0) = 1$, um einen Vergleich zwischen den verschiedenen Autokorrelationsfunktionen zu ermöglichen.

Für die PCM Rahmenkennung erhalten wir:

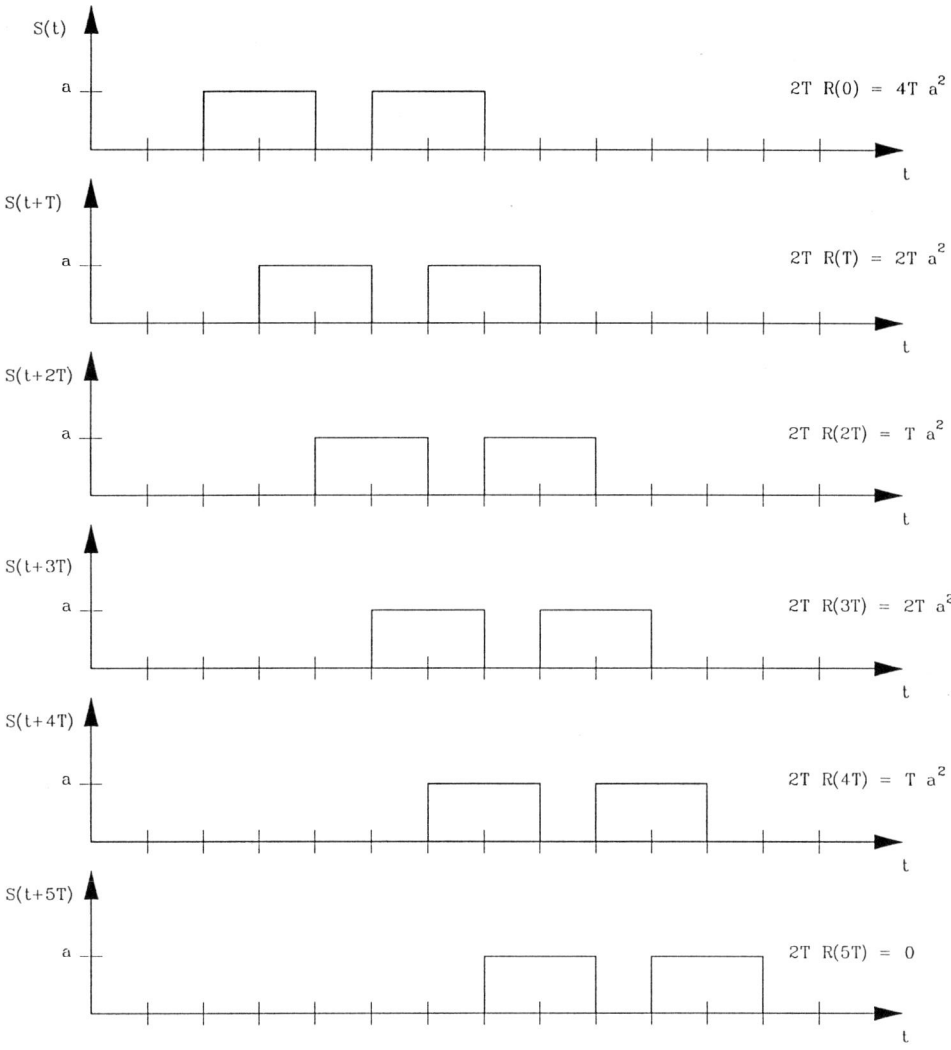

Mit $a^2 = \frac{1}{2}$ erhalten wir

$$R(0) = 1$$

$$R(T) = \frac{1}{2}$$

$$R(2T) = \frac{1}{4}$$

$$R(3T) = \frac{1}{2}$$

$$R(4T) = \frac{1}{4}$$

$$R(5T) = 0$$

Die Autokorrelationsfunktion für die PCM30-Rahmenkennung sieht somit wie folgt aus:

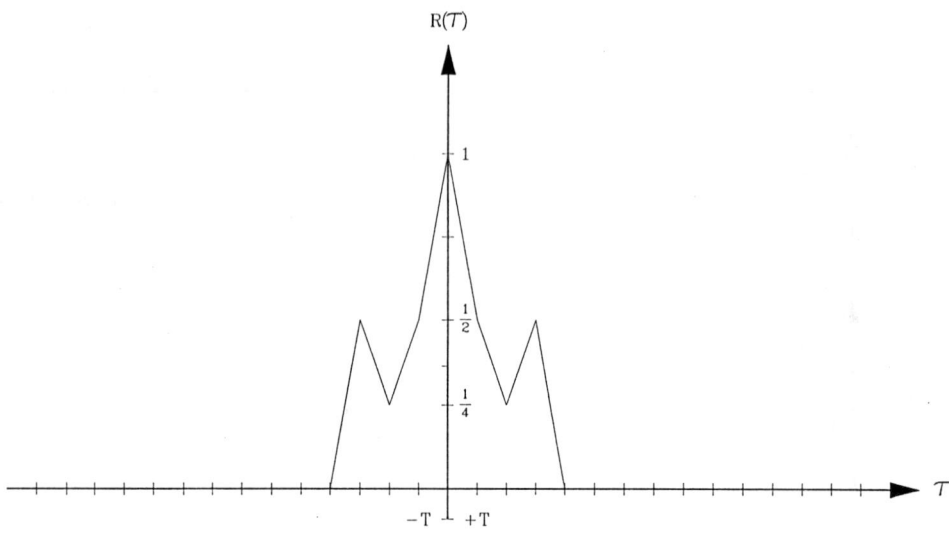

PCM 30 RK 0011011

Wir können nun die Berechnung beschleunigen, in dem wir lediglich die Symbolfolgen s(0), s(T), s(2T) usw. verschoben untereinander schreiben und s(0) mit s(T), s(2T), s(3T) usw. ausmultiplizieren, um daraus R(T), R(2T) usw. zu ermitteln.

Für die PCM120 Rahmenkennung erhalten wir:

$s(0)$ 1 1 1 1 0 1 0 0 0 0	5 R(0)	=	5
$s(T)$ 1 1 1 1 0 1 0 0 0 0	5 R(T)	=	3
$s(2T)$ 1 1 1 1 0 1 0 0 0 0	5 R(2T)	=	3
$s(3T)$ 1 1 1 1 0 1 0 0 0 0	5 R(3T)	=	2
$s(4T)$ 1 1 1 1 0 1 0 0 0 0	5 R(4T)	=	1
$s(5T)$ 1 1 1 1 0 1 0 0 0 0	5 R(5T)	=	1
$s(6T)$ 1 1 1 1 0 1 0 0 0 0	5 R(6T)	=	0

Die Autokorrelationsfunktion für die PCM120-Rahmenkennung sieht somit wie folgt aus:

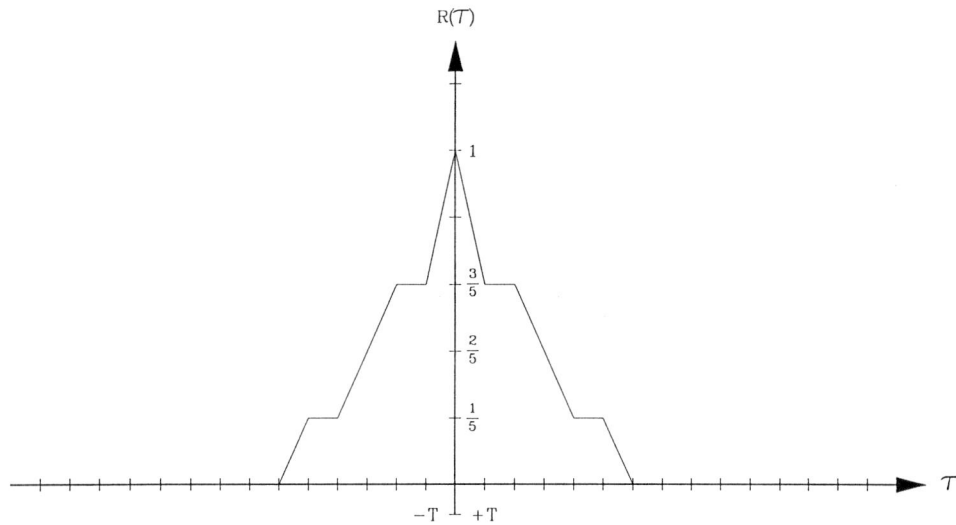

PCM 120 RK 1111010000

Für das HDLC-Flag 01111110 erhalten wir entsprechend:

$$
\begin{aligned}
6\,R(0) &= 6 \\
6\,R(T) &= 5 \\
6\,R(2T) &= 4 \\
6\,R(3T) &= 3 \\
6\,R(4T) &= 2 \\
6\,R(5T) &= 1 \\
6\,R(6T) &= 0
\end{aligned}
$$

und somit die Autokorrelation

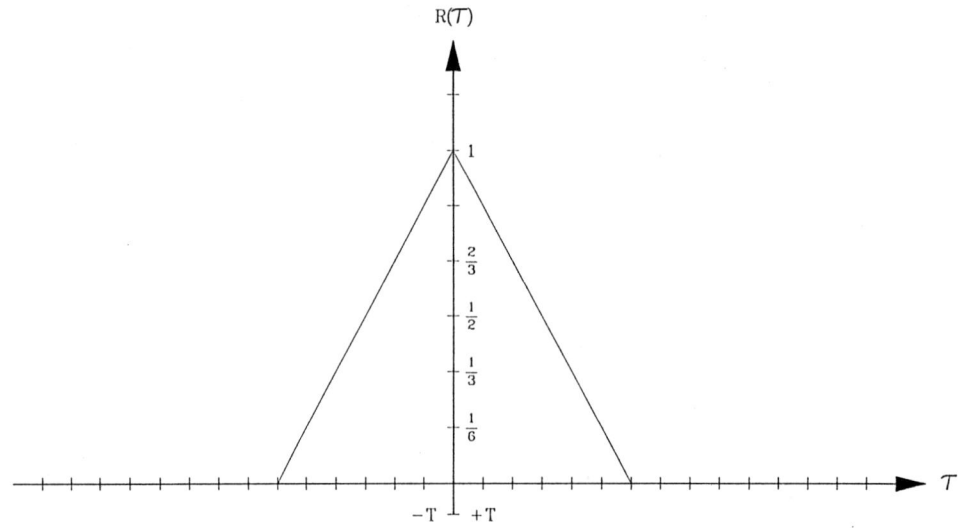

HDLC Flag 01111110

Für den Token Ring Starting Frame Delimiter erhalten wir:

$$
\begin{aligned}
5\,R(0) &= 5\\
5\,R(T) &= 1\\
5\,R(2T) &= 3\\
5\,R(3T) &= 1\\
5\,R(4T) &= 2\\
5\,R(5T) &= 1\\
5\,R(6T) &= 1\\
5\,R(7T) &= 1\\
5\,R(8T) &= 0
\end{aligned}
$$

und somit die Autokorrelation:

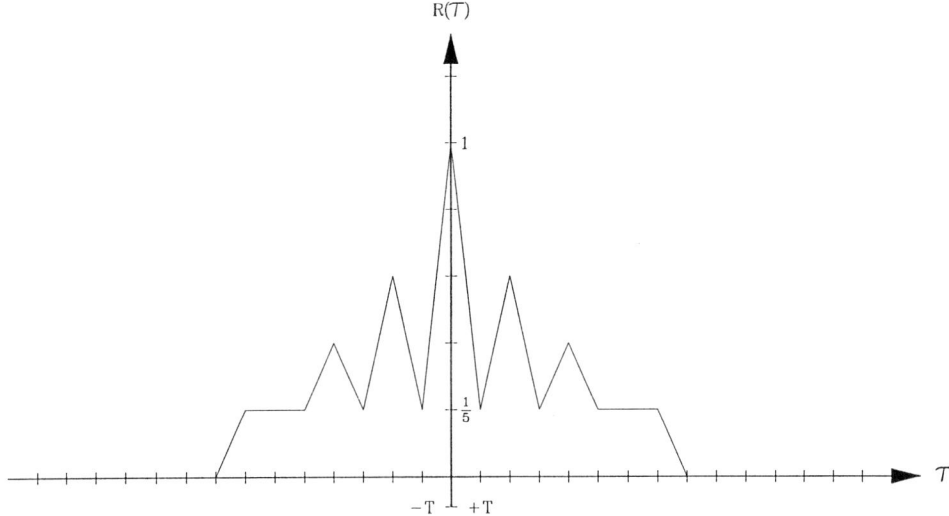

Token Ring SFD 10101011

Für den beim ISDN U_{K0} verwendeten Barkercode $+ + + - - - + - - + -$ erhalten wir:

$$11\ R(0)\ =\ 11$$
$$11\ R(T)\ =\ 0$$
$$11\ R(2T)\ =\ -1$$
$$11\ R(3T)\ =\ 0$$
$$11\ R(4T)\ =\ -1$$
$$11\ R(5T)\ =\ 0$$
$$11\ R(6T)\ =\ -1$$
$$11\ R(7T)\ =\ 0$$
$$11\ R(8T)\ =\ -1$$
$$11\ R(9T)\ =\ 0$$
$$11\ R(10T)\ =\ -1$$
$$11\ R(11T)\ =\ 0$$
$$11\ R(12T)\ =\ 0$$

und somit die Autokorrelationsfunktion:

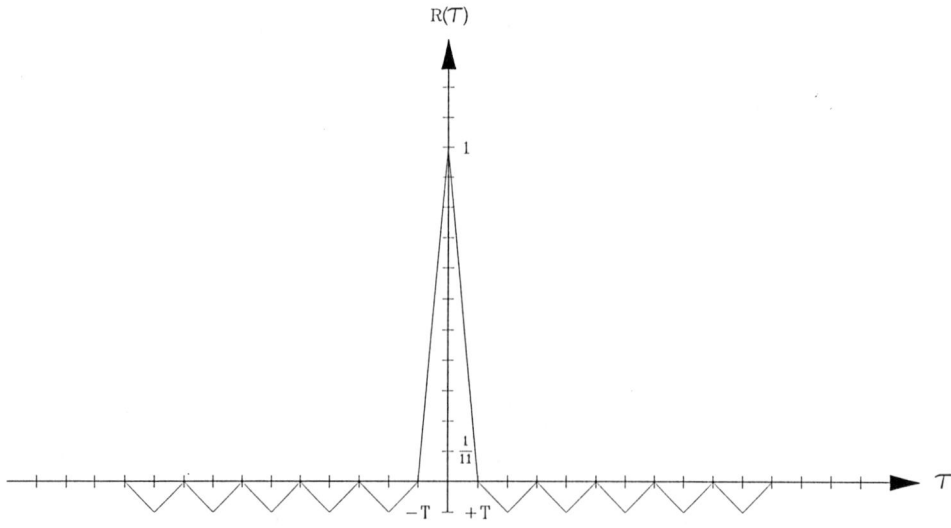

$$\text{Barker Code} \;+\;+\;+\;-\;-\;-\;+\;-\;-\;+\;-$$

Das sicherste Synchronwort ist die Barkerfolge, weil die Spitze der Autokorrelationsfunktion weit über den Überschwingern liegt; die Detektion wird damit einfach. Beim Token Ring erreicht die $R(3T)$ 60% des Wertes von $R(0)$; die Suche des Synchronwortes wird deshalb durch Codeverletzung im Startdelimiter (im Header) unterstützt.

Aufgabe 14.2

Geben Sie den Rahmen an der S_0 Schnittstelle mit den jeweiligen Bitwerten (+, 0, -) entsprechend Bild 14.5 für folgende Situation an.

Der Basisanschluß ist aktiviert, ein B-Kanal (B1) wird genutzt, der zweite B-Kanal ist frei. Der D-Kanal in Richtung NT → TE ist frei. Den D-Kanal in Richtung TE → NT versuchen zwei Endgeräte gleichzeitig zu belegen, einer mit der Folge 01011 und der andere mit der Folge 00111. Im B1-Kanal (NT → TE) wird zwei Mal der Wert 11100011 übertragen. Im B1-Kanal (TE → NT) wird erst der Wert 00001111 und dann der Wert 00001110 übertragen.

Lösung 14.2

Im D-Kanal (TE → NT) setzt sich der Teilnehmer mit dem niedrigeren Wert (00111) durch. Dieser Wert wird auch in dem Echo-Kanal (E-Bit) gespiegelt. Das Aktivierungsbit A ist auf 1 gesetzt. Die jeweils zweite Codeverletzung ist in der Skizze gekennzeichnet. Die L-Bits werden so gesetzt, daß die Gleichstromfreiheit jeweils erreicht wird.

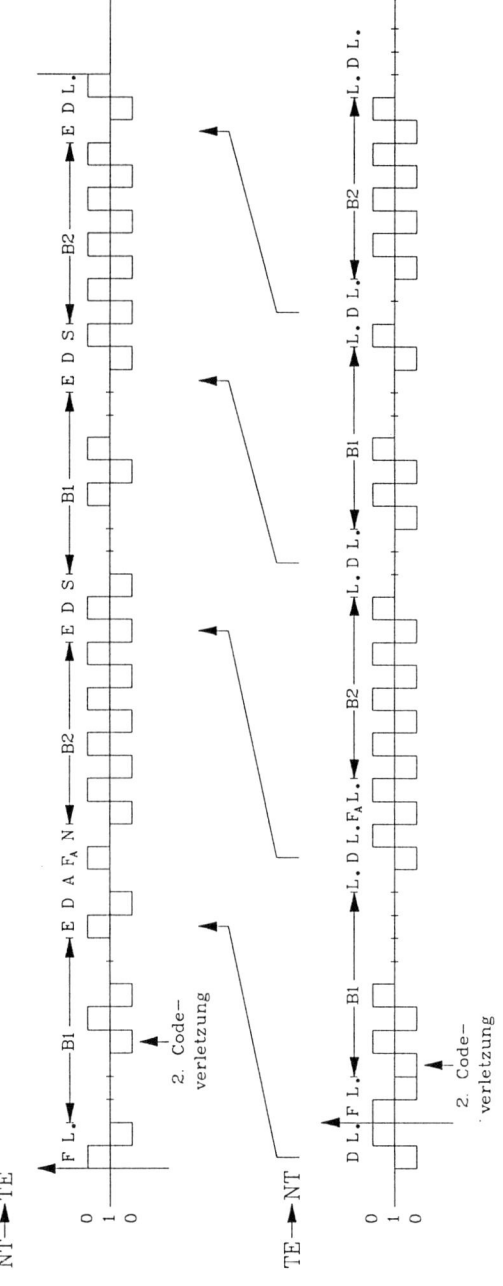

Anhang D
Zusammenfassung der Ergebnisse der
Verkehrs- und Bedientheorie

D.1 Abkürzungen

A	Verkehrsangebot
B	Blockierungswahrscheinlichkeit
D	Durchsatz
D	Gleichverteilung (Deterministisch)
E_k	Erlang-k Verteilung
$E_{1,m}(A)$	Erlang'sche Verlustformel
$F_{\mathbf{T}}(t)$	Wahrscheinlichkeitsverteilung der Zufallsvariablen T
$f_{\mathbf{T}}(t)$	Wahrscheinlichkeitsdichte der Zufallsvariablen T
$FIFO$	First In First Out
$FCFS$	First Come First Serve
G	beliebige Verteilung (General)
GI	beliebige Verteilung mit unabhängigen Ankünften
H_k	hyperexponentielle Verteilung k-ter Ordnung
$HVStd$	Hauptverkehrsstunde
$\mathbf{k}$	Anzahl der Anforderungen im System
$\mathbf{L}$	Anzahl der wartenden Anforderungen
$LCFS$	Last Come First Serve
$LIFO$	Last In First Out
m	Anzahl der Bedieneinheiten
M	Markoff-Prozeß, negativ exponentielle Verteilung
P_E	Erfolgswahrscheinlichkeit

P_V	Verlustwahrscheinlichkeit
P_W	Wartewahrscheinlichkeit, zweite Erlangsche Formel
p_k	Zustandswahrscheinlichkeit
q	endliche Quellenzahl
$\mathbf{R}$	Restbedienzeit (Zufallsvariable)
R	Verkehrsrest
s	Anzahl der Plätze im System (Warte- und Bedienplätze)
SJF	Shortest Job First
T_A	Ankunftsabstand
T_B	Biendauer
T_E	Endeabstand
T_V	Verweilzeit, Verweildauer
T_W	Wartezeit
V	Verkehr
w	Anzahl der Warteplätze
β	Verkehrsaufkommen einer freien Quelle
λ	Ankunftsrate
μ	Enderate, Bedienrate
ρ	Auslastung der Bedieneinheit

D.2   Wahrscheinlichkeitsverteilungen

D.2.1   Negativ exponentielle Wahrscheinlichkeitsverteilung

$$F_{\mathbf{T}}(t) = 1 - e^{-\lambda \cdot t}$$

$$E\{\mathbf{T}\} = \frac{1}{\lambda} \qquad \text{und} \qquad \sigma_{\mathbf{T}}^2 = \frac{1}{\lambda^2}$$

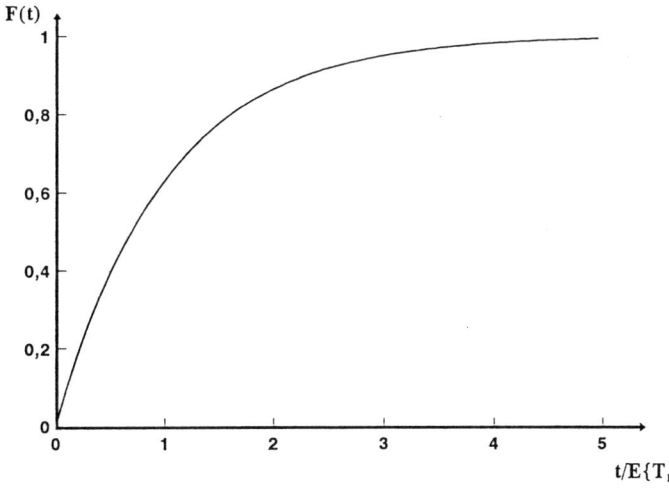

D.2.2   Konstante Wahrscheinlichkeitsverteilung

$$F_{\mathbf{T}_B}(t) \;=\; \begin{cases} 0 & \text{für} \quad t < b \\ 1 & \text{für} \quad t \ge b, \end{cases}$$

$$E\{\mathbf{T}_B\} = b \qquad \text{und} \qquad \sigma^2_{\mathbf{T}_B} = 0.$$

D.2.3   Hyperexponentielle Wahrscheinlichkeitsverteilung k-ter Ordnung, $k \in \{1, 2, \dots\}$

$$F_{\mathbf{T}_B}(t) = 1 - \sum_{i=1}^{k} p_i \cdot e^{-\mu_i t} \quad \text{für } t \ge 0 \qquad \text{und} \qquad \sum_{i=1}^{k} p_i = 1,$$

$$E\{\mathbf{T}_B\} = \sum_{i=1}^{k} \frac{p_i}{\mu_i} \qquad \text{und} \qquad \sigma^2_{\mathbf{T}_B} = 2\sum_{i=1}^{k} \frac{p_i}{\mu_i^2} - \left(\sum_{i=1}^{k} \frac{p_i}{\mu_i}\right)^2.$$

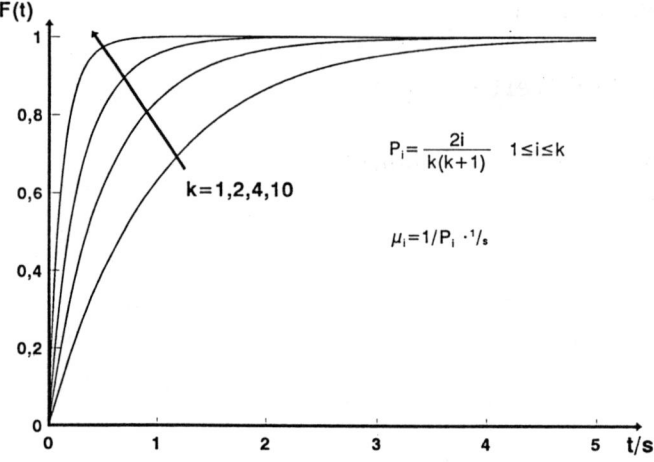

D.2.4   Erlang-k Wahrscheinlichkeitsverteilung, $k \in \{1, 2, \dots\}$

$$F_{\mathbf{T}_B} = 1 - e^{-\mu t} \cdot \sum_{i=0}^{k-1} \frac{(\mu t)^i}{i!} \qquad \text{für} \qquad t \ge 0,$$

$$E\{\mathbf{T}_B\} = \frac{k}{\mu} \qquad \text{und} \qquad \sigma^2_{\mathbf{T}_B} = \frac{k}{\mu^2}$$

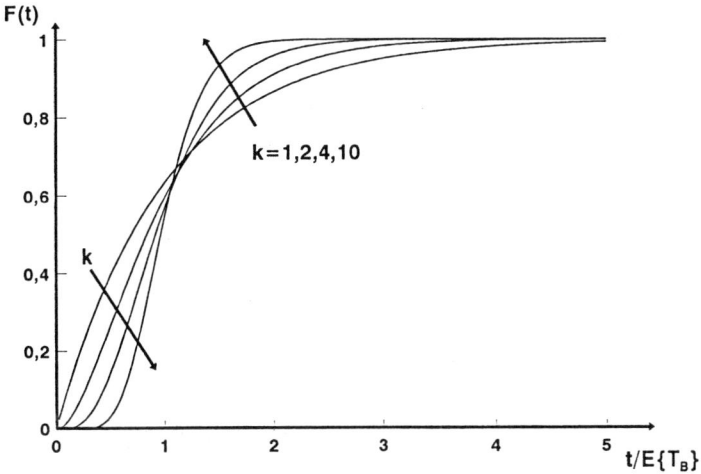

D.3 Warte- und Verlustsysteme

D.3.1 Das Wartesystem $M/M/1$

$$E\{\mathbf{k}\} = \frac{\rho}{1-\rho}, \quad \rho = \frac{\lambda}{\mu}$$

$$E\{\mathbf{L}\} = \frac{\rho^2}{1-\rho}$$

$$E\{\mathbf{T}_V\} = \frac{1}{\lambda} \cdot E\{\mathbf{k}\}$$

$$E\{\mathbf{T}_W\} = \frac{1}{\lambda} \cdot E\{\mathbf{L}\}$$

$$P_V = 0$$
$$D = \lambda$$

D.3.2 Das Warte-Verlustsystem $M/M/1-w$

$$P_V = \rho^s \cdot \frac{1-\rho}{1-\rho^{s+1}}$$

$$D = \lambda \cdot (1 - P_V)$$

D.3.3   Das Verlustsystem $M/M/m$

$$P_V = \frac{\dfrac{A^m}{m!}}{\displaystyle\sum_{i=0}^{m} \frac{A^i}{i!}} \qquad \text{mit} \qquad A = \frac{\lambda}{\mu} \qquad \text{Erlangsche Verlustformel}$$

$$P_E = 1 - P_V$$

$$E\{\mathbf{k}\} = V = A \cdot (1 - P_V)$$

$$R = A \cdot P_V$$

D.3.4   Das Verlustsystem $M/M/m$ mit endlicher Quellenzahl q

$$p_k = \frac{\beta^k \binom{q}{k}}{\sum_{i=0}^{m} \beta^i \binom{q}{i}} \qquad \text{mit} \qquad \beta = \frac{\lambda}{\mu} \qquad \text{Engset-Formel}$$

D.3.5   Das Wartesystem $M/M/m$

$$P_W = \frac{\dfrac{A^m}{m!} \dfrac{m}{m - A}}{\displaystyle\sum_{i=0}^{m-1} \frac{A^i}{i!} + \frac{A^m}{m!} \frac{m}{m - A}} \qquad \text{Erlangsche Wartewahrscheinlichkeit}$$

$$E\{\mathbf{L}\} = P_W \cdot \frac{A}{m - A}$$

$$E\{\mathbf{T}_W\} = \frac{1}{\lambda} \cdot E\{\mathbf{L}\} = \frac{P_W}{\lambda} \cdot \frac{A}{m - A}$$

$$E\{\mathbf{T}_V\} = \frac{P_W}{\lambda} \cdot \frac{A}{m - A} + \frac{1}{\mu}$$

$$E\{\mathbf{k}\} = \lambda \cdot E\{\mathbf{T}_V\}$$

D.3.6   Das Warte-Verlustsystem $M/M/m - w$

$$P_W = \frac{A^m}{m!} \cdot \frac{1 - \left(\dfrac{A}{m}\right)^w}{1 - \dfrac{A}{m}} \cdot p_0$$

mit

$$p_0 = \cfrac{1}{\displaystyle\sum_{i=0}^{m-1} \frac{A^i}{i!} + \frac{A^m}{m!} \cdot \cfrac{1 - \left(\dfrac{A}{m}\right)^{w+1}}{1 - \dfrac{A}{m}}}$$

$$P_V = \frac{A^m}{m!} \cdot \frac{A^w}{m^w} \cdot p_0$$

$$E\{\mathbf{L}\} = \frac{A^m}{m!} \sum_{i=0}^{w} i \cdot \left(\frac{A}{m}\right)^i \cdot p_0$$

D.3.7 Das Wartesystem $M/G/1$

$$E\{\mathbf{R}\} = \frac{\lambda}{2} \cdot E\{\mathbf{T}_B^2\}$$

$$E\{\mathbf{T}_W\} = \frac{\lambda \cdot E\{\mathbf{T}_B^2\}}{2 \cdot (1 - \rho)}$$

$$E\{\mathbf{L}\} = \frac{\lambda^2 \cdot E\{\mathbf{T}_B^2\}}{2 \cdot (1 - \rho)}$$

$$E\{\mathbf{T}_V\} = \frac{1}{\mu} + \frac{\lambda \cdot E\{\mathbf{T}_B^2\}}{2 \cdot (1 - \rho)}$$

$$E\{\mathbf{k}\} = \rho + \frac{\lambda^2 \cdot E\{\mathbf{T}_B^2\}}{2 \cdot (1 - \rho)}$$

D.3.8 Das Wartesystem $M/D/1$

$$E\{\mathbf{T}_V\} = \frac{\dfrac{1}{\mu}}{1 - \rho} \left(1 - \frac{\rho}{2}\right)$$

$$E\{\mathbf{k}\} = \frac{\rho}{1 - \rho} \left(1 - \frac{\rho}{2}\right)$$

$$E\{\mathbf{T}_W\} = E\{\mathbf{T}_V\} - \frac{1}{\mu}$$

$$E\{\mathbf{L}\} = \lambda \cdot E\{\mathbf{T}_W\}$$

D.3.9   Das Prioritätssystem $M/G/1$ mit n Ankunftsklassen nichtverdrängender Priorität

$$E\{\mathbf{R}\} = \frac{1}{2} \sum_{i=1}^{n} \lambda_i \cdot E\{\mathbf{T}_B^2\}$$

$$E\{\mathbf{T}_{W_k}\} = \frac{E\{\mathbf{R}\}}{(1 - \rho_1 - \rho_2 - \ldots - \rho - k - 1) \cdot (1 - \rho_1 - \rho_2 - \ldots - \rho_k)}$$

$$E\{\mathbf{T}_V\} = E\{\mathbf{T}_{W_k}\} + \frac{1}{\mu_k}$$

$$E\{\mathbf{L}_k\} = \lambda_k \cdot E\{\mathbf{T}_{W_k}\}$$

D.3.10   Das Prioritätssystem $M/G/1$ mit n Ankunftsklassen verdrängender Priorität

$$E\{\mathbf{P}\} = \frac{1}{2} \cdot \frac{\displaystyle\sum_{i=1}^{k} \lambda_i E\{\mathbf{T}_{B_i}^2\}}{(1 - \rho_1 - \rho_2 - \ldots - \rho_k)}$$

$$E\{\mathbf{Q}\} = \sum_{i=1}^{k-1} \frac{1}{\mu_i} \cdot \lambda_i \cdot E\{\mathbf{T}_{V_k}\} = \sum_{i=1}^{k-1} \rho_i \cdot E\{\mathbf{T}_{V_k}\} \qquad \text{für } k > 1$$

$$E\{\mathbf{Q}\} = 0 \qquad \text{für } k = 1$$

$$E\{\mathbf{T}_{V_k}\} = E\{\mathbf{P}\} + E\{\mathbf{Q}\} + \frac{1}{\mu_k}$$

$$E\{\mathbf{T}_{V_k}\} = \frac{\dfrac{2}{\mu_k}(1 - \rho_1 - \ldots - \rho_k) + \displaystyle\sum_{i=1}^{k} \lambda_i E\{\mathbf{T}_{B_i}^2\}}{2(1 - \rho_i - \ldots - \rho_k)(1 - \rho_1 - \ldots - \rho_{k-1})}$$

Literaturverzeichnis

Kapitel 9 Multiplexbildung

[ASC]   Aschrafi, B., Meschkat, P., Széchényi: *Field trial results of a comparsion of time separation, echo compensation and four-wire transmission on digital subscriber loops*, ISSLS 82 Proceedings, Toronto, September 1982, S. 181 - 185

[BEL]   Bellamy, J.C.: *Digital Telephony*, John Wiley, 1991

[BER]   Bergmann, K., Slabon, R.W.: *Lehrbuch der Fernmeldetechnik*, Band I und II, Fachverlag Schiele und Schön, 1986

[BRA]   Brandstätter, R., Gray, H., Kaiser, K.H., Krautkrämer, W., Schäfer, W.: *Die U_{P0}-Schnittstelle*, NTZ, Band 41 (1988), Heft 12, S. 696 - 699

[EHR]   Ehrlich, W., Eberspächer, K.: *Die neue synchrone digitale Hierarchie* NTZ, Band 41 (1988), Heft 10, S. 570 - 574

[HEN]   Hentschke, S.: *Untersuchungen und Entwürfe von hochintegrierbaren Echokompensationsverfahren zur Duplexübertragung*, Frequenz 36 (1982), S. 302 - 309

[HOL]   Holte, N., Stueflotten, S.: *A new digital echo canceler for two-wire subscriber lines*, IEEE Transactions on Communications, Vol. Com-29; Nr. 11, November 1981, S. 1553 - 1588

[KAD]   Kaderali, F., Weston, J.D.: *Digital subscriber loops*, El. Comm. 1.; 1981, S. 71 - 79

[KAH]   Kahl, P.: *Digitale Übertragungstechnik*, Decker Verlag, 1987

[PEE]   Peebles, R.Z.: *Digital Communications Systems*, Prentice Hall, 1987

[TRU]   Trulove, J.E.: *A Guide to Fractional T1*, Artech House, 1992

[SEX]   Sexton, M.J.; Reid, A.B.D.: *Transmission Networking: SONET and Synchronous Digital Hierarchy*, Order Book, 1993

Kapitel 10 Durchschalte- und Speichervermittlung

[ALT]   Altenhage, G.: *Digitale Vermittlungssysteme für Fernsprechen und ISDN*, Decker's Verlag, 1991

[ANN]   Anonym: *Digitale Fernsprechvermittlungstechnik, Band 1: Grundlagen, Band 2: System EWSD, Band 3: System 12, Band 4: Betrieb digitaler Fernsprechvermittlungsstellen*, L.T.U.-Vertriebsgesellschaft, Bremen, 1986/87

[BAI]   Baireuther, O., Besier, H.: *ATM - Eine vielversprechende Übermittlungsart*, Taschenbuch der Fernmeldepraxis, 1989, S. 57 - 101

[BEL]   Bellamy J.C.: *Digital Telephony*, John Wiley, 1991

[BEN]   Benes, V.: *Mathematical theory of connecting networks and traffic*, Academic Press, 1965

[BER]   Bergmann, K., Slabon, R.W.: *Lehrbuch der Fernmeldetechnik*, Fachverlag Schiele u. Schön, 1986

[BES]   Besier, H., Heuer, P., Kettler, G.: *Digitale Vermittlungstechnik*, Oldenbourg Verlag, 1983

[BRI]   Brileg, B.E.: *Introduction to Telephone Switching*, Addisn-Wesley, 1983

[CLO]   Clos, C.: *A study of nonblocking switching networks*, BSTI, Vol. 32, No. 2, March 1953, S. 406 - 424

[DON]   McDonald, J.C.: *Fundamentals of digital switching*, Plenum Press, 1983

[FAN]   Fantauzzi, G.: *Digital switching control architectures*, Artech House, 1990

[FRE]   Freeman, R.L.: *Telecommunication system engineering*, John Wiley, 1989

[GAB]   Gabler, H.: *Text- und Datenvermittlungstechnik, Bd. 1: Leistungsvermittlungstechnik, Bd. 2: Paketvermittlungstechnik*, Decker's Verlag, 1987/88

[GER]   Gerke, P.R.: *Digitale Kommunikationsnetze*, Springer Verlag, 1991

[HAE]   Händel, R., Huber, M. N.: *Integrated Broadband Networks*, Addison-Wesley, 1991

[LEE] Lee, C.Y.: *Analysis of switching networks*, BSTJ, Vol. 34, No. 6, Nov. 1955, S. 1287 - 1315

[MIN] Minoli, D.: *Enterprise Networking: Fractional T1 to Sonet, Frame Relay to B-ISDN*, Artech House, 1993

[PEA] Pearce, J.G.: *Telecommunications switching*, Plenum Press, 1981

[PLA] Plank, K.L.: *Vermittlungstechnik*, Decker's Verlag, 1987

[POO] Pooch, U.W., Machuel, D., McCahn, J.: *Telecommunications and Networking*, CRC Press, 1991

[PRY] De Prycker, M.: *Asynchronous transfer mode - solutions for broadband ISDN*, Ellis Horwood, 1993

[SCH] Schehrer, R.: *Nachrichtenvermittlungssysteme I, II*, Kurs Nr.: 2431/2432, Fernuniversität Hagen, 1986

[SEX] Sexton, M.J., Reid, B.D.: *Transmission Networking: SONET and the Digital Hierarchy*, Artech House, 1992

[SIE1] Siegmund, G.: *Grundlagen der Vermittlungstechnik*, Decker's Verlag, 1991

[SIE2] Siegmund, G.: *ATM – Die Technik des Breitband-ISDN*, Decker's Verlag, 1993

[SMO] Smouts, M.: *Packet Switching Evolution from Narrowband to Broadband ISDN*, Artech House, 1991

[STA] Stallings, W.: *Data and computer communications*, MacMillan Publishing, 1988

[STO] Stöttinger, K.: *X.25 - Datenpaketvermittlung*, Datacom Verlag, 1991

Kapitel 11 Verkehrs- und Bedientheorie

[BER] Bertsekas, D., Gallager, R.: *Data Networks*, Prentice Hall, 1987

[BOL] Bolch G.: *Leistungsbewertung von Rechensystemen*, Teubner Verlag, 1989

[CAS] Cassandras, C.K.: *Discret Event Systems: Modeling and Performance Analysis*, Irwin/Aksen, 1993

[HEB] Hébuterne, G.: *Traffic Flow in switching Systems*, Artech House, 1987

[HER]   Herzog, U.: *Leistungsanalyse von Systemen mit Rechnern I*, Fernuniversität Hagen, Kurs-Nr.: 2375, 1989

[HUI]   Hui, J.Y.N.: *Switching and traffic theory for integrated broadband networks*, Kluwer Academic Publishers, 1990

[KLE]   Kleinrock, L.: *Queueing Systems*, John Wiley, Vol.1 (1975), Vol. 2 (1976)

[KOB]   Kobayashi, H.: *Modeling and Analysis: An introduction to system performance evaluation methodology*, Addison-Wesley, 1978

[LIT]   Little, J.D.C.: *A proof of the queueing formula $L = \lambda W$*, Operations Res., Vol. 9, No. 3, 1961, S. 383 - 387

[SCH]   Schehrer, R.: *Nachrichtenvermittlungssysteme, I und II*, Fernuniversität Hagen, Kurs-Nr.: 2431/2432, 1987

[SCW]   Schwartz, M.: *Telecommunication Networks: Protocols, Modeling and Analysis*, Addison-Wesley, 1987

[STU]   Stuck, B.W, Arthurs, E.: *Computer and Communikations Network Performance Analysis*, Prentice-Hall, 1985

[WAL]   Walke, B.: *Realzeitrechner-Modelle I, II*, Fernuniversität Hagen, Kurs-Nr.: 2428/2429, 1987

Kapitel 12 Lokale Netze

[AS]   As, H. van, Lempenau, W., Zafiropulo, P., Zurfluh, E.: *CRMA II: A Gbit/s MAC Protocol for Rings and Bus Networks with Immediate Access Capability*, EFOC LAN 1991, London

[BER]   Bertsekas, D., Gallager, R.: *Data Networks*, Prentice-Hall, 1992

[BUR]   Budrikis, Z., Hullet, J., Newmann, R., Fozdar, F.: *QPSX: A Queue Packet and Synchronous Circuit Exchange*, Proc. ICCC 86, München, S.288 - 293

[CHO]   Chou, W.: *Computer Communications, Vol.1: Principles, Vol.2: Systems and Applications*, Prentice-Hall, 1983, 1985

[CHY]   Chylla, P., Hegering, H.G.: *Ethernet - LANs*, Datacom 1988

[CON]   Conrads, D.: *Datenkommunikation*, Vieweg Verlag, 1993

[GÖH]   Göhring, H.G., Kauffels, F.J.: *Token Ring*, Datacom 1990

[FRE]   Freer, J.: *Computer Communications and Networks*, Plenum Press, 1988

[GRE]   Green, P.E.: *Fibre Optic Networks*, Prentice Hall, 1993

[HAM]   Hammond, J.L., O'Reilly, J.P.: *Performance Analysis of Local Computer Networks*, Addison-Wesley, 1986

[HEI]   Heinänen, J.: *Review of Backbone Technologies*, Computer Networks and ISDN Systems 21, 1991

[JTC]   JTC1/SC6/WG6: *Specification of the ATM-Ring Protocol*, JTC, 1990

[KUE]   Kühn, P.J.: *Future Networking*, PIK 15, 1992

[MIC]   Michael, H.W., Cronin, W.J., Pieper, K.F.: *FDDI: An introduction to fiber distributed data interface*, Digital Press, 1993

[NAS]   Nasseki, M.: *CRMA for Gbit/s LANs and MANs based on Dual-Bus Configuration*, Proc. EFOC LAN 1990, München

[NEW]   Newman, R., Budrikis, Z., Hullet, J.: *The QPSX MAN*, IEEE Comm. Magazine, Vol. 26, No. 4, April 1988

[OHN]   Ohnishi, H., Morita, N., Suzuki, S.: *ATM Ring Protocol and Performance*, Proc. Infocom, 1989

[OKA]   Okada, T., Ohnishi, H., Morita, N.: *Traffic Control in ATM*, IEEE Comm. Magazine, Sept. 1991

[PRY]   De Prycker, M.: *Asynchronous transfer mode - solutions for broadband ISDN*, Ellis Horwood, 1993

[ROM]   Rom, R., Sidi, M.: *Multiple Access Protocols Performance and Analysis*, Springer Verlag, 1990

[ROS 1] Ross, F.E.: *An overview of FDDI*, IEEE J. Selected Areas in Communication, Vol. 7, No. 7, Sept. 1991

[ROS 2] Ross, F.E.: *Overview of FFOL Computer Communications* , Vol. 15, No. 1, Jan. 1992

[SCH]   Schödl, W., Briem, U., Kröner, H., Theimer, T.: *A Bandwidth Allocation Mechanism for LAN/MAN, Interworking with an ATM Network*, IEEE Workshop on MAN, Taormina, 1992

[SCW]   Schwartz, M.: *Telecommunication Networks: Protocols, Modeling and Analysis*, Addison-Wesley, 1987

[SEM]   Semaan, G.: *Isochronism and Asynchronism: Methods and Performance of HS-LANs*, Computer Networks and ISDN Systems 21, 1991

[SPR]   Spragins, J.D., Hammond J.L., Pawlikowski, K.: *Telecommunications Protocols and Design*, Addison-Wesley, 1991

[ZAR]   Zafiropulo, P.: *On LANs and MANs: An Evolution from Mbit/s to Gbit/s*, Proc. EFOC LAN 1990, München

Kapitel 13 X.21, X.25, SS Nr.7

[BAN]   Bandow, G., et al.: *Zeichengabesysteme*, L.T.U. Vertriebsgesellschaft, 1992

[BAR]   Barnett, R., Maynard-Smith, S.: *Packet Switched Networks*, Sigma Press, 1990

[BER]   Bertsekas, D., Gallager, R: *Data Networks*, Prentice-Hall, 1987

[CHO]   Chou, W.: *Computer Communications, Vol.1: Principles, Vol.2: Systems and Applications*, Prentice-Hall, 1983, 1985

[CON]   Conrads, D.: *Datenkommunikation*, Vieweg Verlag, 1993

[FRE]   Freer, J.: *Computer Communications and Networks*, Plenum Press, 1988

[HAM]   Hammond, J.L., O'Reilly, J.P.: *Performance Analysis of Local Computer Networks*, Addison-Wesley, 1986

[HAY]   Hayes, J.F.: *Modeling and Analysis of Computer Communications Networks*, Plenum Press, 1984

[SCW]   Schwartz, M.: *Telecommunication Networks: Protocols, Modeling and Analysis*, Addison-Wesley, 1987

[SPR]   Spragins, J.D., Hammond J.L., Pawlikowski, K.: *Telecommunications Protocols and Design*, Addison-Wesley, 1991

[STO]   Stöttinger, K.: *X.25 - Datenpaketvermittlung*, Datacom, 1991

Kapitel 14 ISDN - Das diensteintegrierende Kommunikationsnetz

[AMB]   Ambrosch, W.D., Maker, A., Sasscer, B.: *The Intelligent Network*, Springer Verlag, 1989

[BAD]   Badach, A.: *ISDN im Einsatz*, Datacom, 1994

[BOC]   Bocker, P.: *ISDN, das Diensteintegrierende, digitale Nachrichtennetz: Konzepte, Verfahren, Systeme*, Springer Verlag, 1990

[HEL]   Helgert, H.J.: *ISDN - Architectures, Protocols, Standards*, Addison-Wesley, 1991

[KAH]   Kahl, P.: *ISDN, das neue Fernmeldenetz der Deutschen Bundespost Telekom*, R.v. Decker's Verlag, 1992

[KAN]   Kanbach, A., Körber, A.: *ISDN, die Technik*, Hüthig Verlag, 1990

[KES]   Kessler, G.C.: *ISDN - Concepts, Facilities and Services*, McGraw Hill, 1993

[KRU]   Krusch, W.: *Neue Dienste im intelligenten Telefonnetz*, R.v. Decker's Verlag, 1993

[ROS]   Rosenbrok, K., Richter, E., Zeller, M.: *ISDN-Praxis*, Lose Blattsammlung, Neue Mediengesellschaft, 1993

[VER]   Verma, P.K.: *ISDN Systems - Architecture, Technology and Applications*, Prentice Hall, 1990

Stichwortverzeichnis

virtueller Container, 20
Visitors Location Register, 310
VPI - Virtual Path Identifier, 78

Wahl, direkte, 55
Wahl, indirekte, 55
Wahl, Punkt-zu-Mehrpunkt, 56
Wahl, Punkt-zu-Punkt, 56
Wahlwiederholung, 307
Wahrscheinlichkeitsverteilung, hyperexponen-
  tielle, 102
Wahrscheinlichkeitsverteilung, konstante, 101
WAN – Wide Area Network, 186, 187
Warte-Verlustsystem, $M/M/1$, 113
Warte-Verlustsystem, $M/M/m$, 130
Warteplatz, 93
Warteschlange, 93
Warteschlangenorganisation, 136
Wartesystem, $M/D/1$, 136
Wartesystem, $M/G/1$, 131
Wartesystem, $M/M/1$, 104
Wartesystem, $M/M/m$, 126
Wartesysteme, 93, 104, 117, 126, 131
Wartezeit, 94
Wegesuchverfahren, 53
Wellenlängenmultiplex, 4
window size, 224
Wortsynchronisation, 5

X.21, 217
X.25, 217, 236

Z-R-Koppelanordnung, 41
Z-R-Z-Koppelanordnung, 41
Zählung, Modulo m, 224
Zeichengabe, 244
Zeitgabel, 22
Zeitgetrenntlageverfahren, 22, 282
Zeitkoppelfeld, 39
Zeitmultiplexverfahren, 4
Zeitmultiplexverfahren, asynchrone, 58
Zeitmultiplexverfahren, statistische, 58
zentraler Signalisierkanal, 244
Zentrales Zeichengabesystem Nr. 7, 217
zero insertion, 220
Zugriffsverfahren, 155
Zugriffsverfahren, deterministische, 155
Zugriffsverfahren, dezentrale, 155
Zugriffsverfahren, stochastische, 155

Zustandsprozeß, 94
Zweidraht-Vierdraht-Umwandlung, 21
Zwischenleitungsblockierung, 47
Zyklusdauer beim Polling, 152

Digitale Kommunikationstechnik I

Netze, Dienste, Informationstheorie, Codierung

von Firoz Kaderali

1991. VIII, 264 Seiten,
193 Abbildungen und 52 Aufgaben mit Lösungen.
(Moderne Kommunikationstechnik;
herausgegeben von Firoz Kaderali) Kartoniert.
ISBN 3-528-04710-0

Aus dem Inhalt: Netze und Dienste – Kommunikationsmodell – Wahrscheinlichkeitslehre – Informationstheorie – Abtastung – Quellencodierung – Kanalcodierung – Leitungscodierung.

Für das Grundlagenstudium der Nachrichtentechnik und technischen Informatik bestimmtes Lehrbuch, das ausführlich Theorie und Anwendung in der digitalen Kommunikationstechnik aufzeigt.

Verlag Vieweg · Postfach 1546 · 65005 Wiesbaden

vieweg

G ...netze

G ...
in ...
vo ...
1...
he ...
ISı ...

Au ... Pseudodi-
gra ... Gerüste –
Flü ... Netzen –
Gra ...

Um ... digitalen
Ver ... Studenten
der ... Grundla-
ger ... auf, um
die ... der Kom-
mu ... ronischer
Sch ... ungen an
der ... gen.

Übe ... tke sind
Pro ... niversität
Hag ...

Verlag Vieweg · Postfach 1546 · 65005 Wiesbaden

vieweg